UNIVERSITÉS

GÉOGRAPHIE

AF855129

Géographie du développement

Gabriel Wackermann

Professeur émérite à la Sorbonne

Don du SCDU
de Nantes à BSF

Exclu

BIBLIOTHÈQUE UNIVERSITAIRE
NANTES - LETTRES

INV. Y 612 812
COTE 919.172 WAC
LOC. S21
N° H 408 443

ellipses

BU Lettres
NANTES

Dans la collection Universités – Géographie

- *Initiation à la géomorphologie*, J.-L. Chaput, 144 pages.
- *Géographie de la France*, G.-F. Dumont et G. Wackermann, 304 pages.
- *Géographie rurale*, P. Gillardot, 208 pages.
- *Géographie mondiale de la population,* 2e édition, M. Guillon et N. Sztokman, 320 pages.
- *Géographie physique de l'Afrique occidentale et centrale*, J. Riser, 160 pages.
- *Géographie politique et géopolitique*, S. Rosière, 320 pages.
- *Géographie des montagnes*, H. Rougier, G. Wackermann et G. Mottet, 240 pages.
- *Géoclimatologie*, J.-P. Vigneau, 320 pages.
- *Géographie humaine*, G. Wackermann, 352 pages.
- *Géographie régionale*, G. Wackermann, 240 pages.
- *Géographie urbaine*, G. Wackermann, 240 pages.

ISBN 2-7298-2053-1

DANGER LE PHOTOCOPILLAGE TUE LE LIVRE

© Ellipses Édition Marketing S.A., 2005
32, rue Bargue 75740 Paris cedex 15

Le Code de la propriété intellectuelle n'autorisant, aux termes de l'article L.122-5.2° et 3°a), d'une part, que les « copies ou reproductions strictement réservées à l'usage privé du copiste et non destinées à une utilisation collective », et d'autre part, que les analyses et les courtes citations dans un but d'exemple et d'illustration, « toute représentation ou reproduction intégrale ou partielle faite sans le consentement de l'auteur ou de ses ayants droit ou ayants cause est illicite » (Art. L.122-4). Cette représentation ou reproduction, par quelque procédé que ce soit constituerait une contrefaçon sanctionnée par les articles L. 335-2 et suivants du Code de la propriété intellectuelle.

www.editions-ellipses.fr

INTRODUCTION

Laissez-moi donc juger de ce qui m'aide à vivre

P. Éluard

Le présent ouvrage est appelé à *aborder le développement socio-spatial sous tous ses angles*, tant en ce qui concerne l'évolution vers des situations existentielles moins difficiles ou de meilleures conditions de vie, que celle destinée à recentrer le développement technologique, à caractère productiviste et destructeur de richesses naturelles et environnementales, vers ses finalités sociales. Les notions de sous-développement et de développement, tributaires d'une problématique commune, aux multiples interférences, sont ainsi soumises à une nouvelle approche théorique et pratique. Celle-ci s'est enrichie à la lumière des résultats de recherche inter- et pluri-disciplinaires de pointe, souvent alarmants, dans les domaines les plus divers des rapports entre l'homme et son milieu ambiant. À la faveur des multiples constats de carence réalisés de façon quasi-systématique sur le globe, science et conscience ont été conduites conjointement à jeter les bases d'une réorientation des préoccupations biologiques, alimentaires, sanitaires, économiques et socio-culturelles de l'humanité. Elles ont remis ainsi en question la notion même de développement et conduit à l'impérieuse nécessité d'une redéfinition des processus dits de progrès.

L'approche géographique et, à travers elle, l'éclairage pluri- et interdisciplinaire, transversal en somme, permet de mesurer en profondeur le rôle respectif joué par les richesses naturelles et humaines et déjoué par les diverses forces en présence. Elle vise à mettre en lumière les contradictions qui bloquent ou ralentissent le développement, le rôle de modèles économiques désuets, les habitudes qui empêchent de passer des énergies fossiles aux énergies renouvelables. Elle permet de contrer moins difficilement la course rampante de l'hypocrisie, des « fausses vérités ». Elle montre combien le fossé s'élargit entre les décisions à prendre à long terme en matière environnementale et celles prises par les responsables politiques qui règlent leurs préoccupations de survie électorale à court terme. Vision et préoccupations du géographe et du scientifique dignes de cette appellation rejoignent cette pensée de Paul Valéry : « Bien sûr il y a l'écume, bien sûr il y a les vagues. Moi ce qui m'intéresse, c'est la mer ».

À ce titre, il convient de *contrer la culture de réduction*, qui ne cesse de pervertir les esprits, *au bénéfice de la culture de compréhension*, qui implique un recul certain et une maîtrise des articulations interdisciplinaires entre les phénomènes, seuls aptes à faire prendre conscience des vrais enjeux soulevés par la quête d'un développement humainement et socialement acceptable. La géographie est sans nul doute l'une de ces disciplines d'éveil et de responsabilisation, dont les analyses renouvelées sont particulièrement appropriées à la compréhension des mécanismes du développement, ainsi qu'à la promotion de celui-ci à vocation durable (Ciattoni et Veyret, 2003).

Avant la présentation de la problématique actuelle, il est sans doute utile de livrer un court aperçu historique de l'étude géographique des sous-développement et développement, du resserrement réciproque des liens de cette discipline avec les autres, pour mieux tenter de maîtriser la connaissance des phénomènes qui actionnent la spirale de la dynamique socio-spatiale et des mécanismes qui en découlent.

Des témoins de vieilles civilisations occidentales attestent le profond ancrage historique et territorial du développement. Ils contribuent à expliquer l'extrême diversité des formes de développement, aux multiples irrationalités économiques, mais baignant dans des rationalités culturelles et sociales propres à leur temps. Les sites archéologiques, les finages, les formes de peuplement et d'organisation rurale ou urbaine... (photo 1) révèlent ce foisonnement. Châteaux-forts de type occidental, palais, disséminés dans le monde entier, enceintes urbaines... ont marqué de leur empreinte la localisation du pouvoir de déclenchement et d'orientation du développement.

1. Témoins de vieilles civilisations occidentales : Château de Lismore (Irlande)

Dans les pays développés comme dans le monde sous-développé, il était de tradition d'affirmer encore il y a un quart de siècle environ, que pour réussir, il fallait « se lever tôt ». À présent, la réussite est de plus en plus souvent liée à l'activité dans l'« ombre », marquée par la spéculation et la circulation plus ou moins opaque des capitaux d'une part, les trafics d'influence, groupes de pression occultes, réseaux d'autre part (Friedmann, 1992 et 1998 ; Gabillet, 1999).

Le sous-développement, sans être synonyme de colonialisme — il est antérieur et concomitant —, a néanmoins été fortement marqué par celui-ci. Symbole relativement fort du colonialisme, la recherche de l'or a marqué pendant longtemps les esprits et le monde des affaires. Chercheurs d'or et esclaves ont défrayé abondamment chroniques et traités économiques. La région de Minas Gerais, dans le sud-est brésilien, est connue pour son importance dans l'histoire monétaire européenne et internationale au moment de la Conquista espagnole. L'exploitation de la mine la plus ancienne, Mina Velha, située à une trentaine de kilomètres de Belo Horizonte, commencée en 1725, n'a été fermée qu'à la fin du mois d'octobre 2003, après avoir produit, jusqu'à 600 m de profondeur, environ 570 tonnes de métal précieux. Elle ne fut mécanisée que durant les années 1990, tellement la main-d'œuvre est demeurée bon marché.

Mike Davis vient de présenter un ouvrage capital sur le régime politico-économique du colonialisme et la naissance du Tiers-Monde (Davis, 2003). En interconnectant l'histoire économique et l'histoire climatique du développement, les facettes sociale et naturelle, il a pu construire une écologie politique des famines coloniales et parler d'un « système-monde » déjà existant au XIXe siècle. Il montre à quel point les administrations coloniales étaient « activement » négligentes par suite de leur adhésion idéologique aveugle aux doctrines du libre-échange, aggravant ainsi criminellement les situations catastrophiques induites par le phénomène appelé aujourd'hui El Nino. À la fin du XIXe siècle, la sécheresse et les inondations entraînées par celui-ci, ont provoqué de terribles épidémies, coûtant simultanément plus de cinquante millions de morts en Afrique, en Inde, en Chine et au Brésil, déclenchant l'exode de populations rurales et des révoltes, brutalement réprimées par les autorités en place.

L'aventure coloniale a néanmoins marqué le passage de l'Ancien monde vers le Nouveau. Un passage déterminé par l'arrivée, sous la conduite de Christophe Colomb, des trois caravelles, Nina, Pinto et Santa Maria, sur les terres des vieilles civilisations américaines. Les populations concernées par celles-ci, n'ayant jamais su que l'Ancien monde existait, ont pris alors conscience de l'existence d'une civilisation occidentale. En même temps que celles de l'Europe, elles ont participé à l'émergence d'un second Nouveau monde, appelé Atlantia, New Byzantine, Great Antarctica (Holt, 2001).

L'analyse de Davis constitue aussi une transition scientifique avec l'époque actuelle, dans la mesure où elle préfigure celle des fondements libéraux de la mondialisation, « mettant à l'épreuve », selon ce chercheur, « les références à un marxisme non dogmatique et celles de l'écologie politique ».

En Europe (Auphan & Dézert, 2003), la chute de l'empire soviétique a accéléré et intensifié la réflexion dans ce domaine, dans la mesure où l'« état des lieux », effectué avec une certaine sérénité retrouvée et un réalisme reléguant à l'arrière-plan les idéologies qui ont fait tant de mal à ce continent — fascisme, soviétisme, ultra-capitalisme —, a contribué à discerner les vrais et les faux problèmes, les vraies et les fausses solutions.

Une réflexion renouvelée sur le développement fait ressortir avec force, une fois de plus, la finalité éminemment socio-culturelle de la géographie, à laquelle il convient d'intégrer l'économie, dans le cadre des sciences sociales, sous peine de graves dérives, la science économique, loin de constituer une référence absolue, étant ce que les économistes en font à partir de leur approche forcément subjective : les soi-disant lois économiques découlent d'un système ; il suffit de concevoir un système différent, mieux adapté aux exigences sociales, pour que les lois changent (MAUSS, 2003). *Les sciences sociales ont* en effet *cette spécificité qui consiste à scruter la vérité scientifique dans le cadre d'une éthique de l'Homme* (George, 1964). L'extraordinaire avancée technologique, dans tous les domaines de l'existence et de l'activité humaines, a de surcroît bouleversé fondamentalement la donne du développement (Wackermann, 1997). Celui-ci n'est pas seulement à concevoir sous l'angle social et culturel, mais nécessairement, pour des besoins de gestion efficace, sous réserve du respect de l'éthique, dans une perspective de recherche de la progression optimale dans un monde solidaire, appuyé sur des structures en réseaux. Dans cette optique, le déploiement exponentiel des potentialités technologiques est à même de faire face, sinon immédiatement, du moins à terme, aux nombreux impératifs qui ne cessent de s'accumuler et de s'amplifier, risques inclus. L'imposant mouvement d'innovation technologique, propre à notre époque, a des retombées quotidiennes et très diversifiées, de près ou de loin, sur les moyens de réaliser le développement. Au moment où les progrès sensationnels de la recherche spatiale, fondés sur des centaines de milliers de performances de pointe, sont orientés vers la lune et d'autres planètes, à l'appui de nouveaux moyens de propulsion en voie de mise au point, tel l'avion orbital spatial, susceptible d'effectuer à terme, en une ou deux journées, des navettes entre la terre et la lune, les notions de développement sont à reconsidérer aussi en fonction de ces mutations. Une nouvelle gestion des terres et des territoires s'impose.

Les richesses même ne sont plus absolues. La tertiairisation générale a relativisé la valeur de la monnaie scripturale, indépendamment des mouvements inflationnistes habituels. L'or n'est plus une référence de base et la fusion nucléaire permet théoriquement la fabrication de tous les métaux, y compris l'or. Les modes, comportements divers, appréciations des valeurs ont des durées de plus en plus raccourcies. Les objectifs et processus de développement en sont nécessairement affectés. Les temps sont déjà éloignés, au cours desquels il était d'usage de faire passer chaque pays du Tiers-Monde concerné par les mêmes étapes de développement industriel que les pays avancés.

ORIENTATIONS BIBLIOGRAPHIQUES

- AUPHAN E., DEZERT B. (dir.), *L'Europe en mouvement,* Ellipses, coll. « Transversale », Paris, 2003, 319 p.
- CIATTONI A., VEYRET Y. (dir.), *Les fondamentaux de la géographie,* A. Colin, coll. « Campus », Paris, 2003, 219 p.
- DAVIS M., *Génocides tropicaux — Catastrophes naturelles et famines coloniales (1870-1900) — Aux origines du sous-développement,* La Découverte, Paris, 2003, 480 p.
- FRIEDMANN J., « *Planning theory revisited* », *European planning studies,* vol. 6/3, 1998, pp. 245-253
- FRIEDMANN J., *Empoverment : the politics of alternative development,* Blackwell, Oxford, 1992
- GABILLET P., *Savoir anticiper, les outils pour maîtriser son futur,* ESF, Séminaires Muchielli, coll. « Formation permanente », Paris, 1999
- GEORGE P. *et al., La géographie active,* PUF, Paris, 1964, 394 p.
- HOLT W., *American by trial,* tuduv Verlags-GmbH, Munich, 2001, 227 p.
- *Revue du MAUSS, L'alteréconomie – Quelle « autre mondialisation » ? (fin),* La Découverte, coll. « Recherches », Paris, 2003, 21, 416 p.
- WACKERMANN G., *Géopolitique de l'espace mondial – Dynamiques et enjeux,* Ellipses, Paris, 1997, 240 p.

Première partie

LA NOTION DE DÉVELOPPEMENT

... placer toujours le fait observé dans son environnement...,
placer... ce fait dans le temps, en le considérant comme événement d'une histoire...
Il est clair que ces perspectives doivent conduire à envisager l'avenir comme lié au présent et au passé, et donc à faire de la « prévision » un objectif essentiel de la science.

J. Fourastié, *Les conditions de l'esprit scientifique*, Gallimard, NRF, coll. « Idées », Paris, 1966, p. 248

Le terme « développement », en tant que mesure du niveau d'évolution des sociétés, des États, en tant qu'expression de stratégies économiques et de mesures d'aides diverses à l'amélioration du tissu socio-spatial, a été utilisé pour la première fois par Harry Truman, président des États-Unis, le 20 janvier 1949, lorsque celui-ci annonça un programme d'aide technique aux pays qu'il qualifia alors de sous-développés, selon l'usage à la mode. Par la suite, la notion de développement ne s'appliqua pas uniquement à l'économie marchande, mais aussi aux services : transports, santé, éducation, formation...

La recherche géographique du développement et du sous-développement a été soumise et continue à être soumise aux influences du temps, des idéologies en vogue, des méthodes scientifiques du moment, des vagues d'écoles et de chapelles, des faits et constats eux-mêmes, qui infirment, nuancent ou, plus rarement, confirment les théories et discours « développés ».

Quand, au cours de l'ère industrielle, la géographie moderne émergente s'est penchée sur le développement induit par son espace d'origine, l'Europe occidentale, elle, a été fascinée par les progrès techniques et les Lumières, à plus forte raison lorsque l'Amérique du Nord et les colonisations sont venues renforcer le système économique mis en place à l'échelle mondiale.

Chapitre 1
APPROCHES THÉORIQUES DU DÉVELOPPEMENT

... ce que la géographie peut apporter au trésor commun des sciences avec lesquelles elle est en relation, c'est « l'aptitude à ne point morceler ce que la nature rassemble » (Vidal de La Blache)

R. Clozier, *Histoire de la géographie*, PUF, coll. « Que sais-je ? », Paris, p. 103

I. FONDEMENTS

L'étude du milieu géographique, rural et à plus forte raison urbain et urbanisé ou en voie d'urbanisation, *requiert une approche combinée de recherche de causalités et de définition de finalités.* Elle offre en somme une occasion de convergence des sciences douces que nous qualifierons de sociales et des sciences dites dures. Cette association des sciences de toute nature dans la quête de solutions optimales, afin que l'espace terrestre puisse être aménagé ou réaménagé dans une optique profondément humaine et sociale, est indispensable pour venir à bout de la complexité des problèmes soulevés par les progrès technologiques et scientifiques dans l'organisation et le fonctionnement des rapports entre les sociétés et leur environnement naturel ou anthropisé.

Tandis que les « hard sciences » s'appuient fondamentalement sur les causalités, les « soft sciences » ne sauraient se déployer vraiment sans que leurs finalités humaines ne soient bien précisées. C'est alors que les sciences dites exactes sont susceptibles de marcher de pair avec les sciences sociales, sous réserve qu'elles se soumettent aux finalités humaines, c'est-à-dire à l'éthique générale fixée par expérience et consensus à l'humanité. Les représentants des sciences dures ne devraient plus contester alors les sciences économiques en tant que sciences, puisqu'elles intégreraient les sciences sociales, le domaine des causalités ne permettant aux économistes que de dégager des lois et théories à partir de systèmes mis en place par des hommes. Pour dépasser ce stade, les économistes doivent être liés, comme tous les scientifiques, à un code de l'éthique. En ce qui concerne le devenir des villes et du monde rural, il y va de la survie de l'humanité. Le cadre rural atrophié, aux sols de plus en plus pollués et sollicités de manière anti-naturelle, le milieu urbain étroit et étouffant d'aujourd'hui, menacé physiquement, alimentairement et socialement, ne sont-ils pas appelés à se repositionner dans un espace urbanisé aussi large et desserré que possible ? *La géographie,* discipline directement concernée par le territoire et son aménagement, *science de convergence* entre l'approche propre aux sciences dures par la géographie physique et l'approche à finalité humaine par ses facettes socio-économiques, est à même de contribuer à assurer l'indispensable lien inter-scientifique : elle assume sa propre synthèse dans le domaine de la recherche environnementale, plus spécialement induite par les effets de la mutation rurale et de l'urbanisation du globe.

C'est cependant parce que les territoires existent tels qu'ils sont, qu'il ne nous appartient pas de gémir sur ce qu'ils ne sont plus ou de nous lamenter sur ce qu'ils ne seront pas ou plus jamais. Nous savons, selon Havelock Ellis, que « la Terre Promise est toujours de l'autre côté du désert ». *Le réalisme impose une démarche constructive*, fondée sur la mise en œuvre de moyens susceptibles de rapprocher autant que possible le cadre et le fonctionnement de la surface du globe des projections sinon idéales du moins conformes aux exigences environnementales, mentales et matérielles.

À ce titre, les enjeux de la réflexion géographique récemment renouvelée, relatifs à l'importance de l'environnement, du paysage, du milieu, de l'écosystème, du géosystème... ont une portée capitale pour la notion même de développement. Il est devenu nécessaire, non seulement de concevoir l'environnement et ses composantes comme un objet de développement en soi, mais aussi comme l'effet d'une relation étroite entre l'homme et la société d'une part, l'espace et ses territoires très diversifiés d'autre part. La nature de la perception de l'environnement, de ses mode et degré d'appropriation réelle ou potentielle par un groupe humain, de l'aptitude de celui-ci à organiser, activer, maîtriser le milieu, du pouvoir de modification et de diversification des usages en cours, est particulièrement déterminante à relever, à interpréter, à prendre en considération pour toute œuvre de développement. Selon l'héritage reçu et les atouts ou faiblesses momentanés, les données environnementales posent souvent des problèmes de mise en valeur diamétralement opposés ou différents aux décideurs politiques et stratégiques.

Il importe aussi de prendre en compte la dimension des représentations territoriales, qui influent sur le développement, dans la mesure où la manière dont l'espace et le territoire ont le plus de chance d'être appréhendés ressortit du vécu quotidien et de multiples facettes identitaires. La complexité d'un territoire résulte entre autres de la concomitance de plusieurs conceptions identitaires. Une place particulière doit être réservée à l'interprétation des images qui caractérisent un territoire aux yeux de ses usagers, autochtones et extérieurs. La géographie des représentations territoriales prend ici toute son importance (Lasserre & Lechaume, 2003).

Dans cette optique, il importe de *resituer le rôle général de la science dans l'évolution positive, mais aussi dans sa nature toute relative face aux réalités territoriales*. L'apport global des « Lumières » est certes extraordinairement positif au regard des indispensables correctifs apportés aux comportements mentaux, gouvernementaux, sociétaux, voire intellectuels observés jusqu'alors. Il n'a cependant pas pu se départir à son tour d'une certaine idéologie scientifique qui a visé à identifier le réel avec tout ce dont les sciences « dures » ont pu se préoccuper, écartant d'une certaine façon le restant de ce réel. Ainsi les physiciens et les chimistes ont tenté de reconstruire le monde, tant dans sa totalité que dans sa diversité, appuyés sur des composants élémentaires. Au XXe siècle, surtout dans sa seconde moitié, les sciences « humaines » ont analysé et projeté l'homme ainsi que son action en vertu de critères empruntés aux sciences dures. Dans la seconde moitié de ce siècle également, la biologie a mis l'accent sur un certain déterminisme du monde vivant dans sa diversité, par le séquençage du génome notamment. Mais la complexité des interactions au niveau cellulaire et moléculaire rend le déterminisme de la génomique incomplet. Comme en physique, il y a tout au plus apparence de déduction entre phénomènes à différentes échelles. Certains spécialistes en biologie, malheureusement gagnés aux technologies à finalité financière dans un monde économique axé sur le profit, visent avant tout des résultats directement utilisables par de grosses firmes exerçant à la fois une pression déterminante sur le marché et sur le monde médiatique chargé d'une information tronquée à cet effet. Dans cette optique, l'homme devient objet et la science un dieu.

C'est dans ce sens qu'Olivier Rey a pu constater que la science moderne est allée jusqu'à s'approprier l'essentiel des forces spirituelles et matérielles de l'Occident, allant jusqu'à renoncer à ses liens avec la culture (Rey, 2003). Le développement est en rapport direct avec l'esprit de la matière. Celle-ci inspire le spatial qui se répercute sur le social, et inversement.

Dans leur définition de l'éthique, un certain nombre d'auteurs ont également mis l'accent sur l'essentiel. Pour Fichte, dont la philosophie pratique est bâtie à la fois sur le droit et l'éthique, la raison est pratique et requiert à cet effet une approche pluridisciplinaire (De Pascale, 2003). L'« école hégélienne » a prolongé la philosophie contemplative du maître en associant le fonction purement philosophique de Hegel et la concrétisation de la raison, créant ainsi une philosophie de l'action (Moser, 2003). Heidegger développe une pensée méditante et une pensée calculante, s'interroge sur la source et la genèse de la dignité humaine, sur la manière dont les modes de pensée inhérentes à la primauté croissante de la technicité tendent à limiter cette dignité (Platte, 2004).

Les théories du développement et celles du sous-développement s'interpénètrent. S'il n'en était pas ainsi, elles manqueraient de consistance et de sérieux. Comme le savoir et le savoir-faire inhérents à la science et aux technologies du froid sont directement interrogés par le chaud, ceux relatifs au développement sont en phase étroite avec le développement insuffisant et les manifestations alarmantes de celui-ci.

La notion même de développement a connu une évolution conforme à l'esprit du temps et aux idéologies en vogue. Elle a subi l'influence de visionnaires, de chercheurs et de théoriciens « engagés », de praticiens du terrain, de militants sociaux et de politiciens convaincus. En dépit de sa connotation altruiste, elle a été marquée dès l'origine par la volonté, émanant des pays industriels, d'amplifier les forces productives dans le monde, de mise en valeur des ressources naturelles inexploitées, d'insertion de réservoirs potentiels de main-d'œuvre bon marché aux processus de fabrication de richesses matérielles.

C'est ainsi que les systèmes capitalistes « occidentaux » ont conçu, pratiqué et répandu dans le monde entier leurs projections du développement, la colonisation aidant, appliquant leur démarche à la façon d'une conviction religieuse — les missionnaires coloniaux en font souvent foi —, associant les appétits économiques et la lutte contre le soi-disant archaïsme mental, les superstitions. Cette orientation a été particulièrement prononcée au XIXe siècle (Rist et Sabelli, 1987), durant lequel a été affirmée avec force, la puissance économique aidant, l'idée de la supériorité occidentale, l'une des caractéristiques marquantes de l'évolutionnisme social d'alors, qui a fortement pénétré l'imaginaire collectif. Le développement apparaît comme une façon prophétique d'expliquer le déroulement historique (Rist, 1996).

En fonction de cette « mission » occidentale, au lendemain de la Seconde Guerre mondiale, les pays « développés » sont venus accourir institutionnellement pour faire face au « sous-développement ». Les Nations unies, fraîchement constituées, ont organisé dès les années 1948/1949 des réunions et élaboré des résolutions à cet effet. Le 20 janvier 1949, le président des États-Unis, Harry Truman, n'a pas hésité à utiliser le moment doublement solennel de son discours d'investiture, après une transition mettant fin à l'ère rooseveltienne, d'affirmer aussitôt le rôle « moral » assigné à la puissance américaine, guide de l'Occident — déjà contre le « mal » soviétique —, par l'annonce d'un programme général d'assistance aux pays les plus démunis économiquement. Il ouvre ainsi « l'ère du développement » dans le monde sous-développé, à la fois pour capter davantage les richesses matérielles et les forces vives de l'humanité en difficulté, et pour contribuer à créer progressivement ce bien-être indispensable au marché des biens de consommation dont les États-Unis regorgeaient et qu'ils entendaient étendre de manière aussi intense que possible sur la planète.

II. MESURER LE DÉVELOPPEMENT

Appréhender le développement ne relève pas uniquement d'approches économiques susceptibles de livrer la clé du progrès technique et du bien-être. *La facette culturelle* est également déterminante. Sa prise en compte apparaît nécessaire, en tant que *fondement de la cohésion sociale*. Elle est indispensable aux autonomies culturelles intégrées à des ensembles nationaux et/ou étatiques multiculturels. L'opposition des minorités culturelles aux Habsbourg d'Autriche n'avait pas uniquement un caractère politique ; elle était aussi l'expression d'une volonté d'affirmation culturelle. Elle visait, dans un premier temps, la reconnaissance d'une appartenance autre qu'à la seule puissance impériale dominant une portion de l'Europe centrale. Les minorités culturelles disloquées territorialement aspiraient en outre à se rapprocher de manière transfrontalière, avec l'idée de la formation de fédérations débordant les limites territoriales nationales (Hongrois, Serbes, Slovènes...).

A. Les outils

1. Éducation et formation

Le système dual constitue, à l'échelle de l'apprentissage professionnel, à tous les niveaux, une démarche prometteuse, sous réserve d'une étroite intégration au projet pédagogique, des formations théorique et pratique, soumise à des exigences rigoureuses. Ce système a été particulièrement précoce dans les pays développés à l'esprit à la fois scientifique et pragmatique. Dès les débuts de l'ère industrielle, parfois déjà à l'époque préindustrielle (en Prusse notamment), le monde germanique s'est par exemple doté de structures de cette nature, appuyées sur des unités d'enseignement supérieur, publiques ou privées, à vocation professionnelle, destinées à promouvoir le progrès agricole et manufacturier, celui des transports et des télécommunications.

La grande spécificité de ce type d'enseignement supérieur à été et continue à être la formation parallèle d'ingénieurs-techniciens (« Fachingenieure »), issus d'études dites courtes, mais solides et très bien ciblées en vue des besoins de pointe des entreprises, et d'ingénieurs diplômés, appuyés sur des études dites longues, également très compétents à un niveau supérieur de conception et de commandement. Dès l'époque wilhelminienne, les deux types de profils ont conquis la confiance du monde entier,. Ils se sont superposés à celui du « contre-maître allemand », pivot de la « Leistung » allemande, cette performance tant enviée jusque dans les années 1970. À ce moment-là, les progrès technologiques aidant, l'ingénieur-technicien s'est davantage distancié encore que par le passé de l'agent de maîtrise, demeuré plus proche, par nécessité entrepreneuriale, du travail ouvrier qualifié, mais déterminant pour une « Leistung » désormais réalisée surtout par les fils et, notamment, petits-fils d'immigrés, dont le point d'honneur a été et est toujours la réussite socio-professionnelle au même titre que l'Allemand d'origine (Wackermann, 1991).

Mises à jour, les méthodes de formation duale continuent à faire leurs preuves : l'Allemagne en fournit de multiples exemples aux réussites nombreuses. Les « Berufsakademien » (BA) du Land de Bade-Wurtemberg, créées il y a deux décennies, à l'initiative du secteur entrepreneurial privé, proposent des études post-baccalauréat courtes, en coopération directe avec le patronat privé. Destinées initialement à faire face à l'explosion numérique du monde estudiantin, en vue de décharger les universités — publiques — surchargées, elles ont atténué les craintes des employeurs d'être placés devant une crise aiguë de l'emploi. Elles sont apparues par suite des efforts conjugués de trois firmes à vocation internationale, dont le siège social est enraciné dans ce Land : Daimler-Benz SA, Robert Bosch SARL et Standard Elektrik Lorenz SA. Les deux premières BA ont été suscitées respectivement à Stuttgart et Mannheim. Leurs premières filières furent l'économie et la technologie (1974). En 1999, les BA du Land ont totalisé 14 500 étudiants, en 2004 environ 18 000 ; elles ont signé 4 000 contrats avec les entreprises. Le modèle s'est répandu à travers l'Allemagne à partir de 1982 et comporte à présent 28 « académies ».

Un autre type de formation duale est dispensé dans les « Fachhochschulen » (FH), créées cette fois-ci, à l'échelle des Länder, par l'État, le gouvernement du Land en l'occurrence, durant les années 1960/70. Quoique induites par les pouvoirs publics, bon nombre d'entre elles s'appuient à l'origine sur des institutions de formation déjà mises en place par le patronat : c'est par exemple le cas en Forêt-Noire, où l'École d'horlogerie du Grand-Duché de Bade, créée en 1850 à l'initiative du groupement des horlogers de Pays de Bade, en vue d'améliorer la productivité et l'image de marque, a donné lieu, en 1947, à la naissance de l'École publique d'ingénieurs de Furtwangen, spécialisée dans la mécanique de précision. L'adaptation progressive de l'outil de formation à l'évolution technique d'abord, technologique ensuite, a conduit à l'émergence, en 1971, de la « FH Furtwangen » et de son antenne de Villingen-Schwenningen, spécialisée dans la mécanique de précision. Cette FH, antenne incluse, compte aujourd'hui plus de 3 000 étudiants répartis entre une vingtaine de formations différentes, pour une agglomération (Furtwangen/Villingen-Schwenningen) d'à peine plus de 90 000 habitants (Stubbe, 1996).

Institut de formation supérieure correspondant *grosso modo* à un IUP (Institut universitaire professionnel) français, la FH est chargée de dispenser une formation plus adaptée aux besoins des entreprises que celle des universités, longue et plus théorique, dans le cadre d'études plus brèves et plus appliquées. La Fachhochschule est aussi plus étroitement liée aux finalités de production de biens et services d'ordre régional. Son rayonnement porte sur un diamètre de 80 à 100 km.

Quoique ressortissant de la compétence des Länder, les FH peuvent bénéficier de la part de l'État fédéral d'une participation à raison de 50 % aux coûts d'investissement, dans le cadre des programmes communs définis conjointement entre l'État fédéral et le gouvernement d'un Land. Chaque FH est à même de former entre 1 000 et 10 000 étudiants durant 8 semestres en général. Facteur d'attraction régionale en matière d'investissements, elle peut se constituer en centre de recherche régional. Aussi favorise-t-elle l'innovation et le transfert technologique vers les PME de moins de 1 000 salariés.

Fidèle à sa vocation évolutive et son « adhésion » étroite aux transformations des processus de travail, la FH ne cesse de s'adapter aux mutations du monde contemporain. Elle s'est ouverte, de manière pionnière dans le monde, à l'internationalisation, aux échanges entre établissements de formation, aux enseignements linguistiques de pointe, aux diplômes internationaux constitués par les « masters » et « bachelors ».

En Suisse, où les universités ne sont plus des institutions d'État, mais des entreprises privées à subventions publiques, chargées d'une gestion « rentable », aux professeurs recrutés pour une durée déterminée, quoique renouvelable (à Bâle par exemple d'ici à 2008, le salaire de tout le personnel va diminuer deux fois, à raison d'1 %), la réforme présente tend à *concevoir l'enseignement supérieur comme un ensemble socio-spatial à l'échelle du pays*, appelé « Hochschule Schweiz » (École supérieure Suisse), chargé de veiller aux besoins de la nation par une diversité d'offres réparties judicieusement sur l'ensemble du territoire. Chaque « lieu », les chances des étudiants étant égales par ailleurs au point de vue du droit, est choisi en fonction de ses atouts par rapport au territoire de la Confédération, de la recherche de l'excellence et de sa compétitivité européenne. Partout, la mise en œuvre des moyens financiers doit être proportionnelle aux résultats escomptés. À Bâle par exemple, la réforme entrée en vigueur le 22 janvier 2004, a suscité d'importants regroupements à vocation interdisciplinaire, tel que celui réalisé avec les sciences de la nature, la biologie organique, les nouvelles unités « Homme-Société-Environnement » (dont la géographie) et « Protection de la nature, du paysage et de l'environnement », les mathématiques appliquées et l'informatique, la médecine, avec un ancrage dans les « life sciences », une collaboration entre des cliniques médicales et dentaires de Bâle et de Berne ; les sciences sportives vont être dévolues à une « Fachhochschule », la pédagogie et la psychologie à une « Pädagogische Hochschule » (IUFM) des deux cantons de Bâle, le Jardin botanique au canton de Bâle-ville.

Un peu partout dans les pays développés, l'enseignement supérieur est mis à rude épreuve. Son émiettement, la faiblesse de la collaboration pluridisciplinaire, voire transdisciplinaire par suite de cloisonnements dépassés, la dispersion sans grande rigueur des activités au sein d'un même établissement, d'une même région, voire d'un État, rendent les performances intellectuelles, scientifiques et culturelles difficiles ou impossibles. À l'époque de la recherche de l'excellence et des efforts de recentrage des disponibilités financières sur l'essentiel, face à l'appauvrissement des pouvoirs publics, s'imposent visiblement une valorisation de la recherche et de l'enseignement par la constitution de pôles de déploiement interuniversitaires structurés en réseaux, à l'intérieur desquels les complémentarités activent les initiatives et les résultats. Recherche fondamentale et appliquée doivent être étroitement proches dans le cadre de solides entités pluripolaires soumises à des projets bien ficelés et appuyés sur des financement, publics et privés appropriés. Les universités mondialement en flèche sont celles qui intègrent — le regroupage seul demeure inefficace — les universités, les laboratoires de recherche de toute nature, les grandes écoles d'ingénieurs, d'économie, d'administration... En vue de répondre aux exigences de cette compétition internationale, le « modèle de Bologne » entend individualiser les études et faciliter la mobilité des étudiants ; il prévoit un crédit libre d'études transdisciplinaires, fondées sur l'interaction des disciplines, une démarche qui intègre l'enseignement supérieur de pointe à la mondialisation de la matière grise. Deux cursus sont prévus à cet effet : le « bachelor » et le « master ».

Par ailleurs, compte tenu de l'étroite imbrication de l'éducation et de la formation dans les processus de développement, l'OCDE a lancé, en 2000, dans 32 États, dont 28 sont membres de cette institution, un *Programme international pour le suivi des acquis des élèves (PISA),* en vue de répondre au besoin d'information sur la performance des élèves (figures 1 à 3), comparable au niveau international (encart 1).

Encart 1
Objectifs du PISA

« Le PISA entend proposer de nouvelles bases pour alimenter le dialogue politique et relancer la collaboration autour de la définition et de l'opérationalisation des objectifs de l'enseignement, par le biais de méthodes novatrices qui traduisent des jugements sur les compétences utiles dans la vie adulte. Il fournit des indications sur l'évaluation et la fixation de normes, cerne les facteurs qui contribuent au développement des compétences et décrit le mode d'action de ces facteurs dans les différents pays pour mieux comprendre les causes et les conséquences des lacunes de compétence observées. Parce qu'il se concentre sur les *finalités* de l'enseignement et non sur les *moyens* qui lui sont consacrés, le PISA peut guider les pays dans les efforts qu'ils déploient pour améliorer leur enseignement et mieux préparer les jeunes à faire leur entrée dans la vie adulte, dans un monde en pleine mutation placé sous le signe de la mondialisation ».

OCDE, *Connaissances et compétences : des atouts pour la vie – Premiers résultats de PISA 2000,* Paris, 2001, 342 p.

Le PISA a permis de constater, entre autres, qu'un certain nombre de pays qui sont parvenus à réduire les effets d'une infériorité socio-économique, ont réussi également à obtenir les meilleures performances moyennes. Il est donc prouvé que le niveau de performance peut être relevé en même temps que sont diminuées les inégalités, ce qui permet à l'OCDE de lancer un défi aux autres pays, par sa démonstration de la compatibilité de la qualité et de l'égalité. Le rapport mentionne par exemple que le Canada, la Corée, la Finlande, l'Islande, le Japon et la Suède enregistrent des niveaux de performance supérieurs à la moyenne sur l'échelle de compréhension de l'écrit, ainsi qu'un impact inférieur à la moyenne du statut économique, social et culturel sur le rendement des élèves. Par contre, l'Allemagne, la Hongrie, le Luxembourg et la République tchèque affichent une performance en compréhension de l'écrit nettement inférieure à la moyenne, tandis que les disparités entre élèves issus de milieux socio-économiques privilégiés défavorisés sont supérieures à la moyenne.

Le PISA observe par ailleurs que le milieu familial des élèves n'est responsable que d'une partie, la moins importante dans l'ensemble, des disparités socio-économiques relevées dans l'enseignement. « L'effet conjugué du statut socio-économique des effectifs des établissements peut exercer une influence appréciable sur la performance des élèves et, généralement, cet impact sur les scores théoriques des élèves est supérieur à celui du milieu familial personnel des élèves... L'"inégalité des résultats" ; étudiée dans l'analyse des gradients socio-économiques, est associée à l'"inégalité des chances"... la réserve de talents reste inexploitée et les ressources humaines sont galvaudées » (OCDE, 2001). Les familles aisées ont en outre tendance à inscrire leurs enfants dans les établissements réalisant des performances maximales. Il apparaît cependant que les performances sont tributaires de multiples facteurs, parmi lesquels les méthodes et pratiques des établissements scolaires, ainsi que les ressources et politiques de ces derniers.

figure 1

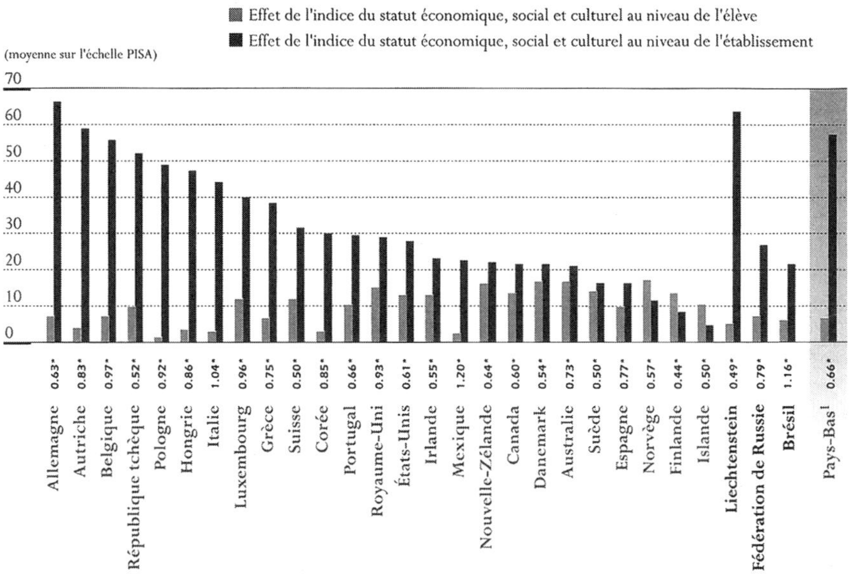

Performance des élèves et gestion privée et publique (PISA, OCDE)

figure 2

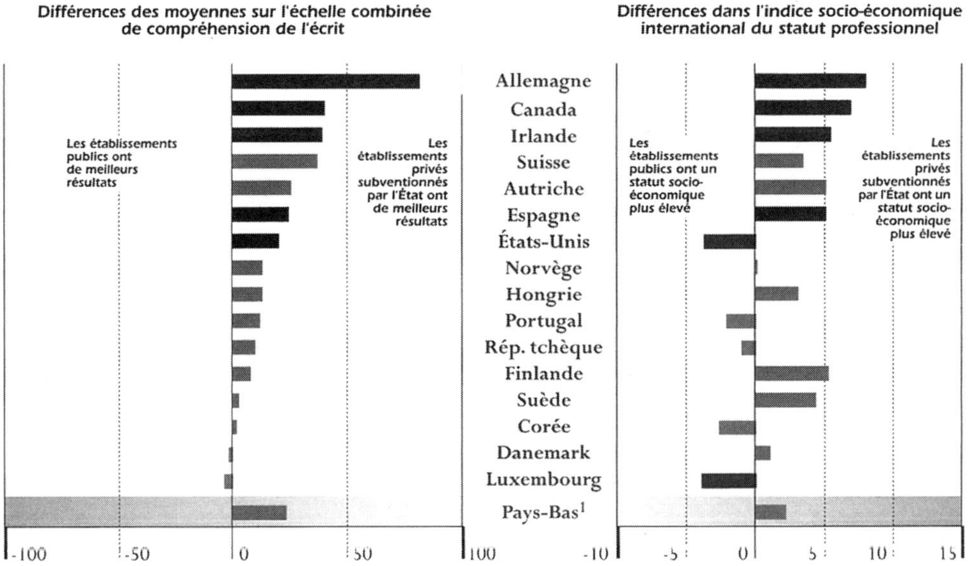

Variation des performances des élèves entre et au sein des établissements sur l'échelle combinée de compréhension de l'écrit (PISA, OCDE)

figure 3

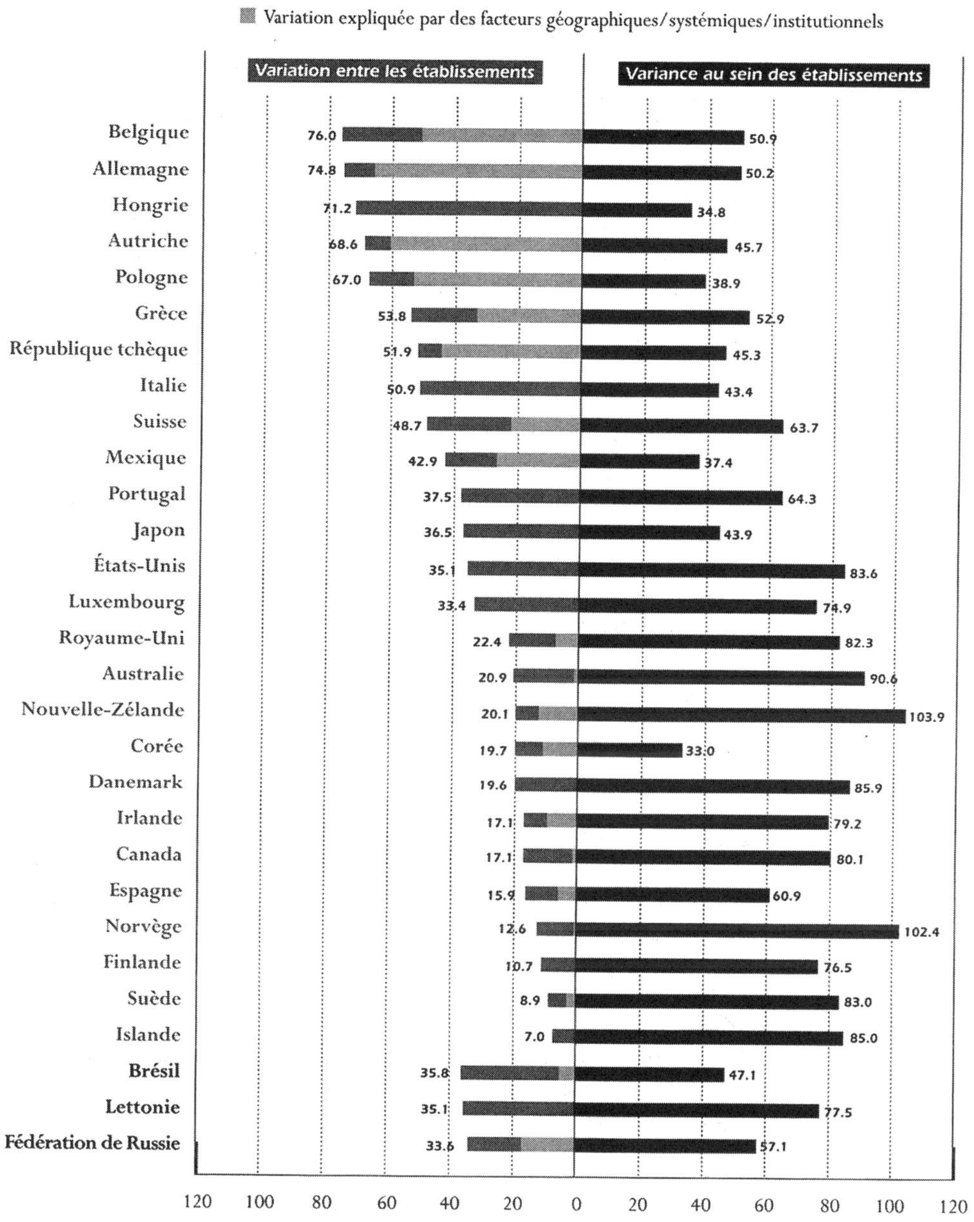

Impact du statut socio-économique des élèves et des établissements sur la performance des élèves sur l'échelle combinée de compréhension de l'écrit (PISA, OCDE)

Cette recherche de la performance, voire de l'« excellence », s'effectue parfois au prix du sacrifice de l'individu inapte à suivre le rythme d'un effort parfois surhumain. Au Japon, les suicides de collégiens et d'étudiants malchanceux dans cette course sont nombreux, poussés à cet acte par suite de la déconsidération sociale, voire « philosophique ».

Aux États-Unis, les universités de Harvard et de Stanford sont devenues des modèles d'excellence pour le monde développé et un mirage pour les pays en développement. Harvard dispose de 11 000 professeurs triés sur le volet, très bien rémunérés, pour environ 20 000 étudiants. Cette université dispose à cet effet d'un revenu patrimonial de l'ordre de 19 milliards de dollars, auquel s'ajoutent des dons multiples. Les droits d'inscription pour une année d'études sont, par contre extrêmement sélectifs, favorisant les cerveaux issus des couches les plus fortunées du monde, allant jusqu'à 50 à 60 000 dollars.

En Allemagne, le gouvernement social-démocrate entend imiter quelque peu Harvard et Stanford. Il a conçu un projet de dix « universités des élites », pour éviter ou freiner la fuite des chercheurs allemands vers les États-Unis. Il compte lancer ainsi une offensive de l'innovation, dont la dynamique d'entraînement doit être assurée par une superuniversité, la « Bundesuniversität » (Université fédérale). En Suisse, la conférence des recteurs d'université a convié, en janvier 2004, les 10 universités en place et les deux Écoles polytechniques fédérales — Zurich et Lausanne — à soumettre des propositions, sinon des politiques, en vue d'une stratégie de l'excellence. Les deux superuniversités semblent *a priori* toutes indiquées : ce sont les deux Écoles polytechniques fédérales qui viennent d'être mentionnées.

En Allemagne orientale, l'ex-Est de la RDA, une profonde réforme scolaire soustend le processus de la transformation sociétale dans le cadre du Programme PISA. Elle implique notamment une action pédagogique rénovée et une imbrication étroite du corps enseignant dans cette évolution. Du coup, les anciens Länder ont été inclus également dans la recherche d'une plus grande efficacité de l'enseignement face aux impératifs du monde contemporain (Schäfer & Sroka, 2003).

Pour ce qui est des *technologies de l'information et de la communication (TIC) appliquées à l'enseignement*, nous n'en sommes encore qu'aux balbutiements. Dans l'enseignement secondaire par exemple, la situation est relativement décevante, constate l'OCDE, à propos de la sortie de son rapport, en février 2004, sur l'utilisation des TIC, dans les 14 États suivants : Belgique (Flandres), Corée, Danemark, Espagne, Finlande, France, Hongrie, Irlande, Italie, Mexique, Norvège, Portugal, Suède et Suisse. Selon cette institution internationale , « ... en dépit des sommes considérables consacrées aux TIC, moins de 20 % des élèves fréquentent des établissements où le nombre de postes de travail est suffisant pour que chaque enseignant en ait un. Et dans 11 des 14 pays en question, le nombre insuffisant des ordinateurs à la disposition des élèves était cité comme l'un des obstacles majeurs à une meilleure utilisation des TIC... L'utilisation de l'informatique à des fins pédagogiques est de fait sporadique dans l'ensemble des pays, la recherche d'informations sur l'Internet étant l'utilisation la plus fréquente. En moyenne dans l'ensemble des pays étudiés, pour seulement 20 % des élèves les chefs d'établissement ont indiqué que les ordinateurs étaient "largement" utilisés dans un but didactique ou pour permettre aux élèves de travailler à leur propre rythme. D'après leurs chefs d'établissement, seule une minorité d'enseignants dans l'ensemble des pays utilisent de façon régulière des applications informatiques courantes et les seuls pays où ce pourcentage atteint 60 % sont la Corée, le Danemark et la Suède.

... Globalement, les pays nordiques — Danemark, Finlande, Norvège et Suède — semblent présenter le plus grand nombre de points forts, suivis de la Corée. Les atouts des pays nordiques sont essentiellement le nombre d'ordinateurs disponibles et leur utilisation, ainsi qu'une formation donnée aux enseignants »

Certes, l'influence médiatique, pouvoirs et opinion publics ne sont pas toujours en phase avec les véritables nécessités du développement, « caressant dans le sens du poil » les tendances à la facilité, à une consommation démesurée, à un populisme qui renonce à regarder les réalités et leur devenir en face. Ainsi, la crédibilité des pouvoirs publics est toujours davantage en jeu. Leur connivence avec des milieux entrepreneuriaux douteux, tant en matière de production dangereuse ou franchement néfaste pour l'homme , qu'en matière d'information et de communication, ou de pression sur l'Administration, les organisations professionnelles, sociales et culturelles, avec des moyens financiers parfois considérables, n'est plus un secret de polichinelle. Les pratiques du gouvernement Bush Jr., poussées parfois au paroxysme de l'inconvenance scientifique, montrent à quel point les rouages d'un État puissant, le plus puissant de la terre — l'un expliquant l'autre — peuvent être mis au service de la désinformation à l'échelle mondiale, voire de la lutte contre des vérités scientifiquement ou politiquement évidentes, depuis les manipulations génétiques du monde animal et végétal, jusqu'au non-respect des règles élémentaires de l'éthique des échanges et des traités ou accords internationaux (Organisation mondiale du commerce, résolutions du Conseil de sécurité, Organisation mondiale de la santé...).

2. Méthodes scientifiques

La science, dès lors qu'elle demeure éthiquement indépendante, apparaît, heureusement, comme un recours à la lucidité, contre les multiples déviations publiques, médiatiques, sociétales.

En ce qui nous concerne ici, l'*analyse économique* constitue à cet effet une base déterminante de l'approche du développement, déjà en matière politique et géopolitique, source des décisions impliquant les moyens à mettre en œuvre pour réaliser les progrès indispensables au façonnement des conditions d'existence.

L'un des grands problèmes en matière de perception du développement est la *fiabilité statistique*. C'est ainsi que les chiffres livrés par les États-Unis en matière de croissance sont souvent surfaits et destinés à rassurer la Bourse. L'exemple destiné à illustrer cette manière de procéder remonte au 30 octobre 2003, selon le journal allemand *Die Zeit* (7, du 5.2.2004, p. 23). Le « Bureau of economic analysis » (BEA), institution officielle américaine, a indiqué à cette date que l'économie des États-Unis a connu une croissance de 7,2 % durant le troisième trimestre 2003. Trois semaines après, il a même rectifié ce taux en déclarant que la croissance avait atteint 8,2 %. C'était conforter la Bourse, dont le cours des actions montait, ainsi que le gouvernement de George Bush Jr., qui n'avait pas enregistré pareille performance depuis longtemps.

En Europe occidentale, ce taux fut enregistré avec un grand scepticisme, dans la mesure où seuls les États émergents révèlent de tels taux de croissance. Pour le moment, la Chine est l'unique pays qui a un taux de croissance annuel de 8 %. En Allemagne par contre, le taux de croissance n'a augmenté que de 0,2 % durant le troisième trimestre 2003. La différence a résidé dans le mode de calcul différencié aux États-Unis et en Allemagne : aux États-Unis, le taux du troisième trimestre a donné naissance à une extrapolation pour l'ensemble de l'année, dans la mesure où une réduction fiscale a tonifié la consommation privée de 5,6 %.

De telles contrastes méthodologiques, évidemment peu scientifiques, sont nombreux dans d'autres domaines, comme celui du taux de chômage. Impossible de comparer des chiffres incomparables : tandis que le taux de chômage n'a atteint officiellement aux États-Unis que 5,9 % en novembre 2003, l'Allemagne, rigoureuse en matière statistique, a annoncé un taux de 10,5 % : aux États-Unis, les bénéficiaires d'indemnités publiques de chômage perdent ce droit après six mois ; dès lors ils disparaissent en tant que chômeurs de la statistique gouvernementale. De plus, de nombreux citoyens américains, déçus par le faible montant de l'indemnité publique ou tout simplement honteux d'avoir perdu leur emploi, ne se signalent guère, diminuant ainsi encore davantage un taux déjà irréel.

La géographie dispose d'un outil, dont elle a tout particulièrement la maîtrise, celui de *la cartographie*. Initialement (jusqu'au XVIIIe siècle), la carte a surtout localisé les lieux, les événements passés et présents. La géographie servait d'« œil de l'histoire », selon Ortelius (1581). Dès le Ve siècle avant J.-C. cependant, lorsqu'en 499 Aristagoras de Milet a demandé au roi de Sparte une intervention militaire, le premier a eu recours, selon Hérodote (*Histoires,* V, pp. 49-51), à une représentation de la terre en tant qu'instrument d'information et de persuasion. La carte est devenue idéologique et démonstrative. En France, par exemple, au XVIe siècle, la carte a commencé à accompagner des projets d'aménagement, tels que celui des rivières. Elle a fini par être très utile aux activités du génie rural. Au XIXe siècle, la construction des chemins de fer, puis l'aménagement de nouvelles routes, ont été facilités par des cartes de flux, permettant l'évaluation de l'ampleur de la mobilité des hommes et des marchandises. Aujourd'hui, les projections dans le futur donnent lieu à une modélisation géospatiale, empirique, statistique ou mathématique. Les cartes météorologiques, de prévision diverse, voire de géomarketing... montrent le chemin parcouru au cours du XXe siècle.

Outre les traditionnelles cartes topographiques et géologiques, la cartographie offre tout un éventail d'approches fort utiles au développement, depuis la photogrammétrie, la cartographie analytique, qualitative et/ou quantitative, jusqu'à la carte dynamique, en passant par la carte d'inventaire, typologique, d'aptitude, thématique, chorographique. La télédétection, appuyée pendant longtemps sur la photographie aérienne, dispose désormais de l'outil géostationnaire, du satellite SPOT... La géomatique et les Systèmes d'information géographique (SIG) permettent d'affiner sensiblement les données disponibles et leur gestion (Système de gestion de base de données SGBD...) ; le géomarketing se diffuse rapidement (Steinberg, *in* Wackermann, 2005).

À présent, en effet, la géographie est à même de réaliser une transcription raisonnée des données, visualisable, par une cartographie de plus en plus expressive, la géomatique (Steinberg, 2003). Les Systèmes d'information géographique (SIG) sont appliqués de manière systématique dans tous les domaines de la recherche géographique

Depuis les années 1960, la télédétection (Caloz & Collet, 2001) opère en tant que discipline scientifique dans de nombreuses universités, notamment en géographie, mais aussi en photogrammétrie, arpentage, physique et techniques de communication. À l'échelle internationale (Organisation spatiale européenne...), de nombreuses approches pluridisciplinaires sont en cours. Un vaste spectre de recherches est désormais possible, depuis l'analyse de l'atmosphère, l'usage du sol, jusqu'à l'observation de la terre en général et jusqu'aux expériences qui y sont liées, en passant par le « data mining » relatif aux archives de données imagées. L'image aérienne peut être produite par scannage d'une composition colorée. Grâce à la très haute résolution spatiale, la précision géométrique des résultats place la dimension spatiale au même rang que la dimension spectrale. « L'exploitation d'images aériennes ou satellitales à très haute résolution (< 5m) remet en cause des procédures de classification qui pourtant avaient fait leur preuve pour l'exploitation d'images à plus faible résolution » (Caloz *et al.*, 2003). Les phénomènes de développement, les réussites et les échecs, ainsi que les risques peuvent être appréhendés avec un maximum de précision. D'amples progrès ont été enregistrés à ce sujet en matière de science et notamment de géographie applicables (Itten & Parlow, 2003). Les images des satellites (NOAA, SPOT, Landsat...) permettent une observation attentive permanente de l'évolution des territoires. Elles signalent aussitôt les problèmes soulevés par des phénomènes naturels ou dits naturels, et sociétaux. Au Brésil par exemple, l'équipe COSTEL s'est mise au service de la perception précise des déséquilibres écologiques, depuis ceux suscités par la biodiversité jusqu'à ceux inhérents à l'érosion des sols, en passant par les répercussions des déforestations, nuisances fluviales... (Dubreuil, 2002).

La représentation cartographique de l'inégal développement de la planète (Conrath, 1984) est un extraordinaire instrument de visualisation, de prise de conscience et de mesure des problèmes posés. Elle permet, à partir des multiples critères d'analyse, de découvrir, dans la diversité de ses aspects, le caractère complexe et multiforme des diverses formes et des étapes successives du développement.

Si le traitement entièrement objectif des données observées sur le terrain ou élaborées par des procédés informatiques n'existe pas, la cartographie permet néanmoins de représenter de manière aussi expressive que possible des situations, des évolutions, des tendances de phénomènes tant simples que complexes. Elle facilite l'interprétation et la découverte de corrélations, d'interrelations, conduit vers des pistes de réflexion et de recherche nouvelles. Elle s'avère donc être très utile à l'étude et à la prospective du développement. La cartographie thématique, de son côté, est évocatrice, incitatrice d'hypothèses de travail, quoique sujette à des lectures parfois différentes, voire contradictoires.

Un organisme public, tel que l'Institut géographique national (IGN), s'est adapté aux exigences cartographiques du développement des territoires. Il continue ainsi, en l'actualisant dans notre univers entraîné par les technologies avancées, la longue marche cartographique, commencée en 1750, par la carte de Cassini, première représentation de référence du territoire. D'abord à but essentiellement militaire, la carte, appelée alors « carte d'état-major », au 1/25 000, a donné lieu, au XIXe siècle, au relevé du terrain effectué au sol. Durant les années 1920, la photographie aérienne a bouleversé cette technique et accéléré la connaissance de la surface terrestre. De nos jours, le passage au numérique a intégré cette approche à la photographie aérienne. Il en résulte une vision du territoire alliant la précision topographique et la beauté de la photographie aérienne.

À cet effet, l'IGN a réalisé, au cours des cinq dernières années, la couverture orthophotographique de la France, un terme emprunté par analogie au domaine médical, qui signifie le « redressement » des images déformées principalement par le relief et l'inclinaison de la prise de vue, de manière que chaque point apparaisse comme s'il avait été saisi à la verticale par l'objectif. La base de données photographiques du territoire comporte à présent environ 80 000 clichés. La carte numérique définitive doit être achevée en 2007, pour être ensuite facilement actualisable. Parallèlement, une base de données topographiques est en voie de réalisation sur les informations géographiques disponibles à propos des cartes de référence. Une troisième base de données comportera l'ensemble des adresses, ainsi qu'un cadastre numérisé, en accord avec la direction générale des impôts. En 2007, l'écran fera apparaître en une seule image la photographie numérique en relief, les cours d'eau, voies de communication, l'espace bâti, les parcelles cadastrales...

Cette fois-ci, les images sont destinées, en premier lieu, aux besoins civils de développement, à la gouvernance politique, aux collectivités publiques, à l'intercommunalité, à la décentralisation, à l'urbanisme, au monde rural, à l'aménagement du territoire et à l'environnement débouchant sur des considérations de développement durable.

De son côté, le Bureau de recherches géologiques et minières (BRGM) a achevé la numérisation de ses cartes géologiques. Il est désormais en mesure d'intégrer dans une même représentation du terrain des informations en provenance de diverses bases de données, livrant ainsi des renseignements forts riches sur tous les sites et éléments utiles à l'aménagement du territoire, à l'étude des risques géologiques et à leurs répercussions sur les réalités socio-économiques. L'État et les collectivités territoriales sont devenus des demandeurs importants du service des « cartes à la carte ».

Lors du Sommet mondial de l'observation de la Terre, qui s'est tenu à Tokyo fin avril 2004, plus de quarante États ont confirmé la création, pour 2014, du système Géoss (*Global earth observation system of systems*), qui favorise la *surveillance environnementale permanente du globe par une interconnexion des banques de données, sous la forme d'un vaste réseau mondial.* L'objectif déclaré de Géoss est notamment la fourniture, à partir de la fusion des informations en provenance de satellites météorologiques, d'observations scientifiques, de mesures de l'air au sol, de relevés hydrologiques, de prélèvements chimiques en avion...

Les capteurs spatiaux sont, en effet, devenus indispensables dans le traitement des atteintes environnementales de grande envergure. Ils facilitent le suivi des écosystèmes, des phénomènes climatologiques, océanographiques, sismiques... Ils permettent d'observer de manière permanente le développement d'aérosols générateurs de maladies et d'épidémies (choléra...), d'anticiper des maladies d'origine animale (dengue, virus du Nil).

Le système Géoss, porté ostensiblement par les États-Unis et leur gouvernement, suscite cependant des réticences de la part de l'Europe. Les Américains n'ont-ils pas déjà agi en véritables concurrents à propos du système de positionnement par satellite Galileo ? Il importe de savoir dans quelle mesure les Américains ne visent pas la mainmise sur ce programme intégré à l'échelle mondiale, sur un système unique avec des standards réglementaires et informatiques identiques. C'est pourquoi les Européens préféreraient une interopérabilité de plusieurs systèmes indépendants. C'est dans ce sens que la Commission de l'UE et l'Agence spatiale européenne (ESA) travaillent depuis des années, à l'échelle du continent européen, sur un système comparable appelé « Global monitoring of environment and security » (GMES). Les États-Unis proposent une véritable alternative à celui-ci, comme ils l'ont fait pour Galileo. Ils comptent se servir de Géoss comme outil de souveraineté sur le globe tout entier. Comme l'Europe a pu faire accepter à Tokyo le principe d'un « système de système », elle espère trouver également un compromis à la façon de Galileo, imaginant que l'Organisation mondiale de la météorologie (OMM) ou une entité des Nations unies serait à même de constituer une structure d'accueil.

B. La recherche

La recherche en faveur du développement a pris des proportions considérables durant la seconde moitié du siècle écoulé. Elle a donné lieu à de nombreuses publications qui ont enrichi la science en général et les sciences sociales en particulier. Elle a contribué à relativiser les absolus économiques et environnementaux, à affiner les méthodes d'investigation, à revoir les concepts en fonction de préoccupations proches de celles des sociétés autochtones, d'exigences locales souvent diamétralement opposées à celles des pays développés, maîtres du fonctionnement et du développement à l'échelle mondiale.

Elle s'est orientée vers l'observation de la capacité de charge spatiale, des comportements informels, des fractures sociales, du développement fragmenté, de la nature différenciée des perspectives selon un regard porté par « le haut » ou par « le bas », des formes de dépendance liées à la modernité... (Scholz, 2004).

Fondamentale et appliquée, cette recherche, à but pratique, s'est surtout affirmée après l'échec de multiples théories de croissance à prétention souvent universelle. La perception d'un clivage béant séparant les revenus des pays pauvres de ceux des États riches, ainsi que le souci d'en connaître la genèse et les causes, ont conduit à la nécessité d'ouvrir des voies nouvelles aux investigations scientifiques. Il s'agissait de dépasser les seules réflexions sur l'opportunité offerte aux pays en développement d'imiter l'évolution des « États-tigres » asiatiques, appelés Nouveaux pays industrialisés. Il convenait aussi de quitter les sentiers battus sous l'emprise d'une pensée unique fondée sur des concepts de développement tripolaires ou à caractère dual, la quasi-synonymie des termes de croissance et de développement (voir chapitre suivant).

Le questionnement de Deborah Bräutigam sur « *What can Africa learn from Taïwan ?* » (Bräutigam, 1994) a soulevé une violente controverse. L'analyse approfondie des situations régionales et locales a fait ressortir l'urgence d'une réflexion sur la prise en compte des diversités, tant dans les causes de l'insuffisant développement que dans ses effets et les moyens à mettre en œuvre pour sortir du cercle vicieux. Le titre même du cahier 17 de la revue *Périphérie* est éloquent (Brandt, 1997) : « La théorie du développement est morte – Vive la théorie du développement global » (« *Die Entwicklungstheorie ist tot – Es lebe die Theorie globaler Entwicklung* ») va dans ce sens. *La recherche recommandée est pluridisciplinaire.* Elle est soumise à l'évolution de la théorie du sous-développement vers celle de la sociétalisation globale (encart 2). Elle prend progressivement en compte la notion de développement durable, abandonnant celle du « rattrapage », selon le modèle occidental, de l'économie des pays développés. Elle met l'accent sur la précarité des ressources et renonce à proposer des efforts de développement, coûte que coûte, dans le cadre de la mondialisation. Elle constate que les échanges internationaux ont plutôt aggravé l'ambiance et les écarts de développement, sous l'effet de la dérégulation, du désengagement des États, de la puissance croissante des firmes transnationales. La critique faite par Joseph Stiglitz, ancien acteur gouvernemental des États-Unis, en 2002, à l'adresse du Fonds monétaire international (FMI) et des objectifs de développement de la Banque mondiale, conforte les nouvelles orientations prises par la recherche.

En 2001, Pierre Bourdieu évoque les chances de développement à base de droits de l'homme et de démocratie participative. La recherche se tourne notamment vers l'étude des contradictions et de solutions portant sur la manière dont la pauvreté hypothèque les échanges internationaux, dont la mobilité des biens et des personnes défrontiérise les territoires, et dont de nouvelles barrières et fractures sociales amplifient les ghettos de pauvres et de riches, ainsi que l'exclusion de couches de population demeurées à l'écart des infrastructures sociales et du bien-être. Envisager des perspectives globales pour les Sud relève de l'idéologie du développement désormais considérée comme un concept sans espoir.

Encart 2
Théories du développement*

Théorie	Principales caractéristiques	Critique et destinée
Théorie de la croissance (théorie dualiste, théorie de la modernisation)	croissance et développement vont de pair rattrapage des pays en développement par des aides extérieures	échec reconnu durant les années 1960, sauf dans les Nouveaux pays industrialisés du Pacifique
Théorie de la dépendance	les inégalités socio-spatiales peuvent être résorbées par un développement auto-centré	empiriquement justifiable, surtout dans un cadre étatique, mais pas de modèles ni d'exemples concrets
Modèle de planification centrale	étatisation de l'économie, régime collectiviste, dictature communiste	échec dans la foulée de l'ère post-industrielle, fin du « second monde » au terme du XXe siècle ; États en « transformation », transition vers l'économie de marché
Modèle néolibéral	désengagement de l'État, « libération » des marchés, credo du libéralisme	renforcement des fractures socio-spatiales, échec dans les pays en développement
Concept du rapport culturel au développement	prise en compte de l'éthique et de la culture ; affirmation de la nécessité d'une éthique et d'une ethnologie économiques ; empreintes religieuses (cf. théorie de Max Weber)	difficile affirmation, compte tenu des forces d'opposition et d'inertie ; l'influence rejaillit toutefois sur la théorie du développement durable et sur le mouvement qui s'est ensuivi
Concept du développement durable	redéfinition des objectifs du développement dans l'optique d'une alternative au développement actuel ; critique des théories de la croissance ; limiter l'expansion pour favoriser le développement durable	un concept stratégique d'optimisation des ressources disponibles ; aucun système économique fondé sur le principe de la préservation des ressources n'est encore en place

*selon Kreutzmann, 2003, pp. 6-7, encadré adapté par l'auteur

À l'échelle internationale, l'OCDE est constamment préoccupée par la nécessité de *resserrer les liens entre la recherche publique et la recherche privée,* d'envisager les mesures assurant une formation appropriée, le développement et la mobilité des scientifiques et d'autres personnels hautement qualifiés, notamment dans le secteur public, et d'évaluer le rôle potentiel de la science et de la technologie dans la sûreté et la sécurité, le tout pour assurer un développement optimal correspondant aux divers espaces et sociétés de la terre. À ce titre, elle a convoqué de multiples conférences et colloques. Les 29/30 janvier 2004, elle a une fois de plus organisé à son siège, à Paris, un forum de ministres et hauts fonctionnaires, chargés de la science et de la technologie, de plus de trente États, en vue de débattre avec d'éminents représentants du monde scientifique et technologique de politiques visant à améliorer la performance de leurs systèmes de recherche et d'innovation, des réformes de la recherche publique et de la nécessité d'accroître la coopération internationale.

La recherche appliquée, qui, en matière de développement, débouche sur de multiples expertises, rapports, recommandations, politiques et stratégies, projets d'aménagement, *donne lieu,* toutefois, *à une imposante gabegie* inhérente à la bureaucratisation, à la technocratisation et à la politisation politicienne, régionale, nationale et internationale. Ainsi les recherches entreprises ou les expertises commandées dans le cadre des Nations unies et de leurs organismes spécialisés (PNUD, CNUCED, UNESCO...), tout en conduisant fréquemment à de fort remarquables résultats, peinent à être traduites dans les faits, à moins qu'elles ne demeurent franchement ignorées, soit par suite de partis pris idéologiques ou pseudo-scientifiques, soit en raison de conflits d'intérêts à l'intérieur même des administrations concernées. J'ai eu moi-même l'occasion d'observer de telles forces à l'œuvre, plus ou moins occultes, notamment en ce qui concerne l'Afrique subsaharienne. J'ai par exemple réalisé une étude, toujours fort onéreuse, dans les États africains enclavés, franco- et anglophones, pour le compte de la CNUCED, l'une parmi d'autres — une « découverte » faite au fil de mes contacts — qui a été rangée à son tour dans l'une des armoires dans lesquelles s'empilaient des documents qui auraient pu faire vraiment changer la face du sous-développement. Occultés à la fois par des fonctionnaires des pays développés et, surtout, par des fonctionnaires internationaux subsahariens, ils ont reflété la pitoyable ambiance, le côté négatif en somme, de ce genre d'univers institutionnel parallèle qui défait partiellement ce qui est construit avec beaucoup de peine par les institutions officielles.

Pareilles scories sont également à observer dans d'autres parties du monde et à l'intérieur d'autres organismes internationaux, où le choix hasardeux d'équipes de recherche, des méthodes scientifiques douteuses ou partiellement inefficaces, l'incurie administrative et la faiblesse de la coordination des activités institutionnelles, réduisent sensiblement la portée des résultats obtenus. La direction générale scientifique de l'Union européenne et de ses devancières n'échappe pas ou n'a pas échappé à de tels comportements. Ainsi, à l'heure actuelle, des recherches continuent à être menées sur la métropolisation européenne, sans tenir compte suffisamment ni des nouvelles conditions d'évolution morphologique ni, surtout, de la priorité à accorder aux mutations fonctionnelles. La facette « humaine », face à la démesure urbaine, au moloch immonde du magma urbain moderne et post-moderne, demeure négligée, quant au fond. Observons aussi que, dans ce cadre, la recherche est fréquemment plus une course aux crédits qu'une démarche destinée à rénover la curiosité scientifique et, par là même, à promouvoir le développement dans ses dimensions les plus profondes.

Il importe également de pratiquer la modestie du savoir, de renouveler et d'adapter les méthodes d'approche, les angles de vue, les manières d'observer, d'apprécier, d'induire et de déduire. Dans cette optique, rechercher « autrement » devient une impérieuse nécessité. L'habitude prise trop fréquemment d'aborder les analyses dans un esprit de pays développé, à partir d'une équipe de laboratoire dont les réflexions sont fondées sur les mêmes pratiques, est désuète. Il faut penser de plus en plus collectivement, en faisant appel à du sang nouveau venu de tous les horizons mondiaux et de toutes les catégories sociales, savoir mettre constamment en cause les idéologies qui ont tant bloqué et continuent encore à malmener la vraie recherche, empêchant de trouver les vraies solutions aux problèmes de développement, dès lors que les finalités sociales de l'économie sont plus ou moins clairement établies à l'échelle universelle, sous réserve de l'indispensable prise en considération des situations locales. Le « simple usager », le « citoyen lamda » est, à l'instar de la « bonne » de Marie Curie, parfois, dans un cas précis, d'une lucidité qui dépasse tout l'entendement du savant. Faut-il continuer, même dans les institutions internationales, de distinguer entre chercheurs des pays avancés, forcément plus ou moins unilatéraux, et chercheurs des pays en développement, eux aussi plus ou moins subjectifs ? Une vision du développement, sous toutes ses facettes, requiert non seulement une approche pluri-, inter- et transdisciplinaire, mais aussi transnationale et -continentale.

C. Les acteurs de leur mise en route

La quête du développement a d'abord mis *les acteurs face à des réalités et structures de base* dont les caractéristiques ont suscité des interrogations majeures : elle a mis en premier lieu les acteurs face à la problématique du degré d'ouverture de leur société : fermée, ouverte ou abstraite. Le passage de la société fermée à la société ouverte requiert l'abandon, au moins progressif, des structures sociales traditionnelles et l'évolution vers la dilution des barrières intérieures et des frontières extérieures, une individualisation croissante, une mutation des valeurs, de nouvelles intégrations ou des réintégrations, des formations identitaires, ainsi qu'une véritable foi dans le progrès. L'exemple de l'Inde (Saglio-Yatzimirsky, 2002) est instructif à cet égard ; l'économie émergente de cet État contribue à susciter une mutation, certes lente, aux nombreux écueils et « retours de boomerang », mais un mouvement irréversible intégrant le progrès technologique contemporain aux nouveaux paramètres de développement de ce sous-continent jusqu'à présent parmi les plus traditionnels du globe.

La compétence requiert une attitude souple, le refus d'une conduite unilatéralement uniforme, l'intégration d'un optimum d'expérience, de doigté, de prudence, de sagesse. Elle ne saurait être fondée sur une volonté systématique de faire valoir partout les mêmes principes, les mêmes approches, les mêmes techniques, le territoire à « traiter » étant toujours plus ou moins « unique », dont les perspectives sont à concevoir « au singulier » dans le cadre d'un déploiement spatial d'ensemble.

Un projet de développement est tributaire du milieu dans lequel il a été conçu, de celui qui l'a évalué, de celui qui l'a approuvé et de ceux qui le réalisent. Il *n'est* donc *jamais à vrai dire « objectif »*, même s'il est conçu dans un cadre législatif et réglementaire déterminé, de portée générale pour une région, un État, un ensemble d'États, voire une partie du globe soumise aux impératifs communs déterminés par les institutions internationales — ONU, Programme des Nations unies pour le développement (PNUD)... — et des bailleurs de fonds publics (Banque mondiale...). Ces États et organismes même sont sujets à caution, par leur tendance à imposer plus ou moins une « pensée unique », en fonction de l'ampleur de leurs appareils de décision et de leur sens spécifique de la puissance. Dans un pays tel que la France, le système des grandes écoles, destiné à épauler, voire à incarner d'une certaine façon l'État, a profondément marqué la façon de concevoir et, par là même, de gérer le territoire national. La « culture » qui y a été « enseignée » et qui l'est encore partiellement, n'est pas une culture profonde au sens scientifique et humaniste du terme, mais une culture panachée d'expression du pouvoir, de l'autorité, des technologies et sciences de la maîtrise et de l'efficacité de la « *res publica* », peu importe les multiples facettes sociétales, surtout si celles-ci ne cadrent pas avec les orientations tracées par la « culture » séculaire des grands corps de l'État. Aussi est-elle vite victime de l'artificiel, dans la mesure où l'on a facilement tendance à « tourner en rond dans sa sphère ».

Un projet de développement nécessite au préalable une analyse très fine du territoire concerné, à partir d'opérateurs répondant à une diversité de compétences, collaborant dans l'optique d'une pluridisciplinarité, voire d'une interdisciplinarité dont l'importance est désormais reconnue partout (cf. ci-dessous, troisième chap., I). Les agents du développement, venus d'horizons scientifiques et pratiques divers, sont ainsi devenus des médiateurs socio-économiques (Sardan, 1991). Le développement rural, qui a été le premier à bénéficier de l'aide publique et des outils mis au point en faveur d'un déploiement dit moderne (Sabelli, 1987), illustre très bien cette adaptation.

III. BASES IDÉOLOGIQUES DU DÉVELOPPEMENT

Le développement est toujours plus ou moins l'expression, la manifestation idéologique d'un courant de pensée, d'opinion, traduit dans les faits par une politique.

A. La démocratie en question

Dans sa très clairvoyante vision d'une *société ouverte* des hommes, Henri Bergson a constaté, au début du XXe siècle, que la société close des États était appelée à se transformer. Les notions de solidarité et de participation allaient s'affirmer et se concrétiser, faisant progresser l'idée de démocratie. Il est vrai que le véritable développement repose sur des bases consensuelles. Par là même, il est étroitement lié au bon fonctionnement démocratique. Il ne saurait cependant échapper aux influences et discours idéologiques, de surcroît à géométrie variable. Contexte politique et mécanismes institutionnels contribuent à nuancer le professionnalisme

Le monde contemporain a été et est de plus en plus soumis aux règles de fonctionnement ainsi qu'aux mécanismes du capitalisme. Même à l'époque de l'affrontement entre les deux blocs idéologiques, « l'Ouest » et « l'Est », le capitalisme l'a emporté par sa vigueur, sa puissance financière et économique, et, par là même son aptitude à imposer son cadre culturel et social. De plus, il est venu à bout, progressivement, non forcément du marxisme et de son influence intellectuelle, mais de systèmes politico-économiques désuets, essoufflés, dont les dirigeants principaux — à Moscou surtout, mais aussi à Pékin — ont eux-mêmes abandonné les principes fondamentaux et, notamment, la « praxis » du collectivisme. Ce que les États-Unis ne sont pas parvenus a entreprendre aussitôt après la Grande Guerre, par leur tentative de renverser le bolchévisme, en encourageant des soulèvements en Russie blanche, en Ukraine, en donnant par exemple au maréchal allemand Wrangel quelques moyens matériels supplémentaires dans sa lutte contre le « mal », ils l'ont réalisé, arrivés au sommet de leurs potentialités, la mondialisation aidant.

La démocratie, au moins formelle, n'est donc, toutefois, pas garante de la liberté et de l'égalité réelles dans le monde. Elle sert souvent de paravent pour masquer les desseins très égoïstes des groupes financiers qui sous-tendent le système dit démocratique. Le capitalisme ne saurait à lui seul satisfaire aux règles éthiques propres à l'humanité. Le marché dit libéral, contrairement aux idées fausses universellement répandues, n'est pas en mesure de réguler socialement l'économie ni les échanges. L'arbitrage et la pression de pouvoirs publics, à la fois socio-culturellement forts et économiquement compétents, sont indispensables à un fonctionnement équitable de la société (voir ci-dessous, même chap., sous II, D). Ce n'est que dans ces conditions que démocratie et marché sont compatibles (Fitoussi, 2004)

Cette compatibilité ne saurait exister en outre que lorsque les entreprises participeront efficacement à l'anticipation collective en matière d'emploi, puisque celui-ci est de plus en plus à durée déterminée, soumis à la flexibilité et à la mobilité du monde du travail, en même temps que des firmes, une mobilité voulue conjointement par les firmes et les salariés des jeunes générations. La création de cellules interentreprises, surtout territorialisées, de formation continue et de reclassement, le moment venu, devient urgente pour sécuriser le travail par anticipation. Les pouvoirs publics et les collectivités locales ont l'ardente obligation de demeurer engagés au service de l'économie sociale. Leur responsabilité dans la veille de l'anticipation est essentielle, dans la mesure où la société à toujours davantage besoin d'intermédiation pour sécuriser l'emploi, y compris la formation et la santé, en vue d'assumer les « temps de passage » de plus en plus fréquents. La reconstruction sociétale est devenue un phénomène permanent et une interpellation quotidienne.

Politiquement, l'arrogance ultralibérale est allée jusqu'à s'infiltrer dans le projet de constitution européenne, porté par Valéry Giscard d'Estaing qui, lorsqu'il était président de la République française (1974-1981), a déjà favorisé le déploiement du discours visant la légitimation des inégalités sociales, la création d'une société duale et « l'assouplissement » de la législation du travail. Dans le préambule, il est question non pas du droit au travail, mais du droit de travailler, ce qui est une régression sociale sensible.

Dans le cadre de l'Organisation mondiale du commerce, l'Organisation des règlements des différends (ORD) statue certes contre la violation de la liberté du commerce et de la concurrence, mais nullement contre les « crimes » des groupes financiers et économiques transnationaux.

La démesure urbaine avec, dans son sillage, les multiples convulsions et fractures sociales, les nombreuses zones urbaines dites sensibles, est sans doute en premier lieu, à l'heure présente, frontalement confrontée avec les principes élémentaires du respect réciproque des individus et des groupes, d'une vie sociétale et d'une paix civique minimales. Elle menace sérieusement les fondements de la démocratie, favorise les aventures extrémistes (voir prochaine subdivision), populistes et autres, *sape à la base tout développement* harmonieux. Les échecs de l'intégration, le déploiement du communautarisme à la faveur de la pluriethnicité croissante dans les magmas urbains, et les graves répercussions qui se sont ensuivies témoignent du fait que le devenir de la démocratie et du développement coordonné se joue en milieu urbain, là où est concentré de plus en plus l'essentiel des habitants d'un pays. Ce n'est pas innocemment que les dirigeants politiques attribuent une importante déterminante à leur ministère chargé de la ville. En France par exemple, la loi d'orientation et de programmation pour la ville, promulguée le 1er août 2003, prévoit un programme de renouvellement urbain sur cinq ans, visant à restructurer en profondeur les quartiers en zones urbaines sensibles, à réaménager les espaces et équipements publics, les voiries, à construire 200 000 logements locatifs sociaux, à réhabiliter « durablement » autant et à démolir 200 000 logements vétustes. Selon le ministre français de la Ville (novembre 2003), « la démocratie européenne risque de se fracasser sur le problème de la cohésion des agglomérations ».

B. Le rôle équivoque et néfaste des régimes autoritaires

Les régimes autoritaires, à poigne, appuyés sur une centralisation excessive, pouvant aller jusqu'à la dictature la plus sanguinaire, sont à la fois la contre-illustration de la démocratie et, par là même, d'un développement plus ou moins harmonieux. Les dictateurs se moquent très souvent du développement : ainsi bon nombre d'aventuriers politiques sud-américains, devenus dirigeants, ont soumis le développement aux principes de la spéculation, souvent en rapport avec les milieux de la drogue et des mafias diverses. À Haïti, le président Duvalier et son fils « Bébé Doc », puis le président Aristide sont restés dans cette lignée. Par contraste, à Cuba, Fidel Castro, ayant fondé son action dictatoriale sur les principes du marxisme, a fortement « idéologisé » le développement, mais a suscité une voie parallèle, que le « Che » (Che Guevara) voulait étendre à l'Amérique du sud toute entière. L'expérience n'est pas non plus une réussite, mais les effets pervers n'ont pas abouti au marasme économique observé dans les dictatures capitalistes du Tiers-Monde. Il en a été de même en URSS et en Chine, où les régimes induits par Lénine et Staline, pour ce qui est de l'URSS, par Mao Tse Toung pour la Chine, ont certes destructuré les bases du développement antérieur au communisme, mais réussi à maintenir une certaine cohérence sociale que l'on ne retrouve pas dans les dictatures capitalistes du Tiers-Monde.

Dans les dictatures en général, en vue de l'affirmation de la puissance et de la consolidation du pouvoir, une certaine entente avec le peuple — au moins aux débuts du régime, à base de nationalisme, et de fanatisme —, a incité les dictateurs fascistes à procéder à une politique de développement destinée à renforcer les forces militaires, souvent à l'appui d'un système plus ou moins autarcique. L'appel à la mobilisation de la force de travail pour faire face aux projets belliqueux et/ou aux mutations structurelles idéologiques, fut-ce au détriment d'un vrai développement économique, a permis d'exercer un contrôle des comportements des personnes et des groupes. De Mussolini à Hitler, de Franco à Salazar et aux Peron, les aventures de ce genre n'ont pas manqué.

Ces dictatures ont induit en outre le racisme, des persécutions, voire le nettoyage ethnique, préjudiciables au développement, privant l'économie de forces vives souvent efficaces (encart 3).

Encart 3
Le nettoyage ethnique

« D'un point de vue épistémologique, il est manifeste que le "nettoyage" est un processus spatial, et que, en tant que tel, les géographes doivent se l'approprier comme objet d'études et de réflexion. Les "nettoyages" forment la dimension géographique de phénomènes que les politistes ont classé en génocide, démocide, politicide, etc. Il y aurait ainsi des "nettoyages" ethniques, mais aussi idéologiques, sociaux, voire économiques.

Géographiquement, on peut présenter le "nettoyage" comme un phénomène obéissant à certaines règles variables dans l'espace à grande comme à petite échelle. À grande échelle, la continuité territoriale, et la destruction des enclaves ethniques doivent être mis en exergue. À petite échelle (mondiale), la typologie proposée plus haut peut se résumer en une planisphère représentant les trois mondes du "nettoyage" depuis le XIXe siècle ; tel est le sens de l'esquisse cartographique proposée ici.

Enfin, en termes de prospective, et sans verser dans un pessimisme outrancier, il est manifeste que, compte tenu, d'une part, de la multiplication du nombre des États (reconnus ou non par la communauté internationale), et d'autre part, de l'accroissement de la pauvreté d'une fraction importante de la population, on peut considérer que le potentiel d'apparition de "nettoyages" est, malheureusement, en augmentation. Une autre raison de s'intéresser à ce phénomène »

S. Rosière, « Le nettoyage ethnique – Approche géographique », *Geographica Helvetica*, 4, 2004, Bâle

C. Symboles et mythes des idéologies

Les idéologies qui sous-tendent les systèmes de développement économique, eux-mêmes tributaires des structures politiques en place, s'appuient sur des symboles et des mythes pour être mieux à même de « frapper » les mentalités en vue d'une mobilisation aussi efficace que possible au service de l'effort commun.

2. Un symbole religieux du développement : la Grande mosquée de Casablanca

La religion a été et demeure encore dans bon nombre de sociétés une base certaine de l'adhésion d'une population aux projections de développement déployées dans le monde. Les édifices culturels (photo 2), les liturgies mises au service de la réussite de l'effort collectif (rogations dans la chrétienté, fêtes des récoltes un peu partout...), la valeur mythique et morale attribuée au travail (« tu travailleras à la sueur de ton front », dans l'Ancien Testament, après la Chute du Paradis...) sont autant de signes susceptibles d'illustrer l'importance et l'ampleur de la religion dans les comportements en matière de production et d'appropriation de l'espace.

Il en est de même des mouvements philosophiques qui n'ont cessé de situer le développement dans leur quête de sens en ce qui concerne les activités humaines et leurs finalités. L'« *Aufklärung* », les « Lumières », surgies au moment de l'émergence de l'époque contemporaine, fondée sur la « révolution » technique et scientifique, illustrée par l'Encyclopédie, ont fait ressortir la facette libératrice de l'homme par la progrès. Elles ont ainsi encouragé les révolutions de l'esprit, et par conséquent les mutations politiques en faveur d'une lente démocratisation, depuis la Révolution française jusqu'à celles qui, de nos jours, tentent de sortir de l'ornière les pays en développement, allant jusqu'à influencer la « théologie de la libération » en Amérique latine.

Il est significatif que les trois grands pôles d'appui idéologique du globe, les États-Unis, l'Union européenne et le monde arabe, aient plus ou moins la religion comme support de leurs projections politiques et géopolitiques, une tendance renforcée depuis le 11 septembre 2001 : les dirigeants et de nombreux citoyens des États-Unis sont convaincus du fait que Dieu les a institués comme gardiens du Bien contre le mal dans le monde (*Revue Hérodote*, 2003) ; les États arabes, musulmans, souffrent de leur position de dépendance et estiment qu'ils sont victimes du Mal causé par les détenteurs judéo-chrétiens du pouvoir sur le globe. L'Union européenne, fort hésitante dans ses croyances et références, mais sûre de son impact mondial, a discuté fébrilement sur la manière dont les références chrétiennes pouvaient prendre place dans sa constitution.

L'écriture est susceptible d'apparaître comme un symbole du pouvoir. Le passage de la tradition orale à la tradition écrite ne constitue pas uniquement un changement radical dans le mode de communication entre les hommes et les sociétés. L'écriture devient aussi l'un des fondements de l'ordre social et politique, fixe les événements, idées, projets, contestations. Elle est autant un outil administratif, économique et social majeur que la transcription de la parole divine. À ce titre, elle est perçue comme un moyen d'établir et de faire respecter une conception globale du fonctionnement de la société, à finalité eschatologique. Elle est un instrument de culture et de pensée. Elle reflète le souci de servir de support à une pensée conceptualisée

Les *symboles et mythes politiques* sont nombreux. Charlemagne, en dépit de son extrême brutalité — n'a-t-il pas imposé le christianisme aux Saxons récalcitrants en faisant décapiter les plus opposés parmi eux à la conversion ? — est devenu un symbole et un mythe pour l'idée européenne. La Chanson de Roland est venue conforter légende et réalité, y compris la lutte de l'Occident chrétien contre les arabes hispaniques (Roncevaux...). La sanctification de l'empereur par une papauté, heureuse de s'appuyer sur le pouvoir temporel, a contribué à faire le reste. Le « bon roi Henri » est entré dans l'histoire avec le mythe populaire de « la poule au pot ». Napoléon, malgré ses appétits insatiables de puissance personnelle et de conquêtes, est devenu le « fils de la Révolution ». La Maison blanche, siège du chef d'État le plus important du monde, est depuis fort longtemps le symbole de la prééminence de l'Occident et de la démocratie, quoique ce pays pratique depuis fort longtemps aussi des incartades au principe même de la liberté.

Les régimes dictatoriaux, les tyrannies ont également leur mythes et symboles : à l'époque contemporaine, Adolf Hitler a donné lieu à une certaine adéquation, de plus en plus renforcée au fil des années, entre la banalité d'un individu devenu « Führer », « leader » tyrannique en somme, et les attentes d'une part importante de la population allemande, frustrée, malmenée par les répercussions des traités de paix et, fréquemment, par une piteuse image donnée par les partis démocratiques à la nouvelle

République, appelée celle de Weimar. Le sanguinaire et égocentrique Lénine est devenu le « petit père des peuples », Staline le « père des peuples ». Nous observons partout le passage du rationnel au sentimental exacerbé, puis à une « foi » quasi-aveugle, à l'appui d'un mouvement orchestré de mystification générant entre autres un charisme machiavélique au profit du dictateur.

D. La marque géopolitique et géostratégique

La marque géopolitique et géostratégique (Rosière, 2003) du développement est omniprésente. Scruter le rôle géopolitique des idéologies dans les processus positifs et/ou négatifs du développement signifie aussi tenir compte de la relativité de leur importance. *Alors que la nature absolue de la puissance idéologique s'est estompée au fil des siècles, la géopolitique a conservé toute son influence.* Même l'Union soviétique et son empire de pays satellisés ont dû en faire les frais : l'internationalisation des problèmes dans tous les domaines, la propagation des idées nouvelles par les technologies reposant sur l'immatérialisation des flux, la confrontation des conceptions et structures, nées à la fin de l'ère industrielle, avec les réalités post-industrielles et post-modernes, ont réduit comme une peau de chagrin la durée de vie de cet ensemble à une cinquantaine d'années de fonctionnement quelque peu efficace sur les soixante-dix années de son existence officielle. Dès la fin des années 1980, le pouvoir international de ce mastodonte a accéléré son déclin. En à peine un trimestre — la fin de l'année 1989 — celui-ci s'est effondré comme un château de cartes, en dépit de l'existence d'une immense armée et d'un appareil policier sans égal dans le monde, tous deux aux abois. En quelques semaines, le pivot principal du second Monde avait disparu, l'empire chinois étant déjà en lente, mais pleine mutation vers l'économie de marché. Dans l'Est européen cependant, l'arrivée de l'ultralibéralisme, un nouveau colonialisme en somme, a alimenté une réelle nostalgie, l'« ostalgie » de l'Allemagne de l'Est, dont les comportements critiques ne permettent pas, toutefois, aux thuriféraires du collectivisme et du communisme d'éradiquer une pensée marxiste et une praxis socialiste de loin pas mortes.

Jean Gottmann a rapporté de ses visites en Israël, au cours des années 1950 et 1951, que le plan de la colonisation appliqué au nouvel État n'était guère fondé sur des conditions naturelles, ni en ce qui concerne la période du mandat britannique (villages disposés en groupements compacts d'habitations, selon des formes géométriques nettes), ni pour ce qui est de celle issue de l'indépendance (villages éparpillés en longues traînées linéaires se croisant selon des angles imprévus). Il écarte aussi des considérations socio-économiques en matière de structure de l'habitat rural. Il relève toutefois « l'influence souvent dominante de l'idée stratégique, de la sécurité : jadis les formes ramassées aidaient à la défense éventuelle du village contre les assaillants. Chaque "colonie" sioniste était psychologiquement une position avancée en pays hostile : le plan de chaque village s'efforçait d'être celui d'un blockhaus. Maintenant c'est tout le territoire exigu et curieusement dessiné d'Israël qui doit être conçu comme un immense blockhaus, d'un bout à l'autre ; et les maisons semblent s'éparpiller, dessinant dans la plaine un triangle qui enferme et couvre un aérodrome ou jalonnant en montagne une crête qui commande un défilé et une vallée » (Gottmann *et al.*, 1952, pp. 18/19).

Depuis la recherche, par les États-Unis, de solutions bilatérales consécutives à l'occupation de l'Irak, la géopolitique des grandes puissances politiques a repris le dessus. Ainsi les États-Unis et la Russie se sont concertés dès le mois de septembre 2003 pour tenter de redéfinir leur collaboration en vue de s'assurer une partie de la maîtrise de l'échiquier mondial par pétrole interposé, la Russie réaffirmant ses intérêts pétroliers en Irak, les États-Unis visant le recours au pétrole russe pour réduire leur dépendance à l'égard des fournisseurs arabes, l'exploitation directe du pétrole irakien étant également une aubaine pour eux.

Le développement est en outre fortement influencé par les géostratégies mises en place, la puissance des grands et les conflits entre puissances. Face à ces fortes marques associant emprise culturelle et politique, de nature autoritaire, le mouvement démocratique peine à se frayer une voie consensuelle suffisamment énergique pour l'emporter sur l'échiquier mondial, d'autant plus qu'il est d'essence occidentale et victime de l'amalgame avec le colonialisme et le capitalisme judéo-chrétien, le capitalisme et le colonialisme arabes étant prudemment occultés face à des masses encore misérables, faciles à galvaniser. Pourtant, en milieu musulman même, par exemple en Turquie, ont surgi des femmes professionnellement et politiquement engagées, mettant en cause l'organisation sociale musulmane et la ségrégation sexuelle. Elles ne renoncent pas pour autant à tenter de « mettre fin à l'assimilation de l'être civilisé à l'être occidental » (Göle, 2003).

Ça et là, les géostratégies qui, nous venons de l'entrevoir, ne sont pas uniquement façonnées par les milieux politiques et économiques décisionnels, mais aussi par des mouvements de pensée et d'action plus ou moins spontanés et propositionnels, participent à la mutation de la face du monde. Leur intérêt géopolitique est d'autant plus évident que les enjeux du développement ont pris de l'ampleur. Ceux-ci sont à la fois d'ordre théorique et pratique, une analyse que nous nous proposons d'effectuer ci-après.

ORIENTATIONS BIBLIOGRAPHIQUES

- BRANDT R. *et al.*, « *Von der Theorie der Unterentwicklung zur Theorie globaler Vergesellschaftung* », *Peripherie*, 17, 65/66, 1997, pp. 81-108
- BRÄUTIGAM D., « *What Can Africa Learn from Taïwan ?* », *The Journal of Modern African Studies*, 32, 1994, pp. 111-138
- CALOZ R., POINTET A., COLLET C., « Approche comparative de méthodes de classification d'images aériennes : un cas d'étude », *Geographica helvetica*, 2, 2003, pp. 141-153
- CALOZ R., COLLET C., *Traitements numériques d'images de télédétection*, Presses Universitaires, AUPELF, Québec, 2001, 380 p.
- CONRATH C., *Les espaces du développement inégal*, PUF, Paris, 1984, 144 p.
- DE PASCALE C., *« Die Vernunft ist praktisch » – Fichtes Ethik und Rechtslehre im System*, Duncker & Humblot, Berlin, 2003, 284 p.
- DUBREUIL V. et ass. (dir.), *Environnement et télédétection au Brésil*, Presses Universitaires de Rennes, coll. « Espace et territoires », Rennes, 2002, 240 p.
- FITOUSSI J.-P., *La démocratie du marché*, Grasset, Paris, 2004, 112 p.
- GÖLE N., *Musulmanes et modernes – Voile et civilisation en Turquie*, La Découverte, Paris, 2003, 196 p.

- GOTTMANN J. *et al.*, *L'aménagement de l'espace – Planification régionale et géographie*, Armand Colin, Cahiers de la Fondation nationale des sciences politiques, Paris, 1952, 32, 140 p.
- ITTEN K.I., PARLOW E. (dir.), « *Beiträge zur Forschung in der schweizerischen Fernerkundung* – Contributions à la recherche de télédétection suisse », *Geographica helvetica*, 2, Cahier thématique, Bâle, 2003, pp. 77-171
- KREUTZMANN H., « *Theorie und Praxis in der Entwicklungsforschung – Einführung zum Themenheft* », *Geographica helvetica*, 1, 2003, pp. 2-10
- LASSERRE F., LECHAUME A., *Le territoire pensé – Géographie des représentations territoriales*, Presses de l'Université du Québec, Sainte-Foy (Québec), 2003, 356 p.
- MOSER M., Hegels Schüler C. L. Michelet, *Recht und Geschichte jenseits der Schulteilung*, Duncker & Humblot, Berlin, 2003, 198 p.
- PLATTE T., *Die Konstellation des Übergangs – Technik und Würde bei Heidegger*, Duncker & Humblot, Berlin, 2004, 248 p.
- *Revue Hérodote*, « Les États-Unis et le reste du monde », 109, La Découverte, Paris, 2003, 192 p.
- REY O., *Itinéraire de l'égarement*, Seuil, Paris, 2003
- RIST G., *Le développement – Histoire d'une croyance occidentale*, Presses de la Fondation nationale des sciences politiques, Paris, 1996, 426 p.
- RIST G., SABELLI F., *Il était une fois le développement...*, Éditions d'en bas, Lausanne, 1987, 155 p.
- ROSIÈRE S., *Géographie politique et géopolitique – Une grammaire de l'espace politique*, coll. « Universités-Géographie », Ellipses, Paris, 2003, 320 p.
- SABELLI F., « Développement et enjeux du pouvoir : réflexion sur le rôle de l'anthropologie sociale dans la mise en place des programmes de développement rural », *Terrains et perspectives*, Colloques et séminaires, Éditions. de l'ORSTOM, Paris, 1987, pp. 107-116
- SAGLIO-YATSIMIRSKY M.-C., *Population et développement en Inde*, Ellipses, coll. « Carrefours, Les Dossiers », Paris, 2002, 224 p.
- SARDAN, de O.J-P. (dir.), *D'un savoir à l'autre : les agents de développement comme médiateurs*, GRET, Paris, 1991, 204 p.
- SCHÄFER H.P., SROKA W., *Lehrerrolle und Lehrerbildung im Prozeß der gesellschaftlichen Transformation – Veränderungen in den neuen und alten Bundesländern*, Duncker & Humblot, Berlin, 2003, 171 p.
- SCHOLZ F., *Geographische Entwicklungsforschung*, Gebrüder Borntraeger, Berlin-Stuttgart, 2004, 240 p.
- STEINBERG J. (sous la dir. de), « Cartographie et géomatique », *Bulletin de l'Assoc. de géogr. Français*, 3, Paris, 2003, pp. 181-234
- WACKERMANN G. (dir.), *Dictionnaire de géographie*, Ellipses, Paris, à paraître en 2005
- WACKERMANN G., « Le mythe de la notion de contre-maître allemand », *Revue géographique de l'Est*, 1, Nancy, 1991, pp. 43-58

Chapitre 2
UNE THÉORIE ÉCONOMIQUE INSUFFISANTE

I. APPROCHES THÉORIQUES DU DÉVELOPPEMENT ET DE LA CROISSANCE : APPORTS ET LIMITES

Le développement s'inscrit dans une extraordinaire ambiance d'influences idéologiques et théoriques, d'une part, de réalisations pratiques, d'autre part, qui se « fertilisent », se contredisent, se complexifient, s'opposent ou s'annulent réciproquement, selon le cas.

Nous savons que *le sous-développement n'est pas une fatalité incontournable et immuable*, marquée par un impitoyable déterminisme. Son aptitude à disparaître est fonction de la volonté politique de l'humanité elle-même. La raison pratique, anticipée dans l'espérance, conduit à cette certitude. Emmanuel Kant ne le démentirait pas. Ce qu'a pu écrire Walter Benjamin au début de l'ère fasciste, en Allemagne, semble aussi valable pour le développement : « C'est seulement à cause de ceux qui sont sans espoir que l'espoir nous est donné ». Nous revenons à Rabelais : « Science sans conscience n'est que ruine de l'âme ». Toute approche théorique de la croissance est appelée à prendre en compte cet acte de foi en l'homme. Tout acte de foi en l'homme implique un engagement en faveur de la dignité humaine.

A. La croissance économique

Certaines projections théoriques ont relevé d'*adaptations transdisciplinaires fort imaginatives*, ayant suscité des déploiements socio-économiques d'ampleur planétaire. Saint-Simon, dans une vision à la fois géographique, économique et sociologique, s'est inspiré de la théorie de la gravitation universelle pour concevoir le principe de l'attractivité universelle des cœurs, favorisée par la construction de grands canaux transocéaniques, tels que ceux de Suez et de Panama, dont il a d'ailleurs été lui-même le concepteur pratique au cours de la seconde moitié du XIXe siècle.

Observant que les grandes planètes attiraient les petites ou développaient autour d'elles des orbites satellitaires, les auteurs des théories de la centralité spatiale à l'échelle du globe terrestre ont eu ainsi un point d'appui de taille. Les théories du chaos, les représentations biologiques ont induit ultérieurement de nombreuses réflexions théoriques sur l'organisation et le fonctionnement des ensembles socio-spatiaux.

Notre propos ne consiste pas à présenter ou à résumer les théories de la croissance économique. Il se limite au *rappel des caractéristiques essentielles de la pensée économique dans ce domaine*, rappel utile pour l'analyse, sommaire elle aussi, des rapports entre la croissance et le développement. Nous renvoyons d'abord à un ouvrage de familiarisation générale avec les principes de l'économie (Marshall, 1947). Nous renvoyons ensuite à quelques ouvrages utiles se rapportant à la théorie générale de la croissance économique. Celle-ci est notamment livrée en six courtes leçons, claires et appuyées sur des figures significatives, par Robert M. Solow qui, dans son petit ouvrage, s'est employé à fournir la base des aperçus analytiques donnés par les modèles simples, susceptibles d'aider à construire des modèles économétriques utilisables à plus grande échelle (Solow, 1972). Une « somme » d'articles livrant des éclairages sur la théorie classique est réunie dans l'excellent ouvrage de J. Stiglitz et H. Uzawa (1970). Joseph Schumpeter s'est orienté vers l'analyse et l'évaluation des dynamiques du capitalisme (Perroux, 1971).

Jean Fourastié apporte, à l'aube de la civilisation post-industrielle, des précisions sur les relations entre le progrès appelé encore technique (alors qu'il est déjà en grande partie technologique aux États-Unis), le progrès économique et le progrès social (Fourastié, 1958). Dépassant l'approche économique proprement dite, dans sa stricte analyse des résultats obtenus dans le cadre d'un système de mécanismes en place, il scrute la relativité et la durée somme toute limitée, c'est-à-dire le changement possible, des conceptions qui sous-tendent ces mécanismes. Il relève notamment que, par la technique, la science a redécouvert l'hétérogénéité du monde sensible, après de longs siècles durant lesquels la conception du monde était d'abord fondée sur le hasard et les « volontés contradictoires de dieux innombrables à comportement humain (Homère) », puis sur une attitude inverse, celle du déterminisme (Laplace). « Le hasard de Pascal s'est peu à peu taillé dans l'empire du déterminisme un domaine resté d'ailleurs assez mal défini. Mais il était réservé au machinisme de faire peu à peu percevoir à ses utilisateurs qu'il existe des différences profondes entre le domaine de la machine et celui de la vie ; ainsi l'univers que nous avons sous les yeux n'est ni exclusivement déterminé, ni exclusivement aléatoire ; dans certaines de ses manifestations, il nous apparaît déterminé ; dans d'autres, il nous apparaît aléatoire ; dans d'autres enfin (et notamment l'immense domaine de la vie quotidienne), il n'est ni déterminé ni aléatoire : je dirai qu'il est *conditionné* » (Fourastié, 1958).

Enfin, François Perroux met l'accent sur l'importance des pôles de croissance et entraîne dans son sillage de nombreux chercheurs, économistes, géographes, sociologues..., qui abordent le binôme « développement-croissance » sous des angles nouveaux et enrichissants.

B. Développement et croissance

Initialement, la théorie du développement, élaborée surtout par des économistes, a considéré comme équivalents les termes de développement et de croissance. Dans cette acception, le degré de développement et le processus de développement sont mesurables par des indicateurs relativement simples. C'est ainsi qu'est apparue la notion de revenu par habitant, la relation produit social brut/nombre total d'habitants. Se sont ajoutés ultérieurement des indicateurs portant sur la structure de l'emploi, de l'âge, de la formation... Comme, dans la voie engagée, le degré de « modernisation » prenait une place primordiale, ces théories ont été appelées théories ou stratégies de modernisation.

Durant les années 1960 cependant, cette conception trop rigoureusement économique, très réductrice au point de vue social, a connu une ouverture décisive : *la mutation sociale a été intégrée à juste titre aux considérations relatives au développement.* Ne furent plus uniquement pris en compte les pôles de croissance, la révolution verte ou le produit national brut, mais aussi les réformes structurelles marquées par les mutations sociétales et culturelles, telles que les réformes agraires, la politique du logement, l'alphabétisation, les nouvelles exigences scolaires, le planning familial... L'intérêt grandissant témoigné aux vraies réalités des Tiers-Mondes a accéléré cette réorientation, fortement accentuée au cours des années 1970 (cf. cinquième partie, chapitre I).

Le développement n'est donc plus uniquement perçu comme un phénomène économique ; il implique une dimension, voire une finalité culturelle. Parce que le bonheur implique un minimum de satisfactions, de bien-être matériel, les besoins des sociétés en place ont été surtout pensés en termes économiques, d'autant plus que des forces extra-sociales se sont très vite empressées d'accaparer la force de travail au bénéfice de la constitution de richesses en faveur d'un nombre réduit de tenants du pouvoir. L'amalgame a pu ainsi se faire plus facilement entre la notion de développement et celle de croissance, toute la problématique étant focalisée sur la primauté de l'économique, le rendement et la finance.

Les réflexions abondent depuis quelques décennies sur les perspectives de l'évolution du développement tant des États que des régions localisées à l'intérieur d'espaces intégrés. Les théories néoclassiques font ressortir un développement convergent des régions, sous-tendu par le commerce interrégional et la mobilité factorielle. En ce concerne la construction européenne, fondement fréquent des réflexions et recherches à ce sujet, la théorie néoclassique relève à cet effet de façon non équivoque l'importance d'une intégration européenne avancée pour une croissance cohérente des régions entre elles. Jusque même dans la seconde moitié des années 1980, le modèle néoclassique a pu fonctionner dans le cadre de l'intégration européenne.

C. Limites des théories de la croissance

Face aux imposantes richesses de la terre, il importe d'observer de quelle manière celles-ci sont réparties, naturellement et économiquement. *Une réflexion s'impose sur la façon la plus appropriée de permettre une redistribution aussi équitable que possible des richesses transformées par le labeur général.* Nous l'avons toutefois déjà constaté, la croissance seule n'engendre pas l'épanouissement individuel et social. Sa limitation risque toutefois de réduire ou de retarder cet épanouissement (Guellec & Ralle, 2003).

La période actuelle, les États-Unis du président Bush Jr., arrivé au terme de son mandat commencé en 2001, fourmillent d'exemples associant néanmoins la croissance ou la reprise de la croissance économique à la progression du chômage, l'un n'excluant donc pas l'autre : bien au contraire, plus notre société technologique supprime d'emplois, plus les bénéfices et dividendes augmentent, les firmes étant « délestées » des emplois gênants, parce que pas suffisamment « productifs ». La croissance ne réduit pas non plus forcément la pauvreté, bien au contraire. La répartition différenciée des ressources et leur accessibilité inégale ont conduit à des fractures sociales importantes, voire à la « lutte des classes », fondements de multiples théories, aux approches variées, telles que celles de Karl Marx ou Max Weber. Pour ces deux théoriciens par exemple, l'espace en tant que tel ne constitue guère encore un facteur majeur dans leurs représentations sociétales. *Depuis le XXe siècle surtout, l'espace est* cependant *perçu de façon générale en tant que produit et condition des formes de vie sociales, et par là même comme un facteur potentiel de développement.* Dès les années 1920, l'École de Chicago a exercé une influence décisive dans ce sens (Park, 1925). De nombreux théoriciens se sont penchés sur les dysfonctionnements sociaux de l'économie contemporaine, depuis Schumpeter, également dans les années 1920, G. Myrdal (1957), Fr. Perroux (1964), Meadows *et al.* (1972), A.G. Wilson (1981), F. Braudel (1985), J. Ziegler (2002)... Selon Joseph Stiglitz, prix Nobel d'économie en 2001, de nombreuses propositions technocratiques sont davantage fondées sur des considérations idéologiques que sur la science économique.

Dans les années 1960, le Club de Rome, une rencontre de personnalités du monde politique, économique, financier, scientifique et socio-culturel, a mis l'accent sur l'évidence d'un hiatus de plus en plus profond entre la progression de la productivité et l'accumulation de richesses matérielles d'une part, l'épanouissement humain et social d'autre part. En 1972, à l'aube de la crise économique mondiale et du premier choc pétrolier, le Club a publié une étude déterminante, mettant en cause la notion de produit national brut ; il a préconisé, en vue de la priorité accordée au développement socio-culturel, une réorientation économique fondée sur la « croissance zéro », allant jusqu'à proposer de remplacer le PNB (Produit national brut) par le BNB (Bonheur national brut). Au sommet de l'administration de la Communauté économique européenne (CEE), ancêtre de l'Union européenne, l'ancien ministre de l'Agriculture néerlandais, Sicco Mansholt, a alors repris à son compte bon nombre de réflexions et propositions du Club de Rome.

En 1977, le modèle Bariloche, construit sur la question de la misère dans le monde, a été présenté comme un contre-modèle de celui du Club de Rome. Élaboré par des chercheurs d'une fondation de financement de recherches sur le Tiers-Monde, localisée en Argentine, à San Carlos de Bariloche, il n'a pas été focalisé sur les limites de la croissance, mais sur celles de la misère. L'approche est significative de l'évolution intervenue. Les chercheurs de Bariloche ont constaté que l'essentiel de l'humanité était déjà brutalement confrontée aux conclusions du Club de Rome. Les causes de la misère ne résidaient cependant pas dans la rareté des matières premières et dans les nombreuses nuisances qui affectaient la surface de la terre, mais étaient la résultante de comportements politiques, économiques et sociétaux malencontreux. Elles n'étaient donc pas insurmontables, d'autant plus qu'il était impossible d'évaluer les ressources potentielles à l'échelle mondiale et que leur exploitation ou surexploitation relevait de la manière dont elles étaient perçues et organisées. *Au lieu de préconiser une croissance zéro, il valait mieux adapter la politique de croissance aux besoins fondamentaux de l'humanité.*

Alors que l'approche « Bariloche » manquait de précisions en vue de l'action pratique, les propositions du Club de Rome ont donné lieu, en 1976, au Rapport intitulé « Réforme de l'ordre international », élaboré par 21 scientifiques, sous la direction du prix Nobel Jan Tinbergen. Ce document a tenté de remettre de l'ordre, en vue d'une utilisation plus appropriée des ressources, dans l'essentiel des domaines concernés par la gabégie et le désordre mondial en général : ordre monétaire international, répartition des revenus, production alimentaire, industrialisation,, commerce, division internationale du travail, ressources énergétiques et matières premières, groupes multinationaux, désarmement, gestion des espaces maritimes, protection de l'environnement, financement du développement...

Ni ce rapport ni les réflexions du groupe de Bariloche n'ont eu le retentissement des propositions du Club de Rome. Mais ce sont notamment les jeunes nations du Tiers-Monde qui ne sont pas prêtes à accepter les limites de la croissance. C'est donc là que le bât blesse (cf. cinquième partie).

La récession intervenue en Europe depuis le début des années 1990 a confirmé l'évolution divergente des régions en raison de l'augmentation des disparités déjà existantes par suite des décalages entre les économies d'échelle, des différences de niveau technologique, des écarts de plus en plus pénalisants en matière d'aptitude à la compétitivité (investissements productifs, rentabilité générale, niveau de savoir et de savoir-faire des ressources humaines...), de l'accessibilité fort variée aux marchés, particulièrement à l'import-export de taille planétaire.

Les théories développées autour des longs cycles ou des cycles régionaux de produits, qui prennent déjà en compte l'importance des divergences par rapport aux convergences, ne sont pas à même non plus d'expliquer les causes des signes extérieurs de la crise structurelle présente, dont sont frappées les sociétés industrielles occidentales, notamment par la conjonction de la stagnation économique, de la baisse, en monnaie constante, des rémunérations, de la réduction des avantages sociaux, du chômage de masse, de la désindustrialisation et de l'ascension exponentielle des services, de l'endettement des États et des collectivités locales, de la dégradation environnementale et des conflits sociaux, plus âpres que jamais, qui en découlent.

Face à ce déficit en approches théoriques efficaces, sont apparues, au cours des dernières années, des réflexions sur la régulation, selon lesquelles l'évolution économique à long terme est marquée par une suite de phases stables, dans un sens non déterministe. Celles-ci sont influencées par des facteurs économiques, technologiques, sociétaux et politiques. Les données livrées sont cependant trop générales pour permettre une vérification empirique des principes annoncés.

Les études réalisées à l'échelle de la Communauté, puis de l'Union européenne (Vorauer, 1997) permettent d'avoir une vue un peu plus claire sur cette question. C'est ainsi que le rapport Cecchini, composé à la demande de la Commission de Bruxelles, abonde encore dans l'optique des paradigmes néoclassiques : les régions en retard de développement ont pu progresser grâce au processus communautaire (Cecchini, 1988). Krugmann par contre associe la théorie de la polarisation à la théorie néoclassique, combine le modèle de la spécialisation régionale et la mobilité factorielle, sans asseoir ses réflexions sur les avantages comparés des ressources ou sur des effets externes mal définis (Krugmann, 1989). Il réamorce ainsi la théorie de la géographie économique en faisant ressortir l'importance déterminante des trois paramètres suivants :

- les avantages des économies d'échelle : plus ceux-ci sont importants, plus la concentration de l'industrie de transformation est grande dans une région ;
- les coûts de transport : plus ils sont élevés, plus la probabilité des phénomènes de concentration est faible dans la région ;
- la taille de l'industrie de transformation non liée à une localisation déterminée : la dispersion est d'autant plus probable que le secteur est important.

Ce constat selon lequel l'ouverture commerciale diminue les coûts du transport de fret, devrait favoriser la dispersion de la localisation des unités de transformation. Selon ce modèle, les petits pays devraient en outre être favorisés. Dans le cadre d'un modèle complexe du déploiement des localisations, les régions en retard de croissance sont à même, sous réserve d'un minimum d'atouts, de s'intégrer au marché communautaire.

Les multiples démarches théoriques développées entre-temps à ce sujet font ressortir dans l'ensemble que l'évolution régionale est divergente et que la théorie néoclassique n'est plus de mise. Dans l'Union européenne, ce sont surtout les régions déjà fortement développées qui vont accélérer leur croissance. Toutes les études mettent l'accent sur la nécessité de mesures politiques d'accompagnement pour encourager les régions déficitaires à progresser. Karin Vorauer (voir référence ci-dessus) constate cependant que la plupart des auteurs ne font intervenir que l'aptitude à la productivité pour expliquer fondamentalement l'évolution différenciée des régions. Seules quelques études évoquent d'autres aspects primordiaux, tels que les interdépendances des conditions économiques et des structures démographiques, des comportements migratoires, des systèmes sanitaire, résidentiel et de transport ou de la situation environnementale. Une vraie prise en compte de l'ensemble des facteurs socio-culturels en somme devrait conduire à une meilleure perception des nécessités et potentialités du développement, occultée aussi dans l'Union européenne, dont la base idéologique même repose encore bien trop sur le profit marchand. Toutes les études approfondies en la matière révèlent qu'une optique purement économique ne saurait plus guère expliquer à elle seule les tendances différenciées du développement à l'échelle régionale.

Les théoriciens des systèmes sociétaux post-modernes renoncent d'ailleurs aux « grandes théories ». Ils se démarquent de l'universalisme des Lumières et mettent l'accent sur la diversité, l'hétérogénéité, l'impossibilité des transpositions et l'absence de vue d'ensemble. Leurs projections contrastent avec la notion de progrès linéaire, propre à l'époque moderne. Ils placent au premier rang discontinuités et ruptures. L'intérêt actuel témoigné à la différenciation, au particulier, aux micro-analyses et aux études de cas ne doit cependant pas faire oublier la nécessité, pour toute vision scientifique, d'une continuité, donc du maintien du cadre de référence analytique pour toute étude des transformations socio-économiques passées, présentes et à venir. Les réflexions néoclassiques qui ont conduit à la théorie des pôles de croissance, à celle portant sur les cycles à long terme ou à celle relative à la régulation régionale appliquée sont ainsi susceptibles de continuer à servir d'appui aux démarches post-modernes. Il est toutefois indispensable de dépasser la limitation à deux indicateurs majeurs — le revenu, mesuré en termes de produit intérieur brut/habitant, et la situation professionnelle, évaluée en raison du taux de chômage —, dont la corrélation positive assurerait le bien-être et la croissance. Pareille vue tronquée des choses conduit nécessairement à des contradictions entre les diagnostics et les thérapies. Pour parer les insuffisances, il est urgent d'améliorer aussi l'appareil statistique qui contribuerait à renforcer l'importance d'autres indicateurs, depuis ceux relatifs aux incidences culturelles, scolaires et universitaires, environnementales et récréatives, jusqu'à ceux propres à l'égalité sexuelle, la formation et la recherche, le logement et le système de santé, la consommation et la « civilisation des déchets »...

Pour Jean-Paul Fitoussi, directeur de l'Observatoire français des conjonctures économiques (Le Figaro Magazine, 1er mars 2003, pp. 40-42), c'est le rattrapage du niveau de productivité américain qui a été déterminant pour la croissance durant les Trente glorieuses. En Europe, la croissance a été étouffée durant les années 1990 par des taux d'intérêt astronomiques, alors qu'aux États-Unis l'investissement a été libéré par des taux d'intérêt presque nuls. En Europe, la croissance a redémarré dès que les taux d'intérêt ont été abaissés sensiblement. En outre, réduire les dépenses d'investissement signifie diminuer l'expansion ; une politique de croissance rassure la population. En période de chômage, c'est la politique de l'emploi qui est déterminante. Alors qu'aux Etats-Unis le chômage incite le gouvernement à baisser les impôts pour augmenter les dépenses, en Europe, l'augmentation du chômage donne lieu à une politique d'économies et au maintien de la pression fiscale.

Dans un autre ordre de phénomènes, observons le profil d'un groupement d'États conservant chacun sa pleine souveraineté : la Ligue arabe, avec ses 22 membres totalisant environ 280 millions d'habitants et une perspective de 400 à 450 millions de personnes à l'horizon 2 020, joue un rôle non négligeable au Proche- et au Moyen-Orient, tant en matière politique qu'économique et culturelle. Ce groupe de pression mondial, dont la force religieuse est l'islam et le poids politique le pétrole, tout en maintenant le principe de l'indépendance nationale, a ainsi néanmoins relativisé celle-ci, se fondant avec force sur une identité et un levier de puissance communs. Il illustre le fait qu'*il est possible d'être, selon le Programme des Nations unies pour le développement (PNUD), à la traîne du développement économique et humain, tout en occupant, idéologiquement et diplomatiquement, le devant de la scène internationale.* Dans son premier rapport sur le développement humain dans les pays arabes (2002), le PNUD relève une pauvreté récurrente, d'imposantes disparités et un retard sensible dans les objectifs de développement. Si la plupart des pays arabes ont enregistré d'importants progrès en matière de progression d'espérance de vie, le taux d'accroissement du revenu par tête d'habitants y est le plus faible du globe depuis deux décennies, à l'exception de l'Afrique subsaharienne, tandis que les 3 000 milliards de dollars US de revenus réalisés au cours des toutes dernières années n'ont toujours pas été réinvestis de façon productive dans le pays. Orientés vers la formation de capital fixe, ils accusent la différence entre croissance et développement. Ils offrent ainsi l'exemple d'un mouvement supranational influent, dont les États-membres ne se sont guère « développés », mais globalement enrichis au cours des dernières décennies.

L'exemple européen et celui de la Ligue arabe montrent à quel point les notions de croissance et de développement sont susceptibles de prêter à confusion et de conduire à des malentendus ou de faux espoirs, dès lors qu'une approche rigoureuse des phénomènes socio-spatiaux fait défaut.

II. LA PRESSION DE L'ULTRALIBÉRALISME

Les mythes qui confortent le productivisme tertiaro-industriel, les imposants bouleversements induits par les flux financiers et les chantres d'un libéralisme sans nuance, dans la foulée de l'effondrement du collectivisme, *amplifient la crise sociale* et diffèrent le temps des indispensables réformes.

Notre intervention au colloque qui s'est tenu à l'UNESCO, en avril 1999, a été placée entre la réflexion culturelle et humanitaire d'une part, le raisonnement économique d'autre part, dans une optique socio-spatiale (Wackermann, 1999). Elle vise à *replacer les sociétés dans leur réalité territoriale* pour observer les conséquences fâcheuses des excès du libéralisme, en l'absence d'une éthique imposée par les pouvoirs publics nationaux et internationaux au fonctionnement de la production et des échanges de biens et services. Déjà Frédéric Ozanam, professeur d'histoire à la Sorbonne, a fustigé ces excès vers le milieu du XIXe siècle, assimilant le libéralisme économique à une « ignominieuse doctrine », réduisant l'ensemble de la vie aux calculs d'intérêts et précisant que « pour rétablir l'ordre, la charité ne suffit pas, car elle soigne les plaies, elle ne prévient pas les coups qui les produisent ».

À vrai dire il convient d'éviter de confondre le libéralisme économique et l'ultra-libéralisme, ce dernier étant la résultante de toutes les forces perverses induites par le premier, dès lors qu'il dévie de sa trajectoire humaniste. La puissance du marché, l'affaiblissement et la déviation des institutions politiques permettent en effet aux forces économiques ultralibérales actuelles de reléguer à l'arrière-plan le rôle déterminant de régulation éthique dévolu aux pouvoirs publics, émanation souvent purement théorique de la conscience collective des peuples. Ils ont conduit à la dilution de la diversité socio-culturelle dans une internationalisation principalement technique, niveleuse des valeurs humanistes et réductrice des ressorts séculaires, souvent millénaires, des sociétés en place, qui ont permis à celles-ci d'évoluer dans le cadre de leurs identités et complémentarités. Le grand chambardement intervenu a entraîné en outre un réel « déménagement du territoire », en dépit des organismes multiples destinés aux soi-disant équilibres.

Les responsables, placés dans l'embarras d'un constat d'échec, ont alors saisi une nouvelle bouée de sauvetage mythique, celle de la construction d'une économie dite durable, sans cependant définir suffisamment ni les finalités éthiques ni les moyens à envisager pour y parvenir. Économie et exigences socio-culturelles ne sont pourtant pas contradictoires *a priori*, bien au contraire. *Les nécessaires synergies mondiales* — le salut ne saurait venir d'un quelconque fractionnement continental ou national des problèmes — *requièrent à travers une vision planétaire, des institutions aptes à maîtriser les enjeux.*

A. Ultralibéralisme et éthique sont fondamentalement antinomiques

D'emblée, cette clarification est indispensable. La généralisation de l'ultra-libéralisme s'étant renforcée à la faveur de la mondialisation, les territoires ne sont plus guère maîtrisés politiquement et culturellement : le multinational les dévaste. L'homme est de plus en plus au service de l'économie, alors que le libéralisme humaniste prévoit l'inverse. Les mécanismes sont débridés, la bulle financière spéculative ne correspond plus à la richesse réelle. Les firmes géantes sont opaques, tandis que la démocratie requiert la transparence. Des clichés, des mystifications sont inventés pour noyer le poisson, telle la notion de village planétaire qui, sur Internet, constitue certes une virtualité ; dans la réalité cependant, en dépit des nouvelles relations espace-temps, les habitants se croisent sans se connaître, l'anonymat couvre l'essentiel de la portion dite avancée, modernisée, urbanisée de la Terre. Nous sommes donc bien à l'opposé du vrai village, convivial, personnalisé, équilibrant, en dépit des inexorables problèmes et différends quotidiens.

Notre métier de géographe consiste à analyser des territoires, leurs articulations, transformations, symbioses avec les sociétés qui les occupent, leurs dysfonctionnements. Il importe donc de tenir compte des différences entre les gens, les communautés dans leurs milieux physiques et environnementaux. Nous constatons que la terre est au premier occupant par le droit de la terre, le droit du sang, celui de la survie. Mais le salaire actuel ne confère-t-il pas un droit qui remplace pour certains, au moins partiellement, le droit du sol ? Néanmoins le droit est fréquemment fait par ceux qui le prennent. Déjà Montesquieu nous avertit : « Une chose n'est pas juste parce qu'elle est loi, elle doit être juste pour être loi ».

Or, *l'éthique repose sur un consensus social*, constamment menacé par la loi du plus fort. L'humanisme, c'est aussi la recherche de l'épanouissement du plus faible.

Parler d'éthique sociale est au fond un pléonasme, l'éthique étant éminemment sociale. *L'ultralibéralisme* par contre est opposé à toute éthique. *C'est en somme un extrémisme, un intégrisme fondé sur un profond mépris de l'homme, une extraordinaire intolérance.*

Les Droits de l'homme par contre, principale référence éthique, sont avant tout pénétrés de tolérance et de recherche du plus grand dénominateur commun possible. Ils empêchent une culture, une religion, une idéologie de se prétendre supérieure à l'autre. Ils tentent d'éviter par là même des conflits de prédominance, d'impérialisme, de racisme, pouvant dégénérer en phénomènes d'éradication ou de purification ethnique. Mais on oublie que l'ultralibéralisme conduit aussi à terme à la purification économique. La première est à juste titre considérée en droit comme un crime, la seconde ne l'est malheureusement pas encore.

L'économiste digne de ce nom, le vrai, a le souci de proposer, autant que possible, un équilibre entre les exigences de la production et du progrès technologique d'une part, de la dignité humaine d'autre part. Il est momentanément dépassé par les manipulations et erreurs de base qui ont conduit à la progression géométrique des déséquilibres : les dynosaures herbivores sont devenus carnivores. Ce n'est donc pas le libéralisme qui est en cause, répétons-le ; ce sont plutôt les distorsions que les pouvoirs publics l'ont laissé générer. Tout ne pouvait pas être évité initialement dans la mesure où les nombreux effets de surprise ont placé les chercheurs et les décideurs devant le fait accompli. De plus, le court terme générait la monnaie nécessaire au développement et l'on ne connaissait pas suffisamment les effets à long terme. Quoi qu'il en soit, rappelons que *les pères fondateurs étaient humanistes :* Adam Smith pour l'économie politique, Paul Vidal de la Blache, Élisée Reclus et bien d'autres en ce qui concerne la géographie. Comme le furent aussi les pères de la République américaine pour lesquels « l'inertie d'un peuple constitue la plus grande menace contre la liberté », attitude à rappeler en ce temps présent de torpeur, souvent peu propice à la défense des valeurs éthiques.

C'est parce que *l'éthique remet en question les déviances de l'économie* et rappelle les paramètres d'origine, qu'elle est consciemment noyée dans le brouhaha médiatique et la problématique démocratique. Elle sert pourtant de support à la lutte contre les failles du droit exploitées par les ultralibéraux. La base éthique de la société est l'esprit et non pas le système en place, dont les réseaux sophistiqués de toute nature sont mainte fois sournoisement déviés en fonction d'obscurs desseins financiers. Mais partout, le consensus démocratique, qui sous-tend l'éthique, doit, pour être efficace, et ce n'est pas la moindre des contradictions, bénéficier de l'internationalisation réelle du pouvoir politique.

B. La longue histoire de l'ultralibéralisme

Sa longue histoire permet à *l'ultralibéralisme* d'être structurellement aussi incisif. Par réaction, il *a succédé à l'ultraétatisme* depuis l'Égypte pharaonique, en passant par l'absolutisme, jusqu'à l'ère soviétique et au collectivisme en général. Il s'est d'abord greffé sur le vrai libéralisme qui a tenté de contrer les abus politiques, économiques, religieux et culturels de l'absolutisme, opposé au libéralisme philosophique, économique et, surtout, social, cette facette en voie de conquête depuis le XIXe siècle. L'Occitanie n'a-t-elle pas souffert, durant des siècles de mise en tutelle par la royauté française, d'un insuffisant développement économique par les tentatives de

« destruction » de sa culture en provenance d'un pouvoir centralisateur sourcilleux ? Dès lors que la décentralisation et la régionalisation ont fait des progrès, surtout après 1981, en dépit du manque de matières premières minérales, il s'est créé deux fois plus d'entreprises dans le sud de la France que dans le nord, l'Île-de-France exceptée : c'est que les ressorts culturels, libérés, ont favorisé l'imagination et la créativité, décomplexé des mentalités opprimées, marquées trop longtemps par la pesanteur de la culture officielle. Le libéralisme, salutaire, a ainsi rendu son âme et sa personnalité aux provinces devenues régions, quoique dans des circonstances territoriales souvent différentes.

L'ultralibéralisme cependant *a constamment perverti le libéralisme*. Dès la chute de l'ultraétatisme il s'est mis en place. Au XVIIIe siècle il a aussitôt tenté de succéder à l'État dominateur, au nom d'une soi-disant liberté, pour accaparer les leviers de commande économiques par le truchement du pouvoir politique. À la faveur de l'émergence de l'ère industrielle, il s'est affirmé par le colonialisme et l'impérialisme économique : *l'internationalisation fut l'étape préparatoire à la mondialisation*. Péremptoirement la colonisation a continué à déstructurer les cultures, à soumettre les économies autochtones aux impératifs des puissances industrielles, à « rationaliser » les pratiques locales, à imposer sans nuance des méthodes de gestion et de comportement diamétralement opposées aux mentalités indigènes. Les plantations coloniales ont épuisé les sols, la latéritisation a progressé rapidement ; les ressources vivrières ont manqué, plus que par le passé ; les affronts culturels se sont multipliés, telle la monoculture de la vigne à destination viticole en pays musulman ; la Banque mondiale a fait le reste en imposant des contraintes qui favorisèrent notamment les grands groupes dominateurs du globe. En Europe communautaire, le système Mansholt a poursuivi parallèlement cette action : l'ancien ministre néerlandais de l'Agriculture, devenu commissaire européen, puis président de la Commission, fut préoccupé par la généralisation des méthodes agricoles du Nord, c'est-à-dire surtout d'essence anglo-saxonne, notamment américaine. À tel point que des ingénieurs agricoles italien frais émoulus, revenant de stages d'initiation communautaire, ont appliqué fidèlement dans les Pouilles et en Calabre ce qu'ils ont appris dans le Nord : remplacer la charrue par le tracteur ; appliquée aux sols peu profonds et au vignoble aux pieds fragiles dans le Sud, la nouvelle méthode de labour a consisté à détacher la mince couche de terre arable de son socle rocheux, avant que la prochaine saison de pluies torrentielles ne vienne désertifier le tout, au nom du progrès. Dans l'Oriental marocain, de généreux dons européens de tracteurs fraîchement sortis de l'usine ont eu les mêmes effets.

En Indonésie, nous avons pu constater, lors d'une mission effectuée dans le cadre d'une recherche qui nous a été confiée, au début des années 1980, par le Conseil international des sciences sociales de l'UNESCO, sur la capacité de charge touristique des pays insuffisamment développés, combien l'ultralibéralisme était à l'œuvre : à Bali, au sud de Denpasar, des hôtels cinq étoiles, dont l'un cofinancé par la Banque mondiale et l'État indonésien, ont incité les « aménageurs » locaux, de surcroît corrompus par des dessous de table, à tolérer le déboisement du littoral, accélérant ainsi l'érosion marine, et la désintégration des communautés paysannes vivant à la fois des ressources de la terre et de la mer, transformant les membres des familles concernées en salariés inconditionnels des hôtels et restaurants, ainsi que des agences de tourisme, incitant les enfants en âge de scolarisation à faire l'école buissonnière pour vendre de manière systématique la camelote et la pacotille aux visiteurs venus en masse, demandeurs en outre de prostitution féminine et masculine, d'alcool et de drogue.

En matière de transports, les impératifs logistiques ont généralisé les flux tendus pour réaliser le « *just in time* » (juste-à-temps) et atteindre des « stocks zéro ». Les abus qui en résultent sont de taille. Les chargeurs imposent leurs exigences de délais aux transporteurs souvent désemparés. La même logistique a mis en vogue l'externalisation qui, dans bien des cas, masque une sous-traitance inductrice de subordination, un peu comme les États-Unis ont voulu faire croire aux autres puissances, par John Fitzgerald Kennedy interposé et son aptitude aux élans politiques sentimentaux, à la magie des mots, qu'ils remplaçaient sincèrement et définitivement le « leadership » par le « partnership ».

Par ailleurs, la dispersion spatiale excessive des séquences de production, s'appuyant sur un prix du transport nettement inférieur à son coût réel, ainsi que sur la recherche du maximum de profit grâce au versement d'un minimum de salaires en délocalisant dans les pays à main-d'œuvre bon marché, renforce la déstructuration socio-spatiale à l'échelle planétaire par une mobilité effrénée des biens et des personnes. C'est cette tendance qui est présentée comme un modèle de nouvelle organisation internationale du travail.

La mondialisation sauvage n'est au fond, à ses débuts, ni plus ni moins qu'une offensive globale de l'ultralibéralisme à l'échelle planétaire. Le changement d'échelle a conduit le système en place à changer de nature. Le capitalisme étant devenu un mégacapitalisme, suffisamment puissant pour narguer les résistances politiques nationales et régionales, apte à imposer ses objectifs financiers qui l'emportent sur toutes les autres considérations, il s'appuie sur la mondialisation pour réaliser ses desseins. Après l'internationalisation, après les agents de l'impérialisme, voici arrivés les grands-prêtres de la « globalisation », terme anglo-saxon qui se prétend lui-même à vocation terminologique universelle. Les résultats de cette mutation sont expressifs : *40 % de la planète sont en état de récession.* Le marché assure le pilotage automatique de l'essentiel des activités humaines. Dans une centaine de pays le revenu/habitant est inférieur à ce qu'il était il y a 10, 20 ou 30 ans. Le club des milliardaires (450 membres environ) détient une fortune supérieure au PIB des pays pauvres qui regroupent 56 % de la population mondiale. La fortune des trois personnes les plus riches du globe dépasse le PIB cumulé des 48 pays les plus pauvres. La spéculation financière est devenue démesurée : la Thaïlande, la Corée du Sud et l'Indonésie, actuellement placées sous la tutelle du Fonds monétaire international, sont le théâtre de la circulation quotidienne aller-retour d'environ 1 800 milliards de dollars US sur les marchés des changes. La crise actuelle est notamment entretenue par la libéralisation des opérations en capital dans les économies du Sud-est asiatique. Comme l'a signalé J. Michel Quatrepoint, « on ne peut exiger des taux de retour sur les investissements de 20 à 25 %/an, avec une économie mondiale qui croît autour de 3 à 4 % et des taux d'intérêt réels à long terme — hors inflation — à peine supérieurs à 2 % ».

Nous sommes très éloignés du principe selon lequel il n'est de richesse que d'hommes (Grundlach, 1994), du respect des diversités, de la recherche de projets de société viables humainement. La décision prise par le plus grand syndicat paysan de l'Inde, le KRRS, qui compte une dizaine de millions d'adhérents, n'est pas fortuite : il compte envoyer en 1999 cinq cents représentants en Europe pour faire savoir à cette partie du monde que la mondialisation sans nuance a signé leur arrêt de mort et que les populations qui vivent à 80 % encore de la terre ont un autre projet de société.

C. L'arrogance financière

Il n'est pas question de mettre en cause l'irréversibilité de la mondialisation financière, mais de contribuer à préserver les marchés de l'instabilité suscitée par elle. *La financiarisation démesurée de l'économie empêche en effet les États de contrôler efficacement les flux de capitaux.* La déconnexion est souvent complète entre l'économie réelle — production et échanges — et la sphère financière. Le gonflement des transactions sur les marchés de capitaux et sur le marché des changes est sans commune mesure avec le montant du financement de la production et des échanges. La multiplication des opérations financières, parmi lesquelles les opérations de change, a conféré à la sphère financière un poids extraordinaire. À présent, le volume des opérations de change est environ une cinquantaine de fois plus élevé que la valeur du commerce mondial des biens et des services. Il ne faut donc pas s'étonner du fait que les risques de déstabilisation des marchés et de récession soient importants, la valeur des monnaies et des titres entrant dans une zone d'instabilité, alors que la situation économique réelle ne justifie pas toujours cette turbulence.

Parallèlement et concomitamment, des acteurs financiers internationaux tels que les banques et les opérateurs des fonds de pension anticipent à court terme des cours autres que ceux affichés sur les marchés. Ils sont ainsi conduits à des ordres massifs d'achat ou de vente déstabilisant les cours et créant une *bulle spéculative.* « Ce qui choque... c'est que les institutions qui ont spéculé n'en supportent pas les conséquences parce que le FMI et les grandes puissances interviennent comme une sorte d'assureur ultime évitant les pertes qui, dans un régime capitaliste normal, devraient sanctionner les erreurs de gestion. » (François Bilger). Cette attitude favorise évidemment la spéculation outrancière et dérègle le système en général, situation dont des personnalités telles qu'Alan Greenspan ou Lamfalussy, financiers rompus aux pratiques internationales d'institutions publiques, ont commencé à se rendre compte.

Nous sommes placés en outre face à *un marché financier mondialisé sans règles sociales, suscitant le chaos sur la moitié de la planète.* La nécessité s'impose de mettre en place des instances de régulation supranationales destinées à décourager les opérations spéculatives portant sur des plus-values à court terme (taxation, création d'un Conseil de sécurité économique et financière...). De plus, pour infléchir la logique des raisonnements à court terme, l'appel aux régulateurs régionaux est susceptible de contrer les excès de la mondialisation.

Déjà, J.M. Keynes a mis l'accent sur l'importance de la prise en considération de l'emploi en tant que valeur éthique dans le développement économique (Keynes, 1936). Il a aussi glorifié la consommation, vilipendé l'esprit d'économie de la bourgeoisie et justifié l'interventionnisme systématique des gouvernements.

Les ultralibéraux français tendent de surcroît à faire croire depuis 1995 que la cotisation sociale versée au titre de la Contribution au remboursement de la dette sociale (CRDS) est une taxe sur le salaire, alors qu'en réalité la cotisation sociale est du salaire et que la dette sociale concernée correspond à un excédent de 175 milliards de l'actif sur le passif correspondant. De plus il y a rétraction du champ du salaire au bénéfice de la fiscalité redistributive (CSG, RMI, CMU fiscalisé) et de l'épargne salariale (fonds de pension, provisionnement de la répartition, épargne salariale). *À la figure du salarié se substitue la double figure de l'allocataire et du rentier,* selon Bernard Friot dans « Et la cotisation sociale créera l'emploi » (Éd. La Dispute, Paris, 1999). Cette double figure résulte des réformes entreprises en France depuis une décennie environ en matière de protection sociale, ainsi que de la politique européenne de l'emploi. Notre auteur relève combien l'opinion publique est induite en erreur par « les dogmes de la religion séculière », qui sous-tendent la croyance en « l'incapacité prétendue du salaire à assumer des engagements de long terme ». En fait, dans nos pays, le recul du politique tient au recul du salaire, recul induit par l'ultralibéralisme. Le modèle anglais fait son chemin dans le cadre de la création d'un marché du travail dans lequel la norme est le « self-employment » britannique, avec des contraintes individualisées, la régulation de la certification (publique), sans définition toutefois des qualifications (inscrites dans des grilles salariales).

Bref, du capitalisme fordiste nous sommes passés au *capitalisme patrimonial,* lui-même entraîné dans la spirale d'une concentration démesurée des profits destinés à alimenter constamment des portefeuilles financiers qui ne cessent de se gonfler. La collectivité paye à présent les répercussions perverses du système mondialisé, dans lequel les réseaux majeurs, financiers par excellence, échappent à tout contrôle démocratique. Il en est de même en Union européenne où l'euro, récemment créé, fait trop figure symbolique et expression du monétarisme, alors qu'il devrait être perçu comme la manifestation d'une plus grande solidarité. Il existe pourtant un lien étroit entre la recherche d'une stabilité monétaire à assise communautaire et une politique de l'emploi, conçue à l'échelle nationale, mais qu'il est indispensable de compléter au niveau européen.

Malheureusement, la mondialisation et les critères de convergence européens ont en quelque sorte légitimé l'inexistence des politiques économiques et, par là même, sociales. La Banque centrale européenne, indépendante du pouvoir politique, a été mise en place pour juguler l'inflation « sans les sirènes » de la régulation de la conjoncture qui pourraient inciter les hommes politiques à relancer la machine économique par une politique plus concertée (B. Friot). Le pouvoir de cette banque n'est pas inséré non plus à un ordre démocratique de même échelle territoriale, c'est-à-dire européenne, car l'Union ne constitue dans ce cas que des souverainetés nationales additionnées.

D. Vers de nouveaux espoirs ?

Nous sommes entrés dans une planétarisation dans laquelle l'économie ultra-libérale tire avantage à entretenir morcellement et petites unités culturelles d'autant plus fragiles qu'elles sont isolées, antagonistes. *C'est le regroupement politique*, d'une façon ou d'une autre, mais toujours démocratique, *sur une base fédérale ou simplement décentralisée, qui seul permet de concevoir une mondialisation mesurée* et le respect des identités territoriales. Dans ce cadre, il importe de donner au terme « développement durable » sa pleine signification, sa pleine vocation (cf. seconde partie). Trop fréquemment il est pris dans une acception purement économique, quasi-ultralibérale, comme si l'on ne pouvait pas infléchir, pensée unique obligeant, les tendances actuelles de la mondialisation. Les sciences économiques ne sont pas forcément des sciences exactes ; en cela elles s'intègrent davantage aux sciences sociales qu'aux sciences dites dures, elles-mêmes relativisées depuis un certain temps. Cette appartenance aux sciences « souples », plutôt que « molles », constitue aussi pour les sciences économiques un extraordinaire atout : elles sont susceptibles de se définir par rapport à l'éthique humaniste, finalité qui leur est assignée par les meilleurs économistes.

Dans cette optique, plutôt que de continuer à mettre essentiellement l'accent sur des actions prévisionnistes, il vaut mieux anticiper. Mais on anticipe sur tout, sauf sur les répercussions de l'ultralibéralisme, de la fabrication des armements, des conflits armés ou larvés. Il faut « *globaliser* » de telles anticipations, y compris tout *ce qui se rapporte au domaine socio-culturel.*

Il existe un vaste chantier d'espérance économique, celui des petites et moyennes entreprises, dont beaucoup ont fait preuve d'une grande souplesse, d'un esprit d'innovation remarquable et d'une aptitude à s'adapter à la fois aux exigences d'une mondialisation irréversible et de tissus socio-économiques de base dont la diversification même constitue une synthèse entre les valeurs du passé et celles du présent. Créatrices de l'essentiel des emplois du globe, sources de contact humain par excellence, les PME et les réseaux mondiaux qu'elles constituent, seraient à même de constituer, si elles n'étaient contrées à dessein par les firmes multinationales gigantesques, les vrais outils de proximité par rapport aux besoins fondamentaux et réels de production, de liaison, de consommation et de convivialité. Ce n'est pas un hasard qui a conduit une PME de télécommunications à proposer ses services, quelques jours à peine après l'intervention de l'OTAN au Kosovo, pour faciliter les retrouvailles des familles kossovars dispersées.

Bref, *la mondialisation économique ne saurait réussir sans qu'elle ne soit insérée à la mondialisation de l'éthique sociale.* À ce prix seulement le progrès scientifique et le progrès technologique seront pleinement valorisés et seront susceptibles de participer au façonnement d'une économie durable ainsi que d'une société mondiale revenue à des perspectives plus optimistes.

Le plus grand défi est d'ordre institutionnel, face à l'inévitable mondialisation et à l'indispensable nécessité d'épanouissement socio-culturel des collectivités de base, locales, régionales, nationales. La maîtrise des diversités n'est possible que par la promotion d'un vrai, c'est-à-dire d'un réel pouvoir politique européen, et, à terme, d'un pouvoir mondial aussi vrai et réel que le précédent. G7 et G10 sont malheureusement trop englués dans l'impasse à finalité financière pour former un espoir de renouveau salutaire. Au Sommet économique de Davos, trop marqué, en dépit de quelques réorientations, par l'ultralibéralisme, il faut substituer un Sommet économique qui, tout en demeurant réaliste, soit profondément humaniste, cependant garant d'une opposition systématique à toute dérive populiste et aux mouvements simplistes de type « demain, on rase gratis ».

L'Union européenne donne mainte impulsion à la concrétisation d'une voie médiane de la croissance et du développement. Ainsi, par exemple le programme de croissance, approuvé en novembre 2003 par le gouvernement fédéral autrichien, est destiné à appuyer et garantir les créations d'emploi, dans une optique de croissance fondée aussi sur une recherche-développement financée à raison d'un supplément d'un milliard d'euros investis jusqu'en 2006, une prolongation de la prime d'accroissement des investissements (300 millions d'euros), des aides aux PME et des mesures de flexibilisation du marché de l'emploi. Le second plan d'action (2004-2006), entériné en octobre 2003 par le Parlement européen, est destiné à favoriser le développement des régions septentrionales du continent européen et des régions arctiques, en vue de faciliter l'adhésion des nouveaux membres à l'Union. Il définit des priorités dans les grands domaines suivants :

- l'économie, les affaires et les infrastructures modernes ;
- les ressources humaines, l'éducation, la recherche scientifique, les problèmes sociaux et de santé ;
- la coopération dans le domaine de l'énergie ;
- l'environnement, la sûreté nucléaire et les ressources naturelles ;
- la coopération transfrontalière et le développement régional ;
- la justice et les affaires intérieures ;
- l'aide aux régions ayant des besoins spécifiques, notamment les régions arctique et de Kaliningrad.

À cet effet, la mer Baltique est proposée comme une zone particulièrement fragile au sein de l'Organisation maritime internationale. La signature, en mai 2003, du programme multilatéral sur le nucléaire et l'environnement en Russie (MNER) est considérée comme une avancée majeure sur la voie de l'assainissement et de démantèlement nucléaire en Russie. Les parlementaires regrettent toutefois l'absence du développement de la « fenêtre arctique » et d'une coopération politique et scientifique renforcée avec le Canada et les États-Unis.

* *
*

En définitive, le développement répond à une logique ayant pour finalité le souci d'améliorer les conditions d'existence matérielles, sociales, culturelles, d'un groupe, ethnique, régional, national, international, transfrontalier... Il peut être endo- ou exogène, selon que le groupe social en question dispose des moyens financiers, techniques, intellectuels et professionnels adéquats ou non.

La notion même de développement est fort complexe. Précisons d'emblée que sa définition ne saurait avoir une valeur générale pour l'ensemble du globe et qu'elle n'est pas neutre, qu'elle subit l'influence des représentations individuelles et/ou collectives, qu'elle est tributaire de l'espace et du temps. *La conception du développement est au fond un aboutissement plutôt qu'un départ.* Elle intègre des finalités géopolitiques, d'ordre éthique, politique, socio-économique. Elle révèle l'orientation du système politico-économique dans lequel elle est appliquée. Pendant longtemps, elle avait une connotation, soit capitaliste, soit marxiste. C'est certes encore le cas de nos jours, quoique, depuis la chute du soviétisme, la généralisation du marché, appelé libéral, ait réduit comme une peau de chagrin l'économie proprement marxiste. De nombreuses formules intermédiaires sont cependant expérimentées à présent, depuis l'économie mixte — mi-privée mi-publique — jusqu'à l'économie durable, en passant par l'économie solidaire (cf. septième partie). Il n'est pas rare non plus d'observer que l'interprétation historique est sujette à variantes au fil des décennies.

Fréquemment, le fait d'opposer le développement au sous-développement met l'accent sur la relativité du premier terme. Si naguère le sous-développement était incontestablement considéré comme un stade préliminaire au développement, il n'en est plus exactement ainsi de nos jours : le sous-développement du Tiers-Monde est souvent perçu à la fois comme un préalable et une conséquence du niveau de développement atteint dans les États industriels de l'Occident.

Dans l'optique de ce niveau de développement, la notion même de développement tend à être étroitement associée aux représentations concernant la croissance et la mutation. Les pays sous-développés ont connu, au début des années 1960, un genre d'émancipation intellectuelle par l'émergence d'une conception selon laquelle le sous-développement n'était pas un passage obligé vers le développement, mais une structure en étroite dépendance de l'économie mondiale. Cette approche a conduit aux théories de dépendance, selon lesquelles l'élimination du sous-développement n'était possible que par une dissociation, au moins momentanée, entre le marché mondial et les pays concernés.

ORIENTATIONS BIBLIOGRAPHIQUES

- BRAUDEL F., *La dynamique du capitalisme*, Arthaud, Paris, 1985
- CECCHINI P., *Europa'92. Der Vorteil des Binnenmarkts*, Nomos Verlagsgesellschaft, Baden-Baden, 1988
- FOURASTIÉ J., *Le grand espoir du XXe siècle*, PUF, Paris, 1958, 249 p.
- GUELLEC D., RALLE P., *Les nouvelles théories de la croissance*, La Découverte, Paris, 2003, 128 p.
- GRUNDLACH E., *The Role of Human Capital in Economic Growth, New Results and Alternative Interpretations*, Institute of World Economics, departement IV, Kiel, 1994
- KEYNES J.M., *The General Theory of Employment, Interest and Money*, Mc Millan, Londres, 1936
- KRUGMANN P., *Increasing Returns and Economic Geography*, NBER Working paper, Washington, 1989
- MARSHALL A., *Principles of Economies – An Introduction*, Macmillan, Londres, 1947
- MEADOWS, DENIS *et al.*, *Die Grenzen des Wachstums – Bericht des Club of Rome zur Lage der Menschheit*, Deutsche Verlagsanstalt, Stuttgart, 1972
- MYRDAL G., *Economic Theory and Undeveloped Regions*, Duckworth, Londres, 1957
- PARK R., BURGESS E., McKENZIE R., *The City*, University of Chicago Press, Chicago, 1925
- PERROUX F., *La pensée économique de Joseph Schumpeter – Les dynamiques du capitalisme*, Éd. Droz, Genève, 1971, 264 p.
- PERROUX F., *L'économie du XXe siècle*, PUF, Paris, 1964
- SOLOW R. M., *Théorie de la croissance économique*, A. Colin, coll. « Sciences économiques et gestion », Paris, 1972, 156 p.
- STIGLITZ J., UZAWA H., *Readings in the Theory of Economic Growth*, MIT Press, 1970
- VORAUER K., *Europäische Regionalpolitik – Regionale Disparitäten. Theoretische Fundierung, empirische Befunde und politische Entwürfe*, Passau, LSI Verlag, 1997, 198 p.
- WACKERMANN G., « Ultralibéralisme et éthique sociale », *Actes du Colloque "Prix Nobel", UNESCO, mars 1999*, Université interdisciplinaire de Paris, Paris, 1999
- WILSON A.G., *Catastrophe theory and bifurcation*, Croom Helm, Londres, 1981
- ZIEGLER J., *Les nouveaux maîtres du monde et ceux qui leur résistent*, Fayard, Paris, 2002, 318 p.

Chapitre 3
L'ABSOLU ET LE RELATIF

Toute science, en abordant le problème de l'extension d'un phénomène, se rapproche de la géographie. La surface de la terre est un merveilleux laboratoire ; en y observant l'aire d'extension d'un phénomène et ses variations locales, on peut saisir parfois sur le vif ses causes et ses conséquences.

E. de Martonne

I. DE LA THÉORIE À LA PRATIQUE

De nombreuses publications très récentes mettent l'accent sur *le rôle croissant de la science dans les tentatives d'organisation des territoires en particulier et du monde en général* (Latour, 1989 ; Lévy, 1997).

C'est, toutefois, une démarche aux nombreuses embûches. Des règles, naguère valables, ne le sont plus guère aujourd'hui : telle la loi ou le modèle de Weber, selon lequel les localisations industrielles sont tributaires de la distance. À présent, les industries visent les économies externes des zones urbanisées. C'est aussi en raison des mutations intervenues dans les relations entre la distance et le temps, que les théories de Lösch et Christaller qui rendent les villes tributaires d'une géométrie trop simple, se sont essoufflées. Les bouleversements économiques inhérents à la tertiairisation croissante des mécanismes de production et de consommation, ont induit la mise en réseaux des territoires et de leurs pôles de croissance, ainsi que l'interpénétration et l'interdépendance des échelles spatiales.

Après la Seconde Guerre mondiale notamment, le géographe a cherché les principes d'un certain ordre dans le fonctionnement de l'espace qui est le sien. À travers cette quête, il voulait, au fond, aussi connaître les tenants et aboutissants du développement. Il souhaitait aller plus loin encore : détecter de plus près les fondements scientifiques de la prévision. Dans cette optique, d'aucuns s'appuient sur les mathématiques pour approfondir des modèles d'économie spatiale et d'expansion économique, élaborés par les économistes (Claval 1995). La « recette » demeure insuffisante pour expliquer les dysfonctionnements auxquels le monde est livré et, surtout, pour y remédier.

Les fossés de plus en plus béants qui séparent les sociétés de consommation, quantitativement réduites, des peuples affamés — l'essentiel de l'humanité —, font réfléchir et orientent, au début des années 1960, la « nouvelle géographie » (Claval, 1977) vers les phénomènes socio-culturels et économiques, la géographie en tant que science naturelle étant reléguée à l'arrière-plan. *À la fin des années 1960 et au début des années 1970*, le courant radical renforce cette tendance, se tournant très vite vers les fractures sociales dans les agglomérations urbaines. *La géographie du développement est réorientée vers une recherche géographique sociale dans les pays en voie de développement.* L'attention se porte sur une analyse plus approfondie du rapport entre le sujet et la société, ainsi que des relations de dépendance. Dans sa « théorie de la pratique », le sociologue Pierre Bourdieu place au centre de sa démarche le « champ social », façonné par les rapport de pouvoirs et la compétition entre agents. Par ailleurs, la recherche générale sur le développement a été revigorée et réorientée par les nouvelles théories sur l'économie des institutions, la croissance, l'économétrie, appliquées aux Tiers-Mondes.

Le besoin de solutions sociales adéquates, à appliquer aux malaises provoqués par l'économie et une gestion désastreuse de la planète, suscite un nombre croissant de chercheurs en sciences sociales, la géographie incluse, à apparaître comme des scientifiques engagés, ne se contentant pas de résultats théoriques, aussi importants soient-ils, mais se lançant hardiment dans l'action raisonnée appuyée sur le terreau propre à leurs disciplines respectives. L'audace commence à se mobiliser aussi autour du dépassement disciplinaire, les cloisons entre les spécialisations réduisant souvent les potentialités d'amélioration de l'existant. L'impératif des approches pluri- et interdisciplinaires est devenu évident. Le développement est un domaine, voire le domaine qui a accéléré la prise de conscience et les *démarches pluri- et interdisciplinaires* (Sorre, 1957 ; George, 1966). Pour mieux affirmer et être plus crédible, le scientifique doit viser en effet la recherche et la réflexion pluri- et interdisciplinaire, à laquelle les acteurs sur le terrain, les praticiens, sont à associer étroitement (Maier & Weber, 1986).

II. LA SCIENCE APPLIQUÉE OU APPLICABLE

Pluri- et interdisciplinarité, puis transdisciplinarité, fertilisent sensiblement la recherche théorique et la recherche applicable. Comme dans le domaine religieux, où il ne suffit pas d'être un lecteur, même assidu, de l'une des religions du Livre pour avoir vraiment une attitude religieuse, la science sociale ou économique théorique ne saurait être crédible, si elle ne permet pas d'offrir un support destiné à trouver une voie en faveur d'une meilleure façon de s'engager vers le développement socio-économique. La science appliquée ou applicable apparaît ainsi comme le prolongement naturel et indispensable de la science fondamentale. En raison du principe des vases communicants, celle-ci bénéficie également d'un enrichissement certain, tant en ce qui concerne l'ouverture vers des problèmes constamment renouvelés que pour ce qui est des nécessaires ajustements méthodologiques et thématiques.

Le développement est aussi un domaine qui révèle l'inadaptation de multiples cheminements théoriques aux situations pratiques, de surcroît en rapide évolution. Déjà « la fin des absolus », l'inadéquation des grandes doctrines libérales, d'orientation capitaliste, et de leurs homologues socialistes, d'inspiration marxiste, ont perturbé, parfois dénaturé les rapports entre la théorie et la pratique.

Après l'échec de bon nombre de théories de la croissance, qui n'ont pas su appréhender vraiment ni la genèse ni les causes de l'écart croissant entre les pays riches et les pays pauvres, et qui n'ont pas réussi à percevoir que la croissance telle qu'elle était conçue avait une connotation essentiellement économique, les théories du développement ont abordé le sous-développement dans ses racines, notamment sur le terrain. Il s'agissait de savoir comment freiner la pauvreté, sa progression, son expression, comment renverser progressivement la tendance, ce qui a nécessité une observation minutieuse de la réalité quotidienne, des rapports entre les sociétés autochtones et leur environnement, en grande partie soumis à des contraintes de marché international. Théorie et pratique se sont donc étroitement imbriquées. La science applicable est devenue un impératif majeur (Kreutzmann, 2003). Les multiples tensions entre la pensée « utile » en science appliquée et dans la « praxis » ont permis de réduire le déficit de communication entre la science et la pratique.

En dépit d'une progression sinueuse, le rôle pionnier de la géographie appliquée ou applicable, économique, sociale, environnementale, continue à marquer les organismes et les personnes chargées du développement. Le géographe, particulièrement sensible aux diversités et à leurs liens communs, aux variantes à aux constantes, habitué à scruter ce qui est différent, sans ignorer les ressemblances, est apte en premier lieu à l'exercice du métier de scientifique du terrain, du territoire, dans une vision spatiale d'ensemble, en vue de la promotion appropriée du développement. Il est vrai que la présence, demeurée permanente du géographe, n'est possible que par une adaptation constante à l'évolution scientifique générale, ainsi que par une prise de conscience renouvelée des besoins sociétaux les plus importants pour une période déterminée. Des priorités de recherche telles que celles relatives aux lieux centraux, pôles de croissance, centralités et périphéries ou aires marginales, à la division du travail de plus en plus internationale, aux flux financiers de plus en plus immatériels... cèdent la place, sans toutefois disparaître, à des mouvements globaux de portée mondiale, qui englobent toutes les approches précédemment cloisonnées ou traitées successivement, faisant ressortir d'autant mieux les zones d'ombre qui menacent la vie quotidienne ou l'humanité dans ses fondements existentiels ou socio-culturels.

Ces mouvements sont actionnés par une mobilité extraordinaire des personnes et des biens, accélérés et accentués par des technologies de communication de haut niveau, profondément sous-tendues par des systèmes informatiques d'avant-garde. *Le monde post-moderne*, qui se façonne sous nos yeux, en réaction au monde moderne que d'aucuns ont cru sempiternel et perçu comme l'étape ultime de l'évolution, *est surtout caractérisé par une aptitude inégalée au changement et d'imposants ressorts dont la pertinence de la dimension spatiale assure un renouvellement continu*. Les transformations des rapports entre l'espace et le temps, au bénéfice du premier, ne doivent cependant pas conduire à la minimisation outrancière de l'importance du temps, valorisé qualitativement par les mutations intervenue ou en cours, durant l'époque post-moderne.

Celle-ci est comparée aux nouveaux aspects stylistiques offerts par l'architecture, en réaction aux principes architecturaux dominants depuis les années 1930. Ses exigences premières tournent autour de préoccupations environnementales, de réflexions relatives aux systèmes sociétaux et culturels, dans le cadre d'une approche dynamique des divers niveaux spatiaux, enchevêtrés et interconnectés jusqu'à l'échelle mondiale. Si les absolus ont été fortement relativisés et que ce n'est pas leur fin, la notion de « fin de l'Histoire » est franchement grotesque. Elle ne l'est que pour des esprits ringards qui ont mal interprété la boutade publicitaire, lancée en 1991, en guise de titre d'un ouvrage, par le philosophe américain Francis Fukuyama en 1991, qui a mis l'accent sur l'aspect désuet des philosophies de l'histoire ayant marqué les cultures et la civilisation occidentales depuis l'ère des Lumières (Fukuyama, 1991). Il en est de même de la politique du pire pratiquée dans une ambiance de cybermonde (Virilio, 1996).

Le souci du développement a élargi extraordinairement l'éventail qualitatif et quantitatif des dimensions de recherche et de réflexion. Les multiples facettes de la géographie se sont enrichies de préoccupations quasi-absentes antérieurement. Les crises sociales, d'essence et d'ampleur très diverses, ont attiré l'attention sur les effets pervers de la productivité, de l'accumulation de capital, des systèmes d'éducation et de formation élitistes, des régimes politiques pseudo-démocratiques, des vérités officielles, des discours de soumission à un ordre préétabli, humain ou divin... Sont venues foisonner des recherches sur la pauvreté, la misère, la marginalisation, l'inefficacité de l'organisation et du fonctionnement socio-économiques, de nombreux systèmes éducatifs et scolaires ou universitaires, la nécessité de se pencher sérieusement sur la population dite inactive, infantile, adolescente, jeune et adulte, sur celle privée de travail ou/et malmenée par des problèmes de santé, sur les victimes du racisme de quelque nature qu'il soit, sur les projections mentales, l'affectivité, la façon de concevoir profondément la vie, l'ambiance du temps libre, la maladie, les troisième et quatrième âges, de même que la mort.

Dans leur « Géographie active », Pierre George et son équipe incitent déjà à une réflexion épistémologique sur les tentatives d'application pratique de la science géographique, soulevant cette opportunité pour faire face aux problèmes urgents et ardents posés notamment aux sociétés sous-développées, mais aussi aux pays et sociétés industriels. Ils prennent aussi en ligne de mire la société de consommation en voie d'affirmation, de même que l'organisation régionale fragilisée par l'émergence de nouveaux rapports entre la distance et le temps, l'internationalisation croissante des flux, ainsi que les discontinuités spatiales qui se multiplient consécutivement à cette évolution (George *et al.*, 1964). D'autres auteurs font ressortir l'influence des nouveaux comportements administratifs et entrepreneuriaux, en tant que supports renouvelés des outils de l'aménagement du territoire (encart 4).

Encart 4
Les phases du processus de la recherche en géographie sociale appliquée
Un exemple de conception de la recherche

I – Démarches successives de l'approche stratégique :

A) Regards sur l'évolution passée

1) Formulation, typisation et degré d'appréciation des questions pratiques soulevées

2) Fondements empiriques de l'approche scientifique interdisciplinaire

3) Analyse systémique et analyse des données des systèmes d'information

B) La situation présente

4) Identification du système espace-temps : rapports à l'application et à la structure des données

5) Effets, règles et systèmes de valeurs des phénomènes observés

6) Conception de l'exploration et de la démarche innovative

C) Les transformations escomptées

7) Examen du degré de persistance et de mutation des conditions de vie

8) Étude des rapports réciproques entre la problématique soulevée, sa justification et l'applicabilité des démarches envisagées

II – Les interactions : le contrôle et les perspectives des processus d'application

9) Sens, buts et valeurs du comportement individuel et social

10) Effets écologiques

11) Résultats opérationnels en matière structurelle et interactive

III – Validation des démarches

12) Rapports à l'environnement

13) Rapports de la « praxis » aux références théoriques

Selon le tableau hors-texte de Franz Schaffner, dans l'ouvrage qu'il a dirigé sur *Angewandte Sozialgeographie – Karl Ruppert zum 60*, Geburtstag, Augsbourg, Université, Lehrstuhl für Sozial- und Wirtschaftsgeographie, 1986, 498 p.

L'exercice est difficile, les problèmes soulevés sont souvent épineux. Le bon sens conduit fréquemment d'une ambition maximaliste à un réalisme modeste. En matière scientifique, il ne suffit pas de demeurer rationnellement rigoureux. La science ne s'enrichit pas seulement par la recherche et l'explication minutieuses des causes à effets, des mécanismes qui déterminent l'organisation et le fonctionnement des phénomènes observés. Elle doit aussi se donner un sens, quitte à sortir du domaine considéré comme proprement scientifique, un domaine que l'on aurait appelé, il y a quelque temps encore, avec une prétention certaine, celui des sciences exactes. *Le géographe peut aussi se livrer, dans une optique humaniste par exemple, à une réflexion sur les finalités de l'homme, les bases éthiques des sociétés et des choses, de l'environnement, sous peine de cultiver un esprit réducteur des dimensions même de la recherche.* Cette quête du sens ne saurait cependant se confiner dans le cadre étroit d'une discipline scientifique. Elle implique une dimension pluri- et interdisciplinaire ; elle interroge les sciences dans leur ensemble, complémentaires et universelles.

Dans de nombreux pays avancés ou émergents, le monde de la recherche a fini par s'impliquer fortement dans la création d'entreprises. La proximité même, dans les aires métropolitaines, d'activités à haute technologie et de laboratoires universitaires de niveau très élevé, a favorisé l'émergence de multiples synergies. L'exemple de la Silicon Valley, souvent citée à titre de pionnier et de modèle, montre à quel point les rapports de relatif voisinage sont susceptibles de renforcer les liens entre la recherche et l'économie entrepreneuriale. Ailleurs, ce sont les technopoles ou les complexes téléportuaires qui ont joué et continuent à jouer ce rôle. En France, la loi de 1999 sur l'innovation a créé des moyens financiers permettant à la recherche de s'impliquer fortement dans la création d'entreprises, sous la forme d'« incubateurs publics ». La recherche fondamentale et appliquée, pluri-, inter- et transdisciplinaire, publique et privée, adhère de plus en plus aux exigences du développement, sans se réorienter toutefois en pleine indépendance et lucidité vers les problèmes fondamentaux. Une obscurité et une opacité partielles continuent à témoigner d'interférences préjudiciables à la mise en œuvre d'un développement dégagé de ses hypothèques autant corporatistes qu'idéologiques.

ORIENTATIONS BIBLIOGRAPHIQUES

- CLAVAL P., *Histoire de la géographie,* PUF, coll. « Que sais-je ? », Paris, 1995, 128 p.
- *La nouvelle géographie,* PUF, coll. « Que sais-je ? », Paris, 1977, 128 p.
- GEORGE P., *Sociologie et géographie,* PUF, coll. « Le Sociologue », Paris, 1966, 217 p.
- GEORGE P. *et al.*, *Géographie active,* PUF, Paris, 1964, 394 p.
- KREUTZMANN H. (dir.), « *Theorie und Praxis in der Entwicklungsforschung* – Théorie et pratique dans la recherche sur le développement », *Geographica helvetica,* 1, Cahier thématique, Bâle, 2003, pp. 1-75
- LATOUR C., *La science en action,* La Découverte, Paris, 1989
- LEVY J., « Vers une société civile mondiale ? », *Sciences humaines,* 17, 1997, pp. 73-75
- MAIER J., WEBER J., « *Angewandte Wirtschafts- und Sozialgeographie in der Auseinandersetzung zwischen analytisch-strukturaler und politisch-normativer Aussage* »,

Angewandte Sozialgeographie – Karl Ruppert zum 60. Geburtstag, Lehrstuhl für Sozial- und Wirtschaftsgeographie, Universität, Augsbourg, 1986, pp. 329-356

- SORRE M., *Rencontres de la géographie et de la sociologie*, M. Rivière, Paris, 1957, 215 p.
- VIRILIO P., *Cybermonde, la politique du pire,* Les Éditions Textuel, Paris, 1996

Deuxième partie

LA NATURE DU DÉVELOPPEMENT

Chapitre 1
LES STADES DU DÉVELOPPEMENT

L'innovation est devenue un mot d'ordre, sinon une norme

P. Mustar et H. Renan, *Encyclopédie de l'innovation*, Economica, Paris, 2003

Une rétrospective historique révèle qu'inventions et développement sont souvent allés de pair. Il est vrai que ces deux paramètres n'ont pas favorisé nécessairement toutes les catégories sociales ni tous les territoires de la même façon. Le papier inventé en Chine autour du premier siècle avant notre ère, les planches d'imprimerie et l'imprimé qui existent dans ce pays depuis le VIIe ou le VIIIe siècle, les caractères mobiles apparus en Chine quatre siècles environ avant Gutenberg, ont certes permis à celle-ci de bénéficier d'une avance certaine à l'échelle internationale, mais seulement au bénéfice des catégories dirigeantes, et ceci durant de longs siècles.

Il en est de même des acquis, en Occident, des XIVe au XVIe siècles, en ce qui concerne les inventions qui ont favorisé les grandes expéditions et découvertes maritimes, surtout, transocéaniques, inaugurant l'époque moderne et ouvrant le monde à l'exploitation de richesses colossales, mais aussi à celle des peuples conquis, ainsi que de la main-d'œuvre bon marché et des mercenaires européens mobilisés au service d'appétits de puissance et de biens. La révolution technique et scientifique, amorcée au XVIIIe siècle sur ce même continent européen, a donné lieu, une nouvelle fois, à un élan de progrès tel que les structures mêmes de la société furent bouleversées, conférant à la bourgeoisie triomphante un pouvoir quasi-illimité, au détriment des couches laborieuses d'une population demeurée souvent aux abois, générant au XIXe siècle ce « Lumpenproletariat » évoqué par Karl Marx et tant d'autres pionniers de la cause sociale.

Il convient donc de *ne pas rendre synonymes les deux termes de progrès technique et de développement*, dans la mesure où, durant la part la plus importante de l'Histoire, la synonymie n'a bénéficié essentiellement qu'à une très faible partie de l'humanité. Encore aujourd'hui, le constat social devenu emblématique demeure valable, selon lequel même pas un cinquième des habitants du globe possèdent les quatre cinquièmes des richesses de la terre.

N'empêche, cependant, qu'en dépit de ces constatations, le développement s'est accéléré sous des facettes diverses, avec une fortune plus ou moins heureuse, facilitant la création de richesses qui ont généré des retombées sociales, sans nul doute insuffisantes par suite d'un contexte politique encore relativement défavorable, mais assoupli dans le cadre de la lente progression démocratique à travers le monde.

Esquissons brièvement, dans un premier temps, les divers stades de ce développement jusqu'à nos jours.

I. DE LA MARQUE AGRICOLE ET RURALE À L'INDUSTRIALISATION

La prédominance du secteur agricole a marqué la plus grande partie du parcours de l'humanité. *À défaut de moyens techniques puissants, la cohérence socio-spatiale des anciennes sociétés rurales a contribué à faire face à de nombreux obstacles physiques,* en vue de la mise en valeur, optimale pour l'époque en question, des terres nourricières indispensables à la survie.

Le grand élan scientifique et technique du XVIIIe siècle a renforcé les moyens mis au service d'une société ingénieuse, à tel point qu'un vaste espoir a pu naître dans les milieux bourgeois en faveur d'une vie meilleure facilitant l'abandon de la croyance millénaire en une prédestination faite de peines et de larmes, relativisant la croyance en la nécessité d'une soumission à un destin difficile à modifier.

Le départ de ce mouvement a été déclenché aux XVIIe et XVIIIe siècles en Angleterre, sur cette terre libérale qui a aussi engendré au même moment la conception parlementaire moderne. En Europe continentale , des princes « éclairés » (Frédéric II de Prusse, Catherine II de Russie, Marie-Thérèse et Joseph II d'Autriche) ont été attirés par les sirènes de la technique et du renouvellement de la pensée scientifique. Ils ont encouragé recherche agronomique, forestière, manufacturière et industrielle, soutenu les méthodes expérimentales, imités en cela par de multiples princes régionaux qui se sont souvent empressés de créer « leur » université, symbole d'un pouvoir moderne et d'une réussite économique (roi du Wurtemberg, duc de Bade, roi de Hanovre...)

La révolution technique accélère la révolution politique, dans la mesure où la bourgeoisie, maîtresse de l'économie en état de vaste mutation, entend s'emparer du pouvoir politique. Elle spolie en outre le haut-clergé et la noblesse d'une part importante de leurs terres, ne s'empressant guère d'accorder la liberté et l'égalité au petit peuple dont elle a besoin pour faire fructifier ses capitaux en l'exploitant comme main-d'œuvre industrielle bon marché.

Ces turbulences scientifiques et techniques dans un univers encore principalement rural conduisent à la montée, puis à *la suprématie, en Europe occidentale et en Amérique du Nord, à la fin de la première moitié du XXe siècle, du secteur secondaire.*

L'ère industrielle, née en Europe occidentale, notamment en Grande-Bretagne et en Allemagne, sur les bassins houillers et miniers, associant charbon et acier, a suscité une mutation technique, économique et sociétale sans précédent.

L'Allemagne connaît une montée extraordinairement rapide, à la fois sur son propre territoire national et à l'étranger, grâce à des investissements massifs, un savoir et un savoir-faire exceptionnel. Dès 1900, la vente des produits allemands dans le monde entier atteint 12 milliards de marks, déjà le double en 1914, et cela dans les domaines les plus variés : chemins de fer, travaux publics, ports, usines, banques... À ce moment-là, le chancelier Bülow revendique pour l'Allemagne « sa place au soleil », c'est-à-dire la première, ambition exprimée à travers les termes de « *Weltpolitik* » (politique mondiale) et « *Weltwirtschaft* » (économie mondiale) . Le « *Deutschtum* » se propage sur la planète, avec l'expatriation de 10 à 12 millions d'Allemands. En 1913, la loi Delbrück renforce l'appui accordé à cette stratégie migratoire, en conservant aux émigrés la nationalité allemande.

L'essor économique développe l'esprit impérialiste, à forte connotation culturelle, voire idéologique. L'empire est conçu comme une vaste firme susceptible de rayonner sur l'ensemble des marchés mondiaux.

Si l'activité allemande se manifeste un peu partout, elle est néanmoins concentrée dans ses colonies, conquises tardivement, ainsi qu'au Proche- et au Moyen-Orient. La présence dans l'empire ottoman, pour la construction de la « *Bagdadbahn* », commencée en 1903, est devenue un symbole de réussite.

Les répercussions de l'industrialisation (Giedion, 1982) sont nombreuses et diverses. Elles entraînent d'abord une réduction croissante de la population active du secteur primaire, par suite de la *progression des actifs dans le secteur secondaire* (Ruppert, 1983). Ceux-ci déclenchent et/ou intensifient les migrations quotidiennes de travail, entraînant des migrations définitives : l'exode rural et l'émigration, voire l'exode intercontinental Europe-États-Unis. Les migrations pendulaires aux alentours des centres de production s'intensifient, à pied, à « vélo », dès avant la Seconde Guerre mondiale, par ramassage en autobus et autocars

La mobilité des biens et des personnes est cependant surtout accélérée par le chemin de fer, dès après 1950 par l'avion quotidien au service de certaines migrations de travail en Amérique du Nord. *Ces vastes pérégrinations transforment la répartition démographique et s'expriment notamment par un extraordinaire déploiement de l'urbanisation, qui est accompagnée de la lente montée du tertiaire dans les entreprises, où les « cols blancs », symboles d'avenir, se détachent nettement des « cols bleus », symboles de l'industrialisation,* qui s'achève dès la seconde moitié du XXe siècle. Soumise à la pression croissante de l'électronique et de l'informatique, en soi encore des branches du secteur industriel, cette industrialisation se réoriente à la faveur de la disparition de l'industrie lourde, ce fleuron de l'époque industrielle, qui fut encore la base de la construction européenne, par la Communauté du charbon et de l'acier interposée.

Des espaces de densification se créent autour des centres-villes, à partir desquels l'étendue urbaine s'élargit à des banlieues, suscite « banlieusardisation » et suburbanisation, conurbations et « *Ballungsräume* »... Le rôle moteur « moderne » des villes est rendu évident par les théories des lieux centraux (Christaller, 1933). Il existe des rapports évidents entre la localisation industrielle et la compétition internationale (Lösch, 1944).

La Bavière peut servir d'illustration en ce qui concerne le rôle joué par les agglomérations urbaines dans le processus d'industrialisation d'une région fortement agricole. Elle a connu une mutation telle qu'elle a accédé au XXe siècle, tout particulièrement à partir du « miracle économique » consécutif à la Seconde Guerre mondiale, à une position de pointe en matière industrielle (Frey, 2003). La politique structurelle du gouvernement bavarois, pratiquée dans le cadre de la politique économique de la République fédérale d'Allemagne, a conduit l'État libre de Bavière, vers la fin des années 1970, à la première position parmi les Länder, remplaçant ainsi le Bade-Wurtemberg, considéré durant plus d'une décennie comme le Land « modèle » de la RFA, après avoir détrôné lui-même la Rhénanie-Westphalie. Les réfugiés allemands de l'Est, l'affinement des structures entrepreneuriales, de solides identités culturelles régionales, ainsi qu'un environnement paysager attrayant à l'échelle internationale ont activé l'évolution en cours. La diversité subrégionale, des sous-ensembles socio-spatiaux très variés, des villes aux spécificités différenciées ont vivifié considérablement le tissu du Land, qui fonctionne toujours davantage en réseau, tant intérieurement qu'en connexion avec l'extérieur, national et international.

II. L'OBJECTIF QUALITATIF DU DÉVELOPPEMENT DANS LES SOCIÉTÉS TERTIAIRISÉES

Le règne grandissant de l'informatique dépasse largement les utilisations initiales auxquelles se sont livrées la géographie, la science et la « praxis » du développement en général. Le recours grandissant aux centres de traitement des données pour les analyses factorielles, qui remontent déjà à la première moitié des années 1970, les analyses de régression, la modélisation... témoignent de la rapidité de l'évolution en cours. À présent, l'intérêt des banques de données, l'orientation vers l'étude des systèmes, la cartographie automatique, le recours aux Systèmes d'information interactifs pour faire face à la complexité croissante des phénomènes et des processus, conduisent vers de nouvelles associations avec le monde économique, qui évolue de plus en plus en réseaux. Les firmes de resserrent en groupes, à l'échelle internationale. *Les impératifs capitalistes sont désormais étroitement liés aux territoires, à la technologie et à la croissance* (Storper, 1989).

À la faveur des nouvelles mutations, les « modèles » bâtis sur la période industrielle, voire post-industrielle, déclinent ou se désagrègent. Le système d'économie sociale de marché, inauguré en RFA et imité, avec plus ou moins de succès, un peu partout en Europe occidentale, a subi une forte érosion. Connu en France sous la dénomination de modèle « rhénan », depuis que l'ancien commissaire général au plan, Michel Albert, a présenté l'économie et les sociétés allemandes d'avant le post-modernisme et la mondialisation comme l'expression même de la réussite entrepreneuriale et de la démocratie sociale, cette structure emblématique est petit à petit taillée en pièces : l'un de ses fondements, la négociation collective entre les syndicats et le patronat, est devenu sujet à caution. Les conventions collectives sont mises en concurrence au niveau de chaque branche et celles négociées dans chaque firme. La flexibilité de l'emploi et la fragilisation qui en découle sont des faits intégrés aux attitudes syndicales.

Les fondements de tout ce développement reposent sur l'ample mouvement d'urbanisation accéléré qui s'est emparé du globe depuis le milieu du XXe siècle (Wackermann, 2000). Les « villes nouvelles » (*new towns*), apparues en Grande-Bretagne, ont donné le ton à l'adaptation et au renouveau durant quelque temps. En France, Paul Delouvrier a voulu faire de l'antibanlieue dans la continuité urbaine. À ce titre, il est un peu perçu comme le « Haussmann des faubourgs » (encart 5).

Après plus de 35 années, ces villes nouvelles, conçues comme une alternative aux grands ensembles banlieusards, après être revenues progressivement au droit commun, font l'objet d'un bilan qui pose la question fondamentale : « Quels enseignements pour la politique de la ville et la politique urbaine ? »

Encart 5
Réinventer la ville : les villes nouvelles

« Une fois les axes privilégiés définis, il fallait, si l'on voulait y placer des populations, penser aux infrastructures. L'idée était bien de faire en sorte de trouver sur place tous les équipements majeurs. Ce faisant, on a réinventé des villes quasiment autonomes. Nous avons toujours affirmé que ces nouvelles cités de la région parisienne devaient pouvoir vivre avec le centre de Paris, qui devait rester la capitale de l'ensemble ».

P. Delouvrier, *L'aménagement de la région parisienne (1961-1969)*, Presses de l'École nationale des ponts et chaussées, Paris, 2003

Les « Central business districts » (CBD), centres-villes tertiaires à hautes technologies, semblent avoir mieux réussi dans ce monde développé, dans lequel la ville est devenue une région urbaine. La ville globale (Sassen, 1996), dont les symboles, les incarnations citées régulièrement sont New York, Londres et Tokyo, presque de manière ringarde, parce que relativement anciennes dans notre monde actuel. Paris, ultérieure, est néanmoins souvent évoquée simultanément avec les grandes métropoles pionnières.

Quoi qu'il en soit, les conceptions actuelles du développement, à long terme, s'acheminent vers une priorité qualitative. Universités, centres de recherche, pôles technologiques, infrastructures téléportuaires relèvent des enjeux en présence. C'est aussi l'époque qui a pris initialement en compte l'apparition de la « *new economy* », cette nouvelle économie, contemporaine de l'émergence et de l'affirmation des nouvelles technologies, elles-mêmes porteuses d'un espoir en un progrès infini et en une économie de bien-être. Née aux États-Unis, au milieu des années 1990, cette nouvelle économie a cependant des origines plus anciennes : elle remonte aux années 1960, à l'innovation fondée sur la digitalisation appliquée à l'information et à la communication. Au début des années 1970 a été produit le premier microprocesseur. Dix années après, le premier ordinateur privé a rejoint le marché. Internet a été commercialisé au milieu des années 1990. Dans l'optique du « boom » économique qui a accompagné le déploiement d'Internet, il est devenu intéressant d'appréhender les effets positifs de cette nouvelle technologie sur la productivité, non seulement aux États-Unis, mais dans le monde entier. D'autres investigations ont porté sur l'ampleur et les effets des affaires traitées électroniquement. Furent étudiés aussi l'influence exercée par diverses méthodes de calcul des prix sur l'ensemble des facteurs de productivité, de même que le rôle précis du capital, du travail et du progrès technologique dans la croissance (Dehio *et al.*, 2003).

L'accompagnement urbanistique et environnemental a donné lieu également à des approches originales. Face à la ville qui « panique » (Virilio, 2004), au « crépuscule de lieux » (Heymann, 2004), architecture, urbanisme et construction de communautés ont trouvé des convergences inédites. Ainsi, s'appuyant sur une structure pluridisciplinaire créatrice, Charles C. Bohl, directeur du « Knight Program in Community Building » à l'Université de la « Miami School of Architecture », a réuni des enseignants, architectes, « designers », responsables de collectivités locales, spécialistes en réglementation, théoriciens et praticiens, animés du même intérêt de réflexion commune sur les processus de formation des communautés et de leurs rapports à l'environnement immobilier nord-américain, rural, urbain et suburbain (Bohl, 2002).

L'un des aspects originaux majeurs de sa publication réside dans le fait que l'auteur a cherché à relever, dans un parcours historique remarquable, les fondements de l'habitat le plus approprié à la fois aux exigences environnementales et à celles des indispensables fonctions sociales caractérisant les diverses époques de l'évolution de l'humanité. À cet effet, il a mis l'accent sur l'importance des centralités dans la construction humaine, des centralités qui se rappellent au souvenir des bâtisseurs et qui ramènent ceux-ci à la source de l'implantation spatiale des groupes humains. L'extrême diffusion urbaine, exprimée par la suburbanisation galopante contemporaine, a donné lieu à de multiples interrogations sur le sens de ce « *scrawl* ». Aussi le fait de créer ou d'aménager des lieux de convivialité dépend-il de la conception même de la centralité. Un « *place making* » humaniste, mais non irréaliste, trouve son ancrage dans le développement des centralités, de leur accessibilité et de leurs relations au milieu ambiant, plus ou moins proche. Si, dans le titre même du livre, il est question d'« *urban villages* », de villages urbains, c'est que la ville, au plein sens du mot, ne saurait se passer de cette cohésion sociale autour d'une place déterminante qui a forgé le village d'antan.

D'emblée Charles Bohl relève la nécessité de ne pas lier essentiellement la création d'ensembles urbains à la volonté de « faire de l'argent » (« *make money* », p. 8). Dès le premier chapitre, il insiste sur « la quête d'une communauté », reliant le vrai développement à un urbanisme et une architecture sensés, évoquant la parution d'ouvrages récents aux titres évocateurs : *A better place to live* (Philip Langdon), *A good place to live : America's last migration* (Terry Pindell), *Home from nowhere* (James Howard Kunstler)... Il rappelle la distinction faite par le sociologue Ray Oldenburg entre la « *first place* » (le chez soi), la « *second place* » (le lieu de travail) et la « *third place* », celle qui nous concerne ici et qui est la place du rassemblement de la communauté, avec ses cafés, ses tavernes, ses points de vente, ses « squares », ses espaces de verdure...

L'auteur évoque ensuite la façon dont les centres des villes, les axes majeurs qui les traversent et les villages urbains sont à même de cartographier les communautés (« *put communities on the map* »), faisant ressortir par là même leur identité. Il évoque à cette occasion la crise induite par les « *edge cities* » présentées par Joël Garreau et insiste sur la nécessité d'une mixité des usages pour susciter une vraie ambiance urbaine, d'un style de vie s'opposant à la trop forte densité démographique, du réaménagement des lieux de travail, de l'importance de la notion de loisir et de distraction, de l'utilité d'une croissance douce, d'un développement durable et du Nouvel urbanisme qui revitalise les vieux centres urbains, de même que les grands axes de pénétration, un nouvel urbanisme qui accorde davantage d'attention au « détail », à ce qui me semble évoquer l'expression « *small is beautiful* ».

L'auteur nous invite aussi à nous ressourcer dans le passé, colonial et autre, qui foisonne en innovations constructives et toujours valables. Si le troisième chapitre est consacré aux nouvelles orientations susceptibles de promouvoir des places de rassemblement et de convivialité (« *gathering places* »), les routes et chemins, ainsi que des formes renouvelées d'immeubles — l'architecte ne perd pas de vue sa compétence principale —, le quatrième chapitre présente des modèles de centres-villes, de routes majeures et de villages urbains conçus dans l'optique des « *master-planned communities* », du Nouvel urbanisme et des projections de celui-ci en matière de centres-villes suburbains. Le chapitre 5 propose un modèle de « *New town center* » et présente à ce sujet une analyse de faisabilité, ainsi que le plan de financement correspondant. Dans le chapitre 6, l'auteur met l'accent sur la percée de projets « revisités » allant dans le sens du Nouvel urbanisme, à l'appui d'exemples divers et significatifs de l'évolution actuelle aux États-Unis : le « *Miami Lakes Town Center* », le « *Princeton Forrestal Village* », les « *Mashpee commons* », le « *Reston Town Center* » et le « *Mizner Park* ». Le septième chapitre est réservé à des études de cas significatifs : « *CityPlace* » à West Palm Beach (Floride), « *Easton Town Center* » à Gainesville (Floride), « *Market Square* » à Gaithersburg (Maryland), « *Market Street* » à Celebration (Floride), « *Orenco Station Town Center* » à Portland, (Oregon) , « *Southlake Town Square* » à Southlake (Texas), « *Valencia's Town Center Drive* » (Californie).

Une réflexion récapitulative enrichissante nous est livrée sur les idées qui peuvent contribuer à définir le caractère du centre-ville, à créer un centre de gravité, à trouver de nouvelles incitations en matière d'aménagement, à redéfinir les rapports entre les centralités et l'architecture, bref, à *percevoir la signification profonde de l'urbanisme dans sa continuité et son actualité permanente.*

Loin des schématisations outrancières d'un Le Corbusier, Bohl est ouvert aux réalités mondiales et à leurs diversités. Il n'échappe pas, certes, à une vue très américaine des choses. Le sociologue, le géographe, — pour demeurer dans le cadre des sciences sociales, domaine de l'auteur — auraient parfois adopté un cheminement différent. Mais c'est la richesse de Charles Bohl d'apporter son éclairage et celui de son groupe pluridisciplinaire. L'ouvrage exprime en outre *l'importance de la prise en considération des permanences urbanistiques les plus réussies liées aux centralités* et accorde une place de choix aux évolutions. Les ruptures, quoique inévitables, entraînent nécessairement des déstructurations souvent nuisibles à l'ensemble du corps urbain. Il s'agit là d'un volume de référence pour l'ensemble des spécialistes, acteurs et décideurs orientés vers la recherche de solutions existentielles viables pour une humanité de plus en plus urbanisée, mais toujours davantage déshumanisée par le cadre environnemental qui lui est imposé. La vraie notion de développement y trouve son compte.

III. LA MONDIALISATION

Le déploiement technologique des trois dernières décennies a bouleversé la totalité des secteurs d'activité, des conditions de vie et de loisirs de l'humanité concernée par cette vaste mutation. Il continue à s'étendre petit à petit aux pays moins développés. Il a déstructuré de multiples ensembles spatiaux et socio-économiques, suscitant des crises aux longues durées, requérant des adaptations humaines et matérielles sans commune mesure avec les transformations requises depuis la révolution industrialo-urbaine.

Ce vaste chambardement a ébranlé les fondements territoriaux même des sociétés, les États-nations façonnés parfois de fraîche date (Mandelkern, 1999). À ce titre et sous la pression des nouveaux rapports entre l'espace et le temps, de la tertiairisation de l'ensemble des rouages sociétaux, les territoires ont été mis à rude épreuve (Offner & Pumain, 1996). L'accélération exponentielle de l'internationalisation des échanges de biens et de personnes, entraînant une extraordinaire mobilité, a suscité des éclairages et des regards inédits sur la totalité des phénomènes auxquels l'humanité est confrontée (Taylor, 1995). Elle a modifié sensiblement les rapports sociaux (Giddens, 1994).

Depuis le début des années 1960, l'avancée des télécommunications et ses divers couplages avec les transports rapides ont accéléré la mondialisation, une nouvelle étape historique du grand élan de l'humanité vers un raccourcissement progressif des rapports entre l'espace et le temps, après les deux grandes impulsions données d'abord au moment des Grandes explorations et découvertes (XVe-XVIe siècles), puis par la révolution technique amorcée par la machine à vapeur et le chemin de fer (XVIIIe-XIXe siècles). Cette nouvelle révolution a relégué, petit à petit, à l'arrière-plan, l'interprétation du monde inhérente à ce qu'il est convenu d'appeler les philosophies de l'histoire fondées l'une sur la pensée libérale et la Raison, l'autre sur la pensée socialiste. Elle s'est appuyée sur le mouvement de 1968 qui a signifié « la fin des absolus », pour entreprendre simultanément la critique de la science et celle du socialisme, deux orientations adhérentes à l'idée de Progrès. *La relative « fin des idéologies » autres que celle du capitalisme, par la « critique de la Raison » et l'échec du socialisme de type soviétique, a accéléré le basculement du globe dans la mondialisation.*

La mondialisation n'est cependant pas seulement la résultante de l'incroyable percée technologique actuelle et de ses répercussions sur la vie quotidienne. Elle *est l'aboutissement d'un long cheminement,* dont les deux premières étapes majeures furent l'humanisme, au XVIe siècle, la philosophie des Lumières, au XVIIIe siècle. L'une et l'autre ont été portées à la fois par l'accélération du progrès technique et le renouveau quasi-complet de la pensée de leur temps, apportant de vastes ouvertures physiques et intellectuelles, relativisant ou balayant les conceptions en place dans l'« oekoumène » d'alors, élargissant les horizons, jusqu'à induire des ruptures socio-économiques et culturelles de toute nature. Elles ont déclenché une internationalisation croissante dont l'accomplissement ultime a été la mondialisation. Celle-ci a remis en cause la représentation du monde, valorisé l'autonomie individuelle, une individualisation qui, selon Giddens, a créé des « mécanismes de désancrage » (« *disembedding* »), aptes à démultiplier les relations sociales.

La mondialisation est ainsi fondée sur une nouvelle mobilité des capitaux, des biens, des services et des personnes à l'échelle du globe. Elle génère l'interdépendance des marchés et de leurs acteurs, des idéologies et de leurs supports, des États et des firmes, des personnes et des réseaux, peu importent les échelles géographiques. Elle accélère aussi l'interdépendance culturelle, jusqu'à une propension certaine au nivellement, consécutive et/ou préalable au nivellement matériel, par médias interposés. Cette évolution requiert la libéralisation des marchés financiers, soumise à une informatisation totale, de manière à la rendre opérationnelle jour et nuit, bravant ainsi les méridiens qui fractionnent en temps horaire traditionnel la surface du globe. Ce mouvement est actionné par les grands centres d'impulsion formés par les places d'affaires majeures qui donnent l'impulsion décisive à la dynamique mondiale.

Le *changement de paradigme induit par la passage du fordisme au post-fordisme* est d'ordre technologique, économique et social (encart 6).

Encart 6
Fordisme et post-fordisme

Fordisme	**Postfordisme**
1) Standardisation – produits de masse – conventions collectives – formations professionnelles standardisées – formes collectives de logement – prix standardisés	*1) Flexibilisation* – différenciation des produits – accords de salaires par firmes et individuels – qualifications individualisées – individualisation résidentielle – différenciation des prix
2) Maximisation économique – économies d'échelle – croissance quantitative	*2) Optimisation économique* – flexibilité des approvisionnements – croissance qualitative
3) Concentration – concentration des centres de commandement – coordinations centrales – concentration de la production – grosses concentrations de main-d'œuvre – grosses concentrations urbaines – concentration des infrastructures et équipements sociaux	*3) Déconcentration* – cercles de qualité, groupes de projet, « profit centres » – autocoordinations dispersées – diffusion spatiale de la production – petites et moyennes unités spécialisées – suburbanisation, rurbanisation – diffusion spatiale des infrastructures et équipements sociaux
4) Synchronisation économique/sociale – horaires et périodes de travail uniformes et fixes – revenu lié au travail	*4) Desserrement de l'économique et du social* – horaires et périodes de travail flexibles – dissociation entre revenu et travail (rentes, aides aux « sans travail »

La mondialisation s'appuie sur un certain nombre de caractéristiques de base du post-fordisme. Elle n'est pas uniforme, mais *plurielle* (encart 7).

Encart 7
Les types de mondialisation

Type	Caractéristiques fondamentales
– mondialisation financière	– internationalisation des capitaux et des marchés, du regroupement et de la fusion des firmes
– mondialisation des politiques et stratégies	– rôle d'organisation et de fonctionnement entrepreneurial du globe, réduisant sensiblement l'importance des pouvoirs politiques
– mondialisation de la technologie, de la recherche et du savoir	– mise en place de réseaux mondiaux de l'information et de la communication, d'alliances stratégiques
– mondialisation des actions sociales et culturelles	– renforcement de la prise de conscience de l'efficacité de l'action à l'échelle internationale
– mondialisation des actions politiques	– création d'ensembles supranationaux ; mondialisation des conflits
– mondialisation des formes de consommation et styles de vie	– rôle déterminant des médias, des groupes multinationaux, des accords tarifaires
– mondialisation des mentalités	– perception et vécu « mondialisés »
– mondialisation des réactions d'opposition idéologiques engagées à l'échelle internationale	– protestations culturelles, sociales, politiques,

La mondialisation est également diversifiée spatialement, en dépit des idées simplistes colportées çà et là. Certes, elle a connu un déploiement initial, fondé une certaine homogénéité des modèles métropolitains nord-américains. Au cours d'une seconde étape, sont apparus les modèles métropolitains euro-américains. Les villes du monde post-colonial ont donné naissance à de nouvelles formes d'urbanisme métropolitain, fondées sur des circonstances historiques, géopolitiques, technologiques et économiques, qui ne sont pas réductibles à des modèles occidentaux. Le Sud-est asiatique, de surcroît, notamment celui qui a subi l'occupation ibérique, a été largement ignoré dans les discussions sur la théorie post-coloniale et, de manière générale, dans la réflexion d'ensemble sur l'urbanisme (Ryan & Wei Wei, 2003). La grande diversité urbaine de cette région internationale est de nature à nourrir abondamment une réflexion mondiale, souvent trop unilatérale et réductrice à la « ville globale ». Dans cette partie du globe, la guerre froide a largement ignoré le post-colonialisme lors de la formation des États-nations post-coloniaux. Des identités sociales sont nées çà et là sur des sites « évangéliques » (Ryan & Wei Wei), à caractère transcendantal. À l'opposé, des villes comme Dili et Djakarta sont à la fois des métropoles mondiales et des jungles urbaines. Dans ce coin du globe, la ville mondiale n'est pas uniquement un objectif de défense civile, un centre de services ; elle joue un rôle militaire, sert de points d'appui aux soulèvements, répressions, désastres et catastrophes divers ; elle constitue aussi une cible à vocation multiple pour les firmes multinationales, les réfugiés, migrants et arrivants de tout genre. En ce qui concerne les Philippines et

Manille, le terme de ville hypermoderne semble plus approprié que celui de post-moderne pour qualifier la métropole placée sous la coupe d'une mentalité militaire, qui apparaît comme une « zone grise » de mobilisation totale. Singapour et la Malaisie par contre se présentent comme des métropoles-jardins qui sous-tendent l'image de la croissance économique. Bangkok est l'une de métropoles mondiales de la culture du sexe. Une diversité à l'infini... (Ryan & Wei Wei, 2003).

Une réflexion thématique présente par exemple Jakarta comme une ville mondiale associant fragmentations sociales et processus d'intégration (« fragmegration »). La capitale indonésienne associe, en tant que mégacité, douze mondes campés en anglais de la façon suivante : « *insular locals* », « *exclusionary locals* », « *resistant locals* », « *affirmative locals* », « *affirmative globals* », « *resistant globals* », « *specialized globals* », « *territorial globals* », « *circumstancial passives* », « *tuned-out passives* », « *alienated cynisc* », « *alienated illegals* » (A.D. King, dans Ryan & Wei Wei, 2003).

En ce qui concerne *le cadre du développement de la mondialisation*, rappelons que c'est la Triade qui a donné le « coup d'envoi » à la mondialisation, par son aptitude à concentrer en son sein les centres du pouvoir, les principales décisions entrepreneuriales à vocation mondiale, à télédiriger les réseaux qui rythment le fonctionnement du globe. L'encart 8 révèle les principales orientations et les indicateurs de ce développement.

Encart 8
Orientations et indicateurs

Orientations	**Indicateurs**
– libéralisation et dérégulation des échanges	– la part de la production matérielle diminue dans le volume des échanges
– généralisation de la mise en réseaux	– influence déterminante des TIC – transnationalisation des firmes et des institutions publiques et privées
– disponibilité mondiale des capitaux	– dérégulation et indépendance des marchés financiers (« *off-shore banking* », marchés d'euro-dollars) – généralisation des investissements directs étrangers – mise en réseaux des moyens d'information
– réseaux de production mondialisés et mobilité consécutive des lieux de production et des emplois ainsi que des hommes – minimisation des coûts du transport et de la communication – mutation structurelle des entreprises de transport en firmes de logistique et prestataires de services	– augmentation accélérée des investissements étrangers – généralisation de firmes transnationales – mondialisation des comportements individuels et collectifs – augmentation considérable de la demande de transport – mutation de l'organisation et du fonctionnement du transport – affirmation et généralisation de l'« *outsourcing* » (externalisation des productions)

Les indicateurs montrent que la croissance du volume des transactions est plus rapide que celle de la production de biens. Le secteur des transports est devenu un imposant prestataire de services logistiques, dont la sous-traitance. Ils révèlent aussi l'importance primordiale des marchés financiers et des groupes transnationaux.

Les Nouvelles technologies de l'information et de la communication (NTIC) se sont imposées en tant qu'outil de travail pour tous, depuis les collectivités publiques jusqu'aux particuliers, en passant par les firmes, les associations et institutions diverses. Elles constituent un outil de communication et de formation — initiale et permanente —, un facteur de développement général. Elles participent à la démocratisation du savoir et du savoir-faire. Elles sont appelées à insérer de façon croissante les PME à la dynamique mondiale, n'obligeant plus les entreprises à être localisées forcément sur les technopôles ou dans des aires téléportuaires pour avoir accès au réseau à haut débit. Des équipements numériques de niveau élevé sont de nature à favoriser l'attractivité de territoires ruraux ou urbains jusqu'alors négligés ou franchement abandonnés. L'aménagement du territoire est susceptible de prendre un autre cours. Les « régions numériques », fondées sur une infrastructure régionale à haut débit, sont source de modernisation et d'adaptation aux exigences internationales. Elles forment la base indispensable à une plus grande proximité des services publics et d'activités de pointe. L'Université dite numérique, avec ses formations en ligne, sa souplesse d'adaptation potentielle aux mutations du savoir, du savoir-faire et des formations qui en découlent, joue un rôle de pénétration territoriale analogue à celui du chemin de fer, « fer de lance » de l'ère industrielle. Les nouveaux médias, parmi lesquels Internet (Wolton, 1999), occupent une position de choix.

L'extension du phénomène de la mondialisation témoigne en outre du fait que celle-ci n'est plus restreinte aux grands groupes industriels. Elle intègre désormais des entreprises commerciales, des groupes spécialisés dans les médias, des banques, des assurances et d'autres prestataires de services.

Les *délocalisations* de firmes ou de portions de firmes (unités de fabrication, centres de gestion, transfert de succursales, filiales...), en provenance de pays développés, constituent des facteurs de base déterminants du phénomène de la mondialisation, dès l'émergence des pays-ateliers, devenus nouveaux pays industrialisés. Depuis l'effondrement du système soviétique et l'évolution de la Chine vers l'économie de marché, le mouvement s'est accéléré. De véritables « cascades » de délocalisations sont en cours d'affirmation. L'importation technologique, l'importance grandissante du savoir et l'affinement du savoir-faire ont permis à ces pays de créer des pans nationaux entiers de branches économiques de pointe, aptes à rivaliser avec les pays avancés, les coûts de production réduits aidant, grâce à une main-d'œuvre bon marché, y compris en matière de ce que l'on appelle les emplois stratégiques ou les emplois métropolitains supérieurs (cf. quatrième partie, chap. 3, III).

À la fin de l'année 2003, la Chine est par exemple devenue le quatrième constructeur de véhicules mondial, dépassant, avec 4,44 millions d'unités, la production de la France. La seule fabrication de voitures particulières a fait un bond de plus de 84 % la même année, atteignant un peu plus de 2 millions d'unités. Là où l'Europe a mis un-demi siècle, la Chine semble faire le saut en une vingtaine d'années. Déjà, la surproduction guette le pays, car les résultats obtenus dépassent déjà d'un million de véhicules la demande. Dès l'été 2003, Volkswagen, prudente, a exporté en Australie 800 voitures « made in China ».

ORIENTATIONS BIBLIOGRAPHIQUES

- BOHL C.C., *Place Making – Developing Town Centers, Main Streets, and Urban Villages,* Urban Land Institute, Washington, 2002, 305 p.
- CHRISTALLER W., *Die zentralen Orte Süddeutschlands,* Jena, 1933
- DEHIO J. *et al., New economy – The German perspective,* Duncker & Humblot, Berlin, 2003, 174 p.
- FREY A., *Die industrielle Entwicklung Bayerns von 1925 bis 1975 – Eine vergleichende Untersuchung über die Rolle städtischer Agglomerationen im Industrialisierungsprozeß,* Duncker & Humblot, Berlin, 2003, 511 p.
- GIDDENS A., *Les conséquences de la modernité,* L'Harmattan, Paris, 1994
- GIEDION S., *Die Herrschaft der Mechanisierung,* Europäische Verlagsanstalt, coll. « Europäische Bibliothek, vol. 8, Stuttgart, Francfort, 1982
- HEYMANN F., *Le crépuscule des lieux,* Stock, Paris, 2004, 387 p.
- HIRSCH S., *Location of Industry and International Competitiveness,* Clarendon Pr., Oxford, 1967
- LÖSCH A., *Die räumliche Ordnung der Wirtschaft,* Gustav Fischer, Jena, 1944
- MANDELKERN D., *Diffusion des données publiques et révolution numérique,* La Documentation française, Paris, 1999
- OFFNER J.-M., PUMAIN D., *Réseaux et territoires : significations croisées,* Éd. de l'Aube, Paris, 1996
- RUPPERT W., *Die Fabrik. Geschichte von Arbeit und Industrialisierung in Deutschland,* Munich, 1983
- RYAN R., PHILLIPS J., WEI WEI Y., *Postcolonial Urbanism – Southeast Asian Cities and Global Processes,* Routledge, New York, Londres, 2003, 335 p.
- SASSEN S., *La ville globale : New York,* Descartes & Cie (trad.), Londres, Tokyo, Paris, 1996
- STORPER M., WALTER R., *The Capitalist Imperative. Territory, Technology and Industrial Growth,* New York, Oxford, 1989
- TAYLOR P.J., « *Beyond Containers : Internationality, Interstateness and Interterritoriality* », *Progress in Human Geography,* 18, 1995, pp. 151-162
- VIRILIO P., *Ville panique,* Éd. Galilée, Paris, 2004, 40 p.
- WACKERMANN G., *Géographie urbaine,* Ellipses, Paris, 2000, 239 p.
- WACKERMANN G., *Très grandes villes et métropolisation,* Ellipses, Paris, 2000, 223 p.
- WOLTON D., *Internet et après ? Une théorie critique des nouveaux médias,* Flammarion, Paris, 1999

Chapitre 2
DYSFONCTIONNEMENTS DU DÉVELOPPEMENT

L'intelligence est-elle un cadeau empoisonné ?

H. Reeves

Le développement est désormais en grande partie entre les mains de l'humanité, les progrès considérables de la science et de la technologie aidant. L'intelligence avisée doit faire le reste. Elle n'est, comme le dit Hubert Reeves, qu'un cadeau empoisonné dès lors qu'elle n'intègre pas des principes éthiques, qu'elle ne s'appuie pas sur une finalité sociale. C'est le cas, pour l'essentiel, du développement présent, essentiellement orienté vers la richesse conçue comme le fondement de la puissance, de la domination, comme un bien marchand issu d'une conception rentabiliste de la production, comme une fin économique et non un moyen pour permettre à l'humanité d'assurer dignement sa vie et sa survie.

Il est vrai que la critique ne s'adresse pas uniquement aux acteurs politiques et économiques qui font fonctionner les mécanismes, les moyens de communication sociale, voire le droit, à l'avantage des déviances, mais aussi aux institutions nationales et internationales, notamment celles dédiées au monde en développement, dont les lourdes « machines » et la propension aux prébendes, certains agents peu fiables et de nombreuses gabegies contribuant au galvaudage de fonds publics et privés et à une inefficacité certaine. De coûteux rapports et expertises, parfois réalisés plusieurs fois en des intervalles très courts, agacent les autochtones avisés soumis à des questionnements répétés sans grands effets sur le terrain.

I. EXCÈS POLITIQUES ET STRATÉGIQUES

Nous sommes ici dans le domaine pouvant aller jusqu'à la « misère du monde » (Bourdieu, 1993). Lors d'une guerre, le front est aux confins d'un territoire ou à la limite d'un territoire défendu. En matière de misère, le front est interne, un peu partout, dès lors que le développement demeure réduit à sa plus simple expression, ou, plutôt, lorsqu'il est inexistant. Une guerre, au sens initial du terme, est le fruit de concepts et d'argumentaires. Les armes en sont le levier. La compétition économique, transformée en affrontement, poussée au paroxysme jusqu'à la « guerre économique », nécessite certes toujours le recours à la guerre armée, mais celle-ci n'est plus qu'un « épisode » dans la longue durée d'une concurrence sans merci aux contours internationaux. Aussi *la mondialisation* conduit-elle à la réduction du rôle global joué par les frontières dans la lutte internationale pour la puissance et la maîtrise des sources principales de profit. Elle *renforce l'interface « pays riches/pays pauvres »* et pose les vrais problèmes à l'échelle planétaire. Fréquemment, les conflits militaires aux frontières d'États ne sont alors plus guère que la focalisation sur tel intérêt stratégique dans le cadre d'une politique mondiale concertée entre les détenteurs suprêmes des leviers de commande de la Terre.

Les dimensions nationales et transnationales des *contrastes économiques* apparaissent un peu partout, tant dans les pays développés que dans ceux en développement. L'autochtone d'Afrique noire par exemple doit se contenter d'une aide moyenne de deux euros/an de la part de l'Union européenne, alors que la même Union verse 2,5 euros/an de subvention par vache. Le budget d'aide européenne accordée au Maroc pour construire un barrage destiné à contrer la fuite de clandestins en direction de l'Europe permettrait de créer sur place un nombre d'emplois bien supérieur à celui, pluriannuel, d'émigrants illicites.

Intérêts pétroliers et bonne gouvernance (cf. troisième chapitre) mondiale ou nationale sont antinomiques. Industrie de l'armement et pouvoir médiatique sont étroitement liés dans leurs stratégies de conquête du contrôle les leviers de commande du globe. En France par exemple, les deux groupes les plus déterminants dans le domaine de l'armement et de l'édition, Dassault et Lagardère, ont mis à profit les récentes recompositions et restructurations industrialo-tertiaires pour se positionner parmi les alliances nationales et internationales les plus solides. Lagardère, qui occupe une position dominante tant dans l'aéronautique (EADS par exemple) que dans la presse (Hachette notamment), s'est empressé de bénéficier de la déconfiture de Jean-Marie Messier et de son groupe Vivendi Universal, pour se tailler, via Hachette, un empire d'environ 70 % de la distribution française du livre. La haute finance, le secteur bancaire induisent et participent étroitement au parallélogramme des forces qui détermine le devenir du globe. Les paradis fiscaux sont spécialisés dans le blanchiment de l'argent, y compris celui mis à l'abri par les dictateurs (Ziegler, 2003).

La part des grands États dans cette emprise sur les richesses du globe, en vue de conforter les firmes multinationales qui constituent leur assise, *est déterminante* dans cette course à la puissance, ce qui accorde la priorité aux stratégies et actions transcontinentales, auxquelles sont soumis les compartimentages nationaux et les frontières qui les transforment généralement en mosaïques dépendantes. Déjà à l'époque de la toute-puissance des États nationaux, retranchés derrière leurs frontières, Arthur Schopenhauer, dans « Le Monde comme volonté et comme représentation », a pu écrire que « ... c'est justement de l'égoïsme que naît l'État... ; servir cet égoïsme-là, c'est la seule raison d'être de l'État, étant donné toutefois... qu'il ne faut pas compter de la part des hommes sur la moralité pure, sur un respect du droit inspiré de motifs tout moraux ; autrement, d'ailleurs, l'État serait chose superflue ».

Aujourd'hui, à plus forte raison, dans un monde aux superfrontières englobant géopolitiquement des ensembles d'États, les États-Unis donnent le ton dans la lutte pour l'appropriation des clés de la domination, par la mise en œuvre de tous les moyens d'appropriation des biens et positions nécessaires à l'hégémonie mondiale. De manière très diplomatique, cette politique est définie comme l'exigence d'un accès sans entraves aux marchés-clés, aux sources d'énergie, aux ressources stratégiques ainsi qu'à ce qui est défini comme intérêt vital par une juridiction nationale. Compte tenu de ces exigences autoproclamées — les potentialités de manipulation ou de contournement des institutions internationales ad hoc, telle que l'ONU, étant réelles —, les États-Unis ont fait largement usage de leur position durant la guerre froide et jusqu'à la fin de la division du monde en deux blocs, lors de l'effondrement du système soviétique. Désormais le rapport de force étatique est relativisé par une diffusion interétatique des initiatives d'opposition à l'hégémonie américaine, continuant à son tour à relativiser du même coup l'importance et l'efficacité des frontières nationales. C'est le cas en ce qui concerne la dispersion du potentiel nucléaire en-dehors des puissances occidentales ; c'est aussi valable en matière de terrorisme international.

Toutefois, les États-Unis veulent bien s'appuyer sur les Nations unies, un consensus multilatéral, si celui-ci leur est favorable ; sinon, ils se réservent le droit d'agir unilatéralement, définissant eux-mêmes les « *rogues States* », les « États voyous », préoccupants pour leurs propres intérêts. En cela, ils sont fréquemment très égocentriques, excluant toute réciprocité dans la prise en considération des revendications légitimes de chacune des parties. Alors que Robert S. Litwak a mis en évidence qu'« un État voyou est celui que les États-Unis définissent comme tel », la Secrétaire d'État de l'administration Clinton, Madeleine Albright a fini par renoncer officiellement à ce terme diabolisant, en déclarant le 19 juin 2000 qu'une expression plus neutre et modérée serait utilisée, celle de « *States of concern* » (« États préoccupants »). Et J. Derrida d'ajouter qu'il s'agit là d'« États qui nous donnent bien du souci, mais aussi (d') États dont nous devons sérieusement nous préoccuper, et nous occuper, pour bien traiter leur cas. Leur cas, au sens médical et au sens judiciaire » (Derrida, 2003).

Le nouvel ordre mondial dominé par les États-Unis est très bien présenté dans sa théorie impérialiste par Zbigniew Brzezinski, plusieurs fois éminence grise à la Maison blanche (Carter, Reagan...), mentor de la secrétaire d'État Madeleine Albright, souvent comparé à un Henry Kissinger de l'ombre. Ce personnage, qui a inspiré à la fois la politique étrangère étatsunienne et conduit des opérations secrètes, depuis le milieu des années 1970, écrit notamment :

> *« ... aucune puissance ne peut prétendre rivaliser dans les quatre domaines clés — militaire, économique, technologique et culturel — qui font une puissance globale. La soudaine émergence de la première — et unique — puissance mondiale a créé une situation telle que la fin brutale de cette suprématie — qu'elle soit due au repli de l'Amérique sur ses problèmes intérieurs ou à l'apparition, aujourd'hui improbable, d'un rival — ouvrirait une période d'instabilité généralisée. Ce serait l'anarchie internationale... La politique des États-Unis est la clé de l'ordre mondial » (Brzezinski, 1997).*

À ce titre, tout acte destiné à maintenir la suprématie des États-Unis devient légitime.

Brzezinski précise que le continent eurasien est depuis cinq siècles le foyer de la puissance mondiale, que deux aspirants à cette puissance, Hitler et Staline, ont tenté un instant, par leur entente, d'exclure les États-Unis de l'Eurasie. Ceux-ci ont compris que la puissance qui contrôle la « grande île » que constitue l'Eurasie — initialement l'URSS, désormais la Russie, et la Chine —, contrôle également le monde dans son ensemble. Sur cette portion du globe vivent les trois-quarts de la population mondiale, sont localisées les trois-quarts des ressources énergétiques et des matières premières de la planète ; 65 % du produit mondial brut y sont générés. Les pays-clés de l'Asie centrale sont en premier lieu l'Afghanistan (d'où la mise à profit de l'affaire Ben Laden consécutive à l'exploitation outrancière de l'acte terroriste du 11 septembre, pour entreprendre l'expédition punitive aérienne), l'Ouzbékistan (clé du contrôle de l'Asie centrale, ce qui a incité les États-Unis à y atterrir en premier), le Kazakhstan, le Tadjikistan et des États voisins. Brzezinski n'a pas caché le fait d'avoir eu recours à la CIA pour armer secrètement les moudjahidines ou avoir attiré les soviétiques en Afghanistan pour pour affaiblir l'URSS, dans l'espoir d'un effondrement intérieur. Il avoue avoir écrit au président Carter, le jour de l'invasion de ce pays par l'armée soviétique (1979) : « Nous avons maintenant l'occasion de donner à l'URSS sa guerre au Viet`-Nam ».

II. LA NÉGLIGENCE DU LONG TERME

La surexploitation des ressources, la surindustrialisation, l'appauvrissement des milieux naturels par la destruction des écosystèmes, l'agression de l'équilibre humain par des méthodes et structures de travail dépersonnalisantes, sont autant de facteurs irrespectueux des principes fondamentaux du développement durable.

La méconnaissance ou l'élimination délibérée des risques à long terme conduit les responsables des pays développés à reporter le maximum de nuisances, de risques et de dysfonctionnements de tout genre sur les pays en développement.

A. Échecs socio-économiques

Les menaces de culture de soja transgénique qui pèsent sur la forêt amazonienne donnent bien du fil à retordre à la nouvelle équipe gouvernementale du Brésil — en dépit des déclarations non équivoques faites en faveur d'une agriculture écologique par le président, appelé Lulu, à travers le pays et le monde —, d'autant plus que jusqu'à un tiers environ de la superficie de cette forêt est désormais en danger.

La destruction systématique des ressources halieutiques, menacées d'épuisement par la pêche illégale, non déclarée et non réglementée (dite pêche INN), s'amplifie de manière fort inquiétante, souvent dans l'impunité la plus totale. Selon l'Organisation des Nations unies pour l'alimentation et l'agriculture (FAO), plus de 27 % des stocks halieutiques mondiaux sont soit surexploités, soit épuisés. La production de 12 des 16 « régions de pêche » définies par cet organisme a décliné de manière telle qu'il est nécessaire de parler du déclin des stocks. Il a donc fallu tirer la sonnette d'alarme. En attendant de rallier au moins l'ensemble des États maritimes concernés, cinq pays (Royaume-Uni, Australie, Chili, Namibie et Nouvelle-Zélande) ont créé un groupe de réflexion qui a abouti à la Table ronde organisée par l'OCDE vers la fin de l'année 2003.

Selon le président de cette Table ronde, les conventions internationales sur la souveraineté des nations et les droits des navires en haute mer compliquent le problème de la pêche INN. Il a déclaré que « le défi auquel nous sommes confrontés est de parvenir à concilier la volonté en haut lieu d'affirmer les droits et les efforts de gestion pour le bien public partant de la base, et cela avant que la totalité des stocks halieutiques internationaux ne soient épuisés. Aussi longtemps que le monde ne sera pas prêt à lever le voile de la souveraineté des États du pavillon, nous combattrons la pêche INN avec les mains liées derrière le dos ».

Dans ces conditions, le groupe représentant les cinq États énumérés ci-dessus prépare des recommandations sur les méthodes de prévention et d'éradication de la pêche INN, fondées sur une analyse pertinente, politiquement réalisables et financièrement viables. Il est chargé aussi de veiller à la mise en œuvre de ces propositions aux échelles nationale, régionale et internationale.

La politique systématique de régulation des grands cours d'eau a été une démarche très technocratique dès le XIXe siècle, au mépris de la prise en compte des indispensables aires d'épandage en cas de fortes crues, du respect de la profondeur de la nappe phréatique et des écosystèmes ambiants. Les « techniques de l'ingénieur » de l'époque ont accordé la priorité à la navigation, à l'endiguement des fleuves, sans préoccupation aucune des répercussions négatives de cette démarche : creusement inconsidéré des lits, assèchement des sols, disparition des prairies humides en bordure des cours d'eau... Une illustration de cette orientation a été donnée par l'ingénieur-colonel-professeur badois Tulla, qui a entrepris la régularisation du Rhin Supérieur.

L'aménagement de grands barrages a été considérée durant une bonne partie du XXe siècle comme une panacée pour remédier à la pénurie d'eau et assurer l'irrigation de vastes superficies de terres en vue de rendements exceptionnels. La construction de grands barrages est devenue un modèle de développement, alors que l'évapo-transpiration a pris des proportions gigantesques et que le transport du limon fertilisateur par le courant renforcé du fleuve en aval a été accéléré dangereusement. Le cas d'Assouan est expressif à ce sujet.

L'industrialisation est venue renforcer les nuisances : le Lac Baïkal, qui représente un cinquième de la surface d'eau douce de la Terre, a été mis à contribution pour la fabrication d'aluminium, à raison de l'utilisation de 100 000 litres d'eau non recyclable pour la production d'un kilogramme d'aluminium.

L'industrie pharmaceutique est elle aussi étroitement tributaire de la loi du marché et fait souvent fi des règles élémentaires de l'éthique de la santé. Ainsi certains médicaments, déterminants de la santé de l'homme, sont déviés de leur usage au profit du domaine vétérinaire, dans la mesure où le marché animal est bien plus « juteux » que la destination humaine. Selon le docteur Velasquez, économiste et diplomate auprès de l'Organisation mondiale de la santé (OMS), la recherche pharmaceutique s'intéresse souvent davantage à des malades riches qu'à des milieux pauvres, orientation qui retarde la mise au point ou la diffusion de médicaments destinés à enrayer des épidémies et des maladies endémiques.

Aux États-Unis, la crise agricole persiste et l'exode rural se poursuit, en dépit de l'encouragement et du soutien officiel accordé par les pouvoirs publics aux cultures transgéniques. L'agriculture du pays demeure tributaire des aides publiques, directes et indirectes.

B. Échecs socio-spatiaux

1. Une charge spatiale socialement inacceptable

L'exploitation démesurée des ressources humaines a conduit à une prise de conscience mondiale qui s'exprime à travers de grands Sommets sociaux, tel le Sommet de Cancun (2003) qui a par exemple révélé que, dans l'industrie de bijoux chinoise, des jeunes filles continuent à s'abîmer les yeux durant 10 à 12 heures par jour. Ont été également fustigées les répercussions de l'urbanisation intempestive, accélérée par la mondialisation (Knox, 1994). La forte croissance urbaine, non maîtrisée, est tout particulièrement perceptible dans les pays des Sud ; la photo 3 donne un aperçu de celle-ci à Saint-Denis de La Réunion ; la photo 4 témoigne d'une suburbanisation qui a induit le magma urbain de Fez (Maroc) ; en pays développé, la photo 5 présente le magma urbain de Marseille.

Les récentes catastrophes, inhérentes aux avatars météorologiques suscitant crues et inondations dites encore exceptionnelles, ont révélé les inepties de celle-ci. « *N'aurait-il pas mieux valu "endiguer" l'urbanisation plutôt que les cours d'eau ?* », a-t-on pu lire çà et là dans la presse quotidienne et hebdomadaire. Le bétonnage généralisé réduisant les potentialités « normales » de ruissellement et d'infiltration dans le sol, la suppression des zones d'épandage dans les secteurs naturels et agricoles, de même que celle des polders aptes à écrêter et à étaler les crues lors des périodes critiques, la disparition de la préservation des capacités d'écoulement et des champs d'expansion, sont autant d'atteintes majeures à l'écosystème, provoquées par cette euphorie d'une urbanisation sauvage, souvent pratiquée sous le couvert de multiples instances dites d'aménagement aux moyens hautement sophistiqués et coûteux, aux spécialistes abondamment diplômés, au niveau le plus élevé de surcroît, dont les propositions et actions ont été validées de la façon la plus démocratique envisagée par des élus politiques, agissant même de temps à autre en parfaite conscience des enjeux.

En matière environnementale, la photo 6 montre la Dobroudja — entrée fluviale dans le delta du Danube à Tulcea (Roumanie) — avant l'invasion destructrice de la nature par le capitalisme. Mais déjà quelque temps avant la chute du collectivisme, le régime en place a commencé à négliger le milieu paysager et les écosystèmes : la progression du tourisme international sur le littoral de la mer Noire, les intrusions anthropiques de toute nature à l'intérieur du delta ont amorcé la dégradation des écosystèmes. Depuis l'émergence de l'économie libérale, le mouvement de dégradation de l'environnement s'est rapidement accentué, tout de suite au début des années 1990, par la frénésie des programmes de construction hôtelière, d'aménagement d'équipements touristiques et le déploiement de loisirs nautiques et de « découverte » dans le delta, accompagnés inévitablement par la spéculation foncière et immobilière. Le tourisme capitaliste l'emporte à présent, les hôtels cinq étoiles, symboles de l'affirmation économique moderne, et leurs répercussions, entraînent la région dans le sillage d'une société dominée par des impératifs de marché, empêchée de réagir avec efficacité contre la nouvelle donne. Il existe certes encore beaucoup de poissons, mais les pollutions diverses et le remplacement de vrais pêcheurs locaux au savoir-faire, en symbiose avec les exigences environnementales, par des concessionnaires tout puissants détruisant les écosystèmes, indique que les pêcheurs ont perdu la priorité dans le nouveau régime au pouvoir. Actuellement, la profession de la pêche est en crise, alors que, durant les années 1980, la Roumanie était encore le second producteur mondial de caviar, après l'URSS.

2. Fractures socio-spatiales

Le milieu urbain est également marqué par de nombreuses fractures socio-spatiales, auxquelles l'époque post-moderne (Soja, 1989) a conféré des caractéristiques spécifiques (encart 9). Tandis que la ville moderne a suscité des unités fonctionnelles relativement homogènes, constituées et disloquées quelque peu selon les lignes directrices de la Charte d'Athènes, la ségrégation sociale a été très prononcée aux échelles moyenne et élevée, par contre très faible au niveau des quartiers. La société post-moderne (Harvey, 1990) par contre a dissous le monde moderne à la faveur du déclin du rôle moteur de l'industrie lourde. La production mondialisée post-moderne, flexibilisée et mise à la portée directe des consommateurs, est disséminée un peu partout. Les « *economies of scale* » sont de plus en plus remplacées par les « *economies of scope* ». Cette société ne s'émiette pas uniquement en un nombre croissant de groupes sociaux, mais aussi en une multitude de groupes de styles de vie. La structure fractale est accompagnée par une régulation politique complexe. La ville post-moderne devient une « *fractal city* », avec une mosaïque très significative de structures sociales. Elle s'appuie sur une structure multinodale, dans la mesure où

3. Effets pervers du développement :
la forte croissance urbaine à Saint-Denis de La Réunion

5. La suburbanisation en pays développé :
le magma urbain de Marseille
(vue prise depuis Notre-Dame de la Garde)

4. La sururbanisation en pays en développement :
le magma urbain de Fez

6. La Dobroudja avant l'invasion destructrice
de nature par le capitalisme :
entrée dans le delta du Danube, à Tulcea (1984)

l'aménagement urbain n'est plus autant maîtrisé que précédemment par le pouvoir politique. Le « gouvernement » formel cède la place à la « gouvernance », qui n'est pas toujours clairement identifiable. Des espace de structuration urbaine n'échappent pas uniquement au pouvoir politique dans la zone suburbaine, mais aussi en centre-ville, par suite de la privatisation d'espaces publics et semi-publics (cf. ci-dessous : « *gated communities* »...).

Encart 9
Ville moderne et ville post-moderne

Caractéristiques	**Ville moderne**	**Ville post-moderne**
Bases Économiques	économies d'échelle base de prod. ind. nationale : biens et consommation de masse	« *economies of scope* » diversification et flexibilité industrielle ; hautes technologies ; prédominance des services
Structures sociétales	une certaine homogénéité des classes et couches sociales ; importance déterminante de la famille ; tourisme de masse	société et famille fragmentées ; différenciations selon les styles et formes de vie, les types de consommation ; comportements récréatifs individualisés
Structures urbaines	problématique centre/ périphérie ; zonage socio-fonctionnel ; ségrégation spatiale à grande échelle	différenciation socio-fonctionnelle et ségrégation diffuses ; ampleur de la suburbanisation et du tissu multipolaire ; structure multinodale
Rôle des pouvoirs publics	prise en charge de multiples fonctions sociétales (économiques et sociales), de l'aménagement-planification ; pouvoir politique assumé par une petite poignée d'institutions (« gouvernement »)	interventions publiques réduites ; montée du partenariat public/privé ; rôle croissant du privé ; association de multiples acteurs à la décision politique (gouvernance)

Le développement urbain ne correspond plus à un processus linéaire, mais à un processus cyclique, non forcément valable pour l'ensemble du tissu urbain — le système urbain étant bien trop complexe —, mais pour des portions du développement du territoire de la ville. Dans cette optique, a pu être construit un modèle fondé sur 189 régions urbaines européennes, pour constater l'évolution suivante en quatre phases : urbanisation, suburbanisation, désurbanisation et réurbanisation (van den Berg, 1982). La suburbanisation à elle seule a connu trois types de processus, successifs ou simultanés :

- suburbanisation démographique ;
- suburbanisation des localisations de la production ;
- suburbanisation du commerce et des services (Friedrichs, 1995).

La progression spatiale des villes tend à la rencontre de territoires urbains voisins, un tissu dans lequel apparaissent des villes intermédiaires (Sieverts, 1998).

La dynamique économique, le façonnement ou le refaçonnement de l'image de la ville, l'innovation, la créativité (Landry, 1995), le tout fondé sur la mise en œuvre de technologies de pointe, plus ou moins strictement orientées vers la compétition mondiale, la concentration du capital et des profits, accentuent le fossé social, voire culturel.

La recherche sécuritaire dans une ambiance urbaine socialement très contrastée, multiculturelle, multiraciale, aux catégories sociales hétéroclites, aux phénomènes de ghettoisation, de marginalisation des démunis, a induit un mouvement de ségrégation dans les couches privilégiées de la population.

Dans les sociétés dites développées parmi les plus privilégiées s'accentue un fossé de plus en plus profond de pauvreté inhérent à un chômage difficilement à contenir, en dépit d'une réelle croissance économique, de gros bénéfices et de gros dividendes engrangés par les groupes appelés de pointe. Dans un pays comme la France, les travailleurs sans emplois avoisinent 10 % de la population active. En 2003, dans les pays industrialisés, des deux côtés de l'Atlantique et au Japon, le chômage masculin moyen, en % de la population active, a atteint 6,7 %, le chômage féminin 7 %, contre respectivement 6,1 % et 6,4 % dans le monde. Il est vrai qu'en Afrique du Nord et au Moyen-Orient il a été respectivement de 10,6 et 16,5 %, en Afrique subsaharienne 11,8 et 9,6 %, en Amérique latine et aux Caraïbes 6,7 et 10,1 %, dans les Pays en transition 9,2 % tant du côté masculin que du côté féminin. Il a été toutefois moins important que dans les pays industrialisés, en Asie du sud-est (5,9 et 6,9 %), ainsi qu'en Asie du sud (4,3 et 6,2 %) et en Asie de l'Est (2,7 et 3,7 %).

En France, 44 % des effectifs industriels sont sous le contrôle de capitaux internationaux, de plus en plus volatiles. Le nombre de Contrats à durée indéterminée (CDI) recule, tandis que celui des Contrats à durée déterminée (CDD) augmente.

Parallèlement, en France également, les dossiers de surendettement traités par la Banque de France depuis l'application de la loi Neiertz de 1989, ont atteint un chiffre record en 2003 (en augmentation de 13,8 % par rapport à 2002) : ils étaient au nombre de 165 478. Selon le ministre délégué à la Ville, le nombre de familles surendettées, c'est-à-dire celles qui ont fait l'objet d'une procédure, atteint même 700 000 (déclaration faite à l'Assemblée nationale, fin janvier 2004). Dans ce pays, 3 millions 700 000 personnes vivent au-dessous du seuil de pauvreté.

Les « banlieues », cette réalité devenue, à force d'accumulation de crises aiguës de pathologie sociale, l'un des symboles mythiques même des ruptures sociétales contemporaines, *sont particulièrement génératrices de nouvelle pauvreté et de précarité urbaine, donc d'exclusion.* En géographie, cette problématique a surtout été approfondie durant les années 1950 ; elle s'est intensifiée au milieu des années 1960. Elle a donné lieu à une collaboration étroite entre une fraction d'universitaires et des milieux professionnels et sociaux engagés dans l'action en faveur des démunis. Certaines administrations, désireuses de mieux connaître le tissu urbain dont elles avaient la charge, en particulier les rapports entre le parc de logements et son peuplement, ont passé commande d'études et de rapports. C'est alors qu'il a été possible de disposer de données plus précises sur la notion de marginalisation sociale et sur celle même de banlieue, en tant que pratique ségrégationniste délibérée de relégation d'une fraction de la population dans des zones d'habitat (et non de quartiers) marquées par une population résidente dans des conditions précaires. Cette « périphérisation sociale » est l'une des expressions de la peur d'une cohabitation inspirée aux groupes riches ou aisés de la population urbaine, une peur inspirée de toutes sortes de fantasmes et de projections raciales ou antisociales.

Le rejet nourrit la ghettoïsation des uns et des autres. En ce qui concerne celle des pauvres et miséreux, des « étrangers » et non-nationaux (pour celle de riches, cf. ci-dessous), elle s'exprime en termes officiels par les qualificatifs de « zone ou de quartier sensible », de « cité » , au sens péjoratif du mot... La banlieusardisation post-moderne a donc suscité une ghettoisation aux deux pôles extrêmes de l'échelle sociale, combinant ségrégation sociale et spatiale au niveau le plus explosif, accélérant la déstructuration des tissus métropolitains.

Malheureusement, comme si souvent aussi en matière d'aménagement, les « politiques de la ville » consistent, dans leur application, sinon dans leur esprit, à gérer plutôt des situations considérées comme inacceptables qu'à intervenir dans leurs causes premières et profondes. Certes, les agglomérations urbaines de l'époque industrielle connaissaient déjà d'amples inégalités sociales et territoriales, qui variaient au rythme des cycles économiques. Aujourd'hui toutefois, l'ampleur des clivages sociaux dans les banlieues est sans commune mesure avec le temps jadis. D'aucuns y observent même des symptômes de « tiers-mondisation », telles la polarisation des flux migratoires et la concentration des habitants nécessiteux, à la manière des phénomènes propres aux métropoles des Sud (encart 10).

Encart 10
Incivilités et violences urbaines

« La précarité ambiante, la peur des lendemains incertains, l'avenir conçu comme temps de l'aléa, une nouvelle intensité de l'instant, un autre rapport au temps et à l'espoir..., s'accompagnent de l'émergence de nouvelles figures sociales, souvent perçues comme les protagonistes des "violences urbaines"...

[L]es "désaffiliés" sont ancrés, dans l'imaginaire collectif, à une place bien déterminée, ou plutôt à une "non-place" (car "hors de la ville"), à savoir la "banlieue", qui, dans le système féodal, était l'espace d'une lieue de la ville où s'exerçait le droit de ban (REY H., 1996). Depuis quinze ans, en effet, le discours sur la *banlieue* constitue un mode de catégorisation spatiale du social qui a sa force symbolique dans l'idée d'un déplacement du lieu des tensions sociales de l'entreprise vers certains quartiers de la ville... la "lutte des classes" a désormais été substituée par la problématique de l'"exclusion" et son corrélé, à savoir la lutte pour l'"insertion"... Au cours des années 90, par contre, on parle de plus en plus d'"exclusion" et de moins en moins de "nouvelle pauvreté", ce qui révèle un véritable changement dans la représentation du monde social. En effet, si dans la conception de la "nouvelle pauvreté", il y a un continuum de situations entre le haut et le bas de la hiérarchie sociale, avec l'"exclusion", on assiste à une coupure — spatialisée, justement —, entre les "in" et les "out"... "On assiste au passage d'une société verticale, que nous avions pris l'habitude d'appeler une société de classes, avec des gens en haut et des gens en bas, à une société horizontale où l'important est de savoir si on est au centre ou à la périphérie" (TOURAINE, 1991). Pour Touraine "ce qu'on appelle d'un terme symbolique 'la banlieue' c'est justement cette zone de grande incertitude et de tensions, où les gens ne savent pas s'ils vont tomber du côté des *in* ou du côté des *out* (TOURAINE, 1991)" ».

V. Noseda, « "Incivilités" et "violence urbaine" : les enjeux d'une nouvelle "question urbaine" ? », *Geographica Helvetica*, 3, Bâle, 2004

Le déplacement de la problématique vers l'« exclusion » implique désormais, au niveau de la pratique politique, non plus tant un effort d'écrasement des inégalités qu'une tentative pour réintégrer dans le monde des inclus des populations socialement hors-jeu. La conflictualité sociale, anciennement centrée sur le partage équitable des richesses, s'estompe au profit d'un unanimisme pacificateur. Toutes les énergies doivent converger en un effort de solidarité nationale pour réinscrire les exclus dans un monde social réunifié .

Encart 11
Les « *Security villages* » de Johannesbourg

« Dans un tel contexte, la progression du nombre des quartiers sécurisés, parfois appelés *security villages*[1], fait de cette forme urbaine particulière un élément significatif de la citadinité sud-africaine. Il est désormais impossible d'ignorer ces quartiers qui, de plus, ne sont plus seulement réservés à une "élite" : on sait bien que les groupes économiquement les moins favorisés usent aussi de tous les moyens dont ils disposent pour se protéger de l'insécurité. En décembre 1999 et janvier 2000, la sous-structure métropolitaine Nord[2] de Johannesburg (Randburg et ses environs) a reçu pas moins de 35 demandes de clôture de quartier (Landman, 2000).

Dans un rapport de recherche publié à l'été 2000, Karina Landman fait état d'une étude conduite sous l'égide du *Center for Scientific and Industrial Research* de Pretoria : un questionnaire portant sur la privatisation des quartiers a été envoyé à 100 autorités locales du pays ; 43 ont répondu. La moitié de ces autorités locales soutiennent les idées et projets de privatisation des espaces résidentiels, notamment si cela correspond à une demande des habitants et si cela ne constitue pas une entrave à la circulation. »

P. Guillaume (2004) ; cf. bibliographie en fin de chapitre

Au Niger, à Niamey, à l'instar des autres villes d'Afrique noire, les quartiers modernes tranchent également avec la ville de la « multitude ». Les villas entourées de pelouses, construites fréquemment sur de grandes parcelles de 600 à 1 200 m^2, sont localisées dans des quartiers peu peuplés et souvent situés soit en zone péri-centrale (le quartier Plateau et ses extensions) soit à la périphérie (Kouara Kano). Particulièrement attractives par leurs richesses, elles sont constamment menacées par le cambriolage, les effractions de toute nature, les vols avec violences et viols, les menaces de mort et les meurtres. La lutte contre les délinquants a conduit les habitants à transformer petit à petit leurs maisons en « bunkers » (encart 12).

1. Dans ce cas, le quartier, dans sa totalité, résulte d'un projet conduit par un promoteur privé.
2. Découpage administratif obsolète depuis décembre 2000, à l'occasion des dernières élections locales. La métropole s'est dotée de l'équivalent d'une cinquième sous-structure et, en même temps, est revenue au concept de *Megacity* et gère tout d'une manière globale, en supprimant un échelon décisionnaire.

Encart 12
La bunkerisation de la « bonne » société à Niamey

« … les habitants de ces quartiers transforment de plus en plus leurs maisons en bunker : fixation de grilles de protection aux fenêtres, et de tôle sur les jolies grilles d'entrée des villas. Toutes ces précautions prises pour prévenir les agressions extérieures le sont malheureusement au détriment des mesures de sécurité contre les incendies internes. On sacrifie aussi la beauté de l'architecture à la sécurité, en entourant les villas autrefois clôturées par un simple grillage ou des murets surmontés de claustras ou grilles dont la hauteur atteint à peine 2 mètres, par des murs hauts de 4 à 5 mètres surmontés de pointes ou de tessons de bouteilles. En plus de ce dispositif de sécurité, on plante également des bougainvilliers qui recouvrent le mur de clôture et dont les innombrables épines dissuadent les visiteurs indésirables.

Ainsi, dans les quartiers modernes, le réflexe sécuritaire se traduit d'une part aujourd'hui par une dissimulation des belles architectures invisibles de l'extérieur et aussi de l'intérieur à cause de l'absence de perspective ; et d'autre part par l'utilisation des services des sociétés de gardiennage pour les plus nantis, de gardiens de nuits pour les autres et enfin l'acceptation volontaire de contribuer aux petites dépenses des milices privées qui font des rondes dans le quartier. Ces milices appelées "*Yam banga*" constituées de jeunes souvent sans emploi sont rétribuées par des cotisations volontaires fixées à 500 F CFA par ménage. Mal encadrées, ces milices exécutent les voleurs pris la main dans le sac, au grand dam de la Police et de la Justice mais à la satisfaction des populations »

K. H. Motcho, « Croissance urbaine et insécurité dans la ville de Niamey », *Geographica Helvetica,* 3, Bâle, 2004

La ségrégation urbaine s'est réalisée tant par le bas que par le haut. Aux quartiers miséreux ou pauvres, conçus sous la forme de ghettos, se sont opposés des quartiers de riches, dans l'optique des « gated communities » ; Rio de Janeiro par exemple illustre ce compartimentage, où les riches évitent même de longer les « favellas » et se barricadent dans les domaines résidentiels luxueux et fermés.

Ce phénomène a été accéléré un peu partout sur le globe par la mondialisation, tant dans les pays développés que dans les pays en développement. En Europe (Glasze, 2003), il est particulièrement marquant, dans la mesure où il repose sur une continuité historique et spatiale, accompagnant le fossé croissant qui sépare, dans l'inscription sur les territoires même, les fractures sociales, signes d'un développement unilatéral, en dépit du fait que depuis des décennies certaines voix dites autorisées, y compris scientifiques, annoncent que le progrès technique et la création de richesses ont immanquablement des répercussions positives pour les pauvres et démunis.

Au cours du dernier quart du XXe siècle, s'est accéléré le mouvement d'aménagement de lotissements dits sécurisés, de construction d'ensembles résidentiels clos (« *geschlossene Siedlungen* », en allemand), appelés « *gated communities* » aux États-Unis.

Il s'agit de l'embourgeoisement des parties centrales des agglomérations urbaines, appelé « gentrification » en milieu anglo-saxon, s'accompagnant du renforcement des contrastes entre les quartiers situés « intra muros » et le relatif désenclavement social de la banlieue. Les aires suburbaines par contre sont accaparées ou réaccaparées de temps à autre, mais de plus en plus fréquemment, par ces classes dominantes de la population, désireuses d'échapper à la vision quotidienne des fractures sociales ou aux contacts trop proches avec un voisinage qui inspire frayeur et mépris, parfois quelque culpabilisation.

L'ampleur prise par la diffusion mondiale des « *gated communities* » témoigne de l'universalisation des nouvelles fractures sociales, tant dans les pays développés que dans ceux en développement. Il convient donc de s'inscrire en faux contre l'affirmation, encore très fréquente dans les milieux géographiques, d'une origine nordaméricaine des « *gated communities* ». La forte médiatisation de celles-ci aux États-Unis a fait croire que le phénomène est d'origine américaine et qu'il s'est répandu entre-temps dans le monde entier. À vrai dire, un examen attentif des situations locales révèle l'existence d'une multitude de types de ségrégation bien avant l'émergence du phénomène proprement étasunien.

Dans les grandes villes européennes, la croissance rapide a fait apparaître, au XIXe siècle, des quartiers de ségrégation propres aux riches : par exemple les colonies de « villas », aux alentours de Berlin, durant les années 1860, avec leurs usages exclusifs inscrits au cadastre (Danielson, 1976) ; les quartiers privés et fermés de « villas », tel celui de la Villa Montmorency, propriété de la Compagnie du chemin de fer de Paris, aménagé dans un parc de château, au milieu du XIXe siècle, comportant une cinquantaine de maisons, encore enclos et surveillé aujourd'hui dans le cadre d'une association de propriétaires créée en 1853. Les banlieues londoniennes, à « villas », avec leurs jardins, peuvent être considérées comme des précurseurs des « *gated communities* » américaines (Ghorra-Gobin, 1987). Ainsi, celles-ci seraient même d'origine européenne.

En périphérie urbaine latino-américaine sont apparues, dès le XIXe siècle, des « *company towns* », des quartiers résidentiels destinés aux seuls ouvriers et employés des entreprises minières et industrielles, à structure très ségrégationniste, parfois même entourés de murs et aux entrées/sorties flanquées de barrières, ce qui n'était guère le cas des corons et autres cités ouvrières dans l'Europe occidentale d'alors. À la fin du XIXe siècle, émergèrent dans les grandes villes latino-américaines, les « *barrios cerrados* », destinées à accueillir les immigrants issus de l'exode rural ; des maisons monofamiliales, délaissées par les couches supérieures de la population, furent occupées par plusieurs ménages et transformées en des habitations qui ont déjà ressemblé aux « *barrios cerrados* » actuels. Au Chili, on les appelait « *conventillos* » (« petits couvents »), au Mexique « *vecindades* » (« unités de proximité »). Au cours des années 1920 et 1930, de telles structures furent aménagées au Chili sous la dénomination de « cité ». Dès 1888, « *conventillos* » et « cités » furent soumis à une réglementation officielle spécifique (Borsdorf, 2002).

Des actions d'assainissement sont en cours. Distinguons d'abord entre anciens et nouveaux mouvements sociaux. Les premiers, propre à l'ère industrielle, voire encore quelque peu post-industrielle, ont comme supports le mouvement ouvrier et les syndicats. Leurs revendications sont centrées sur la redistribution des richesses et la négociation avec les autres partenaires sociaux. Leur action s'inscrit essentiellement dans un cadre étatique et/ou national.

Les nouveaux mouvements sociaux se fondent sur l'internationalisation. Leurs structures sont à base décentralisée, marquées par un réel souci d'autonomie, arme de résistance au contrôle social. Ils dépassent la notion de classe en réunissant des personnes sans attache particulière préalable.

Les mouvements sociaux, par définition contestataires, disposent désormais de références importantes et expressives du changement d'époque : les Sommets anti-mondialisation, l'action en vue d'un environnement physique, humain et économique acceptable. L'économie contestée par le social débouche nécessairement, sous peine d'anarchie, sur la proclamation du politique en tant que pouvoir indispensable de régulation, source potentielle d'une gouvernance mondiale, visant autant que possible un « juste équilibre » entre le « local » et le « global » (Bernard de, 2003 ; Ruegg, 2004).

ORIENTATIONS BIBLIOGRAPHIQUES

- BERG L. van den, DREWETT R., KLAASSEN L.H., ROSSI A., VIJVERBERG C.H.T., *Urban Europe. A Study of Growth and Decline*, 1, Pergamon Press, Oxford, 1982
- BERNARD de, F., « Davos et Porto Alegre : "global" en baisse, "mondial" en hausse », *Le temps*, Éd. Le Temps, 21 janvier, 2003
- BORSDORF A. (dir.), « *Sozialräumliche Segregation in Lateinamerika* », *Geographica Helvetica*, Bâle, 4, 2002, pp. 237-319
- DANIELSON M. N., « *The Politics of Exclusionary Zoning in Suburbia* », *Political Science Quarterly*, 91/1, 1976, pp. 1-18
- FRIEDRICHS J., *Stadtsoziologie*, Leske + Budrich, Opladen, 1995
- GLASZE G. (dir.), « *Bewachte Wohnkomplexe un Europa* », *Geographica Helvetica*, 4, Bâle, 2003, pp. 285-367
- GHORRA-GOBIN C., « Les Américains et leur territoire : mythes et réalités », *Notes et études documentaires*, 4828, Paris, 1987
- GUILLAUME P., « La violence urbaine à Johannesbourg – Entre réalité et prétexte », *Geographica Helvetica*, 3, Bâle, 2004
- HARVEY D., *The Condition of Postmodernity : an Enquiri into the Origins of Cultural Change*, Blackwell, Cambridge, Oxford, 1990
- KNOX P.L., AGNEW J., *The Geography of the World Economy*, Edward Arnold, Londres, 1994
- LANDMAN K., *An Overview of Enclosed Neighbourhoods in South Africa*, CSCR, 27, Pretoria, p., 2000
- LANDRY C., BIANCHINI F., *The Creative City*, Commedia/Demos, Londres, 1995
- REY H., *La peur des banlieues*, Presses de sciences po, Paris, 1996
- RUEGG J. et ass., « Mouvements sociaux et Internet : le local-global réinterrogé ? », *Geographica Helvetica*, Bâle, cahier 2, 2004
- SIEVERTS T., *Zwischenstadt – zwischen Ort und Welt, Raum und Zeit, Stadt und Land*, Braunschweig, Wiesbaden, Vieweg, 1998
- SOJA E.W., *Postmodern geographies : The reassertion of space in critical social theory*, Londres, 1989
- TOURAINE A., « Face à l'exclusion », *Esprit*, n° 169 (avril), Éd. du Seuil, Paris, 1991, pp. 7-13

Chapitre 3
DÉVELOPPEMENT DURABLE ET ÉTHIQUE

La... transformation qui devrait faire évoluer la notion même d'aménagement est celle des relations avec la nature. Le XXe siècle se contentait de l'exploiter, le XXIe devra aussi la préserver... Les perspectives de l'aménagement du territoire engagent l'avenir social.

T. Gaudin, « L'aménagement du territoire vu de 2100 », *La Tour d'Aigues*, Éd. de l'Aube, 1994, pp. 95 et 99

Le développement, pour avoir une pleine efficacité, doit l'être dans une perspective à long terme et répondre à des exigences socio-spatiales compatibles avec une éthique fondée sur le respect de l'homme dans son environnement. Le développement durable, celui qui s'inscrit dans la longue durée, a ainsi une triple dimension, environnementale, socio-économique et culturelle (Daly, 1992).

À cet effet, il doit viser une cohérence mondiale, après avoir donné du sens à l'action en faveur du développement, un sens qui ne saurait être fondé que sur une conception humaine et sociale du progrès et de l'approche environnementale. Dans la mesure où il prend du sens, il requiert un code et induit un souci systématique de prévention et, le plus possible, d'élimination du risque.

I. ÉTHIQUE ET DÉVELOPPEMENT DURABLE

A. Nature et dimension des objectifs

La période actuelle cumule, nous l'avons vu, un maximum d'handicaps et requiert une redéfinition complète des objectifs assignés à l'activité humaine. Elle est en outre confrontée à des transitions majeures, telles que celles du sous-développement au développement d'une part, des économies collectivistes à l'économie de marché d'autre part, le tout dans l'ambiance très équivoque de la mondialisation. *Il est urgent de renforcer la compréhension mutuelle entre États et de soutenir la mise en place d'un système économique international plus stable.* La définition et la création de nouveaux processus intergouvernementaux sont souhaitables, en vue d'une analyse plus adéquate des nécessités, d'un dialogue plus efficace entre les responsables des divers pays et de l'élaboration de politiques fondées sur l'éthique. La maîtrise de la mondialisation doit s'appuyer sur l'équité sociale ; l'économie et les efforts de production ne sauraient être que la résultante de cette priorité.

La situation de l'économie mondiale à base capitaliste n'est pas une référence de succès suffisante pour faire confiance à tout prix au système souvent ultra-libéral du marché. Les taux de croissance économique sont en perte de vitesse, stagnent, voire en baisse. Les prévisions sont toutefois plus optimistes, sous réserve que les politiques macroéconomiques et les réformes structurelles visent l'accélération de la productivité et l'accroissement de l'emploi à long terme. C'est là néanmoins que le bât blesse : les seuls remèdes libéraux, non fondés sur une conception éthique, demeurent nettement insuffisants. *L'éthique en appelle au développement durable*, un qualificatif qui a intérêt à être rapproché du terme d'origine, afin qu'il soit saisi dans sa profondeur :

dans le langage anglo-saxon, de rigueur aux Nations unies, à la CNUCED — Commission des Nations unies pour le commerce et le développement — et à la Banque mondiale, il est question de « *sustainable development* », un développement en quelque sorte soutenable, acceptable parce qu'en apparence durable à long terme.

Celui-ci a trois dimensions interdépendantes requérant une action internationale concertée de l'ensemble des types de pays (avancés, en transition et en développement), chacun en fonction de ses responsabilités communes et différenciées. Ces dimensions sont : l'accélération de la croissance économique, la promotion du développement humain et social, la protection de l'environnement.

L'accélération de la croissance économique ne saurait se réaliser sans l'affermissement de la cohésion sociale, des liens entre les diverses générations, de la valorisation du capital humain dans la dignité culturelle et individuelle. Dans ce cadre, elle est étroitement tributaire du déploiement des technologies, de l'innovation et de l'esprit d'entreprise. Pour réduire les écarts entre les pays riches et les pays pauvres, il faut éviter que de nouvelles distorsions viennent alourdir les contraintes en place, telle la « fracture numérique » inhérente au mouvement technologique.

Le développement durable implique aussi une reconsidération du système commercial multilatéral diligenté par l'organisation mondiale du commerce : les facettes sociales, sanitaires, environnementales, la juste rémunération du travail et la notion du juste prix qui en dérive sont devenues des préoccupations centrales. Sont étroitement associés à celles-ci les politiques de crédit solidaires et l'encouragement aux secteurs de production en difficulté, parce que insuffisamment « rentables » économiquement, mais fondamentaux pour les équilibres sociaux : agriculture, pêche, artisanats...

Responsabilité éthique des particuliers et des groupes, gouvernance publique sont indispensables au fonctionnement efficace des institutions démocratiques, les seules à garantir un fonctionnement éthique de la société. Elles permettent de contrer la corruption, les inégalités, les risques découlant de la faible considération en matière de respect humain, y compris les risques alimentaires et sanitaires, étroitement liés.

Construire le devenir sur un développement durable signifie aussi tenir compte des perspectives qui attendent incontournablement l'humanité et qui requièrent impérativement des réorientations, parfois déchirantes, des comportements, la renonciation à des exigences d'un autre âge, la prise de conscience d'efforts personnels et collectifs en matière de consommation, de niveau de vie... En France, le Parlement s'apprête à inclure le principe du développement durable dans la Constitution. Il s'agit là, d'une certaine façon, du troisième pilier constitutionnel, après celui des droits de l'homme, créé dans la foulée de 1789, et celui des droits économiques et sociaux, suscité en 1946.

Cette réforme isolée n'est évidemment pas en mesure de bouleverser grandement l'échiquier mondial dans le sens d'une plus grande équité sociale. Les organisations internationales, fondées à la fin et après la Seconde Guerre mondiale, sont d'ailleurs devenues vétustes, étant toujours encore animées par la logique des années 1950, selon laquelle on avait alors mis en œuvre une structure par problème, par produit. À présent, l'Organisation mondiale du commerce devrait abandonner sa focalisation sur les divers types de produits au profit des conditions sociales et environnementales même de la production, des échanges, des moyens d'échange, des infrastructures de cette mobilité...

Il convient par exemple de tenir compte en outre du fait que les nanotechnologies sont à même de jouer un rôle particulièrement accru dans le développement des pays demeurés en état de stagnation, qu'il importe de créer des rentes pour les générations à venir en investissant dans des énergies renouvelables, telle l'énergie éolienne. Celle-ci peut être désormais facilement déployée dans une perspective d'un siècle, d'autant plus qu'elle donne lieu à des connexions en réseau. Le désengagement et le traitement des déchets nucléaires, au contraire, créent des charges pour plusieurs générations. Le développement durable est dès à présent affecté par la nécessité de réduire d'un facteur 4 ou 5 notre consommation énergétique qui, pour une population mondiale d'environ 6 milliards d'êtres humains, produit déjà annuellement une demi-tonne de déchets par habitant. La situation énergétique ayant initié un réchauffement climatique inquiétant, invite les responsables à développer une stratégie de maîtrise énergétique pour limiter l'apparition et la montée de nouveaux enjeux géopolitiques qui, cette fois-ci, seront à même d'opposer des États actuellement associés, tels que ceux de l'Union européenne.

B. Critères et indicateurs d'un développement social durable

Au fil des siècles, de nombreuses tentatives humaines et sociales ont conduit vers des perfectionnements techniques et économiques, mettant à la fois à profit l'ingéniosité, la volonté de produire plus et mieux, ainsi que les leçons tirées des erreurs commises.

1. Des critères désuets

En Europe occidentale, au lendemain de la Seconde Guerre mondiale, des ingénieurs agronomes et agricoles, conquis par la mécanisation et le rêve productiviste, ont défait les bocages, les haies, en vue d'un remembrement à connotation « américaine », privilégiant les grandes superficies d'exploitation, au détriment des équilibres écologiques. Grisés par le phénomène urbain, des chercheurs, aménageurs, responsables politiques, enseignants, journalistes... ont considéré le développement comme inséparable d'une urbanisation frénétique. Le façonnement de nombreux pôles urbains évoluant dans une ambiance métropolitaine, apparaissait comme incontournable pour garantir une dynamique d'ensemble du territoire. *Les excès même, l'absence de mesure ont conduit à l'impasse actuelle* : les nuisances sont bien plus onéreuses et néfastes pour la société que ne l'auraient été des mesures de précaution avisées, tant en ce qui concerne le gaspillage d'espace que celui des richesses naturelles ou la réalisation d'un Produit national brut aussi élevé que possible.

2. Des approches d'un autre ordre

Il convient désormais de *rechercher* des modèles de développement combinant de façon aussi harmonieuse que possible les technologies avancées, les infrastructures de transport et de communication, les centres de formation et de recherche, l'information et la qualité de vie d'une part, la concertation des partenaires socio-économiques et politiques, en vue *d'un épanouissement sociétal à base humaniste,* d'autre part. Il importe aussi de procéder à l'élaboration de critères et indicateurs de développement durable pour les collectivités locales (Boutaud, 2003).

De multiples remises en cause ont conduit à la nécessité de passer *de l'aménagement du territoire devenu habituel au développement du territoire.* Cette réorientation est appelée à prendre davantage en compte les impératifs stratégiques, plutôt que les finalités assignées naguère une fois pour toutes. Il ne s'agit donc plus de concrétiser coûte que coûte des projections, souvent très compartimentées, définies à un moment donné sous la forme d'un schéma directeur, mais de conforter de manière globale, l'ensemble des domaines territoriaux mis en réseaux, sous tous leurs aspects fonctionnels. Il convient d'écarter ainsi les directives généralement étriquées et les images figées, fixées comme but à l'aménagement. Les orientations tracées doivent demeurer souples, afin qu'elles puissent intégrer les projections sociétales en constante évolution. Cette nouvelle démarche implique donc aussi le passage de l'aménagement régional au concept de développement régional, un développement obligatoirement orienté vers des projections interrégionales et des affinements intra-régionaux.

En Suisse par exemple, la situation actuelle est ainsi considérée comme sujette à caution : sur les 136 régions d'aménagement existantes, seules quelques-unes ont une perspective supra-cantonale. Par rapport au contexte international, ces unités sont par ailleurs trop petites : la superficie moyenne ne dépasse guère 300 m^2, 50 000 habitants et une vingtaine de communes. L'ensemble du territoire national est désormais considéré comme devant évoluer du « pays suisse » vers la Suisse en tant qu'espace urbain, y compris les 54 régions de montagne (Alpes, Préalpes et Jura), avec leurs 1 200 communes qui constituent les deux tiers environ du territoire et un quart de la population suisses (Lendi, 1998).

Les énergies « propres » constituent un autre type d'indicateur du développement durable. Quoique peu appréciée des « Verts », la fusion nucléaire contrôlée est appelée à devenir une solution de rechange à la fission nucléaire et à doter l'humanité d'une source d'énergie bien moins dangereuse. Elle est en même temps illimitée. Elle est fondée sur le principe de la fusion des noyaux de deux atomes de deutérium, quasiment inépuisable, forme lourde de l'hydrogène, pour constituer du tritium, en dégageant une forte quantité d'énergie. Le deutérium peut être extrait facilement de l'eau, qui en contient jusqu'à 40 milligrammes par litre. Le tritium est produit par irradiation du lithium à l'intérieur du tokamak, la chambre cylindrique inventée par les Russes, qui sert à chauffer le plasma.

Dans la pratique, il convient de mettre en œuvre des températures de l'ordre de 200 millions de degrés Celsius pour obtenir les indispensables réactions de fusion et une matière réduite à l'état de plasma. À cet effet, a été désigné en décembre 2003, le lieu d'accueil du futur réacteur de fusion thermonucléaire expérimental Iter, à savoir le site de Cadarache, près de Marseille, par les sept partenaires du projet : Union européenne, États-Unis, Canada, Japon, Russie, Chine et Corée du Sud. Ce réacteur, dont le coût prévisionnel total est évalué à 10 milliards d'euros sur une trentaine d'années, est appelé à reproduire la fusion qui a lieu dans les étoiles et à fabriquer, dans un délai de 30 ans, de l'énergie propre et sûre à un stade préindustriel, notamment à partir de l'hydrogène.

Frédéric Chiffelle (Da Cunha, Ruegg, 2003) constate qu'en Occident la corrélation entre le développement technico-économique et le progrès humain s'est affirmée au moins dès les débuts de l'ère moderne. Il ajoute qu'elle est devenue une vérité irréfutable aux XIXe et XXe siècles. Il constate toutefois que, dès 1968, au moment de la grande *remise en cause des vérités absolues de nos civilisations occidentales*, les mouvements écologiques sont venus contester cette corrélation, considérée comme évidente précédemment. La question a pris très vite une dimension politique, à tel point que les multiples approches, déclarations, manifestes et manifestations critiques ont conduit petit à petit à une prise de conscience universelle et globale des menaces environnementales, physiques, humaines, sociales et économiques, qui pesaient sur le monde présent. Un cheminement qui a fini par s'accélérer, compte tenu des dangers encourus. Les Nations unies ont fini aussi par organiser, en 1992, le Sommet de Rio sur le développement durable.

Entre 1968 et 1992, deux jalons emblématiques pour la « révolution écologique », le développement, voire l'aménagement « classiques » ont perdu de leur superbe. Modestement, mais en criant haut et fort le sentiment de révolte face à la dégradation alarmante de la face de la terre, il a fallu faire un constat d'échec et s'orienter courageusement, savoir scientifique et savoir-faire technique à l'appui, vers une autre conception de la rentabilité de l'action humaine. C'est, en fin de compte, lors de la conférence de Rio que le secrétaire général de la Commission des Nations unies pour l'environnement et le développement a lancé le concept de développement durable, un concept qui envahit rapidement les discours, les moyens de communication sociale, les rencontres scientifiques et politiques.

Chiffelle relève *trois étapes majeures* dans cette démarche :

- l'approche écologique, déjà en cours avant Rio, impliquant le recours à la notion de durabilité physique, qui porte fondamentalement sur l'élimination à long terme, la réduction à court et moyen termes, des nuisances humaines dans les domaines de l'atmosphère, de l'eau et des sols. Il s'agit en somme d'accentuer, de systématiser et de généraliser les actions menées depuis l'ère industrielle ;
- l'approche pluridimensionnelle conduisant à une durabilité globale. Selon Chiffelle, « il existe ainsi un consensus pour juger de la durabilité au travers de trois séries de critères : les critères écologiques, économiques et sociaux » ;
- Chiffelle ajoute une quatrième dimension à cette dernière progression : la dimension spatiale, c'est-à-dire la durabilité géographique ou spatiale. À cet effet, l'auteur précise que cette durabilité requiert la recherche et l'application de mesures visant à éviter ou, dans un premier temps, à diminuer les disparités de développement entre territoires, à viser une justice distributive croissante, ce qui implique également une autre vision de l'aménagement du territoire.

La tâche à entreprendre n'est pas facile, d'autant plus que nos sociétés contemporaines sont confrontées, selon Da Cunha et Ruegg (ouvrage cité ci-dessus), au *triple défi* suivant : la poursuite de la transition technologique et des mutations des systèmes de production dans le contexte de la mondialisation, l'émergence de nouveaux processus d'exclusion et la prise en compte des limites environnementales. *Trois préoccupations majeures* — économique, sociale et écologique — doivent être croisées pour répondre aux objectifs des stratégies de développement durable.

Nous savons toutefois que la notion « durable » (encart 13) demeure relative dans le temps et l'espace. Nous la souhaitons valable à long terme, étant bien entendu qu'il y a, en fin de compte un terme, marqué par les limites de la finesse des méthodes et outils mis en action pour assumer une prospective aussi ample que possible. Celle-ci, fragile par nature, est constamment exposée aux aléas d'évolutions multiples, plus ou moins imprévisibles, en dépit d'une maîtrise réelle des systèmes de prévision.

Elle est à recommander aux nombreux milieux appelés à revoir leurs conceptions et à adapter la notion même d'aménagement aux exigences présentes et à venir, en ce qui concerne les indispensables efforts à fournir pour empêcher notre planète de se désarticuler par suite des nombreuses forces contradictoires qui n'ont cessé de s'amplifier et de susciter des ruptures d'équilibre « mortelles » à terme.

Encart 13
Du contenu à la définition du développement durable

1) Le contenu

– « La durabilité est un processus de changement dans lequel l'utilisation des ressources naturelles et économiques est en harmonie avec les besoins humains et favorise notre capacité future à les satisfaire ».
A. Da Cunha, 2003

– le développement durable est un concept normatif. Le contenu et l'objectif du développement durable sont considérés en un moment donné, par un nombre plus ou moins important de personnes, comme les solutions les plus appropriées. Les principes et stratégies définies peuvent être réorientés ou remplacés ultérieurement par des concepts opérationnels différents.
Lambrecht & Thierstein, 1998

– Ce n'est qu'à long terme, c'est-à-dire dans quelques générations, que nous pouvons savoir si notre façon de concevoir la gestion des ressources disponibles a été vraiment durable.
Lambrecht & Thierstein, 1998

– « Parvenir à un développement durable semble particulièrement difficile pour les nombreux pays pauvres qui n'ont encore guère accès aux investissements et autres financements privés prenant aujourd'hui le chemin du monde en développement et dont le volume va croissant. L'expérience montre que l'aide ne peut se substituer à des politiques saines, ni à des stratégies ou des efforts concertés au sein des pays en question ».
D. J. Johnston, *in* « L'observateur de l'OCDE », juin 1997

2) Définitions

– «... un développement qui répond aux besoins du présent sans compromettre la capacité des générations futures à répondre aux leurs ».
Rapport Brundtland, 1987, Commission mondiale sur l'environnement et le développement

– Le développement durable structure à long terme les modes de vie et d'activité d'une société de façon telle que les besoins de celle-ci sont couverts ans obérer les besoins des générations futures (Lambrecht & Thierstein, 1998)

– «... deux concepts sont inhérents à cette notion* : le concept de "besoin", et plus particulièrement des besoins essentiels des plus démunis, à qui il convient d'accorder la plus grande priorité, et l'idée des limitations que l'état de nos techniques et de notre organisation sociale imposent sur la capacité de l'environnement à répondre aux besoins actuels et à venir ».
Agenda 21, un guide d'actions pour le XXIe siècle, arrêté lors de la conférence de Rio, 1992

– « Problématique relativement récente, résultant de la prise de conscience de la détérioration des environnements suite à une croissance trop rapide des activités humaines. Le développement durable est la capacité à mettre aujourd'hui en valeur les ressources des milieux naturels tout en leur permettant de conserver leurs potentialités pour les générations futures »
Yves Boquet *Les États-Unis,* Belin, Paris, 2003, p. 55

Les *moyens mis en œuvre* en faveur du développement durable sont encore réduits. Un certain nombre d'orientations ont toutefois été tracées ; des décisions, au moins théoriques, ont été prises. Le Principe 7 de la Déclaration de Rio sur l'environnement et le développement (1993) stipule : « Les pays développés réitèrent leur engagement à consacrer 0,7 % de leur PNB à l'Aide publique au développement — chiffre fixé par l'ONU et accepté par eux — et, si ce n'est déjà chose faite, acceptent de renforcer leurs programmes d'aide pour atteindre ce chiffre aussitôt que possible et donner rapidement et effectivement suite à Action 21 » (CNUED, 1993 : Agenda 21, §33.13). Les approches pluri- et transdisciplinaires sont unanimement considérées comme de sérieux outils de progrès (encart 14)

Encart 14
L'OCDE et la pluridisciplinarité

« L'OCDE a utilisé un de ses atouts — la pluridisciplinarité — pour mieux appréhender l'interaction des différents domaines où la recherche de la viabilité requiert une intervention des pouvoirs publics : intégration de l'économie et de l'environnement, financement des secteurs public et privé, technologies plus propres, politiques complémentaires en matière d'échanges et d'environnement, normes de consommation et de production, liens entre les politiques de l'environnement, de l'énergie, des transports et de l'agriculture, et conventions de Rio. Dans de nombreux domaines, comme l'environnement, l'énergie, l'économie et l'aide au développement, les examens des performances auxquels procède l'OCDE contribuent par ailleurs à mesurer l'efficacité avec laquelle les pays membres remplissent les objectifs qu'ils se sont eux-mêmes fixés »

D. J. Johnston (Secrétaire général de l'OCDE), « Le développement durable », *L'Observateur de l'OCDE,* juin 1997, édition spéciale, Paris, p. 4.

Apparaissant presque comme une revanche sur l'échec de l'Exposition universelle de l'an 2000, le quartier de Kronsberg, situé en marge du terrain de l'exposition de Hanovre, avec ses 70 ha, ainsi que le pavillon des Pays-Bas, le seul à ne pas avoir été démonté, sont à présent des figures d'avant-garde du développement urbain durable. Ils ont été conçus selon les normes du développement durable fixées à Rio en 1992, à l'occasion de la conférence mondiale sur l'environnement. Pour un coût de 500 millions d'euros, Kronsberg fait vivre 6 600 personnes et attire des visiteurs du monde entier.

La répartition des terrains à bâtir s'est faite de façon à garantir la diversité architecturale, expression d'une volonté délibérée d'éviter la monotonie des « villes nouvelles ». Une certaine diversité s'est manifestée : maisons en bois, maisonnettes multicolores, jardinets, serres... Kronsberg ne donne guère le sentiment de l'isolement : en une vingtaine de minutes, le tramway relie ce quartier au centre-ville. Les jeunes couples y sont particulièrement nombreux : 51 % de la population sont âgés de moins de 30 ans. Il est vrai que la ghettoisation menace, que le prix du chauffage est trop élevé, que l'ambiance sociétale est encore trop impersonnelle et que l'expérience menée est trop jeune pour formuler un jugement « durable ».

Les besoins énergétiques annuels n'y sont pas supérieurs à 55 kWh/m. Ils ne dépassent guère 100 kWh/m pour un immeuble moderne dit « normal », alors qu'ils peuvent s'élever jusqu'à 270 kWh/m pour les bâtiments anciens sans isolation. La moitié des besoins énergétiques de Kronsberg sont couverts par des équipements solaires, ce qui réduit de 45 à 50 % les émissions de dioxyde de carbone. Deux éoliennes assurent la totalité de la fourniture de l'électricité nécessaire. Kronsberg génère même plus d'électricité que le quartier n'en consomme. Afin d'inciter les habitants à demeurer sobres en consommation d'électricité, la Ville a offert cinq ampoules à basse tension par appartement.

Il en est de même de la gestion durable de l'eau qu'il convient de préserver. Si l'eau est un élément central de la vie du quartier — petit étang, cascade miniature, bassin à poissons... —, chaque lotissement dispose de sa pièce d'eau. Mais les économies sont de rigueur : les dalles des trottoirs ne sont jamais jointes entre elles, pour faciliter l'infiltration des eaux de pluie ; des rigoles en bordure des chaussées facilitent l'écoulement des eaux de ruissellement jusque dans le sous-sol ; sous ces rigoles, la superposition de différentes couches de matériaux de filtrage permet de capter naturellement les eaux pluviales.

II. QUEL AMÉNAGEMENT POUR QUEL DÉVELOPPEMENT ?

Ce n'est qu'après avoir circonscrit et défini la finalité du *développement* qu'il est possible d'établir le profil de l'*aménagement*, le premier conditionnant le second, sous peine d'une navigation à vue. Compte tenu des enjeux du développement, il importe d'être pleinement conscient des liens incontournables entre le développement durable et l'aménagement du territoire.

L'aménagement du territoire, ses motivations, finalités, représentations, réalisations, réussites et échecs, constituent sans doute l'une des expressions socio-spatiales les plus expressives du choix de développement effectué. L'espace terrestre a fait et continue à faire l'objet de transformations et d'adaptations en fonction de projections idéologiques, géopolitiques, économiques, socio-culturelles. Il porte la marque des temps et, par là même, des diverses phases de développement dont il a été imprégné. L'extraordinaire variété des expériences est traduite par les territoires, ces multiples portions d'espace terrestre qui forment des ensembles à interférences environnementales et sociétales permanentes, reflets du façonnement, de l'appropriation, au moins partielle, du milieu physique par des groupes humains, à des fins existentielles, voire spéculatives.

A. Espace et territoire

L'espace géographique constitue la base de l'aménagement, notamment l'espace régional. Il s'inscrit dans trois dimensions, la longitude, la latitude et l'altitude. Il est interrogé à la fois par l'espace abstrait et l'espace économique. Selon Pierre Merlin, « *l'espace aménagé* est un espace de relations économiques (transports de marchandises) et humaines (migrations à diverses échelles dans le temps). Ainsi l'espace apparaît à la fois polarisé... et structuré par les voies et supports de communication », matérielle et immatérielle. Les polarisations augmentent avec l'urbanisation du globe. Les espaces homogènes sont continus. Selon J.-R. Boudeville, chacune de leurs « parties constituantes, ou zone, présente des caractéristiques aussi proches que possible de celles de l'autre ». Ces espaces sont de moins en moins nombreux dans les pays avancés (Encyclopaedia Universalis et Albin Michel [1999], *Dictionnaire de l'écologie,* Paris, 1 400 p.).

Le territoire peut être défini comme la partie de la surface terrestre qu'un groupe social s'est appropriée en vue d'y assurer son existence et de s'y multiplier. Le territoire est ainsi indissociable du groupe. Il fait l'objet d'une prise de possession, d'une organisation et d'un aménagement, donc de transformations. Il peut être également le point de départ d'une ou de plusieurs extensions pour des raisons diverses (A. Bailly *et al.* [1992], *Encyclopédie de la géographie,* Economica, Paris, 1 132 p.).

L'aménagement a été considéré *initialement* (voir ci-dessous la définition de l'aménagement durable) comme *un ensemble d'actions mises en œuvre par le groupe social d'un territoire considéré en vue de l'amélioration des conditions de vie et des ressources, afin de mieux faire face aux nécessités démographiques, économiques, géopolitiques et environnementales.* Dans le jargon géographique il est alors question de production d'un territoire, terme mieux approprié que celui de production d'espace, dans la mesure où l'espace existe, alors que le territoire est une étroite symbiose entre la société humaine et la portion d'espace que celle-ci s'est appropriée. L'urbanisation du globe accentue et multiplie cette production de territoires, aux structures de plus en plus complexes, rendant l'organisation et le fonctionnement très difficiles. (P. MERLIN, F. CHOAY *et al.* [première édition en 1988], *Dictionnaire de l'urbanisme et de l'aménagement* [723 p.], PUF, Paris).

Indépendamment de l'intérêt des choix, l'aménagement doit s'appuyer sur des *principes généraux de gestion* du territoire. Gérer le territoire signifie définir les règles d'utilité — sécurité, cadre paysager, approvisionnements, services de base, densités —, et ordonnancer les orientations dans le cadre des budgets disponibles et des règles juridiques. L'aménagement s'appuie sur la trilogie « un territoire, un pouvoir, un budget ». Il est ainsi lié aux échelles institutionnelles, depuis les communes aux groupements de communes jusqu'aux syndicats mixtes et aux grandes unités d'aménagement : départements, régions, provinces, États, communautés supranationales.

Les États organisés et les institutions supranationales à pouvoir central réel (Union européenne par exemple) ont tenté de *« discipliner » l'évolution spatiale* par des plans d'aménagement, expression d'une politique et d'une stratégie communes dans le cadre d'une volonté nationale, consensuelle en démocratie, autoritaire en système dictatorial.

La *centralité* participe aux exigences de répartition spatiale par la pratique de la trame maillée :

- aux diverses échelles orthogonales dans les bastides médiévales du sud de la France ;
- dans les villes américaines typiques de la civilisation anglo-saxonne ;
- dans la Barcelone de l'urbaniste Ildefonso Cerda, qui a réalisé en 1850 un schéma quadrillé avec diagonales sur des terres agricoles ou inoccupées à l'ouest et au nord-est de cette ville ;
- dans la Ruhr, avec l'exemple autoroutier régional ;
- en Allemagne occidentale ou aux Pays-Bas, avec le réseau autoroutier maillé orthogonal ;
- en Amérique du Nord où le réseau autoroutier inter-États est à l'échelle continentale ; etc.

B. L'aménagement à dominante économique

L'homme des cavernes disposait déjà de rudiments d'aménagement pour tenter de survivre au mieux par une organisation aussi efficace que possible de son territoire. *À l'ère préindustrielle, la société a déjà aménagé* les cours d'eau, les chemins, les routes, créé les parcellaires, réglé les rapports entre la propriété privée et le domaine public, défini les conditions de culture et d'élevage, rythmé le travail agricole saisonnier, aligné les maisons le long des rues, organisé la circulation et la vie dans les agglomérations rurales et urbaines... Elle a connu de florissants réseaux de villes, tel celui de la Hanse, centrée sur la mer Baltique et la mer du Nord, mais s'étendant jusque sur la Volga inférieure, intégrant des éléments de civilisation germanique et scandinave au modèle mis en place. En Alsace, les villes de la Décapole connaissent à l'apogée du Moyen Âge un important rayonnement socio-économique, conforté par l'humanisme auquel des centres urbains de cette région — Strasbourg, Sélestat — contribuent à servir de berceau. Les racines mêmes des pôles urbains alsaciens plongent jusqu'à l'époque médiévale, à tel point que, se voulant autonomes les uns et les autres, aucune hiérarchie entre cités n'était possible. Le poids de l'Histoire y est tel qu'il contribue encore de nos jours à poser question à l'organisation de la région. Le sentiment égalitaire des édiles urbains du Moyen Âge réduit à présent l'aptitude à la prééminence de la métropole régionale, Strasbourg, contrairement à ce qui se passe dans l'essentiel des autres régions françaises, dont le rôle-pilote est mieux affirmé.

L'aménagement du territoire est aussi ancien que l'humanité organisée. La croissance démographique, la poussée industrielle et la complexification des rapports territoriaux ont généralisé la pratique de l'aménagement au XXe siècle. Quoique destiné dans son essence profonde aux projections à long terme, l'aménagement demeure encore trop fréquemment politicien et purement productiviste. Le bilan certes positif dans l'ensemble, mais très mitigé dès lors que l'on observe les cas particuliers, doit servir à un nouveau départ : l'aménagement peut-il être « durable » et fondé sur une éthique applicable ? C'est poser la question de la rentabilité à long terme.

Si *l'ère industrielle* a suscité la société urbano-industrielle, l'ère post-industrielle, appelée aussi post-fordiste, a façonné en deux temps, d'abord, durant une période de transition, la société industrialo-tertiaire, puis une société industrielle à dominante tertiaire, que nous pouvons appeler tertiaro-industrielle, avant que la métropolisation et la mondialisation ne conduisent à des villes proprement tertiaires (Wackermann, 1997 et 2000). Distinguons entre *aménagement et planification.* Le terme anglo-saxon de « planning » et le terme allemand de « *Planung* » sont équivoques *a priori,* mais désignent principalement des démarches et opérations d'aménagement, sauf lorsqu'il s'agit des pays fortement centralisés ou collectivistes.

1. Dans le sillage de la révolution industrielle

L'impact urbano-industriel du XIXe siècle a révélé la nécessité d'instruments spécifiques d'aménagement. Les effets économiques, sociaux et culturels de la révolution industrielle déstructurent les bassins de production de matières premières et les centres de transformation de celles-ci. Les besoins urbains changent à la fois d'échelle et de nature. La mobilité des hommes actionnée par l'exode rural massif et celle des marchandises entraînant l'irruption du chemin de fer modifient sérieusement le fonctionnement des territoires affectés et créent de nouvelles formes d'exclusion sociale à la périphérie des villes.

Sous l'effet d'un processus réformiste qui s'inspire de la contestation socialiste, mais tente d'améliorer la situation dans un cadre politico-économique satisfaisant pour la bourgeoisie, *apparaît* alors *l'aménagement du territoire au sens où nous l'entendons à l'époque contemporaine.* Sa genèse et les premiers signes tangibles peuvent être d'abord observés dans les pays pionniers du capitalisme industriel, Allemagne et Grande-Bretagne. Il a, bien entendu, accompagné l'industrialisation, contribué à la mise en place des équipements infrastructurels, notamment dans le domaine des transports et de la communication, accéléré la création d'un marché national intérieur. Il a participé à « la lutte contre les forces de la nature » et à leur maîtrise, à l'utilisation industrielle de la force de l'eau. Il a commencé à créer les techniques destinées à lutter contre les inondations et à protéger les paysages, de même que les forêts. Dès la seconde moitié du XIXe siècle, il a mis l'accent sur la planification urbaine et ses domaines de plus en plus diversifiés (zones résidentielles, délimitations de districts, affectation d'usages du sol, adduction d'eau et d'énergie, évacuation des eaux usées...

Ce n'est cependant pas un hasard si les initiatives parmi les plus significatives ont été prises dans les États allemands : ici l'économie n'a jamais été dissociée de son substrat culturel.

Parmi les premières mises en œuvre, dès le XIXe siècle, signalons l'association de communes et arrondissements ruraux en vue de la constitution d'associations de droit privé destinées à la concertation intercommunale en liaison avec les représentants de l'industrie, de l'artisanat et de l'agriculture. Apparaissent aussi des organismes gérant les moyens de transport. En 1911 la législation prussienne prévoit des possibilités d'association intercommunale en vue de l'établissement de lignes directrices fondamentales d'aménagement. Comme les communes n'en font qu'un usage parcimonieux durant deux décennies, l'administration estime qu'elle doit intervenir par la persuasion. Dans certains cas d'urgence, le législateur s'appuie sur des initiatives communales pour créer des associations spécifiques dotées de pouvoirs d'aménagement, telle que l'association d'aménagement du Grand Berlin, appelée « *Zweckverband für den Grossraum Berlin* », mise en route en 1911. Ayant échoué faute de moyens financiers suffisants, celle-ci est remplacée en 1920 par la commune unifiée de Berlin (« *Einheitsgemeinde Berlin* »). La même année est formé, en vertu de la loi prussienne, le « *Siedlungsverband Ruhrkohlenbezirk* », qui regroupe les communes, arrondissements et grandes administrations de la Ruhr. Ce groupement est habilité à aménager l'espace à un niveau supracommunal tant en matière de communications que dans le domaine des zones vertes. Il définit aussi les principes de l'urbanisme et les zonages. Il devient un modèle d'aménagement et demeure efficace jusqu'en 1975, année durant laquelle il est remplacé par une administration publique du Land Rhénanie du nord-Westphalie. À la veille de la prise de pouvoir par le nazisme, en 1932, les diverses associations allemandes d'aménagement gèrent déjà environ 30 % de l'espace national regroupant 58 % de la population totale.

C'est toutefois après la Seconde Guerre mondiale que l'accumulation des problèmes et la nécessité pour les pays industriels de s'ouvrir au marché mondial ont déclenché un besoin général d'organisation du territoire en fonction des multiples pressions — économiques, sociales, culturelles — et des indispensables restructurations accélérées par des crises de toute nature : vieillissement technologique, inadaptation du tissu des entreprises, insuffisant niveau de formation des hommes, développement régional inégal entraînant des contrastes inquiétants des niveaux de vie, voies de communication inappropriées, équipements structurants manquants...

Le fondateur de la prospective, Gaston Berger écrit alors : « L'avenir n'est pas seulement ce qui peut arriver ou ce qui a le plus de chances de se produire ; Il est aussi, dans une proportion qui ne cesse de croître, ce que nous aurons voulu qu'il soit ».

2. L'affirmation post-industrielle

La *systématisation de l'aménagement dans les pays avancés* est inhérente à des causes complexes. Après 1945, le globe est très vite soumis à des mutations d'une ampleur jamais égalée. La montée technologique associée à l'informatique, les nouveaux rapports entre l'espace et le temps inaugurés naguère scientifiquement par Albert Einstein, l'internationalisation croissante des échanges de personnes et de biens, la constitution de réseaux de communication en étroite connexion avec les pôles d'impulsion urbaine... requièrent de nouveaux traitements des territoires concernés.

L'urbanisation galopante et très peu maîtrisée devient l'une des préoccupations majeures de l'aménagement. Elle appelle des réflexions urgentes sur la préservation des paysages naturels et anthropisés. Les responsables de l'aménagement sont pressés de centrer celui-ci sur ses fonctions primordiales de prévision, d'organisation et de gestion d'un espace de plus en plus malmené par une exploitation démesurée et désordonnée. Les pays décentralisés semblent alors les plus aptes à servir de modèles, parce qu'ils appliquent le principe de subsidiarité fondé sur une anthropologie qui considère l'homme comme une personne visant à s'épanouir dans des milieux divers — famille, quartier, ville, village ou tribu nomade, associations —, et non comme un individu désincarné, abstrait. En France, Jean-François Gravier donne l'alerte en ce qui concerne les graves déséquilibres du pays (*Paris et le désert français*, 1947).

D'importants outils scientifiques viennent à la rescousse des nouveaux besoins. Les institutions d'aménagement peuvent s'appuyer sur les théories et observations engrangées avant 1939 et parfois déjà expérimentées. Élaborée aux États-Unis dans les années 1930, la théorie de Wassily Leontief sur la polarisation et les pôles de développement, s'appuyant sur la mise au point de tableaux d'échanges interindustriels qui font appel à l'*input-output*, trouve sa résonance dans les années 1950 et 1960. De son côté le Massachusetts Institute of Technology (MIT) inaugure les analyses de systèmes développés sur la dynamique urbaine, afin de saisir les répercussions perverses de politiques adoptées en vue d'une meilleure justice sociale et d'une amélioration du bien-être général. Le géographe français Jean Gottmann, professeur à Oxford, qui est un familier des États-Unis et des débuts de l'ONU, se penche sur les surconcentrations urbaines qu'il appelle « mégalopolis », à l'image de celle du Nord-est américain...

Le principe de l'intervention de l'État est retenu partout, de manière consensuelle dans les démocraties, de façon autoritaire dans les dictatures. Claude Delmas note : « Laisser l'aménagement à l'initiative privée équivaut à négliger les problèmes nés du fait que toutes les régions n'offrent pas les mêmes possibilités,... ce qui équivaut... à l'acceptation de tous les déséquilibres considérés comme résultant sinon d'un déterminisme géographique, du moins de la nature même du libéralisme ».

Relevons les principaux types de concrétisation :

- le décongestionnement de l'agglomération londonienne et la mise en place d'institutions d'aménagement, comme suite à la publication, en 1940, du rapport Barlow de 1937 proposant la mise en place d'une politique nationale cohérente d'aménagement du territoire... ;

- la création du gigantesque Randstad Holland après les dévastations provoquées par les bombardements et le débarquement allié ;
- la prise de conscience des failles du système fédéral des États-Unis, après la publication de l'ouvrage de Raymond Vernon intitulé « Made in New York » (1959), relatif à la place écrasante de cette ville ;
- la naissance de la DATAR en 1963 et le développement de l'action territoriale régionale... ;
- les initiatives prises en faveur de la réhabilitation des paysages ne cessent de s'amplifier jusqu'à la transformation de l'agriculteur, devenu peu productif économiquement, en jardinier du paysage, à vocation écologique et éthique. Le système du « *land use planning* » anglo-saxon prévoit des évaluations paysagères réglementaires. Aux Pays-Bas, une « *landscape ecology* » implique des plans paysagers chaque fois qu'un projet d'aménagement général est élaboré. Au Japon, la planification des paysages remplace les arts paysagers traditionnels dans le « *national land use planning* ». En France, la Mission photographique du paysage, formée au début des années 1980, inspire la DATAR en vue de recréer une culture du paysage. Même si les pays collectivistes ont refusé d'appliquer des principes environnementaux de base, de nombreux scientifiques ont participé néanmoins lucidement à la réflexion mondiale générale. Par contre l'effondrement du système soviétique et la fragilisation de ceux de Chine ou de Cuba confèrent au capitalisme une puissance jamais égalée, face à laquelle l'aménagement du territoire soucieux de l'intérêt général a de plus en plus de mal à s'imposer ;
- en Allemagne, Autriche et Suisse, l'aménagement s'est fondé, durant le demi-siècle écoulé, sur les principes d'un État à la fois démocratique, fédéral et social, ainsi que sur l'économie sociale de marché, ambiance qui a conduit au « miracle » économique allemand et à une société de consommation de haut niveau ;
- etc.

Les pays en développement sont entraînés dans ce mouvement, qui s'appuie sur les prémices coloniales. En Colombie, la conquête espagnole a déjà introduit le modèle ibérique dans la conception des villes et villages : le quadrillage de rues avec des constructions autour d'une cour intérieure. Cette disposition était certes efficace dans les climats chauds où elle maintient la fraîcheur dans les habitations, mais totalement inadaptée aux climats froids, donc aussi aux basses températures des Andes colombiennes. Au Venezuela, la bourgeoisie émergente, appuyant l'État national, a créé un espace urbano-architectural de l'apparence, c'est-à-dire un espace censé refléter le pseudo-développement du pays. Les jésuites du Parana créent, lors de la colonisation espagnole, des villages d'évangélisation, les « *reducciones* », au plan uniforme reflétant leur aspect de phalanstère religieux, dont le régime de travail fut fixé par le père. Les indigènes résistèrent à cette forme d'*emprise géopolitique* et de mainmise des religieux sur les autochtones ainsi que sur leurs terres, fuyant souvent vers des lieux inaccessibles, forêts ou montagnes. Au Brésil, cette pratique jésuite donna lieu à d'âpres luttes entre planteurs et missionnaires, conduisant à la destruction de nombreuses « *reducciones* ».

L'émancipation autochtone, qui s'accomplit en deux temps, l'une au XIXe siècle par la conquête de l'indépendance politique de l'Amérique latine, l'autre durant la seconde

BU Lettres NANTES

moitié du XXe siècle par le mouvement général de décolonisation mondiale, s'accompagne toujours de nouvelles *méthodes d'aménagement*. Celles-ci *demeurent toutefois marquées par les anciennes puissances coloniales ou les grandes puissances*, dans la mesure où les intérêts économiques restent entre les mains de groupes économiques étrangers et où les « modèles » occidentaux d'aménagement sont imités par les nouveaux régimes politiques en place.

Dans l'ambiance de l'emprise de la mondialisation, sous prétexte que les pratiques pastorales, agraires et résidentielles n'étaient pas suffisamment productives ou efficaces, le PNUD (Programme de développement des Nations unies), appuyé par le puissant organisme de crédit au service des Nations unies qu'il inspire en retour, la Banque mondiale, a fait pression sur les pays en voie de développement pour que leurs ressortissants abandonnent des méthodes ancestrales éprouvées de mise en valeur des sols ou de solidarité entre l'habitat et la production, rompant ainsi avec de fragiles équilibres établis grâce à une connaissance empirique et fine des rapports entre les sociétés locales et leur environnement.

La course à la productivité, à la dépendance par rapport à un marché mondial ne rémunérant pas à leur juste valeur les matières premières, l'introduction de méthodes agricoles accélérant la désertification, l'épuisement des sols, l'éclatement des groupes sociaux, l'urbanisation galopante, la formation de fausses métropoles, immondes (Lagos, Mexico...), ont amplifié la crise des ex-pays colonisés. La soumission des pays en développement à de profondes réformes structurelles, conditions d'allocations d'aides et de prêts, certes louable en soi compte tenu de la gabegie opérée par les régimes politiques en place, a eu de graves effets pervers : nombre de mesures imposées étaient et continuent à être inappropriées aux systèmes sociaux et économiques en place. *Le vrai aménagement n'est pas une opération bureaucratique collectiviste ni un procédé technocratique capitaliste* ; il est d'ordre consensuel et doit répondre aux potentialités socio-économiques locales régionales, nationales ou subcontinentales.

C. De l'aménagement classique à l'aménagement durable

L'aménagement traditionnel est mis en cause au fur et à mesure du constat croissant des échecs endurés par les mesures prises par les pouvoirs publics, notamment depuis le milieu du XXe siècle.

1. Les constats d'échec

Les échecs sont en partie liés aux excès des prévisions à court terme et aux faiblesses des instruments publics. Si la planification autoritaire, centralisée, a étouffé l'aménagement, les processus fascistes ou le soi-disant centralisme démocratique propre aux régimes collectivistes n'ont guère abouti qu'à des impasses. Les priorités retenues, d'ordre idéologique et axées sur la puissance, ont fait fi des équilibres régionaux et des subtiles impératifs d'ajustement réciproque entre les sociétés locales et leur environnement. L'économie libérale n'est pas parvenue non plus à maîtriser les rapports entre l'homme et son milieu, l'intérêt socio-économique à court terme ayant prévalu sur des projections environnementales et éthiques à long terme.

Les pouvoirs publics, expression des systèmes en place, ont légiféré sans grande envergure, naviguant de surcroît assez fréquemment à vue. Il n'est donc pas étonnant que les organismes publics chargés de l'aménagement aient enregistré de nombreux échecs. C'est ainsi que le concept de « durabilité » s'est imposé petit à petit un peu partout vers le milieu des années 1990, initié, durant les années 1980, par les institutions spécialisées de l'ONU.

En Occident européen, l'« organisation » et la structuration administratives de l'aménagement public ont d'abord été suscitées par le développement débridé des villes à l'époque industrielle. En France par exemple, l'objectif de cet aménagement du territoire est toujours, à ce moment-là, selon la définition donnée par le Commissariat général au Plan, la « recherche d'un développement équilibré de la nation par le meilleur emploi de toutes les ressources humaines, économiques et financières du pays et par l'utilisation rationnelle du territoire en fonction des éléments propres à chaque région ». Une définition très restreinte aux ambitions nationales, de surcroît principalement orientées vers le déploiement économique. De plus, cet aménagement est conçu de manière très fractionnée : l'espace rural, assailli, lui aussi, de manière inquiétante, au lendemain de la Seconde Guerre mondiale, a surtout été « traité » en tant qu'espace agricole productif, comme un espace en voie de développement qu'il fallait insérer aussi vite que possible au monde moderne. Au lieu de concevoir un aménagement global, l'aménagement a été « sectionné », opposant presque l'espace rural à l'espace urbain. Si la prise en compte globale du territoire a fini par être retenue dans les années 1970, les défenseurs les plus avant-gardistes de ce type de démarche n'avancent toutefois que « des propositions pour la mise en œuvre d'une politique rationnelle d'aménagement, consacrée au développement optimal de l'ensemble des activités sur la totalité du territoire » (Jung, 1971). Les principaux postulats retenus pour une telle politique ne sont cependant que l'unicité de l'aménagement, le rôle moteur des grands équipements structurants, l'adaptation des collectivités territoriales aux exigences de l'aménagement et la maîtrise foncière.

De sévères critiques, certes uniquement relatives au souci de promouvoir le développement économique, sont cependant adressées à l'administration, à propos de laquelle le géographe Maurice Le Lannou a formulé le jugement pertinent suivant : « L'aménagement de l'administration est plus pressant que celui du territoire, parce qu'il en est la condition ». Et Jacques Jung d'ajouter qu'une administration réadaptée devrait avoir un caractère interdisciplinaire, souple et léger. « Elle devrait abandonner la gestion des équipements publics aux collectivités locales rénovées pour se consacrer à leur promotion. Elle devrait aussi abandonner le contrôle tracassier pour l'orientation dynamique, l'irresponsabilité pour la décision rapide, la coercition pour la persuasion, le formalisme pour l'adaptation, l'uniformité pour la diversité, l'illusoire coordination pour la synthèse, l'égalitarisme désuet pour l'analyse perspicace et la préparation des choix sereins » (Jung, 1971).

Sont ainsi préconisés une plus grande efficacité par une souplesse accentuée, une orientation décentralisée et régionalisée, des choix conformes aux diversités spatiales, mais essentiellement d'ordre économique. La plupart des ouvrages scientifiques parus jusque vers 1990 entretiennent le langage productiviste, tout en relevant les zones d'ombre sociales, autant en milieu urbain qu'en milieu rural (Chaline, 1989).

Le chemin est encore long pour atteindre dans leur plénitude les dimensions sociales, culturelles, environnementales et identitaires dans leur profondeur.

Pourtant, depuis les années 1960, un Henri Lefèbvre et un Herbert Marcuse ont par exemple déjà relevé l'inachèvement, voire surtout la fausse orientation de la voie dans laquelle la politique de développement et, par là même, la définition de l'aménagement, étaient engagées, sans nécessairement préconiser ce développement durable que nous considérons aujourd'hui un peu comme une panacée, sans doute aussi fragile que les étapes précédentes. Marcuse note : « La révolution initiale qui, en abolissant l'exploitation matérielle et mentale, doit établir les conditions d'un nouveau développement, se conçoit difficilement sous la forme d'une action spontanée. Bien plus, pour qu'il y ait une forme de progrès adaptée au pays, il faudrait qu'il y ait un changement dans la politique des deux grands blocs industriels qui aujourd'hui façonnent le monde – un abandon du néo-colonialisme sous toutes ses formes. » (Marcuse , 1968, p. 73). Il ajoute plus loin (p. 182) : « La rationalité technologique ne met pas en cause la légitimité de la domination, elle la défend plutôt, et l'horizon instrumentaliste de la raison s'ouvre sur une société rationnellement totalitaire ». Il observe en p. 183 que « la dynamique du progrès technique s'est sans cesse imprégnée de contenu politique, le Logos de la technique est devenu le Logos de la servitude prolongée. La force de la technologie pouvait être libératrice par l'instrumentalisation des choses, elle est devenue une entrave à la libération par l'instrumentalisation des hommes ».

La tertiairisation des structures économiques et sociales a accéléré la mobilité des biens et des personnes et suscité de nombreux flux invisibles, à tel point que *les espaces ont souvent fini par éclater*, se prolongeant en sauts-de-mouton et s'appuyant sur des marchés dispersés à l'échelle mondiale. Leur aménagement, influencé par des considérations internationales, appuyé sur des infrastructures portuaires et aéroportuaires rythmant l'import-export, a été soumis à des influences multiples qui ont parfois déstructuré le tissu régional, à tel point qu'il convient à présent d'intégrer les complexes portuaires aux villes concernées et de susciter des villes portuaires. Ce sont indiscutablement l'explosion urbaine, l'urbanisation galopante, la métropolisation, phénomènes qui se sont emparés tant des pays développés que des pays en développement, qui ont suscité ou contribué à susciter les déséquilibres et fractures socio-spatiales à court terme les plus inquiétantes pour le devenir de l'humanité et de ses rapports au globe. Les nouvelles logiques de mobilité des personnes et des biens, en relation directe avec les nouveaux modes et méthodes de transport, ont accéléré les déstructurations et en appellent à des cheminements repensés et réorientés.

2. Répercussions pratiques

De nombreuses *atteintes environnementales* ont conduit à la révision déchirante des pratiques d'aménagement. La société post-industrielle a considérablement malmené le milieu naturel. Celui-ci n'est plus considéré comme naturel dès lors que la consommation énergétique individuelle moyenne dépasse environ 20 thermies par jour (1 thermie = 1 million de calories). Si la sédentarisation des sociétés rurales et l'invention de l'agriculture ont conduit à une consommation moyenne oscillant entre 12 et 25 thermies par jour, selon le cas, l'ère industrielle a provoqué une consommation de 70 à 80 thermies quotidiennement. Depuis la révolution cybernétique, la consommation énergétique moyenne est passée à 220 thermies par jour. Des pays comme la « mer de vignes » au Languedoc, le Corn Belt ou le Wheat Belt aux États-Unis ne répondent plus aux critères d'un milieu naturel.

L'action anthropique perturbe ou détruit les écosystèmes composés chacun d'une partie minérale, le biotope, et d'une partie vivante, organique, la biocénose. Comme le biotope et la biocénose forment des systèmes, l'écosystème constitue un système de systèmes. Les écosystèmes étant plus ou moins résistants, l'action humaine, fréquemment désinvolte, est devenue prédatrice et destructrice. Les récentes tempêtes mettent ainsi en cause l'action intempestive de l'Office national des forêts depuis l'après-guerre : de véritables massacres de forêts ont été effectués avec des machines inappropriées en provenance des pays nordiques. La création de trop nombreux chemins mal conçus, des coupes « à blanc » pour dégager des layons tous les 20 mètres en vue du passage des machines, le souci de rentabilisation économique, la répétition du reboisement du même sol, l'abus de la monoculture au lieu du mélange judicieux de feuillus et de résineux, autant de sources d'échec accumulées depuis un demi-siècle.

En consacrant sa thèse à l'économie des déchets, Yong-Woo Lee (1998) a réalisé un travail pionnier, scientifiquement très utile tant en matière méthodologique que factuelle. Le thème abordé méritait d'abord des définitions pertinentes et la démonstration que l'étude des déchets était éminemment géographique, qu'elle constitue même l'une des bases de toute étude relative à l'urbanisation tant en pays avancé que dans les régions en voie de développement, en vue d'un développement durable. Cela est désormais acquis : l'auteur a réuni une bibliographie exhaustive de plusieurs centaines de titres relative à l'Allemagne en général et à la Rhénanie-Westphalie en particulier. En dépit de cet apport, l'auteur, venu de Séoul en Allemagne avec une ouverture nouvelle, regrette de ne pas avoir pu disposer de statistiques suffisamment fines pour analyser toutes les facettes de ce domaine. Les données disponibles sont cependant déjà d'une extraordinaire richesse et permettent de parler d'*une « géographie de l'économie des déchets »*, centrée sur quatre thèmes de recherche possibles : le comportement face à l'élimination des déchets, l'approche régionale d'une plus ou moins grande efficacité de la maîtrise des déchets, l'étude de la localisation des centres de traitement des déchets et celle du devenir des anciens centres.

Lee constate que le poids croissant des déchets induit par l'augmentation de la production et de la consommation entraîne *un changement constant de la composition de ces déchets et de la proportion des types de déchets.* Ainsi la part des déchets incombustibles, indestructibles et toxiques s'accroît constamment, ce qui rend caducs ou réduit l'importance les procédés traditionnels d'évacuation par le déversement dans les eaux fluviales, le stockage en des dépôts appropriés ou l'incinération. Le recours à des technologies de pointe est devenu indispensable. De plus, si l'évacuation systématique des déchets répond aux exigences environnementales, les nouveaux lieux d'entreposage-traitement suscitent de nouveaux risques. Le coût de cette branche finale de la consommation devient en outre relativement élevé.

L'ouvrage nous livre d'abord *un aperçu national fondé sur l'analyse des avantages et lacunes ou inconvénients de l'application des lois fédérales de base.* Quatre phases sont distinguées dans l'évolution de l'appréhension du traitement des déchets par les responsables de la République fédérale d'Allemagne : s'appuyant sur la législation existante depuis la fin du XIXe siècle, le régime de Bonn a tenté de parer au plus pressé, bousculé par le miracle économique, en diminuant de façon drastique le nombre de dépôts et en améliorant l'efficience des centres conservés, surtout après le rapport de 1963 portant sur l'évacuation des déchets. Lors d'une seconde étape, le gouvernement fédéral a fait voter la loi de 1972 qui impose celle-ci aux collectivités locales avec des normes précises. La troisième phase, appuyée sur la loi de 1986, a porté sur la nécessité d'éviter au maximum les déchets et d'un traitement plus systématique de l'existant. La loi de 1994 prend en compte les nouvelles situations créées par l'intégration de l'Est ex-collectiviste à la République fédérale et met l'accent sur le recyclage et l'obligation faite aux entreprises de pollution de prendre en charge un traitement des déchets compatible avec les règles environnementales.

Le Land de Rhénanie-Westphalie sert d'étude approfondie et exemplaire, dans la mesure où il est le Land historique de l'industrialisation allemande, dans lequel tous les cas de figure se sont présentés ou se présentent encore. L'ouvrage nous livre la manière dont la législation d'un Land se greffe sur celle de l'État fédéral pour améliorer et renforcer, diversifier et concrétiser les mesures prévues par les lois-cadres nationales. Il expose les grandes lignes de la politique menée à l'échelon du Land, des lois sur les déchets adoptées successivement par le « *Landtag* » (Parlement du Land) en 1973, 1988 et 1992, répartissant les responsabilités publiques entre les départements (« *Regierungsbezirke* »), les arrondissements ruraux et urbains, ainsi que les multiples communes densément peuplées. À ce sujet, l'auteur a effectué une intéressante comparaison de ce Land avec les autres Länder de la République fédérale.

Lee analyse ensuite minutieusement la situation et l'évolution des économies de déchets dans les communes du Land, à travers l'organisation, la structuration, les processus techniques et la fiscalité. Il met l'accent sur la diversité des approches, l'établissement d'indicateurs facilitant les comparaisons... avant d'entreprendre une évaluation des résultats obtenus. Il insiste sur le fait que *le glissement d'une législation visant à organiser l'élimination des déchets vers une législation privilégiant le recyclage a modifié de fond en comble l'économie et la géographie des déchets.*

Les exemples qui précèdent mettent en relief les possibilités offertes par les nouvelles technologies et concepts d'organisation sociale en vue d'un ressaisissement susceptible de remettre de l'ordre sur la planète et d'orienter le développement vers des horizons humainement plus acceptables.

3. L'aménagement durable

Face aux déboires, apparaît la *notion d'aménagement « durable »* (encart 15) Si l'éthique est aussi présente dans le cadre du développement classique fondé sur un aménagement à dominante économiques, elle n'est toutefois qu'inachevée (Bridel, 2002). Nous avons besoin en outre d'harmonisation des objectifs. Il n'est pas possible de « promouvoir » l'espace en raison d'une finalité purement économique. Le « développement » est partie prenante d'autres dimensions : culturelle, sociale, environnementale. *Une nouvelle conception de l'aménagement du territoire implique notamment la prise en compte de la cohésion sociale.* En France même, après la période gaulliste et post-gaullienne de l'affirmation péremptoire d'un aménagement relativement « dur », la grande mutation inhérente à la décentralisation a quelque peu oublié l'aménagement. Aujourd'hui, les nouveaux enjeux s'appuient sur le maintien ou la restauration de la cohésion sociale sur les territoires aux diverses échelles (Vandermotten, 2002). À ce titre, la DATAR a sensiblement affiné ses orientations et analyses. Elle jette un œil plus attentif et plus réaliste sur le monde rural que précédemment, époque durant laquelle elle a été obnubilée par l'urbanisation. La France rurale est en état de croissance démographique, les emplois s'y multiplient, « le rural est plus industriel ou ouvrier qu'on ne le croit », affirme cette institution. Aussi distingue-t-elle judicieusement entre « campagnes des villes », « campagnes fragiles » et « nouvelles campagnes » (DATAR, 2004).

À l'échelle internationale, là où l'aménagement transfrontalier est déjà en marche, dans l'Union européenne par exemple, une mise en relation entre les territoires, plus profonde que jadis, est en cours... Elle confère une importance et une signification accrues à la dimension territoriale du développement. Le Schéma de développement de l'espace communautaire, qui est issu de cette démarche (SDEC), poursuit les trois buts fondamentaux fixés lors du Conseil informel de Leipzig (1994), à savoir la cohésion économique et sociale, le développement soutenable et une compétitivité équilibrée pour le territoire européen (Réunion des ministres de l'Aménagement du territoire des États membres de l'Union européenne, 1997).

Encart 15
Caractéristiques fondamentales de l'aménagement durable

« L'économique et le social, sans l'écologique, hypothèquent la reproduction des ressources dans le long terme et la qualité des territoires. L'écologique et le social, sans l'économique, ne peuvent pas à eux seuls assurer la valorisation des ressources territoriales. L'économique et l'écologique, sans le social, ne peuvent assurer le lien social et l'adhésion des populations sans lesquels il ne peut y avoir de véritable projet de développement (durable) des régions urbaines et rurales. »

A. Da Cunha et J. Ruegg, *Développement durable et aménagement du territoire*, Lausanne, 2003, p. 5

De multiples initiatives ont déjà été prises dans ce sens, tel le réaménagement des « *docklands* » londoniens en espaces résidentiels, de services, de loisirs ou culturels (photo 7). En ce qui concerne les *nature et dimension des objectifs,* l'aménagement durable tend à faire intervenir les pouvoirs publics pour responsabiliser le monde des affaires et de l'industrie, en vue du respect de règles fondamentales de transparence et de cohérence entre les actions envisagées d'une part, les ménagements de l'espace définis en fonction des exigences scientifiques et des principes éthiques retenus consensuellement d'autre part.

L'aménagement durable vise, nous l'avons vu, *le long terme.* Il a recours aux méthodes scientifiques les plus éprouvées, ainsi qu'aux moyens de mise en œuvre considérées comme les plus efficaces en matière de prévision à long terme. La démarche doit, en principe, faire abstraction des seuls intérêts économiques. Elle implique une ambition à l'échelle mondiale, portée par les institutions internationales publiques, depuis l'ONU jusqu'aux organismes régionaux à l'échelle continentale ou subcontinentale.

Introduire la notion d'aménagement durable implique de façon incontournable *la prise en compte d'une éthique* fondée sur les droits de l'homme, notamment sur la Déclaration universelle des droits de l'homme, document ratifié par les États-membres de l'ONU. Comme celle-ci a été élaborée dans le contexte propre à la fin de l'ère industrielle et à celui de la victoire des Alliés en 1945, l'éthique doit en outre prendre en considération les acquis politiques et moraux engrangés depuis le milieu du XXe siècle : émancipation de la femme et de la famille, garanties sociales diverses, progrès de la multiculturalité...

Techniquement et psychologiquement, le long terme exige aussi le recours aux banques de données et la constitution de telles banques, des séries d'observation de longue durée, l'écoute de la mémoire collective, l'analyse minutieuse du terrain et de ses connexions, de son fonctionnement initial et de ses réactions. L'espace géographique est d'une complexité telle qu'il requiert de manière permanente une approche pluridisciplinaire. En dépit de l'indispensable appui scientifique et du concours de la recherche appliquée ou applicable, il convient néanmoins de cultiver étroitement le contact avec le paysage vécu, de « coller » à la rugosité du sol et de placer l'homme au centre des préoccupations de l'aménagement, envers et contre toute autre agression.

En définitive, l'aménagement du territoire conçu dans une optique durable est la façon de structurer et d'organiser un espace humanisé en vue d'optimiser les potentialités humaines, socio-culturelles et économiques, dans le respect des grands équilibres écologiques et, par là même, dans une perspective à long terme, c'est-à-dire relativement durable. C'est une action volontariste associant la planification dans l'espace (à long terme) et la planification dans le temps (réduite à la rentabilité économique).

Quoique les voies aient été balisées de manière plus systématique, l'aménagement demeure ballotté dans sa pratique entre espoirs et fragilités. L'impression prévaut, expériences à l'appui, que *le terme de durable a été souvent accolé à celui d'aménagement* pour revigorer cette notion, pour la rendre plus crédible, *sans que* toutefois ni *les objectifs* ni l'état d'esprit ni les méthodes de réflexion ou les moyens d'action *n'aient été modifiés.*

Quoique par ailleurs la prospective intègre une démarche scientifique, elle ne repose pas nécessairement sur des expérimentations préalables et des résultats suffisamment probants pour qu'il y ait certitude de réussite. En dépit du recours aux sciences dures, *nous demeurons dans le domaine de l'expérimentation continue des sciences sociales,* malgré des finalités éthiques fixées désormais de manière relativement précise.

L'organisation socio-spatiale implique, *en principe,* la prise en compte du plus grand et du plus petit dénominateur. Cette conception théorique d'un équilibre harmonieux est très utopique : d'abord parce qu'il n'y a pas d'équilibre qui se maintient longtemps, ensuite parce le plus puissant l'emporte néanmoins.

Relevons tout de même que ce que nous osons appeler « développement durable » relève malgré tout de critères et d'indicateurs sérieux. L'approche, dans ce sens, de l'économie forestière à La Trinité (« *Trinidad* ») le montre.

Sous la direction de notre collègue Werner Mikus, de l'Institut de géographie de l'Université de Heidelberg, Mario Günter a effectué une recherche méthodologiquement innovatrice et importante sur les moyens à mettre en œuvre pour rendre opérationnelles les actions de promotion du développement social durable dans l'aire tropicale. Le choix du terrain d'étude de Trinidad, par la complexité des problèmes qui y sont soulevés, a conduit l'auteur à constater que la portée des observations faites dépasse largement cette unité insulaire, allant jusqu'à englober l'ensemble des territoires du monde caraïbe, voire ceux de la plupart des pays d'Amérique latine. Le milieu forestier et l'économie qui s'y déploie sont des points d'appui appropriés pour tenter de déceler certaines des conditions de base susceptibles de favoriser le développement social durable.

Tout en étant géographe, Günter s'est appuyé sur une démarche transdisciplinaire associant l'observation des interactions entre le système économique, l'environnement et la société humaine d'une part, et la quête des conditions les meilleures permettant de procéder par la voie consensuelle à une « faisabilité » du développement social durable. Il a pu constater qu'en comparaison avec les ouvriers forestiers d'État les titulaires de licences privées étaient encore les mieux à même d'exploiter la forêt de façon aussi naturelle que possible, dans une optique à plus ou moins long terme. Comme toutefois cette catégorie de travailleurs est menacée dans son existence même, par suite des situations conflictuelles suscitées par toutes sortes de surexploitations, il importe de prendre des mesures d'urgence pour éviter par là même la mise en danger irréversible de la stabilité écologique du potentiel naturel de La Trinité.

Dans son ouvrage (Günter, 2003), cet auteur livre le questionnaire destiné à l'analyse du développement durable dans la forêt tropicale. Seules de telles études, multipliées dans les diverses parties du globe, en vue d'une perception plus efficace de la problématique soulevée, sont susceptibles de rendre désormais crédibles les propositions d'aménagement. Günter montre jusqu'à quel point il est possible de concilier les exigences du sol apprécié, habité, mis en valeur à des fins existentielles et socioculturelles d'une part et celles de la mondialisation d'autre part.

Par ailleurs, comme l'agriculture est de moins en moins liée à ses fonctions de production alimentaire et de garantie de l'environnement, de nos jours, la politique agraire n'est plus une politique orientée vers l'économie agricole. Elle est devenue la politique pratiquée en faveur des 97 % de non agriculteurs, selon l'économiste agraire allemand, Friedrich Kuhlmann. Elle peut aussi être étroitement associée à l'artisanat et à la petite industrie, pour être efficace, notamment dans les pays en développement : À Meczal (Mexique), près d'Oaxaca, la fabrication d'alcool d'agave est devenue un signe fort du redéploiement (photo 8).

Il faut aussi tenir compte de la complexité des territoires de mobilité, dans la mesure où ils débordent fréquemment les périmètres institutionnels. C'est par exemple le cas pour la métropole du Grand Ouest, Nantes-Saint-Nazaire, où le Plan de déplacements urbains a la mission suivante :

- le développement de l'offre alternative à la voiture (transports publics, multimodalité, circulations douces… ;
- la redéfinition des usages de la voirie ;
- la création de nouveaux franchissements ;
- l'amélioration de la sécurité et de l'accessibilité dans les déplacements ;
- la réorganisation du transport de marchandises en ville ;
- le recours au stationnement en tant qu'outil de maîtrise de la circulation ;
- l'information générale sur les possibilités de transport offertes sur l'aire de la Communauté urbaine.

Le Plan de déplacements urbains constitue un document stratégique qui lie les partenaires pour une durée de dix années. Ceux-ci se sont engagés sur des objectifs, des lignes d'actions et une estimation de l'enveloppe financière. La réflexion continue dans le cadre d'analyses thématiques, telles que celles relatives à la charte du partage de la voirie, au schéma directeur du transport public, à la charte des circulations douces. La poursuite de l'élaboration des opérations sectorielles et spatiales permet une analyse plus fine des situations en place et des financements à assurer (Communauté urbaine de Nantes, 2000).

En définitive, pour ce qui est des perspectives du développement durable, les nouvelles orientations données à l'aménagement sont encore trop récentes pour autoriser un diagnostic valable. Elles ont toutefois relancé de manière encourageante un outil de mise en valeur des ressources humaines et matérielles du globe. Elles ne sauraient s'optimiser sans un *décloisonnement* sérieux *de l'actuel compartimentage national* des

7. Réorientations portuaires dans les villes maritimes des pays développés : les « docklands » de Londres

8. Importance de l'artisanat et de la petite industrie dans les pays en développement : fabrication d'alcool d'agave à Meczal (Mexique), près Oaxaca

9. Le littoral et le « vide » stratégique en milieu collectiviste : Constanza (Bulgarie), en 1983

compétences politiques et administratives et une *revalorisation de la « res publica »*. Sans supprimer les indispensables unités territoriales de base, il importe de parachever la pyramide des types d'espace par un échelon supranational plus efficace que ne le sont actuellement les Nations unies.

La *notion de gouvernance* (encart 16) constitue également un mode de conduite des affaires mieux approprié à la réussite de l'aménagement durable (Lefèvre, 1998 ; Saez et ass., 1997).

Encart 16
La notion de gouvernance

– Selon l'Union européenne, « ... la notion de "gouvernance" désigne les règles, les processus et les comportements qui influent sur l'exercice des pouvoirs au niveau européen, particulièrement du point de vue de l'ouverture, de la participation, de la responsabilité, de l'efficacité et de la cohérence. Cinq principes sont à la base d'une bonne gouvernance et des changements proposés... : ouverture, participation, responsabilité, efficacité et cohérence » (Livre blanc sur la gouvernance européenne, 1993).

– « Ensemble des pratiques et objectifs de la gestion des espaces urbains et métropolitains, y compris dans ses aspects politiques et administratifs »

Y. Boquet, *Les États-Unis*, Belin, Paris, 2003, p. 119

La notion de gouvernance, expression initiale d'une forte critique des pseudo-pratiques démocratiques dans le monde dit libre, a été marquée par une sérieuse approche scientifique, de facture pluridisciplinaire, surtout durant les années 1990, après la chute du collectivisme européen, l'irruption de la mondialisations dans les « vides » laissés par la disparition d'un monde divisé en deux blocs, ainsi que par le flou démocratique consécutif qui s'est installé dans la politique par rapport au marché.

C'est ainsi que Pierre Legendre a mis en cause le management universellement prôné, en tant que facteur de souplesse, de progrès et de réussite potentielle dans les milieux économiques : « Filiation, contrat, religion, pouvoir, ces grandes catégories familières désignent la finalité des montages de représentation dont relèvent les faits normatifs, stylisés en productions multiples par le juridisme de tradition ouest-européenne, duquel dépend sa pointe combattante, le management ». De son côté, Alain Caillé (1994) n'a pas hésité à écrire que « la sociologie contemporaine est gravement défaillante depuis qu'elle a renoncé à s'occuper des mécanismes du pouvoir, des nouvelles normes sociales et de l'économie outrancière d'une société devenue dramatiquement unidimensionnelle » (Caillé, 1994). En 1998, Olivier Mongin s'empresse de signaler que « le discours économique du libéralisme a redonné crédit à l'idée fausse que la politique n'est qu'une malheureuse superstructure » (Mongin, 1998). La même année, Zaki Laïdi insiste en constatant que les libéraux anglo-saxons n'ont de cesse que d'éliminer la politique (« *opting out* »), en tant que pouvoir démocratique, du marché économique, pour ne lui laisser qu'une insignifiante fonction de gestion (Laïdi, 1998). En 1999, Pierre Rosanvallon précise clairement que « l'utopie économique libérale du XVIIIe siècle et l'utopie socialiste du XIXe siècle participent paradoxalement d'une même représentation de la société fondée sur un idéal d'abolition de la politique » (Rosanvallon, 1999).

Ce constat de carence, accordant la prééminence à une pure rationalité organisationnelle, donne lieu, durant la même décennie, à des propositions en faveur de la gouvernance, permettant de d'indiquer « le sens, non seulement d'idées nouvelles, mais de pratiques de tous ordres, individuelles et collectives, qui manifestent les enjeux, les acteurs et les conflits d'un monde nouveau » (Touraine, 1994). Éloignée du dogmatisme et, surtout, du totalitarisme, la notion de gouvernance se veut respectueuse de la diversité des situations, des relations sociales et des rapports de langage, accordant toute sa considération à la dignité humaine.

La gouvernance a l'ambition de contrer les tentatives destinées à déstabiliser le pouvoir politique jusqu'à le rendre tellement insignifiant qu'il se mette au service du pouvoir dominateur du marché, un pouvoir contre lequel Dominique Janicaud a déjà mis en garde au milieu des années 1980 : « cette rationalité qui ne cesse de se fixer des fins, alors qu'elle manque radicalement de fin suprême, puisqu'elle ne reconnaît plus aucune valeur, hors de la science et de la technique. Comment l'homme occidental est-il ainsi contraint à vouloir l'absence de sens par excès de sens ? Là, gît bien l'incalculable : cette énigme d'une rationalité devenue fin en soi et prise au piège de sa propre puissance » (Janicaud, 1985).

C'est tout particulièrement dans le cadre de la gouvernance que *la prise en compte des trois dimensions — temporelle, territoriale et systémique —,* indispensable à toute décision en matière de développement durable, doit s'effectuer, d'autant plus que le système de décision est rendu complexe par les approches multicritères, c'est-à-dire multiacteurs et multiculturelles, imposées par ces trois dimensions (Gidlund & Jerneck, 2000). Face à cette complexité, la gouvernance s'appuie nécessairement sur le consensus, un consensus cependant soumis lui aussi à de rudes épreuves, dans la mesure où les intérêts, partis pris, cultures... réciproques créent des clivages et des oppositions tenaces.

Pour réduire les tensions et favoriser un minimum de convergences, la gouvernance a donné lieu à un certain nombre de marches à suivre (encart 17).

Encart 17
Exemple de mécanismes de gouvernance*

– Forte autonomie face aux instances étatiques ;
– implication d'acteurs privés et publics ;
– implication d'acteurs publics avec des niveaux territoriaux de rattachement différents ;
– mode d'autorité plus coopératif que hiérarchique (tous les acteurs étant sur un pied d'égalité, peu importe leur statut (privé ou public) ou leur niveau de rattachement territorial (fédéral, cantonal, communal) ;
– interactions fréquentes et selon des règles du jeu négociées, c'est-à-dire hors des hiérarchies institutionnelles classiques ;
– dispersion des ressources, c'est-à-dire hors du contrôle d'un seul acteur ou d'un groupe restreint d'acteurs.

*Liste communiquée par D. Kübler et P. Leresche, (« Enjeux d'agglomération en Suisse : démocratie, gouvernance et développement durable », *Développement durable et aménagement du territoire,* Lausanne, 2003, p. 130), une liste fondée sur une synthèse de multiples travaux (Waarden, 1992 ; Rhodes, 1996 ; Stoker , 1998 ; Le Galès, 1998 ; Gaudin, 1999 ; Pierre, 2000, Leresche, 2001)

L'OCDE se penche également avec insistance, surtout depuis 1999, sur la nécessité de la prise en compte de la gouvernance dès lors que l'on vise un développement coordonné répondant aux principes mêmes d'une existence digne de ce nom. La gouvernance est l'un des douze facteurs fondamentaux invoqués lors du forum organisé, en 1999, sur la stabilité financière (OCDE, 2004).

Il convient toutefois de demeurer très vigilant : la notion de gouvernance a tout de suite été accaparée par les pouvoirs, les puissances en place. En date du 17 décembre 2003, Les Échos annoncent : « Les entreprises moyennes se mettent lentement à l'heure de la gouvernance. Pourtant, les 12 % qui présentent un profil offensif en la matière affichent une performance boursière supérieure à celle du marché des "*midcaps*" », c'est-à-dire des valeurs moyennes. « La part du "flottant" apparaît comme le principal moteur de changement ».

« La fin des utopies » n'annonce pas forcément « un espoir de renouvellement » (Amoudruz, 2003). Liliane Amoudruz part du constat que « cette entité diffuse, ambiguë et néanmoins efficace désigne les concertations/décisions qui se déroulent en permanence à l'échelle mondiale ou nationale. La gouvernance n'a reçu mandat de personne, sinon des gouvernements qui l'ont mise en place et dont elle s'empresse de s'affranchir. Elle réunit autour de problèmes particuliers toutes les parties intéressées, en général sous l'égide d'une organisation internationale (OMC, ONU, Agence mondiale de l'environnement, OMS, FMI etc.)...

La gouvernance, c'est l'expertise, la concertation, l'apolitisme proclamé, la discrétion, la permanence et l'indépendance vis-à-vis de tout mandat populaire. Par bien des aspects, elle représente un progrès : mieux vaut l'OMC que la jungle des protections arbitraires, tarifaires, et non-tarifaires, plutôt le FMI que l'anarchie monétaire à l'échelle mondiale ».

Tout est dit sur la vaste hypocrisie qui entoure la « récupération » de la vraie notion de gouvernance qui, du coup, redevient utopique, donc plus facile à réfuter dans ce qu'elle a de plus avancé socialement et culturellement. C'est alors que des directives européennes, des avis, des jurisprudences remplacent ou biaisent des lois vraiment démocratiques ou en empêchent l'élaboration : « ... le danger est que les peuples ne soient "*in fine*" congédiés des affaires qui les concernent. Quelque part, à Genève, à New York, à Bruxelles ou à La Haye, une phalange d'experts autoproclamés estimera qu'elle sait mieux que quiconque quels sont les arbitrages nécessaires » (L. Amoudruz).

Pourtant, çà et là sont apparues des initiatives favorables à une plus grande transparence économique et administrative, des initiatives très unilatérales cependant. Selon l'Observatoire de la gouvernance d'entreprise, « l'exigence de transparence doit être confortée dans les faits », en faveur des actionnaires Ici on s'occupe de très près des intérêts catégoriels, allant jusqu'à avoir recours au vocable « social »... : « Encore récente, la notation sociale établie par des agences spécialisées permet aux investisseurs de savoir si les entreprises tiennent bien leurs engagements en matière d'éthique, de social et d'environnement. Ce système d'analyse à partir d'indicateurs quantitatifs et qualitatifs n'est pas encore pleinement intégré par les entreprises interrogées... N'étant ni une science ni une certification, ce système laisse encore les entreprises dubitatives sur la fiabilité des différentes méthodes utilisées et des critères retenus » (*La Tribune*, 7 octobre 2003, p. 28). Et les auteurs (Yan de Kerorguen et EstelleLeroy) de cet article d'ajouter que « plus de la moitié des entreprises interrogées (54 %) n'utilisent pas de barèmes pour bâtir la rémunération des dirigeants ».

Il est sans doute encore très long, le chemin qui mène à la vraie gouvernance. Le passage à la démocratie participative est étroitement lié à une mutation sociétale, à la transformation de routines interactives de nature sociétale et à l'entraînement à des processus participatifs réels (Kroll-Schretzenmayr, 2003).

Demeurons lucides : *parler de « durable » est un exercice délicat. Tout ce qui se présente comme durable est passager à long terme*, est un genre de sécurisation provisoire, en attendant mieux. La seule persistance des risques fragilise la notion de durable. Celle de la pénurie aussi (Wallimann & Dobkowski, 2003) : pénurie énergétique, pénurie des matières premières, pénurie d'eau, pénurie environnementale, déficits en recherche « bio », éthique et imagination créatrice de sociétés conformes à celle-ci... L'humanité post-moderne ne peut se sentir encouragée à se tourner résolument vers un engagement en faveur d'un autre type d'économie que dans la mesure où les gouvernements, les médias, les systèmes éducatifs, les mouvements philosophiques et les Églises, se mettent activement au service des causes sociales et humanitaires. La notion de développement, au sens traditionnel du mot, est à dépasser, à transcender.

Demeurons aussi vigilants : de trop nombreuses affirmations, y compris publiques, livrent une image déformée, voire caricaturale de la notion de durable. Telle cette affirmation parue, sous la rubrique économique, des très officielles « Informations d'Autriche » (n° 05/2004), éditées par le service de presse de la chancellerie fédérale : « En 2003, 30 300 nouvelles entreprises ont été créées en Autriche, dont un peu plus de 28 000 furent des "fondations durables" d'une durée de vie de plus de six mois... Il y a trois ans, 24 000 entreprises seulement (23 000 "durablement") étaient fondées par an... Avec le nouveau record de fondateurs, l'Autriche est maintenant parvenue dans le gros peloton de l'Europe... Avec des conditions adéquates et une bonne conjoncture, le pays peut même parvenir dans le peloton de tête européen en fait de nouvelles fondations ». L'amalgame entre création d'entreprises et entreprises durables est ici à son comble. Mais que ne fait-on pas lorsque, à peine arrivé dans une Union européenne qui a mis quelques décennies à se façonner, on a hâte de figurer, sans complexe aucun, en première position de l'économie durable !

La géographie étant le présent et l'avenir, appuyée sur le passé, a l'habitude des permanences et des ruptures. Elle peut aider à scruter en temps utile les nécessités du changement et à déceler, dans une approche transdisciplinaire, les moyens nécessaires aux indispensables rectifications.

ORIENTATIONS BIBLIOGRAPHIQUES

- AMOUDRUZ L., « Les associations entre démocratie et gouvernance », *La lettre d'Espaces dialogues*, 28, Maison des Associations, Strasbourg, 2003, 6 p.
- AURAY J. P. *et al.*, *Encyclopédie d'économie spatiale : concepts, comportements, organisations*, Bibliothèque de science régionale, Economica, Paris, 1994, 427 p.
- BOURDIEU P., *La misère du monde*, Le Seuil, Paris, 1993
- BOUTAUD A., *Élaboration de critères et indicateurs de développement durable (CIDD) pour les collectivités locales*, Rapport ADEME, Paris, 2003
- BRIDEL L., *Manuel d'aménagement du territoire pour la Suisse*, 3 vol., Éd. Georg, CH – 1225 Chêne-Bourg/Genève et 75006-Paris, 2002
- BUI TRONG, *Violence : les racines du mal*, Ose savoir, Le relié, Paris, 2002
- BUI TRONG, *Violences urbaines : des vérités qui dérangent*, Bayard, Paris, 2000

- CAILLE A., *La démission des clercs, la crise des sciences sociales et l'oubli du politique,* La Découverte, Paris, 1994
- CHALINE C., *Urbanisme et développement – Évaluation des schémas directeurs d'Ankara, du Caire, de Rabat, de Tunis,* SEDES, Paris, 1989, 167 p.
- CHOAY F., *L'urbanisme, utopies et réalités,* Éd. Le Seuil, Paris, 1965
- Club des maîtres d'ouvrage d'opérations complexes, *L'aménageur urbain face à la crise de la ville,* Éd. de l'Aube, La Tour d'Aigues, 1997, 254 p.
- Communauté urbaine de Nantes, *Agglomération nantaise – Plan de déplacements urbains 2000-2010 – Concilier ville mobile et ville durable,* AURAN, Nantes, , 2000, 118 p. + ann.
- DA CUNHA A., RUEGG J. (dir.), *Développement durable et aménagement du territoire,* Presses polytechniques et universitaires romandes, Lausanne, 2003, 345 p.
- DALY H., « Allocation, Distribution and Scale : Towards an Economic That is Efficient, Just and Sustainable », *Ecological Economics,* 6, 1992, pp. 185-193
- DATAR, *Quelle France rurale pour 2020 ? Contribution à une nouvelle politique du développement rural durable,* DATAR, Paris, 2004
- GAUDIN J.-P., *Gouverner par contrat. L'action publique en question,* Presses de Sciences po, Paris, 1999
- GEORGE P. *et al., La géographie active,* PUF, Paris, 1964
- GIDLUND J., JERNECK M., *Local and regional governance in Europe – Evidence from nordic regions,* Cheltenham, Edward Elgar publishing limited, 2000, 304 p.
- GÜNTER M., *Kriterien und Indikatoren als Instrumentarium nachhaltiger Entwicklung – Eine Untersuchung zur Operationalisierung sozialer Nachhaltigkeit am Beispiel von Interessengruppen der Forstbewirtschaftung auf Trinidad,* coll. « Heidelberger Geographische Arbeiten », 115, Geographisches Institut der Universität Heidelberg, 2002, 303 p.
- JACCOUD C. *et al., Raisons et déraisons de la ville : approches du champ urbain,* Presses polytechniques et universitaires romandes, Lausanne, 1996, 381 p.
- JANICAUD D., *La puissance du rationnel,* Gallimard, Paris, 1985
- JUNG J., *L'aménagement de l'espace rural – Une illusion économique,* Éd. Calmann-Lévy, Paris, 1971, 406 p.
- KROLL-SCHRENTZENMAYR M., « *Demokratisierung und "good gouvernance"* », *DISP 155 – Netzwerk Stadt und Landschaft,* ETH, 4, Zurich, 2003, p. 2
- LAÏDI Z., « Les imaginaires de la mondialisation », *Esprit,* Paris, oct., 1998
- LAMBRECHT M., THIERSTEIN A., « *Nachhaltige Entwicklung und Raumordnung – Ein methodisches Konzept für die Zusammenführung globaler Ziele und nationaler Politikfelder, am Beispiel der schweizerischen Raumordnungspolitik* », *Raumordnung und Raumforschung,* Bonn, 1998, pp. 101-110
- LEE Y.-W., *Die Abfallwirtschaft in den Gemeinden von Nordrhein-Westfalen,* « *Arbeiten zur Rheinischen Landeskunde* », vol. 67, Ferd. Dümmlers Verlag, Bonn, p. 171, 1998
- LEFEVRE C., « *Metropolitan Government and Governance in Western Countries* » : *A Critical Review, International Journal of Urban and Regional Research,* 1998, pp. 9-25
- LE GALES P., « *Regulations and Governance in European Cities* », *International Journal of Urban and Regional Research,* 1998, pp. 482-506
- LE LANNOU M., *Le déménagement du territoire – Rêveries d'un géographe,* « Frontière ouverte », Le Seuil, coll. « Esprit », Paris, 1967

- LENDI M., *Politisch, sachlich und ethisch indizierte Raumplanung – am Beispiel der Schweiz Stadt und Region*, Schriftenreihe für Städtebau und Raumplanung, 7, Institut zur Erforschung von Methoden und Auswirkungen der Raumplanung der Ludwig Boltzmann-Gesellschaft, Vienne, 1998
- LERESCHE J.-P., « Gouvernance et coordination des politiques publiques », *in Leresche (dir.) : Gouvernance locale, coopération et légitimité*, Pédone, Paris, 2001
- MARCUSE H., (trad. 1968), éd. originale 1964, *L'homme unidimensionnel*, Les Éditions de minuit, Paris, 283 p.
- MONGIN O., *L'après 1989. Les nouveaux langages du politique*, Hachette littérature, Paris, 1998
- NONN H., *L'aménagement du territoire en Europe occidentale*, coll. « Carrefours de géographie », Ellipses, Paris, 2000, 160 p.
- OCDE, « *OECD Invites Comment on Draft Revision of its Corporate Governance Principles* », communiqué (12.1.2004), Paris, 2004, 2 p.
- OCDE, « Le développement durable », *L'Observateur de l'OCDE, juin*, Paris, 1997, 51 p.
- PIERRE J. (dir.), *Debating governance. Authority, steering and democraty*, Oxford university press, Oxford, 2000
- Réunion des ministres de l'Aménagement du territoire des États membres de l'Union européenne, *Schéma de développement de l'espace communautaire* , premier projet officiel, Noordwijk, 9 & 10 juin, 98 p.+ cartes, 1997
- RHODES R.-A.-W., « *The New Governance : Governing without Government* », *Political Studies*, 44, 4, 1996, pp. 652-667
- ROSANVALLON P., « Culture politique libérale et réformiste », *Esprit*, Paris, mars-avril, 1999
- ROUSSEAU D., VAUZELLES G., *L'aménagement urbain*, PUF, coll. « Que sais-je ? », Paris, 1995
- SAEZ G., LERESCHE J.-P., BASSAND M. (dir.), *Gouvernance métropolitaine et transfrontalière. Action publique territoriale*, L'Harmattan, Paris, 1997
- STOKER G., « Cinq propositions pour une théorie de la gouvernance », *Revue internationale des sciences sociales*, LX, 1, 1998, pp. 19-30
- THIREAU V., *Les nouvelles dynamiques spatiales : à la redécouverte des territoires*, L'Harmattan, Paris, 1993, 342 p.
- TOURAINE A., *Critique de la modernité*, Fayard, Paris, 1992
- VANDERMOTTEN C., *Le développement durable des territoires*, Université de Bruxelles, coll. « Aménagement du territoire et environnement », 2003, 232 p.
- WAARDEN F. van, « *Dimensions and Types of Policy Networks* », *European Journal of Political Research*, 21, 1992, pp. 29-52
- WACKERMANN G., *La géographie humaine*, Ellipses, Paris, 2000, 352 p.
- WACKERMANN G., *Façades maritimes en mutation – Une géographie socio-économique des littoraux*, Ellipses, Paris, 1998, 175 p.
- WACKERMANN G. (sous la dir. de), *L'aménagement du territoire français hier et demain*, SEDES, Paris, 1996, 467 p.
- WALLIMANN I., DOBKOWSKI M.N. (dir.), *Das Zeitalter der Knappheit – Ressourcen, Konflikte, Lebenschancen*, Berne/Stuttgart/Vienne, Haupt, 254, 2003

Troisième partie

LE CADRE DU DÉVELOPPEMENT

Une géographie humaniste est une géographie du devenir plus que des intérêts établis, une phénoménologie des sociétés réelles plus qu'un inventaire des structures sclérosées et déclinantes.

R. Breton, *Annales de géographie*, 538, A. Colin, Paris, 1987, p. 744

Chapitre 1
LE CADRE PHYSIQUE

J'ai toujours aimé le désert.
On s'asseoit sur une dune du sable.
On ne voit rien. On n'entend rien.
Et cependant quelque chose rayonne en silence...
— ce qui embellit le désert,
dit le petit prince,
c'est qu'il cache un puits quelque part.

A. de Saint-Exupéry

Déjà George Sand a entrevu, au XIXe siècle, la menace qui pèse sur le long terme environnemental : la disparition du dernier arbre, par suite de « la bêtise humaine », écrit-elle.

I. UNE COMPOSANTE DU DÉVELOPPEMENT

Le cadre physique n'est jamais le seul aspect du développement ou du sous-développement. *Évitons le déterminisme* : les atouts ou inconvénients physiques ne constituent que des éléments pour le développement, la faiblesse ou l'absence de développement. Les influences physiques sont toutefois indéniables. Même les gènes sont interactifs avec leur environnement physique. Il ne s'agit cependant pas, dans ce cas, de déterminisme, mais de concomitance. L'homme, la société vivent dans un environnement aux multiples avantages et contraintes physiques. Les sciences de la nature, les sciences de l'esprit et les sciences sociales, la géographie notamment, sont appelées à prendre en compte la dichotomie nature/société. Les facteurs sociaux ne peuvent pas être expliqués uniquement par le social. L'« écologisation » de la pensée humaine évite que, par peur du déterminisme, des géographes n'analysent à fond les influences physiques. Dans ce contexte, il convient de redéfinir le concept du rationnel. La rationalité dominante se doit de prendre en compte la part contraignante du milieu physique, la part du risque théorique, c'est-à-dire possible, en vue de la proposition de mesures préventives. À cet effet par exemple, l'arc alpin est à même de servir de système d'alerte précoce et de laboratoire d'innovation en matière climatique, dans la mesure où les modifications présentes des milieux glaciaires constituent autant d'avertissements sérieux relatifs aux vastes perturbations climatiques en cours. Les moyens scientifiques et technologiques ont été suffisamment affinés pour prévenir les risques qu'encourent les nappes phréatiques face aux multiples pollutions et empoisonnements qui les guettent.

Les systèmes de la biosphère contribuent à façonner les paysages et les cadres de vie. Les marges naturelles, telles que les dorsales et subductions océaniques, génèrent des mouvements sismiques, volcaniques et hydrothermaux, freins ou atouts du développement. Marges d'ordre biotique et humaines s'entremêlent. Franges océaniques et franges continentales constituent les limites des grandes combinaisons biospatiales (Rougerie, 2003).

Les errements du passé mettent l'accent sur l'intérêt d'une connaissance approfondie du fonctionnement des phénomènes naturels. Les crues gigantesques subies au cours des toutes dernières années révèlent combien les vieux schémas de domestication des cours d'eau, encore inscrits dans les paysages, sont à éliminer au profit d'aménagements plus adéquats. Les pelleteuses aux actions brutales et les « murs » de séparation à base de béton armé doivent être remplacés par des réalisations inspirées par le génie écologique. Les ingénieurs de la méthode « dure » ont oublié les liens indissociables entre le lit du fleuve momentané et son lit majeur, occupé lors des périodes de hautes eaux, le lit mineur n'étant destiné qu'à l'écoulement habituel. Ils ont ainsi aménagé quelque peu sottement, contre nature, le lit mineur. Si l'on ajoute à cette erreur le bétonnage entraîné par une urbanisation galopante et sauvage, en dépit des nombreuses formalités dites de prévention imposées aux constructeurs, inutile de nous étonner du bilan des fortes inondations récentes causées sur l'Oder, où un non entretien systématique du côté ex-communiste a renforcé les risques, donc les dégâts. Sur le Rhône, lors des dernières grandes inondations, la facture de base, hors routes et voies ferrées notamment, a été de l'ordre de 12 millions d'euros ; 130 000 foyers furent sans eau potable, 37 000 sans électricité, 15 000 habitants furent sinistrés, 7 morts ont été enregistrées. Une catastrophe sur la Seine coûterait 4,6 milliards d'euros et concernerait 60 000 habitants, ainsi que 57 000 entreprises.

Sur le Rhin, fleuve international et axe majeur d'Europe occidentale, parcourant ou longeant plusieurs États, depuis la Suisse jusqu'aux Pays-Bas, une crue exceptionnelle reviendrait à un coût de base d'environ 150 milliards d'euros, tant en Allemagne qu'aux Pays-Bas.

Dans la vallée du Rhin supérieur méridional, très affecté par les travaux d'endiguement effectués sous l'impulsion de Tulla (Karlsruhe), entre 1840 et 1878, l'espace fluvial non aménagé occupait environ 1 000 km^2 ; il ne restait plus que 260 km lors de l'achèvement des travaux. La construction du Grand canal d'Alsace, terminée en 1976, n'a plus laissé subsister que 130 km^2. En matière de sécurité, le salut est tributaire de la bonne tenue des digues du Grand canal qui maintient, à 12 mètres au-dessus de la plaine, une masse d'eau dont le débit est en mesure d'atteindre 6 000 m^3/seconde. À plusieurs reprises, la capacité maximale a été mise à rude épreuve au cours des dernières années. Comme la quantité d'eau susceptible de s'écouler en cas de crue exceptionnelle demeure la même, mais qu'elle ne pourrait guère s'étaler, elle ferait pression sur les digues du Grand Canal qui ne sauraient résister indéfiniment. Il est donc devenu utile de restituer au système fluvial des superficies incompressibles, ce qui serait possible moyennant 10 à 30 millions d'euros, par la restauration des digues des hautes eaux réalisées à l'époque de Tulla. Cette approche minimaliste, amorcée depuis un certain nombre d'années, au prix d'efforts franco-allemands conjugués, est accompagnée ou complétée par la remise en eau des bras morts, leur reconnexion au fleuve par l'attribution du débit indispensable, afin que les crues estivales puissent en assurer « naturellement » leur entretien. Du coup, les forêts sont à même de revivre, la productivité forestière et piscicole peut être relancée et la biodiversité assurée. Sous réserve que les efforts de « réparation » soient amplifiés, le Rhin pourra à nouveau alimenter la plus grande nappe phréatique alluviale d'Europe et remplir à fond son rôle d'épurateur à grande échelle (encart 18).

Encart 18
« La fée Europe réveille les eaux dormantes du Rhin »

« La renaturation du Rhin est aux antipodes des grands travaux de naguère. Pas d'ouvrages spectaculaires claironnant la domination de l'homme sur les éléments, ni de discours délirants sur le "progrès". L'époque est au réalisme, à l'humilité devant les grandes forces qui modèlent le monde.

L'avenir s'inspire maintenant d'un passé récent où les riverains vivaient en harmonie avec le fleuve,, le redoutaient tout en profitant de ses bienfaits. Pêcheurs de saumons, chasseurs de sauvagine, bateliers et passeurs vivaient au fil de l'eau ; bûcherons et paysans exploitaient les forêts et les prairies du lit majeur du fleuve.

Les aménagements pharaoniques ont failli effacer le vieux Rhin et sa forêt riveraine. Mais le réalisme économique est venu, in extremis, au secours des valeurs écologiques. Des zones industrielles retournées à la friche ou restées dans les cartons n'ont pas achevé la Ruhrisation du Rhin alsacien. Et ce qui apparaissait comme un résidu du développement : les forêts alluviales, sont à présent considérées comme d'inépuisables lieux d'émerveillement dans des eaux dormantes que l'on s'emploie maintenant à réveiller ».

M. Gissy (Naturaliste), Communiqué : « Les rendez-vous du programme LIFE Rhin vivant » – « Le Rhin, grandeur nature », *Dernières nouvelles d'Alsace*, 2, janvier 2004

L'exemple des pays nordiques, du « Norden », témoigne également de l'importance de l'empreinte physique, surtout climatique et biologique, voire tectonique et morphologique. Ainsi la partie nord-orientale du Groenland demeure inoccupée par les hommes, une chance pour la préservation de la nature : cette vaste portion du territoire insulaire a pu devenir le parc national le plus ample du monde. La régression de la population rurale et l'attrait urbain confèrent aux territoires ainsi abandonnés, à cause de conditions de vie considérées comme trop rudes, une vocation de conservatoires de la nature en faveur desquels les pouvoirs publics investissent des fonds croissants.

Les infrastructures de transport et de communication en général, les mesures d'aménagement du territoire sont appelées à « corriger » les inconvénients naturels en ce qui concerne les relations entre les distances et le temps. L'accessibilité à courte et moyenne distance, notamment le long des amples échancrures côtières et la pléthore insulaire structurée autour, nécessite des travaux spécifiques. En Norvège et en Islande, la construction de tunnels est particulièrement prisée. Ailleurs des ponts remplacent les bacs. La position marginale des îles Färöer, Äland, de Svalbard (Spitzbergen) et du Groenland rend toutefois la gestion du territoire relativement complexe.

Ici comme souvent ailleurs, le cadre naturel n'est pas suffisant pour donner lieu à une entité territoriale aussi importante que le Norden. Les forces centripètes, qui confèrent une réelle unité à cet ensemble en somme très varié, sont fondées sur la cohésion socio-culturelle, une cohésion qui n'empêche guère l'appartenance physique du Groenland à l'Amérique du Nord et l'origine inuit de la population. Financièrement et politiquement, cette île est fortement tributaire du Danemark. Dans l'ensemble, les peuples nordiques s'identifient étroitement avec leur nation, leur État et leur culture. Les liens transfrontaliers et l'influence de la mondialisation ne font qu'intensifier le sentiment d'appartenance aux pays nordiques. Les processus, les modèles et les mythes qui construisent la cohésion sociale sont ressemblants, voire identiques dans tout le Norden. C'est à cause du concept trop restrictif de Scandinavie que ce terme de

Norden ou de pays nordiques a été choisi pour désigner la totalité de l'espace considéré, comportant non seulement les pays scandinaves proprement dits, mais aussi leurs dépendances. L'Europe actuelle des régions inclut ce Norden sous la forme de quatre régions transfrontalières : la région baltique, la région de Barents, la région de la mer du Nord et la région atlantique orientale (Glässer, Lindemann et Venzke, 2003).

Pendant des siècles, le cadre physique a toutefois « sommeillé » avant d'être valorisé dans tout un ensemble de pays actuellement émergents. La position au coude rhénan méridional de Bâle n'est devenue stratégique qu'à partir de l'époque médiévale, au moment des grandes relations entre les mers nordiques et la Méditerranée, lorsque l'évêque de Bâle, Heinrich von Tun, a pris, en 1225, la « décision souveraine » de faire construire un pont sur le fleuve, à la hauteur de cette ville, transformant celle-ci en tête de pont, créant ainsi une nouvelle ouverture entre le nord européen et le sud. Si ce prince de l'Église entend d'abord souder les terres épiscopales entre elles, de part et d'autre du fleuve, le pont relie désormais aussi le diocèse de Bâle à celui de Constance, situé sur la rive droite. Il conforte en même temps, sans trop s'en rendre compte *a priori*, le trafic naissant à longue distance en provenance du Rhin supérieur et en direction de l'Italie, passant par le Jura et le col du Saint-Gothard (Wackermann, 1986).

Si La Gory met en garde contre le déterminisme spatial (La Gory, 1981), selon Bourdieu, *la position dans le milieu physique constitue un indicateur approprié pour la place occupée dans l'espace social*, l'organisation territoriale confère la marque spatiale aux rapports entre les hommes. L'isolement spatial, la densification spatiale, les relations entre les groupes vivant dans des milieux physiques différents ont une importance sociale de premier plan (Bourdieu, 1991). Baudrillard, sur la lancée post-moderne, dans ses réflexions relatives à « l'espace physique, social et approprié », reconnaît, à la fin des années 1980, que la distance spatiale est susceptible d'avoir des répercussions négatives sur la pensée et l'action humaines. L'espace métaphysico-symbolique ou psychologique, qui domine la discussion scientifique en milieu post-moderne, est influencé par les symboles en provenance du monde bâti (Harvey, 1990). L'« espace » ne saurait être analysé que par la prise en compte simultanée des dimensions physico-matérielles et des dimensions institutionnelles, ainsi que des structures sociales, les acteurs humains agissant et réagissant sur cet espace au sens global du terme par leurs comportements différenciés.

Le milieu physique est de toute évidence partie prenante et une base importante du développement. Aux Philippines, dans la région de Sagada par exemple, les sols et éruptions de cendres volcaniques favorisent la très grande fertilité séculaire de l'agriculture intensive. La part humaine de cette fertilité réside dans le fait que des terrasses artificielles permettent d'optimiser le niveau d'eau en faveur de la riziculture. En Indonésie, les volcans Bromo et Semeru de Java sont certes destructeurs de paysages humanisés par leurs éruptions, mais expliquent la richesse agricole et, plus récemment, le déploiement touristique par la fascination qu'ils exercent sur les visiteurs. Dans le nord-est du Lesotho, les versants abrupts du Drakensberg, d'origine volcanique, ont accueilli depuis plus d'un siècle des familles qui y pratiquent la polyculture vivrière à base de blé et de lentilles. Les rendements sont très élevés, mais les sols sont constamment menacés par un lessivage fatal.

De nombreuses maladies sont liées au milieu physique ambiant, telles celles de la malaria, de la fièvre jaune, du typhus, du scorbut… Celle, bien moins connue, du crétinisme a même donné lieu, à défaut d'information suffisante, à des appréciations désobligeantes. Répandue notamment en Afrique centrale, pendant longtemps circonscrite aussi aux vallées européennes principalement de type alpin, depuis l'Autriche jusque dans les Pyrénées, en passant par les Grisons, le Tessin, le Valais, le Val d'Aoste, la Valteline, le Piémont, la Maurienne, la Tarentaise et l'Auvergne, elle concerne encore de nos jours environ 740 millions de personnes. Elle est suscitée par la carence en iode des eaux de boisson. En Europe, elle a été entraînée par les eaux issues de la fonte des neiges, une carence qui a empêché la synthèse des hormones thyroïdiennes, provoquant un goitre ainsi que le blocage de la croissance corporelle et mentale. L'adjonction d'iode au sel de cuisine, à partir du dernier quart du XIXe siècle, a fait disparaître progressivement cette maladie du continent européen (Liniger-Goumaz, 2002). En Afrique centrale, c'est le manioc qui est inhibiteur de l'absorption d'iode.

Ailleurs, les sociétés établies vivent en symbiose avec leur milieu physique, s'adaptant aux conditions qui leur sont faites pour survivre : dans le Sahara central, en Libye sud-occidentale, le système sociétal des Touareg s'appuie sur la cohabitation de groupes ethniques et de couches sociales différenciés. Au Xinjiang, les Kirghiz pratiquent une agriculture, en partie commercialisée internationalement, fondée sur des productions adaptées au climat aride du sud-ouest de la Chine...

II. PÉNALISATIONS

Encart 19
À vouloir forcer la terre...

À vouloir forcer la terre, nous prenons le risque de la détruire. À mondialiser imprudemment les marchés agricoles, nous mettons en péril les cultures paysannes spécifiques.

E. Pisani, *Le vieil homme et la terre,* Seuil, Paris, 2004

L'eau constitue une excellente illustration de *l'importance du milieu naturel à la fois pour la « mise en forme » de celui-ci en faveur de l'humanité et pour la mise en garde contre les cataclysmes qu'elle est susceptible de susciter* (encart 19). Autant un cycle régulier de l'eau est utile au bon fonctionnement des territoires aménagés par la société (Ballif, 2001 ; Lacoste, 2001), autant les déséquilibres de ce cycle sont à même d'entraîner des dysfonctionnements et tourmentes aux répercussions quasi-apocalyptiques (Descroix et Lasserre, 2003 ; Touchart, 2003). L'eau douce, cette ressource si précieuse pour la vie et la survie de l'humanité, n'existe à l'état souterrain qu'à raison de moins de 3 % de celle circulant à la surface de la terre. Le gaspillage de cette eau par les sociétés développées est gigantesque. Il finit par fragiliser l'ensemble des populations du globe, d'autant plus que le monde de la « consommation » n'est pas prêt à aider les pays en développement à bénéficier d'une eau potable en quantité suffisante, au moins minimale. Dans sa présentation de l'ouvrage sur les grands fleuves dans le monde, réalisé par Jean-Louis Blanc, sous l'égide de la Société de géographie, en 2003, Jean Bastié fait état de ce contraste saisissant : « Que deviendrons-nous si les six milliards d'hommes... dont le nombre va plus que doubler en un siècle, consomment autant d'eau potable et rejettent autant d'eaux usées dans les fleuves et les mers, que le Californien qui fait venir son eau de 800 km, laquelle doit passer à plus de

1 500 mètres d'altitude, comme si le Parisien buvait l'eau dans des Pyrénées venue à travers le Massif Central, et qui consomme bien près d'un m^3 par jour et par personne, alors que d'autres hommes disposent de quelques litres, à peine une chasse d'eau, dont la potabilité n'est pas garantie » (Bastié, 2003).

Nous constatons que *de nos jours les facteurs anthropiques sont de plus en plus responsables des atteintes au cadre naturel*, lui-même déjà source, dans bien des cas, de retards ou d'insuffisances de développement.

À présent, les eaux douces sont un peu partout menacées sur le globe. 60 % de l'eau disponible sont utilisés pour l'irrigation. En Méditerranée, la pression urbaine tout particulièrement ample a provoqué une crise sans pareille de l'eau, dont les problèmes de plus en plus complexes nécessitent des solutions hardies, mais délicates (Dugot, 2001). L'Australie, la Nouvelle-Zélande et l'Argentine, nouveaux pays développés, donc urbanisés, se sont ajoutées aux États forts consommateurs d'eau. La Chine, dont la moitié environ de la population rurale, soit 400 millions d'habitants, iront travailler bon marché en ville, est en train de devenir la première puissance industrielle du monde et le plus gros consommateur d'eau du globe.

Dans les pays secs, répartis tant en milieu polaire qu'aux latitudes moyennes et en zone tropicale, dans lesquels vit un cinquième de l'humanité, les ressources sont certes nombreuses, mais constamment soumises à de fortes contraintes, donc fragiles. Ils abritent des « civilisations de la terre et de l'eau », des « civilisations de survie », profondément dépendantes de leur environnement. Des actions anthropiques désinvoltes accentuent facilement la salinisation des sols, l'appauvrissement en humus, ainsi que la dégradation du tapis graminéen. L'exploitation outrecuidante des ressources naturelles, renforcée par la mondialisation, exerce une pression jamais égalée tant sur les richesses physiques que sur la capacité de charge spatiale. La photo 9 montre, sur un autre plan, le vide stratégique sur le littoral en milieu collectiviste à partir de l'exemple de Constanza (Bulgarie) qui connaît déjà un bord de mer sururbanisé et dénaturé. La photo 10 illustre l'ouverture tronquée vers la mer à l'aide de l'exemple de la gare maritime de Sotchi à l'époque soviétique.

Dans l'ouvrage qu'elle vient de consacrer aux pays secs, Monique Mainguet relève que les *notions d'environnement et de développement ne sont pas exclusives l'une de l'autre*, énonçant des principes valables aussi pour les autres parties du globe (Mainguet, 2003) ; bien au contraire, il existe des liens indissolubles entre les impératifs écologiques, techniques, économiques et éducatifs, permettant de répondre aux aspirations légitimes des populations à un cadre et un niveau de vie décents. L'auteur montre les atouts des écosystèmes en place, les risques créés ou encourus, les handicaps tolérables ou non, avant de faire remarquer que, contrairement à l'opinion couramment admise, selon laquelle l'insuffisance quantitative et/ou qualitative des ressources hydriques domine l'inquiétude des aménageurs et bailleurs de fonds, *l'épuisement des ressources de la biosphère et de la pédosphère s'avère être* encore bien plus *préoccupant*. L'eau n'est au fond qu'un aspect, déterminant il est vrai, de la crise environnementale subie par les pays en développement.

Cette constatation est spécialement applicable aux espaces oasiens, des enclaves ou îlots contrôlant près du tiers des terres émergées, dont la population ne dépasse pas 150 millions d'habitants. Ainsi que l'écrit Jean-Pierre Besancenot, dans le compte rendu consacré au livre de Monique Mainguet, « même si l'on peut y voir le triomphe de l'ingéniosité humaine, les oasis (créations humaines, pour la plupart) résistent difficilement aux mutations introduites dans l'exploitation des déserts, depuis 1950, par le pétrole, par l'extraction minière et par le développement industriel ou urbain. D'aucuns voient dans cette évolution la marque d'un déclin qu'ils qualifient volontiers d'irréversible, mais M. Mainguet s'attache à nuancer une telle interprétation, en posant prudemment les jalons d'un autre développement ». Monique Mainguet insiste en fait sur « le fondement de l'économie des écosystèmes secs » qui « repose encore sur l'amarrage solide de l'homme à la terre », relevant la nécessité de traiter l'hétérogénéité géographique et socio-économique des pays secs aux échelles les plus fines, même si *« rien n'est plus difficile que d'organiser la diversité ».*

En Égypte, le projet gigantesque d'irrigation « *Toschka* » doit conduire d'imposantes masses d'eau en provenance du lac Nasser, en amont du barrage d'Assouan, vers les étendues désertiques à l'ouest et vers le nord, parallèlement au Nil. Toschka est déjà doté de villes, de centres industriels et agricoles ; à la fin de la présente décennie, cette région doit avoir accueilli trois millions d'habitants. La station de pompage, sans doute la plus importante du monde, prémunie contre des séismes et des cataclysmes météorologiques extrêmes, d'une capacité de traitement quotidienne de 25 millions de m^3, est encore à même d'extraire de l'eau du Lac Nasser après une dizaine d'années de sécheresse, dans la mesure où le Lac peut avoir 182 m de profondeur et que le pompage est prévu jusqu'à 147 m. Des voix autorisées en matière écologique posent la question de savoir si, même en pays en voie de développement où l'on fait facilement feu de tout bois, pareille aventure n'est pas une gageure.

D'autres perversions sont à signaler dans le tissu forestier du piémont afghan de l'Himalaya, où la période talibane a laissé des traces aux lourdes conséquences pour le milieu boisé, aboutissant à un désastre écologique d'autant plus grave que 80 % de la population sont d'essence rurale et que la forêt représente 2 % du territoire semi-désertique de l'Afghanistan, là où la relation à la nature demeure un rapport de labeur. Dans les montagnes du Nouristan, près de la frontière pakistanaise, la ressource du bois a été fortement malmenée. Elle l'est encore aujourd'hui, en dépit du fait que l'environnement a été inscrit parmi les six préoccupations prioritaires nationales, bénéficiant de l'aide financière internationale : moyennant 30 000 dollars US, des camions peuvent évacuer vers des destinations inconnues des cèdres, le gouverneur local prélevant, par le truchement d'une milice locale impitoyable, des « taxes » de l'ordre de 3 000 dollars. Dans la vallée de la Kunar, les vergers naguère réputés, disparaissent à leur tour à vue d'œil. Les « humanitaires » venus en renfort de l'extérieur pour tenter de sauver ce qu'ils peuvent et de réamorcer une économie plus conforme au développement durable, sont la cible des talibans cachés. Aussi les paysans ouverts au redémarrage de la production fruitière et à une meilleure gestion du foncier, sont-ils vigilants, réglant à leur manière les problèmes posés, c'est-à-dire « avec la kalachnikov sous l'oreiller ».

Le réchauffement des eaux suscite une invasion croissante des littoraux par des espèces végétales menaçantes. Si, en Méditerranée, la température de la surface de l'eau demeure approximativement stable, c'est celle à 30-35 m de profondeur qui atteint 15 °C, alors que naguère cette chaleur ne dépassait pas 15 m de profondeur, là où se trouvait la limite entre les courants de surface et les eaux froides. La progression des espèces tropicales floristiques et faunistiques est devenue inquiétante. Depuis 1984, 5 000 hectares environ et 105 km de côtes — contre 71 en 2001 — sont envahis par Taxifolia, en provenance d'une même souche, d'abord introduite au jardin zoologique de Stuttgart par un amateur aquariophile qui l'avait ramenée de la baie de Moreton, au nord de Sydney, puis transféré à Nancy et Monaco, d'où elle a été rejetée en mer. Des sels de cuivre ou du chlore permettent par bonheur de se débarrasser de cette plante, mais le procédé est coûteux. La propagation de Caulerpa racemosa, cousine de Taxifolia, découverte en 1990 devant Tripoli, est par exemple ultra-rapide ; elle peuple déjà partiellement les côtes de onze pays. De plus, cette mer semi-fermée subit une urbanisation galopante, surtout sur ses rives septentrionales, sans parler de la pression touristique qui s'y ajoute. Dès 2025 environ, ses pourtours compteront 450 millions d'habitants, alors qu'elle peine déjà à renouveler ses eaux, au mieux d'1 % annuellement ; son brassage vertical nécessite 250 années !

D'innombrables autres phénomènes d'origine anthropique perturbent à présent l'organisation et le fonctionnement de la planète, mettant en cause les efforts de développement durable. Le seul excès de canicule est à même de provoquer le stress de la végétation et de perturber les cycles végétatifs. L'augmentation des températures provoque, depuis une quarantaine d'années, l'augmentation de la salinité des océans autour de l'équateur, tandis que le degré de salinité diminue dramatiquement aux pôles nord et sud. Le dérèglement mondial du climat pourrait même conduire à terme à la disparition du Gulf Stream.

Comme la rapidité anthropique menace un peu partout le milieu naturel, les programmes de « global change » et de biodiversité prennent une importance déterminante. L'action de préservation environnementale est d'autant plus urgente qu'en économie ce qui n'est pas évaluable en termes monétaires n'est pas pris en compte, d'où la fragilisation accentuée des espaces ruraux et périurbains.

La puissance technique, puis technologique a bouleversé de fond en comble la notion d'atout physique. L'extrême habileté extrême-orientale et l'apport d'imposants capitaux occidentaux a, par exemple, donné naissance à l'une des principales métropoles tertiaires du monde, Hong-kong (photo 11). D'autres grands ports ont défié les difficultés physiques, tel celui de Vancouver, qui a permis de jeter des regards canadiens renouvelés sur le Pacifique (photo 12).

La civilisation des services a généré — les technologies du transport, de la communication et de l'information aidant —, une vaste transformation du milieu physique, à tel point que la nature est désormais menacée un peu partout sur le globe : depuis la seconde moitié du XXe siècle, les forêts sont abîmées, voire détruites ; des nuages toxiques artificiels sont à l'œuvre. En Europe occidentale, le « *Waldsterben* » (mort forestière) a été surtout induit par les vents d'est chargés de substances chimiques nocives. D'amples mesures de redressement ont été mises en œuvre.

Face aux multiples atteintes aux écosystèmes, ainsi qu'au patrimoine en général, l'arc alpin fait également l'objet de préoccupations environnementales. La Convention alpine et l'Initiative des Alpes, deux mouvements de préservation suisses, ont élaboré des genres de chartes (encart 20).

10. L'ouverture tronquée vers la mer : gare maritime de Sotchi à l'époque soviétique (1976)

11. Une position privilégiée : Hong-kong, l'une des principales métropoles très tertiaires du monde

12. Regards canadiens sur le Pacifique : port de Vancouver

Encart 20
Convention alpine et Initiative des Alpes (Suisse)

Éléments extraits du protocole « Transports » de la Convention alpine :

« – Les nuisances et les risques dans le secteur du transport intra-alpin et transalpin doivent être réduits de telle sorte qu'ils soient supportables pour les hommes, la faune et la flore ainsi que pour leur cadre de vie et leurs habitats.

– Cet objectif doit être atteint, entre autres, par un transfert sur la voie ferrée d'une partie croissante du trafic, en particulier du trafic de marchandises, notamment par la création des infrastructures appropriées et de mesures incitatives conformes au marché.

– Il faut renoncer à construire de nouvelles routes à travers les Alpes. Les autres projets routiers dans l'espace alpin ne doivent pouvoir se réaliser que s'ils satisfont aux critères spécifiques de la durabilité.

Article constitutionnel sur la protection des Alpes, issu de l'Initiative des Alpes :

– La Confédération protège les régions alpines contre les effets négatifs du trafic de transit. Elle limite les nuisances causées par le trafic de transit, afin qu'elles ne portent pas atteinte aux hommes, aux animaux, aux plantes, ni à leurs espaces vitaux.

– La capacité des routes de transit des régions alpines ne peut être augmentée. Les routes de contournement qui déchargent les localités du trafic de transit ne sont pas soumises à cette disposition.

– Le trafic de transit des marchandises doit avoir été transféré de la route au rail dans un délai de dix ans à compter de la date à laquelle a été adoptée l'initiative populaire pour la protection des régions alpines contre le trafic de transit »

Source : « La convention alpine – Protéger les Alpes et profiter de leurs richesses », Office fédéral de l'environnement, des forêts et du paysage (OFEFP)

ORIENTATIONS BIBLIOGRAPHIQUES

- BALLIF J.-L. P., *L'eau ressource vitale,* Éd. Johanet, Paris, 2001, 136 p.
- BASTIE J., « Un nouvel album de la Société de Géographie – Les grands fleuves du monde », *La géographie*, 1511, Société de géographie, Paris, 2003, pp. 3-6
- BRAQUE R., *Biogéographie des continents,* Masson, Paris, 1988
- BAUDRILLARD J., *L'Amérique,* Verso, Paris, 1988
- DEMANGEOT J., *Les milieux naturels du globe,* A. Colin, coll. « U », Paris, 2003
- DESCROIX L., LASSERRE F., *L'eau dans tous ses états,* L'Harmattan, Paris, 350 p.
- DUCHAUFOUR P., *Introduction à la science du sol*, Dunod, Paris, 2001
- DUGOT P., *L'eau autour de la Méditerranée,* L'Harmattan, Paris, 2001, 190 p.
- EHLER E., KRAFFT T. (dir.), *Understanding the Earth System – Compartments, Processes and Interactions,* Ed. Springer, Berlin, Heidelberg & New York, 2001, 290 p.
- GLÄSSER E., LINDEMANN R., VENZKE J.-F., *Nordeuropa, Geographie, Geschichte, Wirtschaft, Politik,* Wissenschaftliche Buchgesellschaft, Darmstadt, 2003, 234 p.
- HARVEY D., *Justice, Nature and the Geography of Difference,* Blackwell, Cambridge, 1996

– LACOSTE Y., *L'eau des hommes,* Éd. Cercle d'Art, coll. « album », Paris, 2001
– LA GORY M., PIPKIN J., *Urban social space,* Wadsworth, Belmont, 1981
– LINIGER-GOUMAZ M., *Nos ancêtres les crétins des Alpes – Autriche, Grisons, Maurienne, Piémont, Savoie, Tarentaise, Tessin, Valais, Val d'Aoste, Valteline (ainsi qu'Auvergne et Pyrénées). Et leurs cousins du monde actuel,* Les Éd. à la Carte et Lausanne, Les Éd. du Temps, Sierre, 2002, 436 p.
– MAINGUET M., *Les pays secs – Environnement et développement,* Ellipses, coll. « Carrefours », Paris, 2003, 160 p.
– MERCIER D., *Le ruissellement au Spitsberg. Le monde polaire face aux changements climatiques,* Presses univ. Blaise Pascal, Clermont-Ferrand, 2001
– ROUGERIE G., *Géographie des marges,* L'Harmattan, Paris, 2003, 150 p.
– ROUGERIE G., BEROUTCHACHVILI N., *Géosystèmes et paysages,* A. Colin, coll.« U », Paris, 1991
– TOUCHART L., *Hydrologie : mers, fleuves et lacs,* A. Colin, Paris, 2003, 190 p.
– TOWNSEND C., BEGON M., HARPER J. L., *Essentials of Ecology,* Blackwell Science, Malden MA & Oxford, 2003
– TURNER M. G., GARDNER R. H., O'NEILL R. V., *Landscape Ecology in Theory and Practice,* Springer, New York, 2001, 401 p.
– WACKERMANN G., *Belfort, Colmar, Mulhouse, Bâle, Frobourg-en-Brisgau – Un espace économique transfrontalier,* La Documentation française, Notes et études documentaires, 4824, Paris, 1986, 144 p

Chapitre 2
LES CONDITIONS SOCIO-CULTURELLES

> *... le déracinement qu'on pourrait nommer géographique, c'est-à-dire par rapport aux collectivités qui correspondent à des territoires. Le sens même de ces collectivités a presque disparu, excepté pour une seule, pour la nation. Mais il y en a, il y en a eu beaucoup d'autres. Certaines plus petites, toutes petites parfois... certaines englobant plusieurs nations... certaines englobant plusieurs morceaux de nations*
>
> S. Weil, *L'enracinement*, Gallimard, NRF, coll. « Idées », Paris, p. 129

La culture et tout ce qu'elle représente socialement joue, nous l'avons déjà affirmé, un rôle capital dans les impératifs du développement. Les conditions socio-culturelles qui sous-tendent les nécessités du vrai développement ont été occultées pendant longtemps, ne permettant pas à celui-ci de faire progresser l'humanité vers sa libération au plein sens du terme. Pourtant, la culture a un rôle déterminant dans la vie sociale et l'organisation spatiale., le rapport au milieu et la perception du paysage en tant que matrice des cultures. Elle est la condition même d'une réelle cohérence territoriale. Les inégaux niveaux de développement des cultures sur le globe contribuent à expliquer les développements économiques insuffisants dans le monde.

Pour pallier les contrastes, les moyens de communication sociale, l'éducation et la formation, dont le rôle fondamental est décisif, constituent des outils majeurs. Malheureusement, majoritairement tributaires des idéologies et appétits économiques en vogue, ils ont suivi et suivent trop souvent la « foule » des producteurs, consommateurs et responsables politiques, au lieu de les influencer dans la bonne direction. Le levain dans la pâte est généralement le fait des scientifiques demeurés insensibles aux sirènes du marché déstructurant d'espace et de sociétés, des groupes de pression, minoritaires, visant des finalités dans lesquelles l'environnement au sens complet du terme n'est pas une marchandise galvaudable.

Barrages et contraintes, physiques, sociologiques, religieuses, politiques, ont dévié l'économie de sa trajectoire idéale, visant l'épanouissement social dans la dignité humaine. Le processus de mondialisation affecte plus que d'autres les espaces périmétropolitains, localisés au-delà des franges périurbaines des grandes agglomérations (Mirloup, 2002). Selon Pierre Merlin, les problèmes urbains actuels ne sauraient se résoudre ni par l'amélioration du cadre physique, ni par la création d'emplois facilitant l'accès des marginalisés à un niveau de vie décent. Seul, un consensus social autour de valeurs communes nouvelles contribuerait à réintégrer les quartiers victimes des fractures humaines à la communauté urbaine (Merlin, 1999).

De grands projets urbains de requalification constituent des remèdes aux échecs induits par le développement intempestif des villes. Ils sont à même de susciter un environnement de qualité, soit par un redéveloppement, soit par l'insertion des secteurs urbains marginalisés à l'espace urbain en pleine dynamique (Sénéchal *et al.*, 2002).

I. BARRAGES ET CONTRAINTES

Nombreuses sont les discriminations sociales par les barrières économiques : en Afrique de l'ouest, le groupe Bolloré a racheté les chemins de fer pour les affecter aux clientèles d'affaires, éliminant ainsi « de facto » les gens du peuple. La problématique des aborigènes australiens est réduite jusqu'à présent au débat qui consiste à définir dans quelle mesure le gouvernement national de Canberra ou ceux des États autonomes intérieurs concernés sont responsables des « affaires aborigènes » (« *Aboriginal affairs* ») et habilités à prendre les décisions relatives à celles-ci. L'opinion internationale se sent concernée par cette question de la même façon. Aussi ne faut-il pas s'étonner du fait que les aborigènes demandent le droit à l'autodétermination et à la souveraineté, allant jusqu'à revendiquer la création d'un « *Aboriginal state* » dans le sens du « *Pan-Aboriginalism* ». Les aborigènes savent en outre qu'ils bénéficient d'une meilleure compréhension pour leurs revendications aux échelles nationale et internationale qu'au niveau de leur propre État régional où des lobbys particulièrement influents et puissants, des groupes de pression économique et la course frénétique à la compétition en vue de l'exploitation (officiellement « la mise en valeur ») des ressources naturelles. Cette confrontation réduit les chances de règlement du conflit, ainsi que celles d'une réconciliation régionale (encart 21).

Elle est renforcée par la notion de « politique aborigène » qui témoigne de ce que l'existence quotidienne des aborigènes constitue un véritable problème de société pour l'Australie. La politique s'exprime en effet à travers les manières spécifiques dont sont traités les aborigènes et le droit qui leur est appliqué, y compris dans la statistique officielle. L'affirmation péremptoire de cette discrimination a à la fois empêché tout processus d'apaisement consensuel et conduit vers une discrimination inverse (« *reverse discrimination against white Australia* »), celle des aborigènes à l'égard de l'« Australie blanche ». Si les responsables conscients de la gravité de la situation sont suffisamment lucides pour reconnaître l'urgence d'une solution, tout le monde est d'accord pour constater qu'il s'agit là d'une œuvre de longue haleine, portant sur un minimum de deux ou trois générations. Il convient de commencer à transformer dès maintenant une société marquée par des développements et comportements manqués. Il convient d'associer à cette démarche l'ensemble des acteurs de la société en vue de la mise en œuvre d'un développement social durable, base, dans un premier temps, d'un développement économique moins déséquilibré.

Encart 21
Quelques étapes vers moins de discrimination des aborigènes australiens

– 1930 : premières réunions publiques d'aborigènes, les manquements aux Droits de l'Homme ayant atteint le sommet. À ce moment-là les autochtones australiens sont au nombre d'environ 30 000.

– 1932 : création de la « *Australian aborigines league* » par William Cooper, Margret Tucker et le pasteur Doug Nichols (Victoria).

– 1940-1950 : création d'autres ligues, appelées « *Aborigines progress and advancement leagues* ».

– 1967 : création d'un Conseil fédéral pour les affaires aborigènes (« *Federal council for the advancement of aboriginal and torres strait islanders* »), composé uniquement d'aborigènes.

– 1975 : vote du « *Commonwealth racial discrimination act* », en conformité avec la convention internationale sur l'« *Elimination of all forms of racial discrimination* ».

– Années 1970 : dans les États de Victoria, d'Australie occidentale, de Nouvelle Galles du Sud et du Territoire du nord sont créées les conditions légales et administratives destinées à reconnaître aux aborigènes les droits fonciers (« *land rights* ») et les titres fonciers (« *land trusts* », « *native titles* », « *leaseholds* », dans le cadre d'un processus juridique bien défini.

– 1976 : vote du « *Commonwealth aboriginal land rights* » (« *Northern territory act* », une première, qui accorde aux aborigènes le droit de faire valoir de la terre tribale comme une propriété légale. Cette loi donne aussi la possibilité de s'opposer par un veto aux projets miniers et de prospection sur les terres aborigènes.

– 1988 : à l'occasion de la fête du bicentenaire de l'Australie, le Parlement vote une résolution sous la forme d'une déclaration de réconciliation et de rétablissement des droits des aborigènes. De son côté la « National coalition of aboriginal organizations » remet au Premier ministre Hawke la Déclaration de Barunga, qui résume les principales revendications des aborigènes. L'une des exigences consiste à conduire le gouvernement de Canberra à des négociations sur un traité en vue de l'établissement d'un État aborigène (« *Aboriginal State* ») et à la prise en compte de structures politiques conformes au programme du « *Pan-Aboriginalism* ».

– 1989 : création d'une « *Aboriginal and torres strait islander commission* », mettant en œuvre 60 Councils régionaux destinés à contrôler le financement des Programmes aborigènes. Cet organisme, en tant que mécanisme administratif « d'en-haut », ne contribue que peu à la réalisation pratique des revendications souverainistes des aborigènes.

– 1991 : création, dans le cadre du « *Commonwealth* », du « *Council for aboriginal reconciliation* », chargé d'examiner les options et processus d'une politique aborigène potentielle, en vue de la mise en place, avant le centième anniversaire de la Constitution australienne (1er janvier 2001), d'une réglementation pratique des rapports réciproques.

– 1991 : vote de l'« *Aboriginal land act* » pour le Queensland.

– 1993 : vote du « *Native title act* », destiné à garantir, à l'échelle fédérale, le droit aborigène à la propriété des terres d'avant 1788. Création, à cet effet, d'un « *National native title tribunal* ».

– 1998 : vote de l'« *Amended native title act* », qui garantit aux États autonomes et aux groupes d'intérêt locaux une influence renforcée lors des décisions relatives au retour de terres aux aborigènes.

Nous observons que la lutte pour la conquête de droits destinés à accélérer le développement des sociétés autochtones est ardue et que l'obtention des avantages escomptés s'inscrit dans une lente évolution, semée d'obstacles (Lamping, 2000).

Contrairement aux apparences, *les grandes épidémies et les maladies endémiques* ont d'importantes répercussions sur le développement, souvent par relations internationales interposées. Elles perturbent en effet la réalisation des programmes, contribuent à la déstructuration sociétale par l'augmentation de la mortalité, de la morbidité, de l'invalidité, par l'émergence de mouvements migratoires... Certaines maladies transmissibles ont gagné le monde entier, mais ont fini par se localiser essentiellement dans les pays en développement : lèpre, tuberculose, rougeole, VIH/sida ; paludisme et maladie du sommeil sont resté l'apanage des pays tropicaux. À la fin du XIXe siècle, sécheresses et inondations ont déclenché simultanément de terribles épidémies en Afrique, en Inde, en Chine, au Brésil... faisant plus de cinquante millions de morts et suscitant l'exode de populations rurales, ainsi que des révoltes réprimées par les autorités en place.

Jusqu'au début du XXe siècle, ce furent les bateaux qui transmettaient les fléaux sanitaires d'un bout à l'autre du globe, par l'intermédiaire des rats et des marins. À présent, les avions assurent cette fonction par le truchement des moustiques. Les oiseaux migrateurs sont susceptibles de faire le reste.

Aujourd'hui, ce sont encore les pays en voie de développement qui subissent les répercussions les plus graves des risques que fait encourir au monde la chaîne des lobbies dominants. C'est ainsi que la diffusion des médicaments contenant du mercure, qui peut rendre les enfants autistes, a été certes arrêtée en Europe, mais continue jusqu'en 2007 en Afrique et dans d'autres pays en développement, des portions du globe sur lesquelles de nouveaux produits vont être testés dans ce domaine.

Ce sont aussi les pays en développement qui sont tout particulièrement frappés par les maladies endémiques qui malmènent de façon permanente une région, un sous-continent, un État ou une région, tant dans sa démographie que dans son économie et sa position géopolitique. Ainsi le paludisme, cette maladie persistante, tue, selon l'OMS, plus d'un million de personnes par an, dont 90 % d'enfants ; les maladies diarrhéiques tuent chaque année 700 000 personnes, également surtout des enfants ; le VIH/sida a tué plus d'une vingtaine de millions de personnes depuis son apparition ; il hypothèque l'existence d'une quarantaine de millions d'autres personnes. La tripanosomiase et la fièvre jaune sont recrudescentes ; les bilharzioses, le choléra, la méningite, le VIH/sida et la tuberculose sont en extension. Tandis que les années 1970, placées sous le signe de la pression urbaine et de l'affirmation de l'OMS, ont marqué une rupture réelle avec ces maladies en ville, les années 1980 ont amorcé une nouvelle dégradation de l'état sanitaire (surtout en ce qui concerne la maladie du sommeil et la fièvre jaune), entraînant des difficultés politiques, sociales et économiques. La cécité des rivières incite à l'exode. Les maladies inhérentes à l'eau souillée ne cessent de se développer.

La santé demeure donc dans un équilibre instable, fragilisant la totalité de l'équilibre dans les pays en développement, où le risque infectieux atteint 40 % de la charge mortelle. Dans les pays développés, elle est menacée par l'apparition de phénomènes liés à la primauté de l'économique et du profit sur la nécessaire maîtrise politique des leviers d'observation, d'avertissement et de lutte en matière épidémiologique. La permissivité sanitaire favorise l'action des lobbies de grands groupes entrepreneuriaux qui s'engouffrent dans les « vides de pouvoir ». La tremblante du mouton, la maladie de la vache folle, le SRAS, l'influenza ou la fièvre aviaire, appelée aussi grippe du poulet, sont autant de manifestations qui ont profondément affecté l'économie mondiale dans ses échanges commerciaux et ses flux de personnes, dans le monde des affaires et le tourisme international. En 2003, les seules retombées négatives du SRAS ont conduit à une hausse de 25 % des faillites d'entreprises dans la cité-État de Singapour, soit 4 484 cas, un record depuis dix-huit ans.

La prévention est indispensable. L'OMS y veille de manière croissante. Il importe toutefois de savoir raison garder : le nouveau directeur général de l'OMS, le Coréen du sud Jong Wook-lee, l'a appris à ses dépens. Soucieux, après les réactions quelque peu tardives de l'OMS face à l'épidémie du SRAS, de mettre en place un système global d'alerte d'anticipation, il a été accusé d'avoir tiré trop tôt et avec force la sonnette d'alarme ! Nous observons que les technologies présentes offrent des solutions d'alerte efficaces. La science parvient aussi à dédramatiser les déclarations médiatiques, telles celles sur une Afrique en voie de décimation démographique. Les statistiques montrent au contraire que la population s'accroît, que le taux de croissance démographique est le plus fort parmi les continents, que la mortalité est en arrêt de baisse, mais qu'en dépit d'un plus ample volume de richesses du sous-sol disponibles que sur les autres continents, l'Afrique est la plus mal exploitée. Elle est devenue la grande victime du désordre international.

II. TRANCHER LE NŒUD GORDIEN

Il convient de ne pas omettre le fait que *la culture est un élément déterminant de différenciation spatiale*. Le pluriculturalisme de sociétés mondialisées confirme toujours davantage cette réalité.

Les problèmes posés ne sont, de toute évidence, pas faciles à résoudre. La finalité culturelle soulève de nombreuses questions : les identités ont leur côté fragile, dans la mesure où les entités, les unités ethniques, sociales sont souvent fragiles et ne se prêtent guère à des compositions ou recompositions politico-économiques stables. De plus, l'apparition de soi-disant nouvelles identités va à l'encontre des principes élémentaires du développement, tels les intégrismes de conquête du pouvoir qui se cachent derrière de soi-disant intégrismes religieux.

Par ailleurs, dans quelle mesure certaines identités culturelles affichées sont-elles encore susceptibles de générer une ambiance de développement cohérente ? L'internationalisation et la massification des migrations aboutissant à la constitution de sociétés polyculturelles suscitent des cultures dans lesquelles les descendants des migrants, surtout lorsqu'il s'agit de la troisième génération et de générations suivantes, retrouvent souvent difficilement l'identité d'origine que l'on veut leur attribuer ou qu'ils souhaiteraient eux-mêmes afficher parfois. L'extrême prudence s'impose ainsi dans tous ces cas de figure, de plus en plus nombreux, voire majoritaires.

Il importe désormais de prendre en compte la totalité de la dimension collective et de la nature sociale des états d'esprit, du savoir, du savoir-faire et du savoir-être, ainsi que des comportements en général, c'est-à-dire tout ce qui détermine la culture. La « marche du savoir » implique la renonciation à l'image de la raison immuable. Paul

Claval propose une définition transactionnelle de l'homme, de la société, de la culture et de l'espace : « Parler des hommes et des femmes et non plus de l'Homme, des groupes humains et non plus de la Société, des savoir-faire, pratiques, valeurs et connaissances au lieu de la Culture et des lieux et non plus de l'Espace, implique une mutation complète dans l'entreprise d'interprétation scientifique. L'Homme, la Société, la Culture, l'Espace ne sont plus que des notions faciles à cerner et volontiers considérées comme immuables. Ce sont des entités variables en fonction des environnements, des moments et des localités où on les observe : on passe d'une conception substantielle de l'homme, de la société et de l'espace à une conception transactionnelle et relationnelle. Homme, société et espace cessent de se définir par leur essence ('L'homme est un être social') ; ils ne sont saisis qu'à travers les échanges et faisceaux de relations qui permettent de les appréhender, et qui les définissent ».

En l'espace d'une génération — la dernière —, le facteur humain a été sensiblement valorisé par la société et les entreprises contemporaines. Le chef du personnel a été remplacé par le « DRH » (directeur des relations humaines), non sans hypocrisie, l'entreprise tenant absolument à affirmer « sa » culture, à l'instar des firmes japonaises dont on connaît le sens aigu de la productivité performante. « Le caractère est devenu plus important que le CV (*curriculum vitae*) », une réalité « que notre système d'éducation, de formation continue et d'insertion n'a pas encore intégré » (Kerjean, 2003).

De multiples situations sont *a priori* inextricables, parce que les intérêts en jeu sont d'autant plus contradictoires que l'approche des problèmes posés est fort complexe. Tel est par exemple le cas du tourisme qui relève à la fois du loisir non marchand et de l'organisation plus ou moins systématique d'un secteur économique à finalité financière, défiant encore, pour l'essentiel, les exigences de préservation environnementale, naturelle, humaine, patrimoniale. *Comme la nature est un bien social, avant de pouvoir être livrée à l'exploitation économique dans des limites bien précises, la seule démarche possible ne saurait être que celle, consensuelle, conduite par les pouvoirs publics,* nationaux et internationaux, garants des Droits de l'homme et de la société. L'autorité publique doit apparaître comme arbitre et non comme entrepreneur — ce qui n'est pas son rôle —, pour éviter d'être juge et partie. Elle est appelée à refuser tout projet non-conforme à l'éthique, et réunir à cet effet les aménageurs, responsables de la protection de la nature, managers touristiques, représentants des mouvements associatifs, usagers et consommateurs, ainsi que les élus politiques les plus directement concernés.

III. LE RÔLE CULTUREL GRANDISSANT

A. La nouvelle donne

Le développement exige une approche consensuelle, y compris en matière infrastructurelle. Par ce truchement, il *requiert la prise en compte de l'émotionnel, contrairement au passé où le rationnel fut exclusif ou déterminant.*

Les impératifs technologiques imposent une mutation profonde des systèmes et méthodes éducatifs et de formation (Schröder, 2003). Le monde post-moderne a en outre relativisé les formes du savoir. La culture a également remis en cause le rôle de la

Raison dans l'appréhension des phénomènes sociétaux. Elle a renouvelé l'interrogation sur les formes d'organisation et de fonctionnement des territoires.

La nature de l'enseignement et de l'éducation, qui se greffe dessus et/ou en constitue la base, est déterminante pour le développement, nous l'avons vu au début de la première partie de cet ouvrage (chap. 1, II A, sous « Éducation et formation »). Selon le cas, elle associe ou non de manière plus ou moins efficace les indispensables ressorts culturels et les exigences de compétence qui, seuls, sont à même de réunir les conditions même d'une dynamique conforme au profil d'un déploiement socio-économique réussi dans un monde en compétition accélérée et à une échelle de plus en plus vaste.

L'apport culturel est susceptible d'accompagner, de compléter et de corriger les atouts matériels (« durs ») de localisation traditionnels, tels que les ressources proprement économiques et humaines, les avantages inhérents à l'accessibilité, aux rapports avec les carrefours et réseaux logistiques, à la situation, au site, aux conditions foncières, immobilières, mobilières, fiscales, politico-administratives... Il relève du système de formation préscolaire, scolaire et universitaire.

Le savoir post-moderne s'exprime sous deux formes conjuguées : il continue à s'appuyer sur le capital éducatif et plus ou moins humaniste, régional et national d'une part, international d'autre part ; il requiert cependant des connaissances spécifiques conformes aux orientations de la civilisation technologique actuelle, aux compétences scientifiques et professionnelles de plus en plus théoriques et élaborées. C'est en cela que les pays développés ont pris une avance considérable sur les États en développement. En ce qui concerne ceux-ci, il importe surtout de transmettre un savoir socio-économique et politique sur la mise en route et le suivi des processus de progression et de valorisation des atouts, à la fois efficaces et culturellement respectueux des identités. La théorie et la politique du développement sont ainsi appelées à se réadapter en fonction des nouveaux impératifs, plus proches des réalités du terrain (Schubert, 2001).

La transformation permanente des réalités professionnelles, consécutives aux nécessités d'adaptation constante des entreprises aux exigences de la mondialisation, confère aux firmes un rôle majeur dans la réflexion sur l'acquisition du savoir-faire et, par ricochet, du savoir, donc sur la conduite de la formation. Les qualifications de pointe requièrent notamment, dès la formation professionnelle initiale, outre la transmission du savoir et de l'expérience, une initiation à la compétence méthodologique et sociale, le facteur culturel et la parfaite connaissance du « terrain socio-spatial » étant devenus des composantes essentielles du système éducatif en général et de celui de la professionnalisation en particulier.

Au début des années 1990, le physicien britannique Tim Berners-Lee a développé le « world wide web » (www) au Laboratoire européen pour la physique des particules (CERN), près de Genève. Ce fut le véritable début de la révolution de l'utilisation d'Internet, une révolution digitale qui a conduit à la société du « network » et à la cotation en Bourse. Internet demeure toutefois lié à l'économie réelle : trop distant d'elle, il a connu la « bulle » ; en 2003, il ne redécolle que grâce à l'économie réelle (tableau 1). À présent, la démocratisation de l'Internet à haut débit annonce un élargissement important du marché, ainsi qu'une amplification des ventes d'ordinateurs et d'équipements.

Tableau 1
Internautes/100 habitants, en 2001,
dans les États ayant 30 millions d'habitants ou plus

État	Nombre d'internautes sur 100 habitants
République de Corée du Sud	52,11
États-Unis	50,11
Canada	46,66
Japon	38,42
Allemagne	37,36
Royaume-Uni	32,96
Italie	26,89
France	26,38
Espagne	18,27
Argentine	10,08
Pologne	9,84
Afrique du Sud	6,49
Turquie	6,04
Thaïlande	5,77
Brésil	4,66
Mexique	3,62
Fédération de Russie	2,93
Colombie	2,70
Chine	2,57
Philippines	2,56
Indonésie	1,91
Kenya	1,60
Iran	1,56
Maroc	1,37
Viet-Nam	1,24
Ukraine	1,19
Égypte	0,93
Inde	0,68
Algérie	0,65
Pakistan	0,34
Tanzanie	0,30
Soudan	0,18
Bengladesh	0,14
Nigéria	0,10
Éthiopie	0,04
République démocratique du Congo	0,01
Myanmar	0,01

*Hong-Kong à lui tout seul a un taux de 38,68, sinon la Chine, dans son ensemble, serait en fin de liste

UNESCO, *Natural sciences*, 4, vol. 1, 2003, Paris p. 3

D'ici à 2007, il y aura, selon les prévisions de l'OCDE et des Nations unies, environ 850 millions d'internautes dans le monde. Les internautes de 12 à 20 ans sont souvent qualifiés d'« *Identity builders* », les 25 à 35 ans de « *Career builders* », les chefs de famille de 30 à 45 ans ayant des enfants en bas âge de « *Family builders* » et les 48 à 60 ans, dont les enfants quittent le domicile familial, de « *New life builders* ». Internet crée de nouvelles formes de sociabilité et des communautés virtuelles. L'absence de contact physique, l'anonymat qui repose sur la pratique des pseudonymes, font qu'Internet rend plus difficiles les relations durables. Il peut être source de solitude ou de rencontre. Il rend cependant « massivement saisissable l'interposition du médium dans la relation entre soi et l'autre, avec des effets d'écran, de masque et de miroir, une interrogation sur le vrai et le semblant, le réel et la simulation, qui pourtant n'empêchent pas, et même parfois facilitent la prise de contact et la relation » (Patrick Schmoll).

Internet sert à présent de démultiplicateur des connaissances dans tous les domaines. Éducation et formation sont fortement diffusées sur le globe, surtout, pour le moment, dans les pays développés. Ainsi le Centre virtuel de la connaissance sur l'Europe (CVCE) a mis en ligne, en février 2004, une nouvelle version de la banque des connaissances ENA (« European Navigator »), appuyée sur des technologies de pointe en vue du partage du savoir. Il dispose aussi d'une plateforme technique, « Multimedia content explorer » (MCE), en vue de la diffusion interactive des connaissances sur Internet...

Dans le cadre de l'« Action COST A 14 », portant sur « Gouvernement et démocratie à l'ère de l'information », Internet est mis à la disposition d'ONG soucieuses de la mise en pratique du développement durable. Il s'agit entre autres de l'apprentissage en profondeur du fonctionnement au quotidien et dans l'expression des démarches envisagées en vue d'un développement durable efficace et d'une articulation optimale des échelles géographiques. Internet participe directement à l'orientation vers le slogan en vogue, « *think globally, act locally* ».

Élément parmi les NTIC, mais élément important, Internet est apte à diffuser dans le contexte de la mondialisation, depuis 1996, pour le grand public, le « réseau des réseaux ». Ses multiples fonctionnalités permettent une mise à jour constante des modes d'information, de communication et d'action sur le terrain, à un double niveau innovateur : technique, en ce qui concerne l'actualisation de la définition des fonctionnalités des dispositifs en place ; social, pour ce qui est de l'émergence de nouveaux actes culturels, telle que la constitution de communautés virtuelles...

Dans le nouvel univers culturel, les villes sont les promotrices et les miroirs du changement, les moteurs de la mondialisation et des recompositions territoriales. Elles se trouvent à l'interface de la nature fortement technicisée et des hommes en quête d'environnement durable. Par la pratique de l'écologie durable, elles sont susceptibles de contribuer au développement durable. Le *concept de « ville intelligente »* est à même de mettre en œuvre une régulation urbaine originale, le recours à la gouvernance aidant. En pays développé, *la région métropolitaine est devenue le centre nerveux des systèmes du savoir.* Elle canalise la recherche-développement et en donne l'impulsion. Elle suscite des identités floues, porteuses d'interdépendances culturelles favorables aux milieux porteurs de mondialisation, par contraste avec les identités profondes, plus affirmées dans les sociétés traditionnelles. Elles constituent des soupapes de sécurité pour les sociétés développées, mais bloquées. Elles sous-tendent les forces d'entraînement technologique. Leur niveau, leur nombre et leur structure en réseaux contribuent à la distinction entre territoires développés avancés et territoires développés moyens : l'Union européenne dépense bien moins pour la recherche-développement (1,94 % du PIB en 2000) que les États-Unis (2,80 % du PIB) et le Japon (2,98 %). Aux États-Unis, des organisations à but non lucratif participent activement au financement de la recherche publique et privée, à raison de 6 % des revenus de l'économie américaine, pour plus d'un million et demi d'organisations humanitaires, associations et fondations (tabeau 2).

Tableau 2
Les principales fondations scientifiques aux États-Unis, par ordre de classement décroissant

Fondation	Montant en M$	Nombre de subventions
The David and Lucile Packard Foundation CA	72 851	136
Bill & Melinda Gates Foundation WA	28 504	11
The Robert A. Welch Foundation TX	26 738	305
W.M. Keck Foundation CA	26 700	27
The Starr Foundation NY	25 650	5
Alfred P. Sloan Foundation NY	22 719	142
Ford Motor Company Fund MI	13 340	176
Burroughs Welcome Fund NC	12 588	39
The Sherman Fairchild Foundation Inc. MD	12 000	2
Intel Foundation OR	11 742	218

Source : OCDE

L'Europe emploie moins de chercheurs (5,4/1 000 actifs) que les États-Unis (8,7/1 000 actifs) ou le Japon (9,7/1 000 actifs). Les trois quarts des titulaires européens d'un doctorat partis aux États-Unis ou au Canada préfèrent y demeurer. Le déficit européen dans le domaine des produits de haute technologie a été multiplié par plus de cinq au cours des cinq dernières années. La part de l'Europe en matière de brevets a diminué, notamment en haute technologie.

B. Manifestations d'une autre culture

1. Les « *learning regions* »

Les régions en état d'adaptation technologique, les régions soucieuses de performance, déterminées à participer au développement global du monde, ne se contentent pas de s'intégrer aux programmes de développement existants, de percevoir des aides techniques et financières pour se hisser au niveau d'une compétitivité efficace. Elles veillent elles-mêmes à mobiliser leurs propres acteurs en vue de réaliser leur mutation. À ce titre, elles mettent au point des concepts endogènes susceptibles de contribuer à fédérer une collaboration intrarégionale, en vue d'une mise en réseau et d'une coopération généralisée destinées à faciliter, par des stratégies adaptées, la valorisation des atouts locaux et régionaux. En d'autres termes, il convient d'*optimiser les potentialités régionales disponibles par l'affinement des compétences « autochtones »*, du *savoir-faire et de tous les processus de formation* (Florida, 1995). Dans ce sens, l'« apprentissage » régional s'appuie sur un processus de marketing urbain, sur des observations interurbaines comparées. L'introduction du marketing urbain entraîne nécessairement des modifications organisationnelles du tissu spatial, qu'il faut d'abord appréhender.

Ce processus d'apprentissage s'appuie *grosso modo* sur trois niveaux spatiaux :

- la micro-échelle, fondée sur un apprentissage individuel ;
- le niveau médian, appuyé sur un apprentissage collectif en vue de la mise en œuvre du processus de marketing englobant l'ensemble de la ville ;
- la macro-échelle, c'est-à-dire le cadre de la ville toute entière où il est souhaitable que celle-ci soit à même de maîtriser les mécanismes décisionnels (Schläger-Zirlik, 2003).

Un processus d'apprentissage et d'adaptation efficace requiert les données suivantes :

- un « *feedback* » relatif aux réussites et aux échecs individuels ou collectifs ;
- l'émancipation et l'auto-réflexion sur la pertinence des modèles utilisés est à même de s'exprimer à travers la formulation de visions ou d'un *benchmarking* régional ;
- tout processus de changement sous-tend une interaction et une communication intenses en relation avec la culture correspondante. La compétence des acteurs régionaux en matière d'information et de communication est l'exigence initiale pour l'apprentissage et le résultat du processus d'initiation ;
- tout déclenchement de mutation requiert une volonté de changement et une certaine pression en vue d'obtenir ce changement ;
- afin que l'ensemble du système des acteurs soit à même d'engager la mutation, il faut une large information destinée à éveiller l'attention et la perception des enjeux ;
- des étapes intermédiaires sont à prévoir, à court et à moyen terme, pour rendre les objectifs et visions plus abordables.

2. Leviers électroniques de commande publique

Le développement des pays modernes s'appuie de plus en plus sur des leviers électroniques de commande publique, susceptibles de réduire les « distances » entre les administrations et les administrés, et de façon générale entre les acteurs du devenir socio-économiques. Ce mode de communication facilite aussi la diversification des contacts et des domaines de contact, sous-tend les processus d'innovation, élargit les horizons, simplifie les rapports, en les rendant également moins coûteux, entre les acteurs du développement, d'une part, les autorités et les citoyens d'autre part .

Ce processus a déjà donné lieu à des réglementations. En Autriche par exemple, le Conseil national a adopté le 29 janvier 2004 une loi sur le « e-government », créant une « carte du citoyen » destinée à permettre une attestation électronique de l'identité et de l'authenticité, tout en sauvegardant la protection des données. Cette carte peut être reliée à l'ensemble des médias porteurs entrant en ligne de compte pour une signature électronique sûre, telles que les cartes à puce. Selon le secrétaire d'État aux médias autrichien, cette loi garantit « au plus haut degré un standard international, la transparence et la convivialité ».

3. L'exploitation en réseau

L'exploitation en réseau est devenue un impératif quasi-absolu pour les firmes et les administrations publiques, le monde associatif et ludique, les organismes d'impulsion de toute nature, voire même ceux mis sur pied par les malfaiteurs, milieux criminels, mafias... Elle s'appuie sur les télécommunications, à l'égard desquelles les exigences s'accroissent constamment. Leur mise en compétition est à la fois la résultante et la condition de cet enjeu. Du côté des exploitants des réseaux, les contraintes sont multiples : il convient de maîtriser les coûts d'exploitation des infrastructures, de mesurer et de garantir les niveaux de service aux utilisateurs, de placer constamment les technologies, de surcroît appelées à être renouvelées, au service de l'efficacité. Cette sujétion des firmes à l'égard de leurs systèmes est devenue permanente. Une récente étude d'Infonetics révèle l'intérêt qu'il y a à lutter contre les pannes et dégradations subies par les réseaux, dans la mesure où ces incidents sont à l'origine de nombreuses pertes de productivité et de revenu, allant de moins de 0,1 % à près de 1 % du revenu annuel des firmes.

L'exploitation en réseau est également devenue une nécessité, dans la mesure où les entreprises sont appelées à se recentrer sur leur métier de base et à déléguer à des prestataires les tâches que des unités sous-traitantes sont à même de réaliser avec plus de succès dans un meilleur rapport qualité/prix. Elle constitue à elle seule un métier de base et a donné lieu à une vision au service du client interne, les outils, méthodes, compétences auxquels il est fait recours, étant analogues à ceux en usage à l'égard des clients externes, c'est-à-dire le « *hot line* » téléphonique, l'engagement de temps de réponse, la transparence en matière de qualité de service...

Cette orientation stratégique vise à la recherche d'un certain équilibre entre les besoins des utilisateurs et le fonctionnement optimal de la firme. La rapidité des changements dans le domaine des technologies et de l'environnement du monde de la production et du travail, demande un suivi permanent, c'est-à-dire la création de comités de suivi, de pilotage et de décision au regard des évolutions technologiques, stratégiques et/ou opérationnelles. Selon Anne Le Port, responsable du développement des services d'exploitation dans l'équipe marketing de NextiraOne France, « *la maîtrise de l'exploitation est plus une affaire de pilotage que d'expertise* » (Le Port, 2004).

4. Culture et économie, moteurs de croissance

La culture, l'art en soi, le « design » sont devenus des sources importantes d'« économie créatrice ». Le rapprochement entre créativité et économie est désormais encouragé de toutes parts, trop souvent encore, hélas, au détriment de la véritable notion de culture. Quoique la culture ait toujours été à la base même de la créativité, depuis les inventions jusqu'aux découvertes, le progrès de la pensée et des techniques, le triomphe unilatéral — momentané — de la technologie l'a quelque peu reléguée à l'arrière-plan. Subitement, face aux nombreux échecs humains et sociaux du travail à la chaîne, de l'ère post-industrielle, les années 1980 notamment ont rendu à la culture, au moins en apparence, son rôle majeur. De toutes parts, la notion de culture d'entreprise a fait irruption — appuyée souvent sur le soi-disant modèle japonais, demeuré très rentabiliste et impérialiste —, prétendant accorder à l'être humain en tant que travailleur une place de choix dans un environnement plus « naturel ». Le cadre et l'ambiance réels de l'entreprise sont néanmoins demeurés très artificiels, orientés quasi-exclusivement vers la conquête des marchés, la part sociale du modèle ayant servi en grande partie d'alibi, la « nipponisation », elle-même fortement teintée d'« américanisation » continuant à faire son chemin à travers le monde.

À présent, des voies différentes se sont ouvertes à une symbiose plus souple et réelle entre la culture et l'économie. Celle-ci ayant toujours été un instrument de définition d'une position et d'échanges d'opinions, elle est devenue comme un art du bon voisinage, intégrant flexibilité, mobilité et curiosité. En Autriche par exemple, gouvernement et parlement ont conjugué leurs efforts pour une mise à jour de la vieille tradition du pays qui, sous la dénomination d'économie créatrice, a déjà favorisé un maillage étroit entre la créativité et l'économie ; le modèle « *Wiener Werkstätte* » (« Ateliers viennois ») est souvent cité en exemple à ce sujet. Un rapport officiel sur l'économie créatrice, paru à cet effet en 2003, a montré « que les entreprises faisant partie de ce secteur accusaient un dynamisme bien supérieur et une performance microéconomique bien meilleure que l'économie dans son ensemble » (BPD, 2004). Le Secrétaire d'État aux Arts et aux Médias autrichien a relevé au début de 2004 des exemples de réussite d'entreprises dans ce domaine, tels la KTM-Sportmotorcycle AG et le fabricant de meubles Wittmann, « dont le succès se fonde sur beaucoup de savoir-faire, un fort engagement et une philosophie d'entreprise ciblée ». Il s'est réjoui aussi du fait que son pays « ait désormais gagné du terrain et que cette thématique ait été reconnue... comme "la thématique d'avenir" d'une politique économique et publicitaire couronnée de succès ». Il a signalé également que « le succès d'une société ou d'un produit dépend aussi de l'histoire qu'on raconte autour du produit » ; il a évoqué des noms de personnalités autrichiennes, actives dans divers secteurs de l'économie créatrice : l'artiste, théoricien d'art et organisateur d'expositions, Peter Weibel, le physicien des quanta Anton Zeilinger, le « créateur universel » André Heller, connu surtout comme le « cerveau » de la grosse attraction constituée par les « Mondes cristal » de Swarovski à Wattens (Tyrol), les architectes Zaha Hadid et Hans Hollein, participants actifs à la Conférence qu'il a initiée en 1999 sur le thème de l'économie créatrice.

Cette recherche de symbiose entre la culture et l'économie, facilitant la compréhension mutuelle entre acteurs sociaux et activités variées, mais à la limite convergentes, continue à se manifester un peu partout. Le mécénat culturel d'entreprise demeure lui aussi un élément central de la stratégie des firmes, surtout au Royaume-Uni et aux États-Unis. En France, le président de l'Association pour le développement du mécénat industriel et commercial (Admical) a déclaré en 2004 : « Le mécénat est moins que jamais un luxe pour période euphorique ou un caprice de dirigeant mais est vraiment considéré comme un engagement de long terme ». Pourtant, le mécénat culturel d'entreprise décline, tant en ce qui concerne le nombre de firmes qui le pratiquent que pour ce qui est du montant des sommes allouées. Il n'est donc pas acquis une fois pour toutes et est tributaire des « concurrents », ainsi que de la mode. Le thème de l'environnement a pris de l'ampleur : en France, les actions en sa faveur ont progressé de près d'un tiers depuis 2002. Le développement durable a également le vent en poupe. Le mécénat, la sponsorisation et d'autres formes de soutien accordées par les entreprises aux manifestations et interventions à vocation culturelle et sociale se diversifient, se croisent, deviennent solidaires les unes des autres, tout en s'orientant vers une sophistication prononcée. Les firmes ont également tendance à centrer leurs aides sur des activités plus directement en rapport avec leur domaine de production de biens ou de services, de même que sur des actions qui intègrent le plus possible leurs effectifs, le développement durable, le commerce solidaire, la création, dans les pays en développement, d'unités de production à vocation socio-économique ou de centres de formation... Les encouragements fiscaux et la prise en compte du mécénat par les agences de notation extra financière militent en faveur du développement de telles initiatives, du lancement de clubs d'entreprises...

Un peu partout, *l'entreprise,* qui a désormais conscience de l'intérêt de la prise en compte de la culture au quotidien, à l'intérieur et à l'extérieur de ses locaux, *est désormais face à de nouvelles interrogations sur le devenir des sociétés confrontées à des provocations économiques contradictoires.*

ORIENTATIONS BIBLIOGRAPHIQUES

- ARNAUD-FASSETTA G., *Quatre mille ans d'histoire hydrologique dans le delta du Rhône. De l'Âge du Bronze au siècle du nucléaire,* Paris, PRODIG (Grafigéo, 11), 2000
- BETHEMONT J., *Les grands fleuves, entre nature et sociétés,* A. Colin, Paris, 1999
- BPD Austria, « Art et économie sont un moteur de croissance », Chancellerie fédérale, *Informations d'Autriche,* 07/04, Vienne, 2004, p. 5
- FLORIDA R., « *Toward the Learning Region* », *Futures,* 27, 1995, pp. 527-536
- KERJEAN A., *Le caractère plus important que le CV,* Éd. d'Organisation, Paris, 2003
- LAMPING H. (dir.), *Wandel und Beharrung – Regionalgeographische Untersuchungen in Australien, Südafrika, Rumänien, Slowakei, Deutschland, Francfort s/M,* Institut für Wirtschafts- und Sozialgeographie der J. W. Goethe-Universität, Frankfurter Wirtschafts- und Sozialgeographische Schriften, 70, 2000, 320 p.
- LE PORT A., « Les bonnes pratiques de l'exploitation de réseau », *Réseaux & Télécoms,* avril, Puteaux, 2004, pp. 56-57.
- MERLIN P., *Les banlieues,* PUF, 1999, Paris, 127 p.
- SCHLÄGER-ZIRLIK P., *Der Ansatz der lernenden Region in der Stadt- und Regionalentwicklung,* Arbeitsmaterialien zur Raumordnung und Raumplanung, 220, 202 p.+ bibliogr., Bayreuth, 2003
- SCHRÖDER T., *Leistungsorientierte Ressourcensteuerung und Anreizstrukturen im deutschen Hochschulsystem – Ein nationaler Vergleich,* Duncker & Humblot, Berlin, 2003, 308 p.
- SCHUBERT R., *Entwicklungsperspektiven von Niedrigeinkommensländern – Zur Bedeutung von Wissen und Institutionen,* Duncker & Humblot, Berlin, 2001, 241 p.
- SENECHAL G., MALEZIEUX J., MANZAGOL C. (dir.), *Grands projets urbains et requalification,* Presses de l'Université du Québec, Québec, 2002, 264 p.
- MIRLOUP J. (dir.), *Régions périmétropolitaines et métropolisation,* Presses univ. d'Orléans, Orléans, 2003, 303 p.
- STUBBE C., *Industrie et moyenne montagne. L'exemple du Schwarzwald-Baar-Heuberg en Forêt-Noire,* thèse de géographie, Clermont-Ferrand, 1996, 346 p.

Chapitre 3
LES FONDEMENTS ÉCONOMIQUES

... la répartition se fait toujours dans l'espace et la planification régionale signifie toujours au moins un effort de changement de la répartition existante des ressources : ressources des individus et donc aussi, en fin de compte, ressources de l'État.

J. Gottmann, « L'aménagement de l'espace – Planification régionale et géographie », *Cahiers de la Fondation des sciences politiques*, 32, A. Colin, Paris, 1952, p. 10

I. IMPÉRATIFS D'ENSEMBLE

Mondialisation

Dans le cadre de la mondialisation et de la « *world economy* » (Wallerstein, 1979), *l'innovation est l'une des caractéristiques principales du développement et la facette déterminante de la dynamique économique.* Selon P. Mustar et H. Penan, elle est « devenue un mot d'ordre, sinon une norme », elle est « ... avant tout un processus collectif qui traverse toutes les activités de l'entreprise et fait intervenir des acteurs multiples » (Mustar & Penan, 2003). Selon Norbert Alter, le processus d'innovation repose sur l'émergence de comportements déviants, ainsi que sur l'aptitude institutionnelle à en tirer parti . Si les liens entre l'innovation et la recherche sont nécessairement étroits, les milieux politiques n'ont toujours pas saisi la véritable ampleur de cet enjeu, surtout en cette période de pénuries budgétaires, un phénomène qui résulte en grande partie des répercussions de l'immense gabegie propre à la période faste et trop insouciante qui a marqué une trentaine d'années de la seconde moitié du XXe siècle.

Selon l'OCDE (2003), l'investissement dans la recherche et le développement (R&D) a augmenté depuis 2001 dans les États-membres. Les dépôts de brevets ont doublé durant la décennie écoulée, sous l'effet de l'activité dans les secteurs de la biotechnologie et des technologies de l'information-communication. Taïwan est déjà le quatrième bénéficiaire de délivrances de brevets américains. Les grandes économies hors OCDE vont dans le même sens, totalisant 17 % des dépenses mondiales de R&D : la Chine, avec 60 milliards de dollars US, se positionne au troisième rang mondial, derrière les États-Unis et le Japon. En 2000/2001, l'Inde, avec 19 milliards de dollars US, s'est classée parmi les dix premiers pays mondiaux en matière de R&D.

La Silicon Valley est devenue le moteur à innovations et le symbole mondial de celle-ci. Elle a construit l'informatique américaine au fil de plusieurs décennies, nécessitant plusieurs cycles de croissance, subissant aussi des périodes de récession, notamment la « bulle » financière des valeurs technologiques (2000-2002). Elle révèle que la création de richesses par l'innovation requiert au préalable la mise en place de structures étatiques adéquates et fondamentales en matière financière, commerciale, humaine, scientifique. C'est ce qui explique le rebondissement continu de l'économie américaine après de sérieuses dépressions : c'est actuellement le cas de l'industrie « *high tech* » (figure 4), qui a retrouvé, en 2003, la voie de la croissance, après une sévère restructuration, quoiqu'elle ne soit pas accompagnée aux États-Unis même de création d'emplois. L'industrie informatique se situe de nouveau en première place de la croissance américaine ; elle représente le double du chiffre d'affaires annoncé pour l'évolution d'ensemble du pays.

Le retard européen dans le domaine technologique est accru par une perte de compétitivité, elle-même résultante d'une innovation insuffisante, ce qui revient à incriminer la faiblesse des efforts publics et privés consentis en faveur de la recherche. La France illustre ce cercle vicieux par l'affaiblissement des financements de la technologie (figure 5). En 2003 enfin, le CNRS a créé un Club des investisseurs, appelé à rapprocher les chercheurs porteurs de projets et les spécialistes du capital-risque (les « *business angels* » et les sociétés de capital-investissement). Une grande frilosité continue néanmoins à régner dans ce domaine, d'autant plus que l'INSEE a révélé que seulement 46 % des start-up technologiques nées en France survivent au-delà de cinq années d'existence, notamment dans le domaine des biotechnologies appliquées à la santé, où il faut attendre en moyenne onze années avant d'être profitable. À l'échelle mondiale, sur les 2 500 entreprises recensées dans ce secteur, seules 53 sont rentables, soit 1,8 %. Ce qui signifie que l'endurance est indispensable et qu'elle ne saurait s'appuyer que sur un territoire continental ou transcontinental. En Europe, l'innovation est donc devenue une affaire éminemment communautaire. L'accord, signé le 3 mars 2003 à Bruxelles, à propos du brevet européen, a été considéré comme la première étape de cette intégration technologique.

L'une des préoccupations publiques et entrepreneuriales est désormais la création de centres européens de compétence, tel le « *Kompetenzzentrum* » de Karksruhe, cette ville à université technologique, entrée très tôt dans la tertiairisation élaborée (Schäfer & Hohl, 2002). Faire des villes significatives des centres de compétence, telle est à présent la devise des dirigeants avisés.

Les technologies de l'information et de la communication, certes à vocation d'universalité, ont modelé très activement de nouvelles différenciations spatiales. Leur dimension culturelle est un atout essentiel dans les processus de décision des firmes, y compris au Japon. Il importe de contrer les idées reçues à ce sujet depuis les deux, voire trois dernières décennies. Il est toutefois indispensable d'affirmer que l'ère de l'infogérance, destinée à uniformiser les systèmes d'information, et du cyberespace a fait émerger de nouveaux paramètres culturels, bousculant les structures et règles de comportement traditionnels, mais conservant aux territoires toute leur importance dans leur matérialité et leurs rapports même avec l'espace virtuel. Désormais « toute entreprise commercialisant des biens matériels, devra avoir une logistique, donc une implantation spatiale tenant compte des parts de marché acquises dans le cyberespace et de clients pouvant être localisés virtuellement partout... Le développement des systèmes d'information, tout en ouvrant des perspectives nouvelles en matière d'implantation spatiale, ne reste qu'un outil, plus ou moins maîtrisé, au service de stratégies spatiales dont il peut assurer l'efficacité, mais non la définition » (Lestrade, 1998). La définition de ces stratégies passe nécessairement par la prise en compte des territoires et de leurs spécificités culturelles, sous peine d'échec.

Les bouleversements induits par l'informatique ont conduit à une diversification extraordinaire de secteurs d'activité de pointe. À la fois pivot de l'industrie postmoderne et des services, l'informatique s'est emparée de la part essentielle du

Figure 4

L'industrie informatique au premier rang de la croissance des États-Unis (2003)

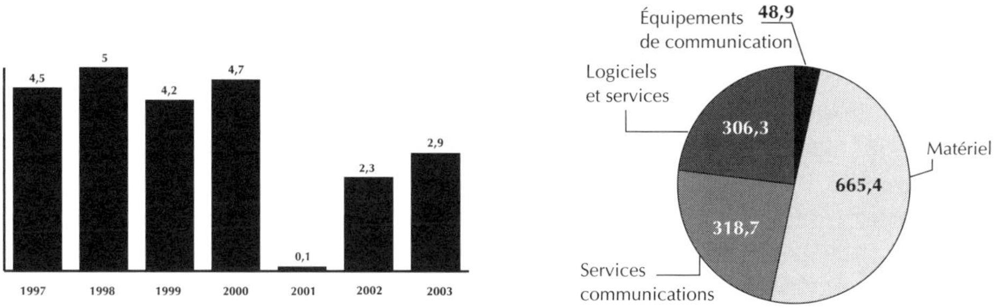

a. Évolution 1997-2003 de la part (en %) dans la croissance globale de l'économie américaine

b. Répartition du chiffre d'affaires de la « high tech » (sur un total de 1241,5 milliards de dollars), en milliards de dollars

Source : Ministère US du Commerce

Figure 5

Le capital-investissement en France (2000-2001) en %

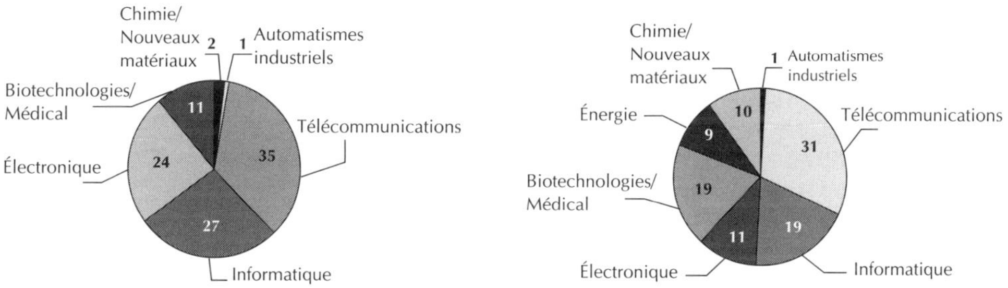

a. En 2000 (3 milliards d'euros)

b. En 2001 (1,3 milliards d'euros)

Source : INSEE

marché contemporain. Ainsi, en se numérisant, l'électronique de loisir a bousculé les acteurs habituels de ce marché : les fabricants d'ordinateurs, essentiellement américains, ont secoué les Japonais qui les avaient mis en difficulté au cours des années 1980. Le domaine récréatif, continue déjà en soi son expansion exponentielle. En Suisse par exemple, la moitié environ du volume du trafic exprimé en termes monétaires concerne les flux de loisirs. Aux États-Unis, l'électronique grand public a atteint en 2003 les performances de ventes suivantes : 3,6 millions de TV-DVD, soit une progression de 200 % par rapport à 2002, 19 millions de lecteurs DVD (progression de 29 % par rapport à l'année précédente), 2,1 millions de terminaux de musique numérique (68 % de plusqu'en 2002) ; à présent, 7 millions de foyers américains sont équipés de réseaux sans fil, soit 11 % des foyers connectés à Internet.

Le passage de l'ambiance « moderne » à celle du post-moderne s'est appuyé sur des mutations multiples : du management opérationnel, il y a eu passage au management stratégique, du groupe on est passé aux acteurs individuels, de la synthèse à l'antithèse, du standard de vie à la qualité de vie, de l'ordre au chaos.

Le management bénéficie à son tour des multiples progrès technologiques inhérents à l'informatique. Les achats de services sont ainsi globalisés et rationalisés de manière grandissante. Ils contribuent substantiellement à la réduction de frais de fonctionnement, à la réalisation de la marge brute et à la diminution du besoin en fonds de roulement. Les directions achats des firmes jouent un rôle moteur, voire pivot, dans les politiques d'externalisation

En attendant, la technicité croissante des économies de l'OCDE s'accompagne d'une mondialisation rapide. Selon cette institution, « le ratio des échanges au PIB a progressé de deux points aux États-Unis et dans l'UE durant les années 1990, alors qu'il est demeuré stable au Japon. Les échanges de biens de haute technologie, comme les aéronefs, les ordinateurs, les produits pharmaceutiques et les instruments scientifiques, représentent désormais plus de 25 % du commerce total, contre moins de 20 % au début des années 90. Une part importante de ces échanges intervient entre différentes sociétés affiliées d'entreprises multinationales : la part des exportations internes à des groupes dans le total des exportations de filiales manufacturières sous contrôle étranger est comprise entre 35 % et 60 % dans les pays de l'OCDE sur lesquels on dispose de données ».

Nous remarquons aussi qu'en 2000 les services ont constitué 70 % du PIB de la zone de l'OCDE, contre environ 18 % pour la production manufacturière. *Les services aux entreprises sont* même *devenus le moteur principal de la croissance de la productivité du travail dans de nombreux États.* Le secteur manufacturier participe pour une part grandissante à l'augmentation de la demande de services, dans la mesure où l'externalisation de services antérieurement produits « en interne » s'amplifie.

La mondialisation ne saurait pourtant pas cacher la fragilité de l'économie mondiale, dans la mesure où l'ensemble des acteurs sont désormais imbriqués dans le même système et que les répercussions d'une crise ne sauraient épargner aucun des acteurs. Le rapport 2003 de la CNUCED précise que « l'économie mondiale traverse une période de doute ». Il signale que les déséquilibres hérités du boom technologique des années 1990 ne sont pas encore éliminés et qu'ils sont à même d'induire encore « une longue période de croissance irrégulière et atone, caractérisée par de fréquents rebonds et replis et s'accompagnent d'une baisse des prix ». Il rend attentif au fait que ce n'est que l'augmentation de la consommation — 100 milliards de dollars US en 2002 — qui évite aux États-Unis une récession durable. Ce ballon d'oxygène, si l'on peut parler ainsi, est cependant en voie d'extinction, par suite de la stagnation des salaires , des destructions d'emplois et de la montée galopante de l'endettement privé. L'Europe est affaiblie par les mesures de restriction budgétaire imposées par le « pacte de stabilité » et la politique monétaire de la Banque centrale européenne. Le G7 souhaite faire repartir la croissance à partir d'ajustements monétaires, en vue de réduire les déséquilibres commerciaux. Depuis près de sept années, les flux nets de capitaux se sont dirigés depuis les pays en développement vers les pays industrialisés. En 2002, le Sud a financé le Nord à raison de 2 milliards de dollars US.

Une crise latente pourrait déclencher des mécontentements, ainsi qu'une perte de confiance dans les marchés et dans leur libéralisation. Selon l'économiste en chef de la CNUCED, Detlef Kotte, s'annonce peut-être à cette occasion « le premier véritable test pour la politique économique dans le processus de mondialisation de l'après-Bretton Woods ».

II. INITIATIVES DIVERSIFIÉES

Nous l'avons entrevu maintes fois : il faut se méfier de moules et d'initiatives uniformes.

A. Actions à l'échelle planétaire

Dans le cadre d'une action en faveur de l'ouverture spatiale généralisée, il importe de maximiser l'accessibilité. Celle-ci ne passe pas nécessairement ni, surtout, exclusivement, par la route. Il est vrai aussi que les grands projets n'incluent pas forcément le rail. Qu'il s'agisse toutefois des autoroutes ou des autres modes de transport, *il importe désormais de raisonner en priorité en termes de réseaux, non seulement en termes d'accessibilité.* La notion de réseau relève de l'approche logistique de l'économie.

En mars 2004, la 2e Conférence des ministres des PME des Pays de l'OCDE, organisée à Istanbul conjointement par la Direction de la science, de la technologie et de l'industrie (STI), d'une part, le ministère turc de l'Industrie et des Échanges, d'autre part, s'est penchée sur la question de la promotion de l'entrepreneuriat et des PME innovantes dans une économie mondialisée. Elle a mis l'accent sur l'impérieuse nécessité de fonder le vrai développement, celui qui doit être en symbiose profonde avec les nécessités locales et régionales, sur les cellules socio-économiques de base d'une planète aux richesses humaines diversifiées.

L'équilibre dans la dynamique est visé aussi par le monitoring , une gestion appuyée sur l'audit, la supervision et l'impulsion accompagnée, sur un « *turn-over* » (roulement du personnel) systématique, le travail intérimaire, l'exigence pour le travailleur d'être « tout prêt » à assumer les fonctions professionnelles envisagées par l'entreprise qui rejette en quelque sorte, dans ce cas de figure, toute formation interne, laissant aux pouvoirs publics et aux candidats au travail intéressés la pleine responsabilité de leur apprentissage : une formule particulièrement rodée au Japon et aux États-Unis, tandis que dans la « vieille » Europe notamment la fidélisation professionnelle est encore vivante, même dans de grandes firmes multinationales (Nestlé...).

La création des *zones franches*, tant dans les pays en développement qu'en pays développé, relève également d'une stratégie planétaire. La zone franche, dispositif d'exonération fiscale en faveur d'entreprises implantées ou créées en site urbain sensible, est un moyen de relancer ou de soutenir le développement économique local ou régional. Il s'en crée constamment. Hong-Kong, Singapour ont figuré parmi les plus prestigieuses et efficaces. En France par exemple, ont encore été mises en place, à partir de janvier 2004, 41 nouvelles zones franches urbaines (ZFU), une seconde génération de sites de banlieue en détresse (fig. 6), bénéficiant durant cinq années du régime spécial d'exonérations fiscales (impôt sur les bénéfices, taxe professionnelle, taxe foncière sur les propriétés bâties), sociales et patronales, mis en place en 1997, en faveur des entreprises implantées ou prêtes à le faire dans 44 autres quartiers sensibles. L'employeur doit en outre réaliser un tiers des embauches parmi les habitants du quartier délimité en ZUS (zones urbaines sensibles).

Cette fois-ci, il fallait toutefois répondre à des exigences communautaires européennes plus strictes, pour éviter toute distorsion concurrentielle : les firmes bénéficiaires du régime d'exonération ne peuvent avoir qu'un rayonnement local, correspondant à la stricte définition communautaire, telle que celle d'un plafond d'un maximum de 10 millions d'euros de chiffre d'affaires et de 50 salariés, en vue de favoriser les services et autres activités de proximité. Signalons à titre indicatif que l'impact budgétaire est de 90 millions d'euros pour 2004 et de 380 millions d'euros pour 2008. Les ZFU s'appuient sur des ZUS d'au moins 10 000 habitants, souffrant d'un chômage élevé, notamment dans une forte population de moins de 25 ans, et d'un potentiel fiscal faible.

B. Actions ponctuelles

À l'échelle régionale, la notion de coopération n'est plus forcément antinomique par rapport à celle de concurrence. Si des stratégies de coopération régionale impliquent désormais aussi, dans de nombreux cas, un marketing interrégional entre régions limitrophes, les régions qui ne le sont pas sont limitées à des stratégies de coopération (Strittmatter, 2002).

Depuis la seconde moitié du XIXe siècle, les firmes visent la recherche d'une localisation optimale, en minimisant les coûts, selon la théorie d'Alfred Weber (1909). Dans cette optique pionnière, il convient de noter que l'industrie n'a pas diminué en importance, en dépit des apparences marquées par la projection spectaculaire des services. Elle s'est transformée en s'adaptant, par une souplesse extraordinaire, aux impératifs de la tertiairisation (Holz et Houssel, 2002).

La mondialisation des flux touristiques et des informations médiatiques, l'ouverture du goût et de l'appréciation de la qualité à ce que réalise « l'autre », naguère considéré comme un « étranger » au plein sens du mot, appuyés sur des acheminements intercontinentaux rapides et des procédés de conservation efficaces, quoique souvent sujets à critique écologique, favorisent considérablement les échanges et contribuent à insérer davantage les pays en développement aux circuits du marché porteur d'amélioration des revenus. Tel est par exemple le cas de la promotion nouvelle de fruits dits « exotiques » dans le Vieux monde, qui consomme dix fois plus de goyaves, papayes, mangues... qu'il y a une décennie. En France, les litchis de la Réunion et les fruits de contre-saison, comme les cerises du Chili, sont désormais sur de nombreuses tables toute l'année durant. En 2003, la mangue est devenue le fruit vedette, fondé sur

Figure 6
Nouvelles zones franches urbaines en France (2004)

a. Territoire national

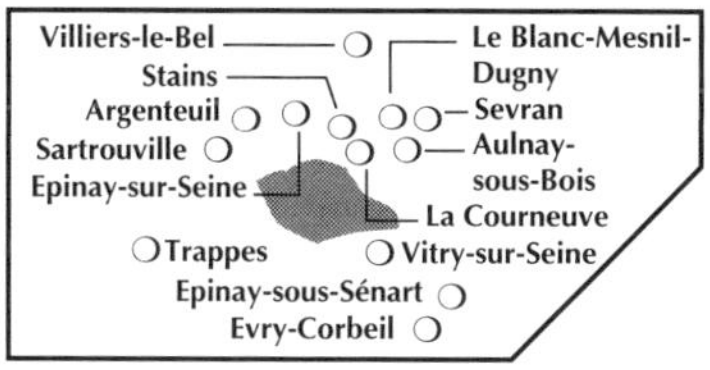

b. Région Île-de-France

Source : DATAR

une importation de 23 millions de tonnes, correspondant au tiers environ de l'ensemble de la demande. L'ananas ne figure plus qu'au second rang, avec 14,8 millions de tonnes importées, suivie de la papaye (9 millions), puis de l'avocat (2,7 millions).

Asie, Amérique latine et Caraïbes représentent environ 57 % des exportations mondiales de spécialités tropicales. Les principaux marchés importateurs en sont l'Europe (41 %) et les États-Unis (31 %), suivis des « poches » de l'Asie riche. Le Japon est devenu le principal client des Philippines.

Tous les secteurs et branches d'activité, tous les territoires dorénavant susceptibles de bénéficier de retombées en matière d'innovation, s'orientent vers la course aux équipements adéquats.

Dans la région de Pondichéry, des responsables municipaux avisés d'une bourgade se sont mis au diapason, en 2003, par l'acquisition de 5 ordinateurs permettant aux habitants intéressés de s'initier aux nouvelles méthodes de gestion fort utiles à une insertion internationale. Le rôle des PMI apparaît de nouveau comme primordial, surtout à l'échelle locale. Le développement à vocation durable n'échappe pas, bien au contraire, à cette exigence.

ORIENTATIONS BIBLIOGRAPHIQUES

- HOLZ J.-M., HOUSSEL J.-P. (dir.), *L'industrie dans la nouvelle économie mondiale,* PUF, Paris, 2002, 450 p.
- LESTRADE M., *Système d'information et implantation spatiale des grandes entreprises – Étude de géographie des télécommunications,* thèse, Université Paris IV-Sorbonne, 2 vol., Paris, 1998
- MEYER J. A., *Regionalmarketing : Grundlagen, Konzepte und Anwendung,* Munich, 1999, 243 p.
- MUSTAR P., PENAN H., *Encyclopédie de l'innovation,* Economica, Paris , 2003, 749 p.
- OCDE, *Tableau de bord de l'OCDE de la science, de la technologie et de l'industrie,* OCDE, Paris, 2003
- SCHÄFER N., HOHL M., *Die Stadtregion Karlsruhe auf dem Weg zu einer Sprintregion in Europa,* Materialien zur Regionalentwicklung und Raumordnung, 4, Universität Kaiserslautern, 2002
- STRITTMATTER R., *Regionenmarketing in der Europäischen Union – Determinanten einer strategischen Marketingkonzeption für die « Vier Motoren für Europa »* (Baden-Württemberg, Katalonien, Lombardei, Rhône-Alpes), Fribourg-en-Brisgau (http ://www.freidok.uni-freiburg.de/volltexte/499), 2002
- VELTZ P., *Mondialisation, villes et territoires,* PUF, L'économie d'archipel, Paris, 1996
- WALLERSTEIN I., *The Capitalist World-Economy,* University press, Cambridge, 1979
- ZINKL W., STRITTMATTER R., *Ein Innovationsmarkt für Wissen und Tefchnologien : Diskussionsbeitrag zur Neuausrichtung der Innovationspolitik in der Schweiz,* Im Auftrag der Stiftung « Avenir Suisse », Zurich, 2003

  (http ://www.avenir-suisse.ch/uploads/media/innovationsmarkt.pdf).

Quatrième partie

LES EFFETS DU DÉVELOPPEMENT

Autour de chaque activité humaine, autour de chaque intérêt professionnel, scientifique, social ou culturel, s'organisent des associations internationales. Cette extension des intérêts de l'homme à l'échelle universelle est une des plus belles pages de notre époque.

U Thant, Secrétaire général de l'Organisation des Nations unies, 1970

Chapitre 1
LES COMPOSANTES SOCIALES

Dépeindre la vie des gens n'est rien, tant que l'on n'a pas décrit leurs perceptions.

H. James, *Nouvelles complètes*, Gallimard, coll. « La Pléiade », Paris, 2003

I. L'IMPORTANT EST LE SOCIAL

Le développement ne saurait être efficace et entièrement accompli, nous l'avons constaté, que dès lors que ses retombées sociales se prolongent dans la durée, le long terme. À ce titre, la Commission mondiale sur l'Environnement et le Développement a bien précisé que « le développement est durable s'il répond aux besoins du présent sans compromettre la capacité des générations futures de répondre aux leurs » (CMED, 1987).

Déjà Joseph Aloïs Schumpeter a mis l'accent sur les facettes sociales du développement, dans ses ouvrages fondamentaux sur « nature et contenu principal de la théorie économique » (1908), « théorie de l'évolution économique » (1912), « impérialisme et classes sociales » (1927), « capitalisme, socialisme et démocratie » (1942), ou « histoire de l'analyse économique » (1954). S'il montre que l'entrepreneur est déterminant en matière d'innovation et d'investissement, c'est-à-dire dans le domaine de la croissance, il ne néglige pas la facette sociale, sachant dominer « toute » l'économie, contrairement à de nombreux économistes de nos jours, très spécialisés, ayant recours à une très grande sophistication des outils de mesure et d'appréciation, sans disposer de l'indispensable base culturelle à vocation générale, nécessaire à une vraie aptitude à la compréhension des interférences, de l'articulation des interconnexions des multiples et complexes mécanismes socio-économiques... (Schumpeter, 2004). Jean-Claude Casanova, universitaire et directeur de la revue « Commentaires », qui a dirigé la traduction de l'ouvrage monumental de Schumpeter, « Histoire de l'analyse économique », a écrit à cet effet qu'« il n'y a plus d'économistes qui sachent vraiment et qui maîtrisent toute l'économie... Alors que les champs d'intérêt de Schumpeter — comme d'ailleurs ceux de Marx et de Keynes — sont particulièrement vastes. Il apprécie autant, sinon plus, l'œuvre de philosophie morale d'Adam Smith que sa "richesse des nations". Mais il est aussi familier de la pensée de Hegel. Il admire les grands Français, Quesnay, Turgot, Jean-Baptiste Say, et plus encore Walras, inventeur de l'équilibre général. S'il ne manifeste guère d'admiration pour Malthus, il a un grand respect pour Ricardo... Très proche de Max Weber quand il était encore en Europe comme lui et comme Pereto, il juge l'économie inséparable de la sociologie. » (*Les Echos*, Paris, 13.4.04, p. 13).

Schumpeter, comme Adam Smith et le géographe Paul Vidal de La Blache, tirent leur grandeur et leur vision pénétrante des choses de leur embrassement très large des faits de civilisation, sans lesquels il est difficile de donner du sens à la science et, surtout, à la science appliquée.

Ainsi, oubliant l'essentiel, c'est-à-dire la finalité sociale de l'économie, certains économistes techniciens continuent à démontrer « brillamment », statistiques, quotients, références à la pensée dominante à l'appui, que les sociétés qui ne répondent pas aux critères établis dans cette optique, font fausse route : par exemple lorsqu'elles n'acceptent pas de généraliser le risque social, sous prétexte que la liberté du marché est susceptible de limiter les effets du risque, sans toutefois donner aucune certitude à ce sujet. Il convient certes de ne pas donner dans un quelconque populisme par la méconnaissance des règles élémentaires d'un bon fonctionnement économique.

Ainsi il est devenu scientifiquement et politiquement impossible de suivre les thuriféraires des « droits acquis » à un moment donné et dans des circonstances susceptibles d'être dépassées, dès lors que de nos jours les progrès biologiques et ceux de la médecine sont parvenus à prolonger sensiblement l'espérance de vie et à améliorer considérablement les conditions de vie dans les pays dits avancés, mettant normalement en cause des avantages inhérents à une situation révolue. *C'est tout le drame des sociétés et des gouvernements qui achoppent sur cette question, sans dépasser les uns et les autres un horizon mental dont les références matérielles ont disparu depuis belle lurette.* Le monde actuel requiert, pour s'engager vers des solutions adéquates, une vaste mutation mentale et caractérielle de l'ensemble du corps social, dirigeants politiques en premier, entrepreneurs et salariés ensuite.

Il faut notamment renoncer enfin au concept des « Trente glorieuses », qui impliquait la représentation d'un progrès scientifique et technique illimité dans le cadre d'une industrialisation quasiment sans rivages, le déploiement de la production et de la consommation, la croissance et, comme corollaire, l'élévation continue du niveau de vie. *Autour de 1958, la première grande rupture socio-économique contemporaine, le Club de Rome* a déjà mis en garde contre l'excès d'optimisme et invoqué la notion de croissance zéro. Pour ce qui était des pays en développement, l'agronome René Dumont a tiré à la même époque la sonnette d'alarme par son ouvrage provocateur, mais lucide, intitulé *L'Afrique noire est mal partie.* Les organismes financiers internationaux, fondements de l'organisation mondiale après la Seconde Guerre mondiale, Fonds monétaire international et Banque mondiale notamment, ne sont pas parvenus, bien au contraire, à enrayer l'endettement général, voire le surendettement initié en grande partie par les mesures qu'elles avaient préconisées. Leur nouvelle politique dite d'ajustement structurel, mise en place dans les années 1980, n'a eu guère davantage de succès.

De nouvelles voies n'ont cessé de se faire entendre entre-temps pour dénoncer *le scandale du développement fallacieux* dont de nombreux économistes, aussi des géographes, n'ont cessé de se faire les défenseurs « scientifiques », à la faveur de la pensée dominante. Au début des années 1990, Amartya Sen, prix Nobel d'économie, a fait apparaître l'expression « développement humain », concept déjà largement répandu depuis les années 1950 par le mouvement « Économie et humanisme » et d'autres. Fort de son prix Nobel, Sen a pu faire *considérer le développement non plus comme l'expression d'un accroissement des biens, mais comme celle d'une accroissement des droits : à l'éducation, au savoir et au savoir-faire, à la reconnaissance, à la participation, au travail, à la santé, au bien-être.* Les Sud ne furent plus considérés comme les seuls à connaître un développement insuffisant et inégal, les Nord aussi.

Mais, tandis que le développement durable est nécessairement une composante du « développement humain », la notion même de soutenable a été défigurée par des économistes dits confirmés et des responsables économiques de poids : ils ont publié le « manifeste pour le développement durable », affirmant tourner le dos à la croissance zéro, le développement durable voulant une croissance soutenue (Raymond Barre, Michel Camdessus, Francis Mer, Luc Ferry...). Le fossé qui sépare des positions contradictoires continue à réduire les chances d'une mutation de la pensée dominante en une pensée plurielle et sociale, à un moment où, nous l'avons vu, la notion de gouvernance est elle-même fréquemment galvaudée et suscite des doutes sur les possibilités réelles d'une démocratisation des institutions publiques dans le cadre du système politico-économique actuel dans les pays avancés.

II. LE DÉVELOPPEMENT EST UN TOUT

L'analyse de la genèse, de la reproduction et de la transformation des écarts de développement dans le monde, soumises à la forte pression de l'économie mondialisée, des migrations nationales et internationales croissantes (Claude, 2002), dont la maîtrise des régulations échappe toujours davantage aux pouvoirs nationaux, conduit à une recherche croissante de garde-fous sociaux à l'échelle du globe. Il convient donc de comprendre vraiment, en tout premier lieu, l'espace global, notamment méthodologiquement, sans passer par une approche modélisante (Vandermotten, 2003).

Le développement est un tout. Il est incompréhensible, si l'on ne prend pas en compte l'ensemble des paramètres qui le déterminent, le structurent, le font évoluer.

C'est le cas entre autres des soi-disant pays à prix bon marché, sources d'attraction internationale de consommateurs aux attitudes équivoques, ambiguës, dont les réactions en tant que salariés ne sont pas du tout les mêmes. Un défilé syndical unitaire, le premier en son genre, a par exemple tiré la sonnette d'alarme dans la principauté d'Andorre, le 1er mai 2004, le jour même de l'entrée, à grand fracas médiatique, de 10 pays de l'Est dans l'Union européenne. Il a bloqué le centre d'Andorre-la-Vieille, considéré par les syndicalistes comme une véritable supermarché, « paradis fiscal mais enfer social ». Parcourant sur plus d'un kilomètre l'artère centrale de cette capitale financière, les 300 à 500 personnes en colère ont réclamé l'établissement de droits syndicaux, de garanties sociales, de normes d'hygiène et de sécurité dans les entreprises, régies, selon elles, « pour le moment par les règles de l'ultra-libéralisme » qui perpétuent un système dans lequel « règne la liberté de licenciement immédiat ».

Les notions de solidarité ont une importance déterminante. En Corse par exemple, l'été caniculaire de 2003 n'a pas fait augmenter catastrophiquement le nombre de victimes âgées, comme ce fut le cas sur le continent. La structure familiale, qui réunit toujours encore, selon une vieille tradition, les trois générations — grands-parents, parents et enfants — a contribué, par la proximité des membres, à soulager les vieilles personnes, attitude abandonnée par la civilisation urbaine dite de progrès. C'est aussi cette ambiance marquée par un fort enracinement qui tend à lutter contre les effets néfastes d'un tourisme « étranger » envahisseur, peu respectueux des règles écologiques. Elle n'hésite pas à rappeler, parfois très durement, aux nouveaux-venus, aux « étrangers », qu'ils doivent se conformer aux « us et coutumes » de la population du pays, que d'aucuns n'hésitent pas à appeler nation, depuis l'épopée du « libérateur » Paoli (XVIIIe siècle).

Le développement est tributaire d'une certaine masse critique. En matière touristique par exemple, la fin de la période industrielle a induit des mouvements de masse, en raison de l'idéologie socialiste de l'époque, qui voulait assurer le bonheur des classes laborieuses aussi rapidement que possible et dans des conditions superficielles d'impréparation d'une civilisation des loisirs très convoitée. À présent, nous savons que le tourisme, même populaire, a un prix plus élevé que les pionniers ne l'avaient soupçonné. Les dégâts, souvent irrémédiables, causés par l'irruption touristique de masse, notamment dans les pays en développement, sont tels que le coût des « réparations », dès lors que celles-ci sont encore possibles, s'avère être mainte fois supérieur au rapport financier enregistré par les pays en cause. Seuls des particuliers et des groupes commerciaux privés se sont enrichis, au détriment des collectivités, exploitant sans vergogne les avantages naturels, les bas salaires, bref les richesses naturelles et sociales des pays déjà défavorisés en soi (Wackermann, 1987).

ORIENTATIONS BIBLIOGRAPHIQUES

- CMED (Commission mondiale sur l'Environnement et le Développement), *Notre avenir à tous,* Éd. du Fleuve, Paris, 1987, 430 p.
- CLAUDE G., *Migrations en Méditerranée,* Ellipses, coll. « Carrefours », Paris, 2002
- SCHUMPETER J. A., *Histoire de l'analyse économique,* Gallimard, coll. « Tel », 3 vol., Paris, 2004
- VANDERMOTTEN C., *La production des espaces économiques,* t. 2, Éd. de l'Université de Bruxelles, Bruxelles, 2003, 295 p.
- WACKERMANN G., *Tourisme et capacité de charge spatiale des pays en voie de développement,* Mulhouse, LARITE, Université de Haute-Alsace, recherche réalisée pour le Conseil des sciences sociales de l'UNESCO, Paris, 1987, 179 p.

Chapitre 2
LES NOUVEAUX RAPPORTS « ESPACE-TEMPS »

C'est par la circulation que les divers points de l'univers habité communiquent entre eux.
J. Gottmann

Depuis plus d'un demi-siècle, le monde traverse une révolution permanente de rapprochements spectaculaires des hommes sur un globe de plus en plus proche des uns et des autres. En mars-avril 2004, nous avons appris que la Chine allait commander 2 000 avions pour accélérer ses mobilités intérieure et extérieure. Au même moment, EADS a annoncé le lancement de son modèle A 380, d'une offre d'un millier de places, transport gigantesque devenu possible par la réduction sensible des poids, source d'augmentation de la contenance et de la vitesse. De son côté Boeing va prélever directement l'oxygène dans l'atmosphère, une technologie qui favorise une réduction sensible du poids à transporter.

Les nouvelles relations entre l'espace et le temps ne sont toutefois pas nécessairement fondées sur le raccourcissement extraordinaire des distances en durée. Le développement efficace ne s'appuie pas forcément sur un rapport espace-temps chronologiquement réduit au maximum. Il est en effet des durées incompressibles au bénéfice de l'amélioration des relations qualitatives. Déjà en 1952, Jean Gottmann a précisé : « La région vient... s'interposer entre l'État et l'individu et elle devrait faciliter les rapports entre eux au lieu de les compliquer comme certains le craignent ».

I. L'INFLUENCE COMPLEXE CROISSANTE DE L'ESPACE ET DU TEMPS

A. Le sens de l'espace et du temps

L'humanité a toujours été fascinée par les rapprochements et les techniques mises en œuvre à cet effet. Elle a craint aussi les catastrophes, les changements relativement rapides des conditions météorologiques et climatiques. Les religions y ont décelé la volonté divine de se rappeler au souvenir des hommes, par une proximité subitement retrouvée en signe d'avertissement, de colère, par un « clin d'œil » de rapprochement aussitôt perçu comme un « message entendu ». Les quelques réflexions évoquées dans l'encart ci-dessous sur cette question montrent l'importance de ces tendances.

Encart 22
Évocations

1) De nature religieuse :

– « Qu'est-ce que le temps ? Si nul ne me le demande, je le sais, mais sitôt qu'on m'interroge, la réponse se dérobe » (saint Augustin)

– Il n'y a d'espérance « que là où on accepte de ne pas voir l'avenir » (frère Christian de Chergé, prieur des moines de Tibhirine)

2) Entre religion et art

– la musique, domaine du goût et de l'immortalité : « le mystère de l'instant » (Jankélévitch)

– chaque son est « révélé » (Webern)

– « pendant le chant, on ne vieillit pas » (Guillevic, poète breton)

– chez Olivier Messiaen, qui ne craint pas la dimension, le temps est une composante fondamentale de sa musique. Certains de ses « tempi », très lents, visent quasiment l'intemporel.

3) Autres :

– « le temps est le sens de la vie » (Paul Claudel)

– la mutation sociale contemporaine entraîne « une rupture dans la temporalité » (Eugène Sue)

– « ... tout le monde court devant soi parce qu'on a perdu la formule pour s'arrêter » (Jean Baudrillart)

– « il y a de plus en plus de moyens de communication, mais plus d'interlocuteurs » (Octavio Paz, prix Nobel de littérature)

– l'impatience est « une désobéissance du temps » (Simone Weil)

– « quand c'est urgent, c'est déjà trop tard » (Talleyrand)

– « ... il y a le rythme de la terre, auquel les laboureurs se sont pliés depuis des siècles... Et ce rythme est celui du temps lui-même. L'unité de mesure est le jour en non pas l'heure » (Pierre-Jakez Hélias : « Cheval d'orgueil »)

– « mon peuple bien aimé, tu as perdu ton miel qui est non des choses, mais du sens des choses, et te voilà qui éprouves la hâte de vivre, mais n'en trouves plus le chemin » (A. de Saint-Exupéry : *Citadelle).*

– « Patience, patience, patience dans l'azur.
Chaque atome de silence est la chance d'un fruit mûr » (Paul Valéry)

Pour le frère Christian de Chergé, vouloir imaginer l'avenir, « c'est faire de l'espérance-fiction ». Saint-Exupéry traduit la double crise de nos jours : celle de la finalité, par l'errance en tant qu'hésitation sur le sens, et celle de la centralité, dans la mesure où le monde est désorbité, désaxé. Paul Valéry évoque une invitation, en quelque sorte, à la lenteur immuable du temps, qui relève de l'esthétique et qui donne sa vraie valeur aux choses.

B. La quête de la proximité et de la vitesse

Concrétiser les rapports entre espace et temps signifie être préoccupé par une proximité de plus en plus grande et les moyens d'y parvenir, c'est-à-dire améliorer la vitesse de la circulation des personnes, des biens et de la pensée.

Ce ne fut pas le cas, toutefois, chez certains chercheurs de bonheur. Pour Pascal, par exemple, « tout le malheur de l'homme vient d'une seule chose qui est de ne savoir demeurer au repos dans une chambre ». Ce penseur suggérait de construire le bonheur sur l'intériorisation matérielle et mentale.

Rien n'a cependant pu empêcher le monde de « tourner », et les hommes avec lui. L'humanité active et entreprenante a appris très vite que la mobilité, le voyage, les échanges, incitèrent à penser autrement, à concevoir le développement de manière dynamique, à l'échelle du globe (Roche, 2003). Tandis que le XVIIe siècle déjà, celui de Pascal, a été marqué par la révolution du pendule, le XXe l'a été par celle de l'électronique. Désormais la mesure du temps permet la synchronisation des fréquences dans les techniques. Le domaine des microtechniques nous a entraînés dans ce que l'on appelle les techniques « temps-fréquence ».

Quelques rappels historiques nous permettent d'illustrer de plus près cette évolution. Le raccourcissement des distances par le percement des détroits, l'aménagement des grands canaux transmaritimes et transocéaniques (photo 13) ont fait sensation. Le canal de Suez, inauguré en grande pompe par l'impératrice Eugénie de Montijo en 1869, a défrayé les chroniques de la presse internationale.

Les grands bouleversements des transports inaugurés par le chemin de fer, ont conduit Henri Heine à écrire : « Même les termes élémentaires de temps et d'espace sont devenus chancelants. Le chemin de fer tue l'espace, et il ne reste plus que le temps ». Le désenclavement des « arrière-pays », terme significatif de cette mise à l'écart, par la voie ferrée, a aussi désenclavé les mentalités, contribué à insérer des activités quelque peu ringardes au mouvement économique et social issu de la révolution scientifique et industrielle. Ce fut notamment le cas de l'arrière-pays méditerranéen européen au tournant du XXe siècle.

La ligne à voie étroite Nice-Digne (le train « des pignes »), désormais à usage économique réduit, a joué un rôle non négligeable dans l'ouverture récréative et touristique ; elle a recommencé à être activée dans cette fonction (photo 14). Le déploiement tertiaire actuel et l'ambiance d'urbanisation généralisée de la rive nord méditerranéenne continuent à s'appuyer sur cette évolution (photo 15). Le bassin méditerranéen, redevenu un espace de communication à part entière, depuis la fin du soviétisme, renforce la position de ses carrefours (Wackermann, 2001), mis en réseaux grâce à l'informatisation (Dupuy, 2002).

L'insertion plurimodale et la transcontinentalisation en Europe activent sensiblement les mutations fondées sur de nouveaux rapports entre l'espace et le temps ; Saint-Pétersbourg est redevenue la « Venise du nord » (photo 16). Ces transformations ont intégré l'espace baltique, depuis la chute de l'Union soviétique (Marcadon, 2001) : Néva et mer Baltique sont devenues des outils de développement en faveur de Saint-Pétersbourg.

Internet est devenu un outil au service du *nouveau rapport « espace-temps mondial »*. Il est conçu, développé plutôt comme un lieu que comme un nouveau moyen de déployer des actions.

Il permet aux entreprises d'adapter la capacité de production en temps réel, de connaître en permanence le taux de charge réel de leurs équipements pour mieux maîtriser leurs délais. Les perfectionnements visés sont notamment la généralisation du

15. La rive nord de la Méditerranée et son déploiement tertiaire : ambiance urbaine de la région de Monaco

13. Le raccourcissement des distances, facteur de développement : le Canal de Corinthe

16. Saint-Pétersbourg, la « Venise du nord »

14. Ouverture ferroviaire de l'arrière-pays méditerranéen : la ligne à voie étroite Nice-Digne (le train « des pignes »), Gare de Thouët s/Var (1985)

suivi de l'ensemble des données de production et de la performance de chaque poste de travail.

La « *time geography* » (géographie du temps), fortement influencée par la connotation fonctionnelle de profit économique, a mis l'accent sur la réduction de l'importance de l'espace au bénéfice de la suprématie du temps. Dans un second temps, elle se penche sur la manière dont l'homme, la société façonnent eux-mêmes leurs « contraints » et possibilités, en quelque sorte leur contexte, un terme qui n'est pas à connotation déterministe, mais probabiliste. Si ses bases théoriques demeurent insuffisantes, elle a néanmoins contribué à faire progresser la réflexion générale sur l'espace-temps (Kramer, 2000 ; Shen, 2000). Nous pouvons observer un peu partout que la relativité du temps au regard de l'espace, et inversement, modifie ainsi sensiblement les relations entre les sociétés et les territoires.

Les nouveaux rapports entre le temps et la mobilité se répercutent dans les domaines les plus divers et les plus fondamentaux. Les processus qu'ils ont induit, processus qui ne font que s'accélérer, ont provoqué une extraordinaire dispersion spatiale de la production, favorisé la sous-traitance, déclenché et affirmé le vaste mouvement mondial de la mise en réseaux des firmes, des groupes, des lieux de production et de décision, entrepreneuriale et publique. L'évolution vers de vastes systèmes d'assemblage, d'interconnexion des recherches, des données statistiques, des politiques et stratégies de développement, est fondée sur ce substrat. Les progrès de la logistique du transport et de la communication ont conduit aux notions de « *just in time* » (« juste-à-temps »), allant jusqu'à comprimer démesurément les temps d'approvisionnement, en vue de réduire les stocks à tel point que l'on visait le « stock zéro », avant que l'on n'en vienne à une conception moins stressante et nuisible pour le trafic : celle de l'acheminement « en temps utile », prenant en compte l'ensemble des paramètres imposés par un environnement de plus en plus contraignant et exigeant.

Aussi a-t-on pu parler d'une *mobilité durable*, dans le cadre du développement durable. Le transport du fret est par exemple susceptible de constituer dans ce domaine l'un des maillons privilégiés des chaînes logistiques d'autant plus que sa flexibilité et son importance économique — 10 % du PIB européen, soit 1 000 milliards d'euros — le substituent aisément à des facteurs de production plus coûteux, tels que les terrains d'implantation des aires de stockage ou la main-d'œuvre. Consciente de la nécessité d'éliminer les nuisances occasionnées par cette mobilité (effets négatifs sur la santé, menaces pour la vie par les accidents, destruction d'écosystèmes, saturation des grands axes routiers...), la Commission de l'UE a mis en place trois actions majeures destinées à contribuer à un renversement de tendance :

- modifier les organisations logistiques actuelles par la rationalisation des activités logistiques de production et de distribution à toutes les échelles spatiales. Associer cette démarche à celle d'une optimisation du chargement des poids lourds, d'une réduction des parcours à vide, d'une augmentation du poids et des dimensions des véhicules routiers de fret ;
- introduire une politique fiscale intégrant les coûts externes afférents au transport, coûts jusqu'à présent non facturés aux utilisateurs des infrastructures ; mise au point d'une redevance fondée sur les distances et les véhicules d'un certain gabarit (par exemple les plus de 3,5 tonnes) sur les modèles suisse et allemand ;

– rééquilibrer l'offre de transport de marchandises pour permettre une harmonisation du partage modal sur de longues distances, par le biais de modes respectueux de l'environnement (cabotage maritime, navigation intérieure, transport ferroviaire rendu suffisamment efficace...).

Comme la politique des transports communautaire achoppe toutefois régulièrement sur le manque de volonté politique des gouvernants nationaux, il importe de concrétiser celle-ci en la focalisant notamment sur les actions suivantes :

– le développement d'infrastructures favorisant l'interopérabilité/intermodalité ;
– la simplification et l'harmonisation des formalités douanières ;
– le déploiement des techniques de transfert de données et de suivi de la marchandise sur le modèle routier ;
– l'amélioration substantielle de l'offre de service offerte par ses modes aux chargeurs (rigueur, souplesse, ponctualité...).

Malheureusement, en dépit de toutes les mesures préconisées, les fondements les plus élémentaires d'une action efficace en faveur d'une mobilité durable continuent à faire défaut. Ils sont précisés dans la conclusion que Pierre Salini a composée pour le Livre blanc des transports de 2001 (Paris, Conseil national des transports) : « ... les seules choses qu'il faille souhaiter au fond, c'est la cohérence, la simplicité et l'efficacité du dispositif. Nous en sommes souvent bien loin ».

II. LES EFFETS CROISÉS DU DÉVELOPPEMENT

A. Le temps et l'espace de la mémoire

La perception et le vécu du développement par les usagers, les parties prenantes, sont des éléments fondamentaux de toute prise en compte, par les pouvoirs publics et les initiatives privées, des éléments constitutifs de leur politique.

Toute innovation — le développement en est une, capitale — requiert une prise de conscience, une adhésion et une adaptation. Elle est donc nécessairement liée à une certaine durée d'inhibition, d'incubation, de familiarisation, au cours de laquelle se décantent, dans le meilleur des cas, les contradictions entre les habitudes prises, les croyances et pratiques ancestrales, d'une part, les apports nouveaux, les bouleversements, les changements de niveau et d'échelle, d'autre part. « Les représentations individuelles pèsent d'un grand poids et il existe de grands mythes collectifs qui guident les appréciations et marquent les cultures d'héritages souvent durables. Le passage du mythe à la mode, voire à l'idée reçue, est fréquent : le paysage peut alors être aménagé, conservé ou même reconstruit. Il devient lieu ou prétexte d'affrontements entre forces antagonistes et désirs contradictoires » (CTHS, 2004).

Les représentations et applications de la notion de temps sont par ailleurs différentes, selon que l'on se situe au niveau historique, culturel ou social. Au vingtième siècle surtout, on a pu observer que le temps des sciences n'était pas réductible à celui des techniques, quoique chacun des deux domaines ait constamment fécondé l'autre. Il a été possible de comprendre aussi qu'il fallait penser le rythme de l'histoire des sciences de manière discontinue, sous la forme de séquences révolutionnaires, susceptible de remettre en cause l'aspect cumulatif et la notion même du progrès scientifique. Une constatation identique a pu être faite à propos du rythme de développement des techniques, quoique la discontinuité soit moins prononcée ici.

Le cahier préparatoire au 129e congrès national des sciences historiques et scientifiques (Besançon, 2004) précise en outre qu'« en opérant *ces trente dernières années* un passage des sociétés lointaines (dites parfois froides, ahistoriques...) aux sociétés proches, *l'anthropologie a basculé de l'axe de l'espace à l'axe du temps.* C'est ainsi que le rapprochement géographique — déplacement du regard des sociétés "exotiques" aux sociétés européennes, d'abord "rurales" puis "urbaines" — a entraîné une rupture épistémologique parfois radicale.

... l'articulation du temps linéaire et du temps cyclique... a permis longtemps de penser l'articulation du singulier au collectif, du biographique et du sociale ». À présent, en notre temps orienté vers la mondialisation et le virtuel, « interroger le rapport au temps... c'est peut-être aussi substituer une notion à l'autre, le pluriel au singulier. "Les temps urbains", et même les "rythmes" et les "modes" de rapport au temps, avec leurs accélérations, et ce phénomène de la synchronie qui fait vivre un même événement en plusieurs points de la planète » (CTHS, 2004). Le développement participe étroitement à cette mutation.

B. Les fondements politico-économiques

Les politiques de développement sont de plus en plus tributaires des nouveaux rapports entre l'espace et le temps, ainsi que de la dynamique suscitée par ceux-ci. Le seul fait, déjà fort complexe en soi, d'associer constamment, même dans le cadre du développement régional, les échelles locales et l'échelle globale, celle-ci conditionnant celles-là, et celles-là conduisant dans une certaine mesure à leur prise en compte par la mondialisation, témoigne de la « proximité » croissante des territoires entre eux. La réduction des distances par l'accélération des transports matériels, les flux et connexions informatiques ou communicationnels, la diffusion et les transferts de savoirs et de savoir-faire, favorise une multiplication et une diversification des phénomènes susceptibles, par leurs actions et réactions réciproques, de faire progresser, ralentir ou régresser le développement.

Dans cette optique, il convient de savoir dans quelle mesure la création d'entreprises est éventuellement plus efficace que la poursuite frénétique de la concentration des grands groupes. Des choix et ajustements s'imposent entre l'innovation technologique à l'échelle mondiale et les régimes de croissance propres aux territoires régionaux. L'observation attentive du développement aux différentes échelles socio-spatiales révèle que celui-ci est tributaire de plusieurs régimes de croissance, souvent enchevêtrés, qui se déploient à la fois dans le temps et l'espace (Fritsch, 2002). Un pôle universitaire orienté vers une recherche fondamentale de très haut niveau n'a que peu d'impact sur son territoire ambiant s'il ne transfère pas tout ou partie des résultats scientifiques obtenus vers la recherche applicable dans sa région. À cet effet, il importe qu'entreprises et territoire concernés connaissent une interopérabilité en matière de culture économique (Malecki, 2000). Le pôle universitaire a toutefois un retentissement international certain, le savoir engrangé étant susceptible d'aboutir au savoir-faire quelque part sur le globe.

ORIENTATIONS BIBLIOGRAPHIQUES

- AUDRETSCH D. B., FRITSCH M., « *Growth Regimes over Time and Space* », *Regional Studies* (Grande-Bretagne), 36, 2, 2002, pp. 113-124
- BERECHMAN J. et ass. (dir.), *Transport and Land Use,* Edward Elgar Publishing Ld, Cheltenham Clos, 1996, 736 p.
- BUTTON K., *Transport, the Environment and Economic Policy,* Edward Elgar Publishing Ld, Cheltenham Clos, 1993, 184 p.
- BUTTON K. et ass. (dir.), *Transport Policy,* Edward Elgar Publishing Ld., Cheltenham Clos, 1998, 384 p.
- CTHS (Comité des travaux historiques et scientifiques), *Le temps,* Besançon l'innovation, Paris, 2004, 55 p.
- DUPUY G., *Internet, géographie d'un réseau,* Ellipses, coll. « Carrefours », Paris, 2002, 160 p.
- ELLISON A.-P., *Entrepreneurs and the Transformation of the Global Economy,* Edward Elgar Publishing Ld., Cheltenham Clos, 2002, 320 p.
- HAYASHI Y. et ass. (dir.), *The Environment and Transport,* Edward Elgar Publishing Ld., Cheltenham Clos, 1999, 528 p.
- KRAMER C., « *Zeit und Raum – Zeit für Raum ? Räumliche Disparitäten in der individuellen Zeitverwendung, ein Forschungsprojekt* », *Zeitbudget in Deutschland – Erfahrungsberichte der Wissenschaft,* 17, Schriftenreihe Spektrum der Bundesstatistik, Wiesbaden, 2000, pp. 19-43
- MALECKI E.J., « *Knowledge and Regional Competitiveness* », *Erdkunde* (Allemagne), 54, 4, 2000, pp. 334-351
- MARCADON J., *Les enjeux atlantiques,* Ellipses, coll. « Carrefours », Paris, 2001, 160 p.
- NAGURNEY A., *Sustainable Transportation Networks,* Edward Elgar Publishing Ld., Cheltenham clos, 2000, 304 p.
- PROOST S., BRADEN J.-B., *Climate Change, Transport and Environmental Policy – Empirical Applications in a Federal System,* Edward Elgar Publishing Ld., Cheltenham Clos, 1998, 528 p.
- ROCHE D., *Humeurs vagabondes,* Fayard, Paris, 2003, 1031 p.
- SHEN Q., « *Spatial and Social Dimensions of Commuting* », *Journal of the American Planning Association,* 66, 1, 2000, pp. 68-84
- WACKERMANN G., *Les frontières dans un monde en mouvement,* Ellipses, coll. « Carrefours », Paris, 2003, 160 p.

Chapitre 3
LES COMPOSANTES SPATIALES

La société internationale est un système, à savoir un ensemble d'éléments placés dans des rapports d'interaction réciproque. Les transformations de la société internationale auxquelles nous assistons ont eu essentiellement l'effet de modifier, jour après jour, la quantité, le type et la nature des éléments par lesquels elle est constituée. Ces transformations ont encore l'effet de changer le type, la nature et le nombre des rapports qui existent entre ces éléments en mutation.

F.-A. Casadio, « La transformation de la société internationale », *La nouvelle société ouverte*, ministère des Affaires étrangères et de la Coopération au développement, coll. « Textes et documents », 296, Bruxelles, 1973, p. 9

I. L'IMPORTANCE DU FACTEUR SPATIAL

Celui-ci est d'abord *une question d'échelles.* L'interprétation du mécanisme de l'échelle dans la pratique de la géographie (Racine et ass., 1980) est une démarche fondamentale. Chaque conception et chaque pratique spatiales étant fondée sur la notion de territoire aux diverses échelles, donne lieu à l'interprétation de cette notion territoriale en raison de sa nature et de ses orientations. Nous distinguons ainsi entre territoires institutionnels, territoires fonctionnels, territoires vécus, territoires de la mobilité, territoires virtuels...

La mise en réseaux a induit de nouveaux modes de fonctionnement territorial et vice versa. Celle destinée par exemple à faciliter la structuration de l'espace communautaire européen s'appuie à la fois sur le niveau d'action national et la dimension supranationale. Seule la finalité à vocation intégrative conduit à un tissu spatial cohérent, fondé sur des rapports transversaux en profondeur. Cela explique, par contraste, les multiples difficultés de collaboration et de partenariat efficace de part et d'autre de l'ancien Rideau de fer.

Si nous avons pu évoquer précédemment les antécédents historiques de l'étude des échelles (Christaller, 1933 ; Lösch, 1944), les réalités contemporaines nous conduisent à la prise en compte des réseaux d'innovation et de leurs perspectives spatiales (Camagni, 1992), le milieu créatif en tant que moteur du développement économique régional (Fromenhold-Eisebith M., 1995)...

La notion de « leadership », très médiatisée, donc sujette à caution, suspectée notamment dans les sciences sociales, par suite de ses connexions inquiétantes avec la « théorie » développée autour de ce que l'on appelle les « grands hommes », au grand dam de la prise en compte objective des structures socio-économiques, resurgit depuis quelques années sous la forme de la question de la légitimité de la direction politique des sociétés contemporaines. Quelle part peut-on lui assigner vraiment dans le développement du territoire ? Quel rôle les « politiques » exercent-ils effectivement dans la réalisation théorique et pratique du développement territorial ? (Smith & Sorbets, 2003).

Il est vrai que *des personnalités ont pu forger le développement :*

- par leur compétence et leur esprit visionnaire : par exemple, à l'époque du « bon roy Henry » [IV], Sully, Olivier de Serres, Laffemas ; de nos jours, Philippe Lamour et la modernisation de la façade méditerranéenne française, notamment l'aménagement du Languedoc-Roussillon...,
- par leur charisme (Olivier Guichard, au début de la présidence de la République de Charles de Gaulle...),
- par leur autorité et leur volontarisme (les souverains prussiens encourageant au XVIIIe siècle les initiatives huguenotes en matière de mise en valeur économique de leurs possessions princières...),
- sans parler des contre-exemples non-démocratiques inhérents aux dictateurs de toutes sortes, mais non toujours économiquement et socialement négatifs (assainissement des Marais pontins par Benito Mussolini, reprise des plans autoroutiers allemands de la République de Weimar et début de mise en œuvre par Adolf Hitler...

Dans l'ensemble cependant, même si indéniablement des hommes façonnent des territoires, infirmant à leur manière le matérialisme historique, *les exigences de développement sont telles qu'elles requièrent des approches collectives* autour des compétences techniques, scientifiques, administratives, associatives... disponibles, pour faire face aux problèmes territoriaux du moment, dans une perspective de durée, plus ou moins longue, à présent « durable », dans le cadre institutionnel emboîté aux diverses échelles. Démarches de décentralisation, prise en compte avertie et nuancée du principe de subsidiarité, en toute connaissance de cause des nécessités de coordination et de structuration nationales, transfrontalières et supranationales, sont autant de facteurs qui plaident en faveur d'actions publiques appuyées sur des partenariats avec l'ensemble des acteurs de l'innovation et du déploiement socio-spatial. Elles posent alors avec insistance la question de la nécessaire légitimité du pouvoir politique, non pas solitaire, mais reposant sur le consensus démocratique des forces vives des territoires concernés.

II. LES ÉCHELLES DE BASE

A. L'échelle locale

L'échelle locale est déterminante pour le développement. Elle reflète la nature du système d'organisation territoriale de l'État, le degré d'intérêt témoigné aux sociétés de base, la marque de l'objectivité publique dans les plans d'occupation des sols, toujours menacés par des appétits catégoriels, voire individuels.

Les mutations locales ont suscité de multiples fractures d'autant plus difficiles à maîtriser et à contrer qu'elles se sont effectuées dans le désordre. Nombreux sont à présent les quartiers médiatiques chauds, ces stigmates de développements manqués, tant dans les sociétés dites avancées que dans les pays en développement. Malaises sociaux, insécurité, violences freinent le vrai déploiement, dans la mesure où de nombreux blocages empêchent toute vraie ouverture sur un avenir prometteur et plus ou moins serein.

Exemple médiatisé par excellence en France, la Zone à urbaniser en priorité (ZUP) de *Hautepierre,* une ville de 16 000 habitants *à la périphérie ouest de la ville de Strasbourg* (près de 260 000 habitants), dans une Communauté urbaine de plus de 450 000 habitants, construite en mailles dans les années 1970 pour éviter les effets concentrationnaires, n'a pas résisté à une marginalisation certaine (Wackermann, 2001). Les commerces de proximité, d'abord en plein développement, ont fini par succomber à l'ambiance insécuritaire, répercussion de la ghettoisation et du délabrement des rapports sociaux eux-mêmes favorisés par la dégradation rapide du bâti. Chômage des actifs et désœuvrement des jeunes se sont greffés sur cette situation à la faveur de la crise économique générale.

En 2001, les 2/3 des habitants de cette ZUP, qui apparaît comme « la plus jeune » de France, avec 70 % de la population âgés de moins de 25 ans, sont des Français nés hors de la France métropolitaine. 3 600 résidents seulement sont de nationalité étrangère, mais la plupart d'entre eux sont nés en France métropolitaine. Nous assistons à la contradiction suivante : au moment où les difficultés des ménages et le délabrement des rapports sociaux, y compris commerciaux, ont atteint un certain paroxysme, le taux de citoyens français est le plus élevé depuis la création de Cette ZUP. C'est aussi la période où la statistique enregistre le plus grand nombre de voitures par ménages, soit 2 941 ménages ayant une voiture, 647 disposant de deux voitures ou plus, contre 1 373 ménages avec voiture.

Les efforts de la municipalité, des associations, d'une police ouverte aux problèmes n'ont toujours pas enregistré d'effets suffisamment positifs pour encourager une reprise efficace de l'activité commerciale. En attendant, celle-ci végète dans le quartier même, tandis que les points de vente et services localisés sur le pourtour bénéficient de la désaffection interne, de même que la grande distribution représentée par Auchan.

L'ensemble résidentiel lui-même est fondé sur une équivoque structurelle. Projetée vers le milieu des années 1960, la ZUP devait constituer l'un des fleurons urbanistiques sociaux de la municipalité de Strasbourg, associant une fonction essentiellement résidentielle de 5 mailles — conçus comme de gros bourgs ou de petites villes chacune ayant environ trois milliers d'habitants par unité, à une fonction hospitalière départementale (une maille) et une fonction de services culturels (« Le Maillon »), religieux, administratifs (poste notamment), commerciaux et divers. Cet ensemble de 7 mailles fut *l'expression d'une volonté politique forte* destinée à étendre l'agglomération vers l'ouest en pleines terres loessiques fertiles, précédemment emblavées ou exploitées par de gros paysans du Kochersberg limitrophe et par un grand pépiniériste. Il devait constituer un genre de transition entre un milieu rural très typisé par ses gros villages prospères et une municipalité de capitale régionale qui cherchait à imprimer des marques urbaines originales à un nouveau quartier périphérique. C'est à cette fin que les mailles furent imaginées comme des sous-ensembles de taille humaine, voire des « villages », avec des surfaces relativement importantes réservées aux espaces verts, un jardin d'enfants et une école primaire chacune

Le maire de l'époque, Pierre Pflimlin, concevait même initialement un habitat social de niveau relevé susceptible de favoriser une réelle convivialité de bourg ou de toute petite ville, avec chacun ses quelques points de vente de détail et pharmacie de proximité. La population d'origine non hexagonale était au début peu importante ; elle était susceptible de s'intégrer sans grandes difficultés à l'ensemble. L'insertion des apports exogènes ultérieurs pouvait être facilitée, pensait-on, par l'assise initiale.

Dès avant la mise en œuvre du projet, l'Administration centrale a cependant reproché au maire la non-conformité aux normes HLM, système duquel devait relever cet habitat social. Avec un excès certain, le terme de luxe fut employé par des agents publics habitués à l'application pure et simple du règlement. Les services municipaux concernés ajustèrent donc le projet aux normes imposées, tout en gardant la structure prévue. Le concept fut en somme maintenu, mais la qualité des matériaux réduite à tel point que quelques années à peine après la fin du chantier de construction, le délabrement du bâti commença, sans parler de la minceur des cloisons qui, dès la prise de possession des appartements, a suscité des nuisances sonores souvent insupportables. À cet égard, *la conjonction de facteurs réglementaires rigides et d'un modèle très statique, non évolutif ni sur le plan mental ni sur celui des structures matérielles, a contribué dès le départ à accélérer l'échec.*

D'autres imperfections s'ajoutèrent à ces « ratés ». Chaque maille résidentielle ne comportait qu'un équipement de points de vente de détail réduit au strict minimum : boulangerie, boucherie, alimentation, ainsi qu'un service de santé, la pharmacie, dans le meilleur des cas, donc pas de façon systématique. La réduction drastique du nombre de magasins de proximité, voire leur non-programmation, ne fut pas propre à la politique pratiquée à Hautepierre, mais était déjà courante dans les cités d'habitation monofamiliale construites à Strasbourg dès les années 1950. Ainsi la Cité Le Toit Familial jouxtant Hautepierre au nord a dû attendre une vingtaine d'années pour pouvoir se ravitailler en pain dans le quartier même, lorsqu'un SUMA s'est installé sur la place. La boucherie implantée sur la place principale n'a pas résisté à la concurrence ultérieure d'un SUMA, localisé en face. Dans la ZUP, l'attraction du SUMA construit dans la maille commerciale, appelée Mail Catherine, a contribué également à la fragilisation des petits points de vente des mailles résidentielles, que l'insécurité et le vandalisme récents ont fini par faire disparaître pour l'essentiel.

Si la maille des services appelée Maillon est celle qui a réussi le mieux à s'affirmer et à perdurer avec son Centre culturel, la Poste, une récente Mairie de quartier, le tout appuyé plus ou moins sur Auchan ainsi que la galerie marchande et de services (guichet SNCF, services de la personne et de l'électro-ménager...) qui l'accompagne, elle n'est pas demeurée exempte de problèmes : quoique le plan d'aménagement initial y ait prévu l'implantation d'une église catholique, le curé résident nommé a hésité pendant plusieurs années à s'engager dans la construction de celle-ci : il préférait demeurer discret, agissant tant dans le domaine social que religieux, organisant ses offices d'abord sous le préau de l'école primaire publique de la maille Catherine, à proximité du Mail, puis dans la salle de sports de cette école. Cette approche soucieuse d'un milieu peu pratiquant, puis d'apports musulmans croissants, favorisa la convivialité fondée sur une entr'aide sociale coanimée par le curé. Invité à envisager la construction de l'église catholique sur l'emplacement prévu au Maillon, il s'est résigné à la préparation de cette tâche, au moment où la population d'appartenance musulmane croissait sensiblement. La présence de la seule église catholique n'était pas faite, en dépit de la poursuite de l'action sociale, pour conserver ni surtout renforcer les liens sociaux noués antérieurement.

Des voix devaient d'ailleurs s'élever très vite, après l'attribution des logements et le début du fonctionnement de la ZUP, — la presse locale en premier lieu — pour relever les contradictions de cette réalisation et commencer à mettre l'accent sur les dysfonctionnements. À la fin des années 1970, lors de l'un des Congrès européens des Loisirs organisés alors sous notre responsabilité au Conseil de l'Europe, la visite de Hautepierre a donné lieu à une importante controverse entre les participants, soutenus par la presse, et le maire Pflimlin qui a tenu à rappeler la nature avortée de son projet initial. Il est vrai qu'une cité entière vouée à un cadre HLM eût mérité dès le stade du projet un traitement plus approprié. Si cela n'avait pas été possible, il aurait sans doute fallu s'orienter vers une solution mixte, associant des bâtiments HLM à d'autres types de construction.

Le concept de Hautepierre apparaît, en dépit des motivations initiales, comme une pensée dans l'abstraction s'appuyant sur une conception très géométrique d'un projet de société, *a priori* fascinante, mais dégagée des réalités concrètes du terrain. D'emblée, les « villages » n'étaient pas vraiment viables à titre autonome, parce que contigus et dépourvus de vie vraiment propre : en début d'organisation spontanée, le Mail Catherine est devenu très vite « le » vrai centre, parce qu'animé commercialement. Ce fut toutefois une période de très courte durée, la désorganisation toute aussi spontanée, alimentée par des conditions évidentes de contre-fonctionnement, s'étant imposée rapidement, comme nous allons le voir un peu plus loin.

À Hautepierre, nous ne sommes pas en face d'un espace social fragilisé par le déclin démographique : numériquement la population est demeurée sensiblement stable, ayant même augmenté légèrement ; la part des jeunes s'est par contre renforcée considérablement. Le cas qui nous préoccupe ici est caractérisé par une profonde mutation sociale et sociologique, dans la mesure où *le parti d'aménagement qui est à la base de la ZUP, le cadre immobilier et commercial qui s'est ensuivi, le dysfonctionnement humain qui en est résulté, ont créé les conditions même d'un quartier à hauts risques, dans lequel une très faible minorité,* encouragée par quelques éléments extérieurs et des excès médiatiques commis surtout à l'échelle nationale, *fait périodiquement et de façon permanente la loi,* désarticulant les frêles solidarités établies. Cette situation empêche le commerce de jouer pleinement son rôle tant convivial que structurant à l'échelle globale.

L'échec de la politique commerciale initiale est évident.. Parmi les rares résidents initiaux encore sur place, les témoignages recueillis concordent : « Au centre commercial Mail Catherine, avec ses multiples galeries marchandes, une conception qui permettait de tourner autour du complexe dans une ambiance de tranquillité, son aspect vivant, les caddies étaient pleins, les gens achetaient, les commerces étaient constamment fréquentés ». Et les plus rares commerçants encore joignables sur place, en 2001, de dire : « Actuellement certains habitants viennent acheter les pommes de terre à la pièce, mais dehors sur la place et dans les coins, le commerce de la drogue est prospère ». Le pari fait autour de l'image accueillante et sécurisante était vite démenti. La politique commerciale initiale a échoué autour de 1975, quelques courtes années à peine après l'occupation des lieux.

Cet échec s'explique d'abord par le fait que les relations sociales se sont dégradées, une situation qui s'est accélérée par le départ d'une proportion importante de la population initiale, ainsi que par l'arrivée de ménages aux revenus plus faibles et très vite fragilisés par la crise économique générale, entraînant chômage et désœuvrement des jeunes. Relevons cependant que les éléments turbulents — de 10 à 30 ans en moyenne — ne sont pas forcément des désœuvrés. Il existe certes des enfants livrés à eux-mêmes. Mais il s'est installé une forme de pratique « sportive », une mode qui consiste à jouer au caïd, y compris chez les jeunes filles, notamment lorsque les photographes de la presse écrite et les caméras de la télévision sont sur place.

Le centre commercial, pharmacie incluse, s'est « bunkerisé » par suite des violences croissantes qui ont engendré une insécurité grandissante. Les résidents des mailles se sont recroquevillés sur leur « unité », mais la violence a également atteint les rares commerces des mailles d'habitation, déjà mal en point par suite de la concurrence du Mail Catherine tant que celui-ci fonctionnait normalement.

Les uns après les autres, la plupart des commerces de détail dans les mailles ont fermé. Dans la maille Eléonore, la boulangerie s'est transformée à son tour en « Bunker ». En 2001, il ne restait plus que deux boulangeries dans les mailles de Hautepierre. Même le « Chinois » a fermé. Seul le « Turc » résistait. Tabac et coiffeur ont fermé à leur tour. Les jeunes devaient gérer un café à l'initiative de la Ville ; face aux déboires, celle-ci a décidé la fermeture. Le Crédit mutuel s'est retiré lui aussi. L'aire pour enfants, jouxtant le Mail Catherine, a été squattée par les jeunes, puis par les toxicomanes. Délabrée, elle fut vite hors service ; le large bac à sable, détruit, servait aux chiens qui y déposèrent leurs excréments. *Le quartier s'est déshumanisé et la place centrale marquée par le Mail Catherine devint le triste symbole d'une évolution arrivée à son terme.* La police, souvent présente devant l'entrée du Mail Catherine très peu fréquenté, était stationnée à une dizaine de mètres à peine des jeunes désœuvrés, dans une ambiance de tacite non-intervention mutuelle. Il ne fut pas rare de constater qu'au moment du départ de l'équipe de police, l'un des agents tapait sur l'épaule de l'un des jeunes en disant « au revoir ».

L'état du commerce interne de la ZUP demeurait l'indicateur par excellence du niveau de fonctionnement et de convivialité propre à Hautepierre. Certes des réunions organisées à l'initiative de la Communauté urbaine de Strasbourg ont mis l'accent avant tout sur la nécessité de nouvelles approches en termes de lieux de vie plutôt qu'en termes proprement commerciaux. À défaut de confiance et de sentiment de sécurité, les moins démunis parmi les résidents se tournèrent vers des commerces « extérieurs », notamment Auchan où régnait le calme et où les acheteurs originaires de la ZUP se perdaient dans la foule des consommateurs de la région strasbourgeoise, voire de l'espace environnant, français et allemand.

La remise en cause conduisit à de nouvelles, mais difficiles perspectives, en deux temps, sans résoudre les problèmes majeurs demeurés posés par un développement suburbain soumis à la quadrature du cercle :l'expérience de la municipalité de gauche, à partir du début des années 1990, puis celle de la municipalité de droite, commencée au début du nouveau siècle.

Plusieurs initiatives ont tenté de redonner un sens civique et un regain d'espoir à ce quartier en désarroi. Depuis l'arrivée de la gauche à la tête de Strasbourg et de la Communauté urbaine de cette ville, une Mairie de quartier au Maillon, une Antenne de la Mission locale municipale dans la maille Catherine, à proximité du complexe scolaire et à quelques dizaines de mètres du Mail Catherine, un Adjoint au maire de quartier en prise directe avec les problèmes quotidiens ont tenté de rapprocher la municipalité d'une population dont l'essentiel des composantes visaient la tranquillité. Des enseignants et associations particulièrement ouverts et à l'écoute des ménages et des individus, une police très conseillère participaient activement à l'action de désamorçage de la violence et des turpitudes sociales. Les efforts déployés en faveur de la non-violence s'appuyèrent aussi sur un nombre sensiblement important de jeunes qui revendiquaient leurs racines hautepierriennes et qui exprimaient ouvertement leur indignation, un moment donné, par le « il y en a marre ». Une partie de ces jeunes, dès lors qu'ils ressentaient le besoin d'un référentiel d'identité, se rapprochaient de la Mission locale, après avoir dit non à la violence, pour *former en quelque sorte le « noyau dur » d'une tentative de reconquête du territoire trop souvent malmené* par des « casseurs » qui, nous l'avons déjà signalé plus haut, n'étaient pas tous domiciliés dans la ZUP. Cette attitude contribua à redonner du courage à des enseignants trop fréquemment fatigués d'être obligés d'agir seuls, face notamment à des parents, peu nombreux à intervenir en faveur du redressement de la situation déliquescente.

Les agressions avec vols à l'Antenne de la Mission locale révélèrent que les auteurs des violences furent souvent des voyous qui respectaient encore certaines valeurs. Jusqu'avant avril 1997, ce fut le « souk » à l'Antenne. Le dépressif, qui était connu avant son arrivée dans la ZUP et qui a « cassé » le bureau, n'a pas violenté la responsable ou l'assistante, ancienne « reine » élue du Hautepierre : « Je ne touche pas aux nanas », disait-il. Les associations ont joué un rôle apaisant ; leurs membres les plus actifs étant des salariés ayant des points de repère ou des mères au foyer. Certains jeunes gens ne seraient agressés que dans des batailles de pitbulls. Mais dans l'ensemble, une certaine « guerre des boutons » dressant une maille contre l'autre se poursuit. La raison profonde du désarroi réside néanmoins dans le taux relativement élevé de RMistes : Hautepierre se classe dans ce domaine en tête de tous les quartiers strasbourgeois. De plus la police n'intervient que difficilement par la force et la population a tendance à prendre position en faveur des jeunes arrêtés par la police.

Les transports publics restructurés ont toutefois contribué à améliorer sensiblement l'ambiance générale. Hautepierre est devenu, depuis l'arrivée de la municipalité de gauche, le terminus occidental de la première *ligne du TRAM*, dont l'axe passe d'abord en direction de l'est vers la gare ferroviaire et du centre-ville, puis dans les faubourgs méridionaux, la seconde ligne, qui relie le nord de l'agglomération à l'est, étant jointe en centre-ville. Cette innovation a une répercussion de taille sur le « désenclavement » psychologique et matériel de la ZUP. Durant la journée ouvrable celle-ci est desservie environ toutes les trois minutes par une rame de TRAM, tandis que précédemment les intervalles de passage des autobus publics atteignaient une vingtaine de minutes. Cette desserte plus intense donne l'impression d'une meilleure insertion au restant du complexe urbain ; elle réduit considérablement le sentiment d'isolement et favorise la lutte contre la violence durant la journée.

Entre fragilité et efforts de renouveau, les projets commerciaux intérieurs à la ZUP ont repris dans une cohérence nouvelle. Les responsables de la Mission locale pensaient que plusieurs commerces dispersés dans les mailles résidentielles et non concentrés, devraient ouvrir en même temps pour marquer le changement. Par contre la municipalité socialiste avait maintenu le regroupement au Mail Catherine. Elle avait même prévu la restructuration du centre commercial par la suppression de la maille intérieure, en vue de doter tous les commerces et services d'un accès direct sur l'extérieur. Le projet mis au point devait permettre de créer un genre de rue, lieu de passage plus convivial et rassurant que la galerie fermée, plus accessible aussi. Les négociations avec les milieux commerciaux concernés allaient bon train au moment où la municipalité de droite entra en fonction pour supprimer pratiquement le Mail Catherine en tant que centre commercial à vastes locaux exposés aux agressions. Elle l'aménagea en espace de petits services, réduisant sensiblement l'effet de concentration de l'attractivité à tout égard.

Parallèlement et pour conférer à l'innovation sa pleine dimension, les deux municipalités ont encouragé une ample action culturelle destinée à accompagner le projet de revivification générale, *l'action économique, commerciale en l'occurrence, étant indissociable d'une démarche culturelle globale.* L'École doit jouer à cet égard un rôle majeur. Aussi les responsables des établissements scolaires travaillent-ils en étroite collaboration avec les associations du quartier qui interviennent dans les domaines scolaires et périscolaires. Des Contrats éducatifs locaux — les CEL — sont élaborés pour renforcer l'action d'accompagnement scolaire et celle favorisant le passage vers des activités théâtrales et sportives. L'interculturalité est appelée à se déployer davantage dans le cadre des Zones d'éducation prioritaire (ZEP). Le Centre de ressources Alsace, ville, intégration, école — CRAVIE — a noué tout particulièrement des contacts avec des associations de travailleurs de nationalité étrangère, marocaine par exemple, pour développer la richesse interculturelle. De nouveaux liens entre Hautepierre et les activités générales de la ville au Maillon ont été trouvés.

Hautepierre, quartier à hauts risques durant certains moments de l'année et ZUP déshumanisée, a ainsi amorcé son action à contre-courant. L'enjeu est la réussite d'une certaine synergie, indispensable à la concrétisation du projet de rénovation dont la réussite de la facette commerciale demeure un critère incontournable. Il est vrai que les manifestations spectaculaires de voitures automobiles incendiées le week-end et, surtout en fin d'année civile, à grand renfort médiatique, ainsi que des événements dramatiques périodiques sont là pour témoigner d'échecs cuisants subis par des conceptions de développement urbain inadaptées aux exigences d'une société multiculturelle locale.

B. Les échelles subrégionale et régionale

Les théories qui sous-tendent *la « globalisation »*, c'est-à-dire l'emprise des grands groupes économiques et financiers sur la planète, mettent encore souvent en avant un modèle quasi-uniforme de restructuration spatiale des villes et des régions. L'analyse empirique, l'observation du terrain par contre témoignent fréquemment d'une véritable régionalisation de cette « globalisation » et, notamment d'une résistance régionale à l'uniformisation, à la banalisation spatiale. Dès lors que le processus de développement complexe d'une région économique est analysé par le chercheur sous l'angle de ses diverses composantes, il y va tout autrement dans bon nombre de régions du monde. La constatation est faite que les processus de « globalisation » ne se déroulent pas partout de la même façon ; ceux-ci sont modifiés par des phénomènes relevant très étroitement des conditions locales, urbaines ou rurales, et régionales. Les spécificités géographiques, historiques, politiques et économiques d'un territoire, la « localité », la spécificité du ou des lieux, au sens du terme anglo-saxon « *place locality* », agissent et réagissent face aux forces « globalisatrices » : *le milieu régional peut* ainsi *s'affirmer davantage ou s'affaiblir, selon son degré d'aptitude à l'affirmation.* Dans ce « jeu », la « globalisation » n'est pas nécessairement perdante : de nouvelles configurations spatiales sont à même d'émerger, nécessairement différentes des profils banalisés présentés un peu partout dans les publications insuffisamment fondées sur des investigations affinées. La restructuration de régions métropolitaines, en pleine « globalisation », telles que celles de Bruxelles, Berlin, Vienne, Sarajevo, Saint-Pétersbourg, Moscou, Johannesbourg, Jérusalem, Ho Chi Minh-Ville, Hanoï, Hong-Kong, illustre, même à l'exemple de fortes concentrations tertiaires, parfois dans des domaines technologiques de pointe, cette résistance au nivellement (Schneider-Sliwa, 2004). Aux antipodes du gigantisme, le cas de la Suisse du nord-ouest, très urbanisée — ne parle-t-on pas de la « *Stadt Schweiz* » (« La Suisse, une ville »), en-dehors de l'arc alpin — révèle également à la fois sa puissance d'adaptation aux exigences du développement dans un cadre mondialisé et sa capacité à valoriser son identité active à l'échelle régionale (Strassmann, 2002).

La mondialisation de l'économie et de la société n'excluant pas la facette régionale, nous venons de le voir, *la décentralisation des États directifs, voire autoritaires n'est par conséquent nullement contre-indiquée, bien au contraire.*

L'exemple français est significatif à ce sujet. Ce pays, qui a amorcé sa décompression spatiale en matière politico-administrative au moment même de l'émergence de la mondialisation, poursuit ce mouvement à la fois dans la perspective du renforcement de celle-ci et avec le souci d'une préservation des identités nationale et régionales porteuses de dynamique générale. En décembre 2002, le Comité interministériel de l'aménagement et du développement du territoire (CIADT) a retenu le principe d'une « stratégie nationale de renforcement de l'offre métropolitaine de la France en Europe ». En décembre 2003, cette stratégie a été confirmée par le même organisme, qui a défini les grandes lignes du diagnostic effectué à propos du rayonnement des métropoles françaises, et précisé les mesures prises par l'État pour « les accompagner dans leur ambition européenne ».

Les métropoles (encart 23) sont en effet *considérées non seulement comme des pôles de développement régionaux majeurs, mais comme les leviers essentiels de l'insertion d'un pays aux grands réseaux urbains mondiaux,* et, par là même, au rythme de vie et d'activité du globe, insertion sans laquelle tout développement régional est compromis, sinon impossible. En cela, la métropole, par ses fonctions diversifiées de haut niveau, notamment tertiaires supérieures, donne une impulsion décisive à l'environnement régional, national et international. Par effet de « feed-back », elle bénéficie des retombées mondiales par l'intermédiaire des réseaux de flux humains, économiques, financiers et immatériels, dont elle est partie prenante de manière constante.

Encart 23
Métropole et métropolisation

– La métropole est « une très grande ville, qui s'exprime par la taille de sa population et celle de l'agglomération qu'elle aime, par son poids économique, politique, social et culturel ainsi que par son pouvoir d'attraction et de diffusion »
M. Roncayolo

– La métropolisation, en tant que processus, est interprétée par certains comme « la traduction urbaine de la mondialisation »
C. Lacour et S. Puissant (direction), *La métropolisation, croissance, diversité,* Anthropos, Paris, 1999, p. 74

– « Les villes françaises ont un bon niveau de rayonnement, leurs fonctions économiques restent insuffisamment affirmées »
CIADT, *Pour un rayonnement européen des métropoles françaises,* DATAR, Paris, 2003, p. 5

La victoire de la gauche française aux élections régionales de 2004, a incité les Verts à revendiquer pour les 21 régions conquises sur la droite (sur 22 au total), une évolution vers le profil « d'éco-régions », c'est-à-dire des régions sans OGM et sans nucléaire, avec pour priorité les transports en commun et les constructions écologiques.

La politique régionale de la Commission de l'Union européenne est le fruit d'un long cheminement (encart 24) ; elle se veut avant tout une politique de solidarité, facilitant aux régions en retard de développement le rattrapage de leur retard, aidant à la reconversion les zones industrielles en difficulté, accompagnant la diversification des campagnes en proie au déclin agricole et à la désertification sociale, encourageant la régénération des quartiers urbains déshérités. Elle accorde une attention particulière au développement socio-économique des pays nouvellement entrés au sein de l'Union. Elle repose sur des partenariats et collaborations structurées avec les autorités nationales, régionales et locales. Elle s'appuie sur plus d'un tiers du budget global de l'Union. Elle se sert de cinq Fonds structurels spécialisés thématiquement pour intervenir de manière concertée. Le Fonds européen de développement régional (FEDER) est focalisé, comme son nom l'indique, sur les régions. Il finance les infrastructures, des investissements productifs destinés à créer de l'emploi, des projets de développement local, ainsi que des aides aux PME. Les quatre autres Fonds agissent ponctuellement, mais pas de façon principale :

- le Fonds social européen (FSE), par le biais de l'insertion professionnelle des chômeurs et des groupes désavantagés, surtout en matière de formation et de systèmes d'aide à l'embauche ;
- l'Instrument financier d'orientation de la pêche (IFOP), destiné à adapter et à moderniser les équipements de ce secteur d'activité ;
- la section « Orientation du Fonds européen d'orientation et de garantie agricole » (FEOGA/Orientation), orientée vers le financement d'actions de développement rural et d'aide aux agriculteurs, particulièrement dans les régions en retard de développement ; le volet « Garantie » est destiné au développement rural dans le cadre de la Politique agricole commune sur les autres territoires de l'Union ;
- le Fonds de cohésion finance directement les projets individuels susceptibles d'améliorer l'environnement et de développer les réseaux de transport.

La Commission distingue les diverses catégories territoriales suivantes à l'occasion de ses décisions d'attribution d'aides :

- les régions défavorisées (régions en retard de développement, ainsi que toutes les régions d'Espagne de Grèce, du Portugal et d'Irlande),
- les zones présentant des handicaps spécifiques (zones frontalières, zones urbaines en crise, zones rurales, zones de pêche),
- les groupes sociaux fragiles (personnes ayant des difficultés sur le marché de l'emploi , personnes victimes de discriminations et d'inégalités dans l'accès au marché de l'emploi) ; notons que dans ce cas, les critères ne sont pas régionaux, mais sociaux, les barrières auxquelles les sociétés sont confrontées n'étant plus essentiellement territoriales, mais aussi, et de façon croissante, sociales ;
- les collectivités locales et régionales (communes, échelons territoriaux subrégionaux et régionaux, coopérations transnationale et interrégionale),
- les pays candidats (nouveaux États de l'Europe ex-soviétique et de la Méditerranée insulaire).

Encart 24
Les principales étapes de la politique régionale européenne

– 1957 : les six États signataires du traité fondateur de Rome insistent, dès le préambule, sur l'impérieuse nécessité « de renforcer l'unité de leurs économies et d'en assurer le développement harmonieux en réduisant l'écart entre les différentes régions et le retard des moins favorisées ».
– 1958 : les deux premiers Fonds sectoriels sont mis en place : le Fonds social européen (FSE) et le Fonds européen d'orientation et de garantie agricole (FEOGA).
– 1975 : création du Fonds européen de développement régional (FEDER), en vue d'une redistribution d'une partie des contributions des États aux régions déshéritées.
– 1986 : l'Acte unique européen jette les bases d'une véritable politique de cohésion appelée à apporter une contrepartie aux contraintes du marché unique pour les pays du sud et les autres régions défavorisées.
– 1989/93 : le Conseil européen de Bruxelles (1988) réforme le fonctionnement des fonds de solidarité, désormais appelés Fonds structurels, et leur alloue 68 milliards d'écus (prix 1997).
– 1992 : le traité sur l'Union européenne, entré en vigueur en 1993, considère la cohésion comme l'un des objectifs principaux de l'Union, parallèlement à l'Union économique et monétaire, ainsi qu'au Marché unique. Il prévoit la création du Fonds de Cohésion destiné à soutenir des projets en faveur de l'environnement et des transports dans les États membres les moins prospères.
– 1994/1999 : le Conseil européen d'Edimbourg (décembre 1999) alloue 177 milliards d'écus (prix 1999), soit un tiers du budget communautaire, à la politique de cohésion. L'Instrument financier d'orientation de la pêche (IFOP) s'ajoute aux Fonds structurels existants.
– 1997 : le traité d'Amsterdam confirme l'importance de la cohésion et inclut un Titre sur l'emploi, mettant l'accent sur la nécessité d'une action solidaire en vue de réduire le chômage.
– 2000/2006 : le Conseil européen de Berlin (mars 1999) réforme les Fonds structurels et modifie partiellement le fonctionnement du Fonds de cohésion. Ces Fonds sont appelés à bénéficier de 213 milliards d'euros sur sept années. L'Instrument structurel de pré-adhésion (ISPA) et le Programme spécial d'adhésion pour l'agriculture et le développement rural (SAPARD) complètent le programme PHARE pour favoriser le développement économique et social dans les pays alors candidats d'Europe centrale et orientale.

Source : Union européenne, Politique régionale, *Au service des régions,* Luxembourg, Office des publications officielles des Communautés européennes, 2001, 34 p.

Il est vrai que des situations régionales inhérentes à des héritages nationaux sont parfois difficiles à traiter à l'échelle supranationale, tant que les esprits ne sont pas apaisés suffisamment dans leurs ressentiments réciproques. La Corse, déclarée nation au XVIIIe siècle, par Pascale Paoli, proclamé chef de l'île en 1755, une influence qui perdure, peut servir d'illustration à l'examen des cas délicats et complexes. Longtemps soumise à des dominations extérieures et toutes sortes de formes de colonisation, dont la dernière fut et continue à être plus ou moins celle de la France, frustrée dans sa personnalité territoriale, elle a fréquemment souffert de l'incompréhension politico-administrative parisienne et de préjugés continentaux. À l'instar d'autres régions périphériques françaises (Alsace-Moselle, Bretagne, Pays basque...), les parlers régionaux ont été quasiment bannis de l'école publique jusqu'après la Seconde Guerre mondiale. L'opposition politique s'est durcie dès lors que les pieds-noirs, repliés d'Algérie autour de 1960, se sont installés sur la côte orientale, bénéficiant de primes d'arrachage et de plantation, ainsi que de prêts d'État qu'ils n'ont jamais été obligés de rembourser. Sur cette même côte orientale, le chemin de fer a été supprimé précédemment, dans les années 1950 — reste la « couleur locale », le « petit train » qui traverse le massif, allant de Bastia à Ajaccio — une suppression décidée, dans le cadre de la pensée dominante, par Paris, à l'instar de la Réunion et de l'Hexagone, « fruit » d'une décision très technicienne du puissant « corps » des ingénieurs généraux des Ponts-et-Chaussées, responsables aussi des principales orientations des voies ferrées. La forte mise en valeur agricole de ce littoral, mais aussi les appétits de développement manifestés par de gros groupes de pression « extérieurs », désireux de rendements financiers, ont renforcé les tendances à la conservation des traditions et de la maîtrise insulaire par des forces autochtones agissantes. Appuyés entre autres sur la revendication symbolique « du respect de leurs ânes », les opposants à l'ultralibéralisme agissent souvent, même de manière inconsciente, en faveur du développement durable.

Dans un autre ordre de grandeur, un État encore très centralisé, malgré tout, a cherché une échelle de base à la fois suffisamment petite et grande pour faire face aux exigences du monde moderne, sans tomber dans les excès de la décentralisation, la base communale n'étant plus suffisamment adaptée. La France détient le record mondial en niveaux de fiscalité, soit cinq, c'est-à-dire l'échelle communale, celles des groupements de communes, apparues récemment, du département, de la région et de l'État. Les Communautés de communes en milieu rural sont le répondant des Communautés urbaines suscitées dans la période de structuration de la Ve République. Plus récemment, les Communautés d'agglomération sont venues rejoindre les territoires transcommunaux à l'échelle nationale.

Il est vrai que les départements actuels, les régions et l'État apparaissent comme trop grands, les communes et groupements de communes comme trop petits pour assurer un développement socio-économique suffisamment efficace. Le regroupement de communes par le truchement des communautés d'agglomération doit toutefois englober aussi les communes extérieures au périmètre des communautés d'agglomération, dans la mesure où elles participent étroitement, en tant qu'unités territoriales urbanisées, suburbaines, au fonctionnement et au devenir de l'aire urbaine proprement dite.

« Trois cents bassins d'équipement collectif partagent notre territoire. Ils peuvent devenir l'un après l'autre lieux de choix budgétaires proches des populations concernées et ouverts à la participation citoyenne. Appelés départements, districts, pays ou communautés, substitués progressivement aux actuels départements et aux communautés d'agglomération, leur donnant d'emblée la bonne dimension, rendant nos institutions enfin lisibles, ces trois cents petits territoires peuvent faire passer sans douleur de cinq à quatre le nombre de nos niveaux d'administration » (Laurent, 2002).

III. L'ÉCHELLE NATIONALE ET ÉTATIQUE

L'échelle nationale demeure fondamentale pour le développement. Liée à la notion de l'État, c'est-à-dire d'un ensemble structuré autour de lois, de projets promis à une réalisation minimale, d'une organisation territoriale plus ou moins cohérente, d'une politique d'affirmation internationale, elle est constamment interrogée au regard de ses avancées socio-politiques.

Les nouvelles émergences étatiques, sont très expressives de l'importance du développement. C'est ainsi que la restructuration de la république sud-africaine, à la faveur de la disparition de l'apartheid, a aussitôt soulevé la question de la synergie entre la transition démocratique et la réorientation sociale, à base de développement économique. L'important déficit en compétences constitue la principale pierre d'achoppement, parallèlement aux forces mafieuses de tout genre qui freinent la progression sociale. Même si la croissance atteignait 5 ou 6 %, indispensable à l'ouverture de nouvelles opportunités d'emplois, ce bond imposant en avant ne favoriserait pas nécessairement l'intégration de la majorité noire au contexte national. *La faiblesse quantitative et qualitative est telle que le retard nécessite du temps, alors que la crise sociale requiert des résultats immédiats.* C'est tout le problème du développement dans les pays en retard d'histoire du progrès. Par contre, dans bon nombre d'États avancés, le luxe apporte des richesses sensibles : avec une centaine de milliards de dollars US par an, il atteint deux fois le montant du commerce des armes, lui-même une source d'enrichissement majeure pour les États développés.

Berlin, ville et région, appelée souvent « atelier ou laboratoire de l'unité allemande » (Eckart & Scherf, 2004), constitue à présent un remarquable exemple de métropole nationale dont le façonnement a été sous-tendu à la fois par d'importantes forces convergentes et divergentes au fil des tribulations historiques contemporaines. Sa partition territoriale politico-militaire, consécutive à la Seconde Guerre mondiale, sa position territoriale bicéphale, l'ont rendue sensible aux mouvements géopolitiques mondiaux, surtout lors de la guerre froide, l'empêchant de s'accomplir en plein mouvement de métropolisation internationale : l'Ouest, détrôné en tant que capitale, fut isolé territorialement dans un genre de Ville-État affilié à la RFA ; l'Est est devenu capitale de la République démocratique allemande. La réunification, en 1989, l'a placée aussitôt sous l'influence de la mondialisation, renforcée par l'ouverture désormais acquise vers l'Est, pour une ancienne capitale nationale privée des territoires allemands de l'Est depuis les décisions prises lors des accords de Yalta, rattachant à la Pologne les régions localisées à l'est de l'Oder-Neisse. Le développement actuel demeure soumis aux multiples décalages socio-économiques et culturels entre l'Est et l'Ouest. À ce titre, il est d'autant plus expressif des nouveaux facteurs de cohésion territoriale qui font de l'Allemagne à la fois une nation et un État, fondés certes sur une appartenance historique commune, mais surtout, aujourd'hui, sur la recherche critique de valeurs qui ne sont plus celles de l'américanisation outrancière ni de la soviétisation, mais susceptibles de promouvoir les aspects restés positifs des vécus à la fois à l'ouest et à l'est. Le développement durable ne peut, à la limite, qu'y trouver son compte.

Les tissus urbains nationaux sont, au fond, autant indispensables au déploiement des structures locales et régionales qu'aux structures internationales et supranationales (CIADT, 2003 ; Brunet & Sallois, 1986).

L'offre métropolitaine d'intérêt à la fois national et international (FNAU, 2003) s'appuie notamment sur les « emplois métropolitains supérieurs (EMS) ». Ces emplois concernent onze branches d'activité (encart 25), comportant des ingénieurs et cadres dans leurs fonctions d'animation, de direction et d'encadrement. L'INSEE a défini ces EMS de manière empirique, après le recensement de 1999. Il a établi une grille non exhaustive, qui sélectionne des fonctions selon trois critères :

- des fonctions aisément identifiables ;
- des fonctions davantage présentes dans les villes, et, de fait, d'autant plus que la ville est importante ;
- des fonctions qui correspondent essentiellement au plus haut niveau de qualification, de type cadres ou ingénieurs.

Selon l'INSEE, le terme « "métropolitain supérieur" fait implicitement référence aux fonctions dont le contenu décisionnel est élevé ou contribue à l'image de marque de la ville où elles s'exercent. Définies au niveau de l'individu, les EMS sont quantifiées par agrégation sur les communes où sont situés les emplois. Ceci permet de qualifier ces territoires au regard de cette grille ».

Encart 25
Les branches d'activité concernées par les « emplois métropolitains supérieurs »

Branche d'activité	Nature des fonctions
Art	artistes et emplois supérieurs artistiques, artisans d'art
Banque, assurance	cadres des secteurs de la banque et de l'assurance
Commerce	cadres des commerces de gros et interindustriel
Commercial dans l'industrie	ingénieurs et cadres commerciaux et technico-commerciaux dans les établissements industriels
Gestion	cadres de direction, d'administration et de finance des établissements industriels
Information	cadres et emplois supérieurs de l'information
Informatique	ingénieurs et cadres de l'informatique des établissements industriels
Recherche	ingénieurs et cadres techniques de recherches, études ou développement dans les établissements industriels ; chercheurs de la recherche publique, emplois supérieurs des établissements de recherche et d'enseignement supérieur
Services aux entreprises	cadres des services d'auxiliaires financiers et d'assurance, du crédit-bail, des activités immobilières, location sans opérateur, activités informatiques, services fournis principalement aux entreprises et organisations économiques
Télécommunications	ingénieurs et cadres des postes et télécommunications
Transports	ingénieurs et cadres des transports

Source : INSEE

Le tableau 3 donne la répartition de la part des emplois supérieurs par rapport à l'emploi total en France, selon la taille de l'aire urbaine (recensement de 1999). Il fait apparaître nettement l'ampleur prise par Paris (16 %), les aires urbaines de plus de 100 000 habitants (l'aire parisienne exceptée) ne se positionnant que loin derrière, avec à peine 7,4 %, la moyenne nationale se situant autour de 7,9 %.

Le tableau 4 indique ces données en chiffres absolus ; il montre que la croissance des emplois métropolitains supérieurs, récente dans son relative ampleur, est certes importante, compte tenu de l'enjeu (32 %), mais de loin non exclusive de celle des autres emplois, qui demeurent le « terreau » de l'activité économique. Les variations de ces emplois particulièrement dynamiseurs, depuis 1999, sont de toute façon significatives de leur importance relative de forces d'entraînement dans la conduite des affaires et de la production

Tableau 3
Parts des emplois supérieurs dans l'emploi total, selon la taille de l'aire urbaine (1999)

	Emploi total	Emploi supérieur	Part emploi sup./emploi total
Aire urbaine de Paris	5 089 179	815 552	16,0 %
Aires urbaines de plus de 100 000 hab. (hors Paris)	9 527 092	701 991	7,4 %
Aires urbaines de moins de 100 000 hab.	3 915 176	157 910	4,0 %
Hors aires urbaines	4 269 169	130 630	3,1 %
France entière	22 800 616	1 806 083	7,9 %

Sources : Fédération nationale des agences d'urbanisme, INSEE-RGP

Tableau 4
Les emplois métropolitains supérieurs dans l'emploi total

	1999	Variation 1990-1999		
	Effectifs	Absolue	Relative	Part dans la croissance
Emplois supérieurs	1 806 083	234 530	14,9 %	32 %
Emplois autres	20 994 533	495 764	2,4 %	68 %
Total des emplois	22 800 616	730 303	3,3 %	100 %

Sources : FNAU et INSEE

Les tableau 5 donne la ventilation, par types d'aires urbaines, de cette nouvelle situation.

Tableau 5
Évolution 1990-1999 de l'emploi total et des emplois métropolitains supérieurs, selon la taille de l'aire urbaine

	Évolution de l'emploi total	Évolution des emplois supérieurs	Part des emplois supérieurs dans l'évolution de l'emploi total
Aires + 100 000 hab.	3,6 %	15,2 %	39,4 %
Aires -100 000 hab.	4,6 %	10,6 %	8,8 %
France entière*	3,3 %	14,9 %	32,2 %

Sources : FNAU et INSEE

IV. L'ÉCHELLE INTERNATIONALE

À l'échelle internationale, le développement est notamment marqué par de nouveaux types de localisation de l'industrie au regard des nouvelles formes de compétition (Hirsch, 1967). Les rapports entre le territoire, la technologie et la croissance industrielle sont devenus de nouveaux impératifs capitalistes (Storper, 1989). Les milieux de réseaux et les stratégies individuelles des firmes constituent un environnement innovateur pour les PME (Grotz & Braun, 1993). Le rôle des grandes entreprises électroniques internationales — par exemple IBM — est devenu majeur dans l'organisation de l'espace (Bakis, 1974).

Les diverses échelles territoriales doivent prendre place dans une société et une économie désormais mondialisées. À ce titre, l'Union européenne apparaît comme un « *major player* », un acteur majeur dans le « jeu » du devenir du globe. L'Union s'apprête à développer un concept d'économie compétitive et durable à l'horizon 2010, fondé sur la prise en compte du potentiel régional, des mesures destinées à contrer les polarisations et les « déséconomies de congestion », la promotion de flux matériels, humains et informatiques efficaces. L'intégration d'États d'Europe centrale et orientale ex-collectivistes, à moindre développement, soit une centaine de millions de personnes vivant sur environ 1,1 million de km^2, vient à point pour interpeller la Commission de l'UE en faveur de la mise au point d'un nouveau paradigme territorial. Elle requiert une cohésion renforcée et innovatrice en vue d'une meilleure maîtrise des disparités inter- et intrarégionales d'une part, des disparités de développement d'autre part.

L'adoption, en 1999, par la Conférence européenne des ministres chargés de l'Aménagement du territoire réunis à Potsdam, de la Perspective de développement spatial européen, renforce l'intérêt accordé aux échelles spatiales de base et au déploiement polycentrique. Dans cette optique, le Projet EURBANET (Programme Interreg IIC NWMA) est destiné à examiner l'intérêt pratique d'un concept d'aménagement tel que celui de Région urbaine polynucléaire (RUP). Quatre régions expérimentales ont été désignées à cet effet : Randstad, Rhin/Ruhr, Diamant flamand et Glasgow/Edinbourg. EURBANET est engagé en termes de recherche et de réflexion sur l'expression spatiale, l'identité et la culture, le fonctionnement de l'économie ainsi que sur les approches de gouvernance et d'aménagement. Il s'appuie aussi sur l'observation du degré d'efficacité des exemples de polycentricité transnationale, notamment ceux de la région de l'Oresund (marqués par la coopération/compétition des deux villes de Copenhague et de Malmö, désormais reliées par un pont routier et ferroviaire), et de la région comportant onze États riverains de la Baltique. Trois autres régions de coopération transnationale « européenne » font l'objet d'une attention particulière : celles de Salzbourg-Berchtesgadener Land-Traunstein, de l'Aire métropolitaine du Nord-Ouest (incluant sept États pour la coopération desquels de nouveaux corridors/connexions à vocation transnationale sont proposés) et des « Ateliers interrégionaux méditerranéens », regroupant la PACA (Provence-Alpes-Côte d'Azur), la Corse, la Toscane et l'Andalousie.

Un nombre impressionnant de villes se sont associées dans cette perspective, formant l'Initiative communautaire URBAN, financée par le Fonds de développement régional européen : URBAN I compte 118 sites urbains, perçoit une aide de 953 millions d'€ pour un investissement total de 1 800 millions d'€ ; URBAN II réunit 70 sites urbains et bénéficie d'une contribution communautaire de 700 millions d'€, pour un investissement total de 1 580 millions d'€.

Rappelons la métropolisation, signe et symbole de l'internationalisation (LACOUR *et al.*, 1999), la gouvernance métropolitaine (OCDE, 2003), décisives pour un développement efficace de la collaboration à l'échelle transfrontalière (entre échelle de base et échelle internationale), à l'échelle multinationale sectorielle, à l'échelle multinationale globale (euro-régions...), à l'échelle supranationale (intégration européenne surtout, ALENA...). Les restructurations européennes autour de l'Union européenne ont donné lieu à une abondante littérature de base : (Commission européenne, 1999) ; IAURIF, 2002 ; Lefèvre, 2003 ; Parkinson, 2003 ; Rozenblat & Celine, 2003.

Le grand marché commun asiatique, qui ne connaît pas, de loin, le même degré d'intégration des États à un ensemble superétatique, et qui ne parvient pas à institutionnaliser le processus de solidarisation amorcé par une alliance politique ou tout bonnement monétaire, est néanmoins impressionnant par la rapidité de sa formation, au moment où l'Union européenne avance parfois difficilement dès lors qu'il s'agit d'envisager des réalisations concrètes.

Ce grand marché est au fond un modèle inverse de celui de l'Union européenne : à l'abri de toute discussion politique ou institutionnelle, il est le fait de l'initiative des firmes, non des gouvernements. Les entreprises qui le mettent en œuvre s'appuient toutes, peu importe le pays, sur le schéma de développement suivant :

- les faibles coûts de main-d'œuvre, qui permettent la compétitivité tant pour l'importation des composants que pour l'assemblage et l'exportation ;
- le passage progressif à une production de valeur ajoutée plus élevée, au fur et à mesure que les salariés sont mieux intégrés dans les usines et bénéficient d'un niveau de vie plus élevé ; dans ce cas, les ateliers de montage sont abandonnés aux pays moins émergents.

La Chine vient cependant perturber déjà ce processus commun, parce qu'elle est parvenue à disposer à la fois d'ateliers très bon marché et de laboratoires de haute technologie. Elle offre donc les avantages des fameux « pays-ateliers » qui ont été à l'origine de l'affirmation contemporaine de l'est asiatique, et des activités de pointe, à niveau tertiaire élevé et prononcé, indispensables de nos jours à l'affirmation d'une puissance.

Son rôle perturbateur du schéma de développement général du grand marché commun asiatique est toutefois limité, dans la mesure où nombre de produits qualifiés comme « made in China » sont originaires d'autres États asiatiques et ne font que transiter par la Chine. Ils devraient plutôt être appelés produits « *made in Asia* ».

Depuis deux décennies, le Japon, puis les Tigres (Taïwan, Corée du Sud, Philippines, Thaïlande, Malaisie, Indonésie...), plus récemment la Chine (en collaboration technologique étroite avec l'Inde, fournisseur de logiciels, de produits pharmaceutiques, d'acier) et le Viet-Nam, ont été dynamisés par leurs exportations en direction du monde occidental. Celles-ci ont atteint 770 milliards de dollars US en 2001, soit 12 % du total du commerce mondial. À l'intérieur de la zone du grand marché asiatique, le commerce progresse même deux fois plus vite : alors que sa part dans le commerce mondial n'était que de 1 % en 1975, elle a atteint 6,5 % en 2002. Cette position est fort honorable, comparée à la part du commerce intraeuropéen qui, lui, par contre, s'est abaissé, durant cette période, de 24 à 20 % du commerce mondial, en dépit de l'institutionnalisation prononcée du Marché commun, devenu Union européenne.

À présent, les États de la zone asiatique se répartissent les opérations de production dans le domaine des automobiles et des téléphones portables, dans une spécialisation dite verticale. Dans ce processus, le Japon assume les opérations-clés : la conception et la fabrication des composants complexes, leur délocalisation dans le restant de l'Asie orientale. La Chine sert d'atelier d'assemblage final et occupe ainsi une place de plus en plus centrale. Singapour est un centre technique, la Corée et Taïwan sont en train d'abandonner l'assemblage pour s'emparer de fonctions plus élaborées dans les hautes technologies. Mais la Malaisie et les Philippines demeurent des pays-ateliers. Chacun des États de la zone est toutefois mobilisé au bénéfice de l'ensemble de la chaîne, depuis la recherche jusqu'à la vente. Ce type de spécialisation verticale est en train de s'étendre aux marchés des services, de la banque, du tourisme et du cinéma. L'Asie orientale émerge ainsi comme un pôle mondial majeur d'innovation. *Le développement aux diverses échelles, marquées fortement par la mutation des relations entre l'espace et le temps, par l'enchevêtrement des réseaux, l'affrontement des stratégies dynamisées par toutes ces transformations, constitue l'un des enjeux majeurs de l'évolution actuelle de la planète.*

ORIENTATIONS BIBLIOGRAPHIQUES

- BAKIS H., « IBM – Contribution à l'étude du rôle des grandes entreprises internationales dans l'organisation de l'espace », *Recherches de géographie industrielle*, 14, Paris, 1974, pp. 168-223
- BRUNET R., SALLOIS J. (dir.), *La France, les dynamiques du territoire*, DATAR/RECLUS, Paris/Montpellier, 1986, 250 p.
- CAMAGNI R., *Innovation Networks – Spatial Perspectives*, Londres/New York, 1992
- CHRISTALLER W., *Die zentralen Orte in Süddeutschland*, Iéna, 1933

- Comité interministériel de l'aménagement et du développement du territoire (CIADT), *Pour un rayonnement européen des métropoles françaises – Éléments de diagnostic et orientations,* DATAR, Paris, 2003, 44 p.
- Commission européenne, *Schéma de développement de l'espace communautaire (SDEC),* Office des publications officielles de la Commission européenne, Luxembourg, 1999, 89 p.
- ECKART K., SCHERF K., *Deutschland auf dem Weg zur inneren Einheit,* Duncker & Humblot, Berlin, 2004, 332 p.
- Fédération nationale des agences d'urbanisme, *L'offre métropolitaine française, vue par les emplois métropolitains supérieurs,* Rapport pour la DATAR, Paris, 110 p. + annexes, 2003
- GROTZ R., BRAUN B., « *Networks Milieux and Individual Firm Strategies, Empirial Evidences of an Innovative SME Environment* », *Geographica Annaler,* 3, 1993
- HIRSCH S., *Location of Industry and International Competiveness,* Oxford, 1967
- Institut d'aménagement et d'urbanisme de la Région Île-de-France, *Performance économique des régions européennes,* Cahiers de l'IAURIF, 135, Paris, 2002, 168 p.
- LACOUR C., PUISSANT S. (dir.), *La métropolisation. Croissance, diversité, fractures,* Anthropos, Paris, 1999, 190 p.
- LAURENT L., *La fin des départements – Le recours aux pays,* 2002, 220 P.
- LEFEVRE C., *Les modes de coopération dans les régions métropolitaines européennes. Étude à partir des exemples allemand, britannique, espagnol, italien et néerlandais,* DATAR, Paris, 2003, 28 p.
- LÖSCH A., *Die räumliche Ordnung der Wirtschaft,* Iéna, 1944
- OCDE, *Metropolitan Governance – Interim Synthesis Report,* OCDE, Paris, 2003, 15 p.
- PARKINSON M. *et al., Competitive European Cities : Where Do the Core Cities Stand ?,* Core cities working group, Londres, 104 p.
- RACINE J.-B., RAFFESTIN C., RUFFY V., « Échelle et action : contributions à une interprétation du mécanisme de l'échelle dans la pratique de la géographie », *Geographica helvetica,* 35, 5, 1980, pp. 87-94
- ROZENBLAT C., CICILLE P., *Les villes européennes. Étude comparative,* La Documentation française (DATAR), Paris, 2003, 94 p.
- SCHNEIDER-SLIWA, *Städte im Umbruch – Die Neustrukturierung von Berlin,* Brüssel, Hanoi, Ho Chi Minh Stadt, Hong-Kong, Jerusalem, Johannesburg, Moskau, Sankt-Petersburg, Sarajewo und Wien, Berlin, Reimer, 2002, 361 p.
- SMITH A., SORBETS C., *Le leadership politique et le territoire – Les cadres d'analyse en débat,* Presses universitaires, coll. « Res Publica », Rennes, 2003, 293 p.
- STORPER M., WALKER R., *The Capitalist Imperative. Territory, Technology and Industrial Growth,* New York/Oxford, 1989
- STRASSMANN R., *Restrukturierung der Regionalökonomie der Nordwestschweiz vor dem Hintergrund der Globalisierung – Analysen, Strategien und Visionen für die Regionalpolitik und Regionalentwicklung,* Bâle, Geogr. Institut, Humangeographie Stadt- und Regionalforschung, Basler Beiträge zur Geographie, 47, 2002, 189 p.
- WACKERMANN G., *Un quartier médiatiquement chaud à Strasbourg : la ZUP Hautepierre et la crise du commerce de proximité,* colloque « Commerce et espaces fragiles », Angers (15-16.10.99), 2001

Chapitre 4
LE RÔLE DU DROIT

I. CARACTÉRISTIQUES GÉNÉRALES

Le droit sous-tend, accompagne et légitime le développement qui s'appuie sur l'aménagement. Il ne saurait en aucune façon demeurer dans le strict domaine théorique et imposer des plans purement abstraits ou idéologiques, sous peine d'échec. Le développement est en effet une vaste et profonde affaire humaine et sociale qui nécessite le recours aux moyens économiques les plus appropriés pour susciter, au moins à terme, des conditions de vie aussi optimales que possible. À cet effet, le consensus des divers acteurs de la société est indispensable, afin que les pouvoirs publics puissent légiférer de manière relativement équitable dans une optique conférant la priorité des préoccupations à l'intérêt public. Le droit, indispensable à la légitimation, à la validité de la mise en place et au fonctionnement efficace de ce système, apparaît aussi comme un outil garantissant les règles du jeu adoptées. Il sert d'appui, de référence, de recours, le moment venu, tant aux responsables de l'action sur le terrain qu'aux usagers de celle-ci. À ce titre, il agit comme un intermédiaire destiné à faire respecter les textes qui servent de base à la concrétisation des opérations de développement, et à vérifier le degré de compatibilité des réalisations pratiques avec la réglementation. Placée à l'interface de la théorie et de l'action, l'application du droit et la souplesse avec laquelle celui-ci est appelé à se distinguer, témoignent de l'interaction étroite du règlement et de sa concrétisation.

Pour répondre aux nécessités d'actions de développement complexes dans des sociétés complexes elles aussi, pour parvenir à une certaine harmonisation des comportements et des mises en œuvre de projets multiformes, il importe de définir des normes, autant que possible par la voie consensuelle, toujours par la voie légale. *L'État de droit démocratique trouve sa légitimité et sa reconnaissance, donc son acceptation, dans la manière dont il parvient à corriger les erreurs de développement,* dans la façon dont il sait adhérer aux aspirations profondes des administrés et contrer les dérives bureaucratiques. Le principe de subsidiarité est d'un grand secours dans cette orientation. Il favorise la pensée et la prise de décision aux diverses échelles socio-spatiales.

Au regard du développement, le droit soulève aussi la question des rapports entre la légalité et la légitimité, la moralité et les droits légaux, les rôles respectifs du droit et de la morale face aux identités socio-spatiales. Emmanuel Kant déjà établit une corrélation entre chaque rapport légal « externe » et son rapport « interne » ; la puissance de droit doit respecter le droit d'agir ; seule la personne qui prend en compte les droits de l'autre, mérite à son tour de la considération et la reconnaissance de son identité morale. Des théoriciens du droit de la République de Weimar, tels Hans Kelsen et Carl Schmitt, ont par exemple montré, l'un, que des théories réductrices d'essence individualiste, l'autre, que des théories collectivistes étaient à même de déstructurer la puissance de droit subjective et sa qualité incontestable de référence morale. Seule une théorie transpersonnaliste, selon Hermann Heller par exemple, peut expliquer la tension existant entre l'« avoir raison » et l'« agir légalement ».

Jürgen Habermas insiste sur le fait que même des systèmes politiques fondés sur l'État de droit sont susceptibles de dérives antidémocratiques lorsque leurs représentants sont confrontés à la fois aux exigences de la tradition, aux nécessités de la modernité et aux contraintes imposées par la société de l'information et de la communication.

À la faveur de l'émergence de la société de services sont apparus des droits « transversaux » qui complètent utilement une partie des lacunes inhérentes aux diverses catégories de droit traditionnel et contribuent à mieux sous-tendre les bases juridiques du développement. Dans cette optique, ont émergé notamment le droit de l'information, de la télécommunication et des moyens de communication sociale (les médias), ainsi que le droit de l'environnement.

En définitive, le droit, qui, en principe, doit rejoindre la justice, est souvent très éloigné de celle-ci et de l'équité sociale. C'est alors, comme on le dit fréquemment, un mal nécessaire ou un moindre mal. Œuvre de juristes tributaires de décisions politiques, il reflète, en dépit de la déclaration de grands principes généreux, des idéologies plus ou moins humaines ou sociales, des protections de classes dominantes, des *a priori* économiques... Il est donc constamment sujet à caution. Le seul fait d'imposer l'expression « on ne commente pas une décision de justice » est un aveu de faiblesse, la confirmation du souci majeur de faire accepter les jugements coûte que coûte, de peur de voir s'effondrer l'autorité publique. La solennité, le symbolisme, un certain mystère et quelque ambiance transcendante, voire la liturgie, y compris le port vestimentaire, qui sous-tendent et accompagnent les séances des tribunaux, sont de nature à conférer aux verdicts une valeur absolue qu'ils n'ont, bien entendu, guère, dès lors que l'on analyse les vraies questions posées et les vraies réponses données. Il y va de même dans *le domaine du développement, soumis encore, dans bien des cas, au droit du plus fort. La domination du globe s'est effectuée durant des siècles par le droit occidental,* le droit des puissances coloniales, le droit des religions et des idéologies conquérantes. Elle se poursuit par le droit des puissances de l'argent et des intérêts économiques des grands groupes privés à l'abri des décisions prises en leur faveur par les grands États dont ils inspirent les législations. Les confrontations actuelles au sein de l'Organisation mondiale du commerce sont révélatrices d'une certaine toute-puissance des gros réseaux financiers et entrepreneuriaux par États-Unis interposés.

Partout les codes juridiques et législations qui en sont issues nécessitent des adaptations, voire des révisions plus complètes. Le triangle qui articule les rapports étroits renouvelés entre les trois principaux pôles d'influence — la tradition, les orientations du monde moderne ainsi que les exigences d'une société de l'information et de la communication — ne saurait être ignoré ou négligé, sous peine de graves dysfonctionnements de la société, y compris dans le domaine du développement, partie prenante des systèmes politico-juridiques en place.

II. DROIT, AMÉNAGEMENT ET DÉVELOPPEMENT

L'outil le plus décisif du développement est sans doute l'aménagement, ainsi que l'ensemble des activités et approches qui en sont tributaires. Les sciences sociales et, parmi elles, la géographie, sont particulièrement interrogées par les besoins de mise en valeur des territoires. Il est donc très compréhensible que leurs relations aux sciences juridiques aient été précoces et régulières. Aménageurs, pouvoirs publics et usagers ont pu s'appuyer sur le droit pour disposer des fondements réglementaires indispensables à la justification de leurs démarches, depuis celles concernant les travaux réalisés, en passant par le lancement de projets de transformation, jusqu'aux moyens durables prévus.

Le droit de l'aménagement relève d'une conception d'ensemble du territoire, qu'il a fallu parfois peaufiner au cours de multiples décennies depuis la révolution industrielle (Lendi & Elsasser, 1986). Il a d'abord paré au plus pressé, compte tenu de multiples contraintes surgies consécutivement à la transformation rapide des paysages par l'industrialisation et l'urbanisation. Cette forme de droit a toujours existé d'une façon et d'une autre.

Le rôle des sciences administratives est particulièrement important, voire déterminant dans les démarches qui conduisent à la pratique du droit dans les divers domaines de la conduite des affaires territoriales (Benz *et al.*, 2004). Les sciences administratives offrent en effet l'opportunité de se dégager de la seule discipline juridique, en vue d'une recherche de connexions approfondies et efficaces avec tous les autres domaines scientifiques qui, tant sur le plan théorique qu'à l'échelle pratique, sont à même, l'indispensable recul aidant, de concevoir des démarches appropriées, donc aussi les instruments juridiques aussi adéquats que possible, à la réalisation optimale des projets de développement et d'aménagement. Elles embrassent les sciences de l'art de gouverner et de maîtriser au mieux les problèmes territoriaux au regard des exigences de portée durable des sociétés qui les mettent en valeur, d'une part, les sciences administratives et de gestion proprement dites, d'autre part. À cet effet, elles requièrent une base pluri- et interdisciplinaire large, tous les domaines scientifiques étant impliqués dans l'approche des problèmes posés par le fonctionnement et la marche complexes des populations par rapport à leurs territoires. Ce n'est qu'à ce prix, et sous réserve de prendre en compte les profondeurs culturelles souvent très diversifiées, que les sciences administratives sont à même de contribuer efficacement à une organisation et une dynamique sociétales conformes aux projections contemporaines d'un monde dit durable.

C'est à ce prix-là aussi que le droit est à même de répondre vraiment à sa vocation première et au souci social primordial d'équité. Les sciences administratives, par leur finalité théorique et leur forte « adhésion au terrain », c'est-à-dire l'observation critique permanente de la pratique quotidienne et de ses résultats, nourrissent la théorie et la recherche institutionnelles, la connaissance des processus optimisés en matière réglementaire et décisionnelle, la réflexion sur le degré de pertinence des réformes, des initiatives transfrontalières et transnationales en général, le développement socio-économique...

L'aménagement transfrontalier a pris des proportions importantes dès lors que le droit a codifié et contribué à réorienter légalement les multiples rapports et pratiques réciproques entretenus plus ou moins spontanément à partir des premières tentatives réussies de réconciliation entre des populations, certes souvent semblables, mais déchirées par des siècles de conflits fratricides. Le droit communautaire européen par exemple, qui façonne l'État constitutionnel du XXIe siècle, et qui a précédé la constitution même de l'Union, à base de subsidiarité, a été appelé et continue à être appelé à raffermir les identités transfrontalières à partir de nombreux accords partiels, complets ou inachevés, de coopération (Kotzur, 2004).

La limitation des échanges par l'introduction de partitions territoriales est éminemment nuisible à un aménagement optimal, l'approche consensuelle et les efforts de complémentarité socio-spatiale faisant défaut. Le cas de la division mentale et matérielle de Chypre en deux unités nationales, l'une grecque, l'autre turque, est significatif à ce sujet. Le rejet du referendum européen d'avril 2004 par l'entité grecque a remis à une date ultérieure la réunification de l'île qui souffre d'imposants contrastes socio-économiques en défaveur de la partie turque ; par ricochet cependant, la portion grecque ne parvient guère non plus à son développement optimal. De fortes contraintes juridiques pèsent de part et d'autre sur le système politique bicéphal, empêchant toute progression institutionnelle avant un prochain référendum. L'importance des instruments juridiques apparaît clairement ici (Krawietz & Rogge, 2003).

C'est à cause d'une vision trop terre-à-terre du développement que le droit de l'aménagement est demeuré étriqué jusqu'il y a très peu d'années. Il l'est d'ailleurs encore fréquemment. La vraie mesure du développement passe par une prise de conscience des exigences environnementales dans leur ensemble et dans le cadre planétaire. Elle requiert une optique de projections à caractère durable.

Les préoccupations environnementales, dans le cadre des politiques de développement, ont conduit à l'émergence d'un droit spécifique de l'environnement, compte tenu de la complexité des situations, problèmes, risques encourus, interférences internationales... Dans l'Union européenne par exemple, la directive sur la responsabilité environnementale, adoptée le 31 mars 2004, vise l'ensemble des activités économiques, demeure néanmoins en retrait par rapport au Code de l'environnement français. Le processus d'intégration européenne n'est donc pas forcément une avancée juridique ; il constitue parfois une harmonisation sur la base d'un acquis minimal. Dans le cas de la législation communautaire, et contrairement à l'annonce faite par le Livre vert diffusé par la Commission de Bruxelles en 1993, la directive évoquée n'institue pas de présomption du lien de causalité entre les activités des entreprises et les dommages environnementaux qui en résultent. Elle ne met pas à la charge des firmes ni les pollutions préexistantes, ni l'obligation de s'assurer ou de participer à un fond de compensation. Elle ne se superpose pas non plus aux mesures déjà existantes à l'échelle internationale en matière nucléaire ou de transport maritime. Elle ne prévoit pas l'indemnisation du préjudice subi par les victimes potentielles... (Thieffry, 2004).

La montée du risque est également inhérente au développement. *L'accroissement du risque ralentit souvent juridiquement le développement.* Au cours de la décennie écoulée, la culture de la sécurité s'est emparée du droit de façon spectaculaire. Les nombreuses atteintes à l'insécurité, à la dignité, l'éveil de l'affirmation de celle-ci, encouragé par le langage dominant dans les démocraties et les médias, sont allés en croissant et ont induit une véritable psychose de la peur, une amplification de la responsabilisation, la recherche de garde-fous... Le droit est devenu un recours et un refuge, à tel point qu'il y a à présent excès de réglementations de tout genre, étouffement d'initiatives pleines de risques personnels ou entrepreneuriaux.

Les *agressions* ont saisi également le secteur informatique, notamment par les attaques en provenance de virus et de pirates. En 2003, l'année durant laquelle les dommages causés par les virus ont été estimés à environ 2 milliards d'US$, l'OCDE par exemple a créé un site (www.oecd.org/sti/cultureofsecurity) ayant pour objectif d'aider les pouvoirs publics, les entreprises et le grand public à comprendre les risques et les responsabilités inhérents aux systèmes et réseaux d'information. La démarche de l'OCDE doit aussi contribuer à créer une culture mondiale de la sécurité. Le nouveau site est appelé à servir de portail vis-à-vis d'autres sites web pertinents. Dans un futur proche, il devra centraliser des outils éducatifs dans le domaine de la sécurité des systèmes et réseaux d'information.

Le *terrorisme* constitue un lourd handicap pour le développement. Il réduit les initiatives, ralentit ou interrompt les investissements, renchérit les assurances et les exigences des compagnies, augmente les charges sécuritaires des pouvoirs publics et collectivités territoriales... Les attentats contre le World Trade Center, le 11 septembre 2001, ont atteint de plein fouet les symboles du capitalisme américain et d'une conception mondiale du développement à l'américaine ; celui qui aurait dû les précéder à l'encontre du marché de Noël, autour de la cathédrale de Strasbourg, en décembre 2000, était appelé à frapper un symbole de la civilisation occidentale à base judéo-chrétienne et capitaliste au sens américain du mot, à travers l'édification européenne, dont les premiers pas ont été faits dans la capitale alsacienne ; il devait avertir l'Europe qu'elle n'était pas garantie contre l'impunité, puisqu'elle demeurait partie prenante, *grosso modo*, du modèle étatsunien de civilisation et de développement.

Ces actes terroristes, l'un réel, l'autre manqué, et d'autres, ont contribué sensiblement à modifier la donne du développement : les assureurs ont cherché un appui auprès des pouvoirs publics, afin que ceux-ci couvrent les entreprises contre le terrorisme. La démarche a réussi, mais avec un succès mitigé. Les dommages inhérents à l'attentat du 11 mars 2004 à Madrid, d'un montant approximatif de 150 millions d'euros, ont dû être pris principalement en charge par le pool espagnol d'assureurs. De plus, cette manifestation d'insécurité, ajoutée à celle, chronique, du terrorisme basque, a fragilisé l'investissement et ralenti le développement.

Selon le juge français Jean-Louis Bruguière, le terrorisme induit par al-Qaïda et les pactes organisationnels conclus avec d'autres groupes ou groupuscules, fragilisant le développement, est à présent d'autant plus insidieux qu'il est « éclaté, protéiforme », présentant une menace « de type viral, voire même sidaïque car aux cellules mutantes ».

Par ailleurs, les risques inhérents au développement se sont élargis entre-temps et de façon très rapide au terrorisme politique, notamment politico-religieux, qui ne s'attaque pas uniquement aux symboles même de la toute-puissance occidentale, comme cela fut le cas le 11 septembre 2001, lors de la démolition spectaculaire et osée des deux tours du World Trade Center new-yorkais. Le terrorisme vise aussi des secteurs économiques considérés comme des agressions occidentales aux identités des autres peuples, notamment musulmans et, surtout, arabes. Il a pris pour cible, en Égypte, des touristes internationaux en quête de retour aux sources de l'antiquité pharaonique ; il a suscité un bain de sang à Bali, considéré par l'« Occident » (Australie et Nouvelle-Zélande incluses) comme l'un des paradis touristiques du globe ; il menace d'autres sites, tend à contrer des projets d'aménagement américains dans les pays en développement,

Depuis le 11 septembre 2001, rien n'est plus comme avant, surtout pas dans le domaine du risque, dont la facette géopolitique occupe le devant de la scène internationale (Isensee, 2004). Plus encore que les pays en développement, ce sont les pays développés qui sont menacés, notamment leurs grandes aires métropolitaines et leurs les sites urbains emblématiques. Les grandes capitales européennes et japonaise sont inscrites sur la liste des actes du bras vengeur de l'islamisme. Les États-Unis ont dû constater à leur détriment que la première puissance du globe est devenue vulnérable sur son propre territoire. À l'abri des vastes étendues océaniques, atlantiques et pacifiques, ils ne sont plus guère protégés vraiment que par leur supériorité matérielle, pourtant très fragilisée par des méthodes de destruction échappant à ce qui a été considéré jusqu'à présent comme le rempart du monde dit « libre » : la puissance militaire, la supériorité technologique, le contrôle des institutions d'organisation mondiale de l'essentiel des activités humaines, depuis les Nations unies et leurs satellites jusqu'aux structures de gestion monétaire et financière, en passant par le service du renseignement (CIA...).

Cette profonde rupture relativise, voire déstabilise les États de droit autant que les institutions internationales de régulation du fonctionnement du globe, en vertu de la Déclaration universelle des droits de l'homme, de la Charte des Nations unies... Sécurité et liberté étant étroitement tributaires du droit, notre époque est soumise à une forte mise en cause des principes auxquels des générations occidentales et autres ont consacré des siècles pour parvenir à les faire admettre.

ORIENTATIONS BIBLIOGRAPHIQUES

- BENZ A., SIEDENTOPF H., SOMMERMANN K.-P. (dir.), *Institutionenwandel in Regierung und Verwaltung,* Duncker & Humblot, Berlin, 2004, 753 p.
- KLEIN E., HACKE C., GRZESZICK B., *Der Terror, der Staat und das Recht,* Duncker & Humblot, Berlin, 2004, 108 p.
- KOTZUR M., *Grenznachbarschaftliche Zusammenarbeit in Europa,* Duncker & Humblot, Berlin, 2004, 667 p.
- KRAWIETZ & ROGGE, *Political and Legal System of the Republic of Cyprus – A Selfreferential and Comparative Approach to Law,* Duncker & Humblot, Berlin, 2003, 155 p.
- LENDI M., ELSASSER H., « *Raumplanung – Begegnung von Geographie und Rechtswissenschaft* », *Angewandte Sozialgeographie – Karl Ruppert zum 60. Geburtstag,* Lehrstuhl für Sozial- und Wirtschaftsgeographie, Universität, Augsbourg, 1986, pp. 169-184
- THIEFFRY P., « De la responsabilité environnementale », *Les Échos,* 30 avril, 12, Paris, 2004

Chapitre 5
LA GÉOPOLITIQUE DU DÉVELOPPEMENT

Ce que nous appelons la culture, c'est cette force mystérieuse de choses beaucoup plus anciennes et beaucoup plus profondes que nous et qui sont notre plus haut secours dans le monde moderne, contre la puissance des usines de rêve.

A. Malraux, discours prononcé à Dakar le 30 mars 1966

I. DONNÉES ET INDICATEURS

A. Constats et verdicts internationaux

La géopolitique mondiale, au regard du développement, est fondée sur de puissantes structures bancaires (Banque mondiale, Fonds monétaire international, Banque des règlements internationaux, OCDE...) et politiques.

Les États-Unis exercent une influence prépondérante sur la croissance mondiale, en partie par suite des faiblesses notoires et tenaces d'autres grandes économies. Il est vrai que depuis 1945, voire déjà la Seconde Guerre mondiale, les États-Unis ne disposent plus sur place de matières premières suffisantes, ce qui les a conduits à exporter leur inflation sous la forme des euro- et afrodollars, mais aussi de leurs dollars asiatiques. Le 11 septembre 2001 a été une prise de conscience supplémentaire et dramatique de cette fragilisation. La tendance à la multipolarisation du globe et à l'affirmation teintée d'arrogance, par les autres puissances, de leurs intérêts et de leur autonomie, n'a fait qu'ajouter au désarroi. La légende du « *welfare state* » est terminée ; les yeux se sont dessillés : les nombreuses fractures socio-spatiales découvrant le vrai visage des États-Unis ne peuvent plus être masquées.

En dépit des faiblesses et des crises, les États-Unis se situent en tête des grands pays industriels et constituent, avec eux, la force d'entraînement de l'économie mondiale : Japon, Allemagne, France, Italie, Royaume-Uni, les quatre derniers désormais fréquemment regroupés dans les statistiques sous la rubrique « Zone euro » dont ils assurent l'essentiel de la dynamique. La puissance de ces États s'exprime surtout à travers le PIB, le partage et le financement de la richesse créée.

En 2003, dans le domaine du PIB, les États-Unis atteignent environ l'équivalent de 10 000 milliards d'euros, contre 4 000 pour le Japon, 7 340 pour la Zone euro, dont 2 140 pour l'Allemagne, 1 600 pour le Royaume-Uni, 1 570 pour la France et 1 320 pour l'Italie. La même année, selon le « *World economic forum* », qui a fondé son enquête sur 102 pays industriels ou en développement, totalisant 97,8 % du PIB mondiale, neuf États européens figurent dans le peloton de tête au regard de la compétition internationale, en ce qui concerne la « compétitivité croissance », soit par ordre hiérarchique décroissant : Finlande (1re place), Suède (3e place), Danemark (4e place), Suisse (7e place), Islande (8e place), Norvège (9e place), Pays-Bas (12e place), Allemagne (13e place) et Royaume-Uni (15e place), la France ne se situant qu'au 26^{e}

rang. Pour ce qui est de la « compétitivité microéconomique », le classement des pays européens est le suivant, par ordre décroissant : Finlande (1re place), Suède (3e place), Danemark (4e place), Allemagne (5e place), Royaume-Uni (6e place), Suisse (7e place), Pays-Bas (9e place), France (10e place), Islande (14e place), Belgique (15e place), soit dix États au total.

En ce qui concerne le partage de la richesse créée, relevons parmi les indicateurs (prix à la consommation, revenu disponible brut, taux d'épargne, prix à la production, profits et ressources courantes des administrations), le glissement annuel du revenu disponible brut, le taux d'épargne et les profits (« *earning/price* » des sociétés cotées). Aux États-Unis, le revenu disponible brut a atteint, en 2003, 5,2 % ; au Japon, il a accusé un déficit de 1,5 %, au Royaume-Uni, 4,8 %, en France 3,7 % et en Italie 0,2 %. Le taux d'épargne s'est élevé aux États-Unis à 1,7 %, au Japon, à 22,3 %, en France, à 16,7 %, en Allemagne, à 10,6 % et au Royaume-Uni, à 6 %. Les profits ont atteint 4,6 % aux États-Unis, 2,3 % au Japon, 6,3 % dans la Zone euro (dont 7 % en Allemagne, 6,3 % au Royaume-Uni, 6 % en Italie et 5,6 % en France).

Pour ce qui est du financement de la création de richesse (endettement des ménages et des entreprises, dette brute des administrations, indices boursiers et taux d'intérêt), observons tout particulièrement les indicateurs suivants :

- l'endettement des ménages (en % du revenu disponible) : 112 % aux États-Unis, 140 % au Japon, 130 % au Royaume-Uni, 112 % en Allemagne, 82 % en France et 35 % en Italie ;
- l'endettement des entreprises (en % du PIB) : 47 % aux États-Unis et 58 % dans la Zone euro ;
- la dette brute des administrations : 60 % aux États-Unis, 147 % au Japon, 75 % dans la Zone euro (dont 107 % en Italie, 61 % en Allemagne, 59 % en France et 39 % au Royaume-Uni.

Un peu partout, les États-Unis conservent encore une position de pointe. Même dans l'industrie aurifère mondiale, le leader australien, Normandy, et son principal actionnaire Franco-Nevada, ont préféré fusionner avec l'américain Newmont, pour constituer le premier groupe international, au détriment de l'ancien leader sudafricain AngloGold. Directement et indirectement, les États-Unis demeurent en tête, par Newmont, Barrick et Placer Dome interposés. Ils mettent à profit les taux de croissance très contrastés dans les économies émergentes, très faibles en Amérique latine, en voie d'amélioration en Europe centrale ex-collectiviste, ainsi qu'en Afrique. Pour l'Europe centrale ex-collectiviste, le défi majeur est l'adhésion à l'Union économique et monétaire (UEM).

Les États-Unis misent aussi sur l'importance de la confiance des investisseurs. Toute crise dans ce domaine entraîne une frilosité, voire une sérieuse régression des marchés boursiers mondiaux, surtout lorsqu'elle frappe les États-Unis : telle la succession d'irrégularités dans la gouvernance d'entreprises, chez WorldCom, par exemple, géant des télécommunication, accusé d'états financiers révisés en juin 2002. Ce genre de turbulences a contribué à augmenter sensiblement la « prime du risque ».

Le système bancaire et financier, pivot de l'économie de marché, malgré les multiples pressions inhérentes au ralentissement et/ou désordre économique, témoigne dans l'ensemble d'une forte aptitude à la résistance qui peut s'expliquer pour le moment par « le caractère atypique du cycle annuel (politique monétaire accommodante, fortes dépenses des ménages et absence d'effondrement de l'immobilier) et par des facteurs structurels (recours à des instruments financiers redistribuant plus largement le risque de crédit au sein du système financier) » (Banque des règlements internationaux, 2003). Le secteur financier mondial ne cesse toutefois de progresser sur la corde raide, entouré d'écueils et de chausse-trappes. Sa capacité de résistance s'appuie en partie sur la diversification des modes d'intermédiation (instruments de marché négociables, bilan bancaire). Il peut réagir davantage aux évolutions négatives de l'économie. La diversification même est exposée à de nouveaux défis, par suite de la plus grande complexité des établissements et des interrelations entre ceux-ci et les marchés. La fragilité du système économique mondial n'apparaît que plus nettement. La BRI relève dans le même rapport de 2003 le dilemme fondamental auquel l'économie mondiale est confrontée : « Comment corriger les déséquilibres de la demande et des comptes extérieurs tout en obtenant de bons résultats en termes de croissance ? »

Le rôle de la pression géopolitique a été particulièrement perceptible en Afrique du Sud, lorsque la marginalisation systématique internationale a contribué à inciter les groupes entrepreneuriaux à prendre langue avec les représentants du Congrès national africain (CNA) et des institutions internationales. C'est ainsi qu'en 1985, une délégation de personnalités du monde économique sudafricain s'est rendue à Lusaca, au siège du CNA en exil en Zambie, pour prendre les premiers contacts en vue d'une transition. Le cartel minier Anglo-Americain faisait partie de la délégation, d'autant plus que sa famille fondatrice, Oppenheimer, a été partie prenante dans le lancement de mouvements d'opposition à l'Apartheid. Ce furent ensuite ces mêmes groupes qui, en liaison avec la figure emblématique archiépiscopale Desmond Tutu, sont intervenus pour empêcher l'échec des négociations de la « Convention for a Democratic South Africa » (CODESA I et II). En 1994, des responsables économiques ont également influencé le chef zoulou Buthelezi à l'occasion du boycottage des premières élections démocratiques, évitant ainsi un dangereux conflit intérieur.

B. Références socio-économiques

Les pays avancés sont condamnés à la mise en œuvre de politiques économiques et monétaires expansionnistes.

Face à des territoires aux articulations de plus en plus complexes, l'importance de la mise en place et du déploiement de réseaux socio-économiques de toute nature est devenue primordiale. La prise en compte des réalités territoriales et des processus générés par les structures de réseaux est désormais indispensable dans un monde soumis à un mouvement continu d'intégration globale.

Ces orientations requièrent des territoires d'action relativement amples. C'est le cas du processus d'intégration de l'Europe centrale et orientale à l'Union européenne. Parallèlement à l'affinement progressif des rapports espace-temps, l'élargissement de l'Union à 15 États à une Union à 27 États contribuera à amplifier la masse démographique, portée de 382 millions à 490 millions d'habitants, soit une augmentation de 28 %. La superficie passera de 3,2 millions de km^2 à 4,3 millions, soit une augmentation de 34 %. Le « Pentagone » englobant Londres, Paris, Milan, Berlin et Hambourg ne comptera plus, par contre, que 14 % de la superficie totale de l'UE, contre une superficie de 18 % précédemment. En matière de population, le taux diminuera de 41 à 32 %. Le produit communautaire brut par contre se réduira de 48 à 46,5 %.

L'élargissement, qui accordera aux nouveaux États intégrés le « label » de qualité de pays apte à fonctionner en tant que portion à part entière de l'économie de marché, impliquera également l'intensification des efforts de démocratisation du fonctionnement des institutions publiques, par l'appui apporté à la gouvernance, à la cohérence des investissements et des fonds structurels. L'encouragement au développement polycentrique est destiné à agir sur trois niveaux territoriaux :

- l'échelle européenne, notamment le « Pentagone » et les réseaux continentaux auxquels il est à même de donner l'impulsion ;
- l'échelle transnationale/nationale, à partir des capitales ou villes majeures en prise avec les réseaux de villes qui constituent la trame du développement européen ;
- l'échelle régionale, appuyée sur les pôles d'entraînement aptes à servir de catalyseurs à l'interrégionalisation et à la transrégionalisation, de même qu'aux partenariats entre milieux urbains et ruraux ; parallèlement, ces pôles sont appelés à régler le problème des masses critiques de base.

Les initiatives prises dans le cadre de l'Union économique ont aussi concrétisé, depuis 1998, l'apparition de marchés énergétiques transeuropéens par suite de la dissolution des vieilles structures monopolistiques. De véritables marchés concurrentiels ont émergé dans les domaines de l'électricité et du gaz, dont les perspectives de libéralisation ont été esquissées lors du colloque organisé en 2003 par le Groupe de travail « *Wettbewerb im wirtschaftspolitischen Ausschuss des Vereins für Socialpolitik* » (Oberrender, 2004).

II. RAPPORTS DE FORCE

Les espaces tronqués, les frontières malencontreuses, des sociétés fragilisées ralentissent les possibilités de développement (Mutin, 2001). La perspective de l'entrée de la Lituanie et de la Pologne dans l'Union européenne, le 1er mai 2003, a par exemple ralenti dès 2003 la circulation à travers le territoire-enclave de Kaliningrad, demeuré rattaché à la Russie depuis l'effondrement de l'URSS. Si jusqu'alors la Lituanie et la Pologne accordaient une libre circulation aux habitants de cette enclave désirant se rendre en Russie ou dans d'autres pays, ainsi qu'aux Russes résidant ailleurs, mais souhaitant aller dans l'enclave, ces deux États décidèrent d'instituer des visas quelque peu onéreux. Pour contourner les nouvelles contraintes, le gouvernement russe a établi un pont aérien constitué de quatre vols quotidiens aller-retour à prix modérés, assumés par Aéroflot entre Moscou et Kaliningrad. Il a également mis en place une ligne de ferries en Baltique entre l'enclave et Saint-Pétersbourg.

Le poids des minorités insatisfaites, les destructions d'économies continuent à miner les États. Les colonisations ont, comme on a pu le dire, « volé aux peuples colonisés leur histoire », leur dignité. En détruisant l'économie vivrière dans les pays du Tiers-Monde, on a détruit l'économie de ces pays qui n'ont jamais connu de crise analogue à celle qu'ils subissent actuellement. Des craintes relatives au risque de destruction de systèmes agraires et d'économies agricoles sont apparues en Bolivie, dès lors que les États-Unis ont commencé à s'intéresser au « développement » de ce pays.

Les signes de domination s'avèrent être fort nombreux. Un signe très fort est celui de l'emprise mondiale des États-Unis en matière de compétence, d'attraction des « cerveaux ». Chaque année, l'Europe perd plusieurs milliers de personnes hautement qualifiées (tableau 6), tandis que les pays en développement ont perdu au moins un quart de leurs chercheurs au profit des pays riches.

Tableau 6
Nombre de visas scientifiques accordés par les États-Unis à des Européens (2001)

Pays	Nombre de visas accordés
Royaume-Uni	5 682
Allemagne	4 202
France	4 151
Italie	1 496
Roumanie	1 457
Espagne	1 351
Pays-Bas	1 036
Bulgarie	1 034
Suède	1 023
Irlande	1 018
Pologne	976
Suisse	799
Grèce	552
Belgique	549
Danemark	485
Hongrie	482
Autriche	324
Norvège	324
Finlande	258
Lituanie	237
Rép. Tchèque	235
Slovaquie	218
Portugal	179
Chypre	177
Lettonie	102
Estonie	83
Islande	63
Slovénie	48
Luxembourg	21
Malte	18

Source : DGResearch, MERIT

L'aptitude des firmes à l'investissement dans la recherche et le développement est également un signe de puissance mondiale (tableau 7).

Tableau 7
Principaux groupes de firmes mondiales en matière d'investissement dans la recherche-développement (2002-2003)

Groupe (État)	Secteur d'activité	Budget en millions d'US$
Ford (États-Unis)	Automobile	7 000
Daimler-Chrysler (Allemagne)	Automobile	6 640
Siemens (Allemagne)	Électronique	6 173
General Motors (États-Unis)	Automobile	5 800
Toyota (Japon)	Automobile	5 605
Pfizer (États-Unis)	Pharmacie	5 176
IBM (États-Unis)	Informatique	4 754
GlaxoSmithKline (Royaume-Uni)	Pharmacie	4 616
Matsushita (Japon)	Électronique	4 599
Microsoft (États-Unis)	Informatique	4 307
Johnson & Johnson (États-Unis)	Pharmacie	4 146
Amgen (États-Unis)	Biotechnologies	4 108
Hewlett Paccard (États-Unis)	Informatique	4 105
Intel (États-Unis)	Microélectronique	4 054
Motorola (États-Unis)	Électronique	3 766
Sony (Japon)	Électronique	3 698
Honda (Japon)	Automobile	3 646
Aventis (France)	Pharmacie	3 628
Cisco (États-Unis)	Télécommunications	3 513
Ericsson (Suède)	Télécommunications	3 399
NTT (Japon)	Télécommunications	3 305
Philips (Pays-Bas)	Électronique	3 241
Nokia (Finlande)	Télécommunications	3 238
Hitachi (Japon)	Électronique	3 148
Novartis (Suisse)	Pharmacie	3 097
AstraZeneca (Royaume-Uni)	Pharmacie	3 069
Volkswagen (Allemagne)	Automobile	3 067
Roche (Suisse)	Pharmacie	3 038
Toshiba (Japon)	Électronique	2 767
Nissan (Japon)	Automobile	2 507
NEC (Japon)	Informatique	2 472
Alcatel (France)	Télécommunications	2 361

Source : MIT

Cette affirmation entrepreneuriale s'appuie sur une recherche-développement imposante, mais très contrastée, les pays industrialisés de pointe totalisant l'essentiel des investissements dans ce domaine. En 2002, les 150 plus grandes firmes du globe ont investi à elles seules 236 milliards de dollars US.

Nous observons que les grands groupes d'investissement dans le R&D relèvent des secteurs de l'automobile, des biotechnologies, de l'informatique, de l'électronique, de la pharmacie et de la microélectronique. Il en est de même des 32 premiers groupes de firmes de ce classement, sauf qu'il convient d'ajouter les télécommunications à la fin de la liste. La primauté des États-Unis apparaît clairement, suivie de loin par le Japon, puis de l'Allemagne et du Royaume-Uni. C'est dire combien l'ultralibéralisme est payant économiquement, mais aussi et surtout l'attractivité des cerveaux.

Pour asseoir leur rôle sur le territoire stratégique du Canal de Panama, les États-Unis ont amplifié leur emprise sur la « République-nation » de Panama. Le détachement de la Colombie s'est également inscrit dans les démarches des financiers étatsuniens, conformément au principe du « *nation building* » initié par le président Théodore Roosevelt. Toutes ces actions contribuent à façonner l'image des grandes firmes. En ce qui concerne par exemple Krupp et ThyssenKrupp, le mythe a favorisé la fonction de « *global player* ».

L'action des pôles politiques, d'autant plus efficace dès lors qu'ils constituent aussi des pôles culturels et/ou symboliques, est un facteur de co-domination du globe. Elle renforce la dynamique des grands États et conforte l'image de l'État, ainsi que le rôle du gouvernement.

III. LES ENJEUX GÉOPOLITIQUES DU DÉVELOPPEMENT

A. Logiques geoéconomiques territoriales

L'espace, développé en territoire, apparaît comme un atout majeur. Les logiques géoéconomiques se greffent dessus, visant la maîtrise ponctuelle et/ou la suprématie géoéconomiques. La réussite implique la mise en œuvre de compétences technologiques et de compétences dirigeantes, d'« élites territorialisées » (Rosière, 2003, page 301).

L'Union européenne des 25, avec environ un quart du PNB mondial et 450 millions d'habitants, constitue désormais une force dont il faut tenir compte sur l'échiquier du globe. Impossible de dissocier la Russie de l'Europe, en dépit des « cercles » destinés à resserrer celle-ci autant que possible autour du « noyau dur » des États « historiques », constitutifs de sa genèse et de son affirmation première.

En octobre 2003, la Chine, apparue comme troisième puissance spatiale du globe, a effectué un passage symbolique du stade de pays en développement à celui de pays développé. Les recompositions territoriales dans l'aire Asie-Pacifique créent certes des turbulences, mais aussi des polarisations qui font contre-poids à l'Europe, ainsi qu'à l'Amérique du Nord. Des points faibles subsistent cependant, multiples : des crises aux fondements ethniques se prolongent en Mélanésie ; par exemple au Vanuatu, des recompositions territoriales et identitaires sont liées aux migrations vers Port Vila. Aux Fidji, le coup d'État du colonel Rabuka a été la première manifestation de l'effritement de la « voie mélanésienne » (« *Melanesian way* »). Le Détroit de Malacca inspire des inquiétudes à la communauté internationale : le trafic de plus en plus dense dont la gestion est devenue difficile, tout comme l'entretien d'un axe vital pour les échanges de tout genre, est menacé par des actes de piraterie en nombre croissant ; la dégradation du milieu environnemental y progresse.

Le développement mondial est freiné en outre par *la corruption internationale,* qui détourne des fonds financiers importants, investit dans les activités illégales, nocives à la santé et aux efforts de lutte contre misère et pauvreté, criminelles en ce qui concerne la perversion avec laquelle est traité l'individu, réduit à une valeur marchande, sexuelle… Cette corruption atteint à présent des dimensions catastrophiques, affectant, selon le classement 2003 par « Transparency international » (TI), 133 États, contre 102 en 2002. Cet organisme est à même d'affiner constamment ses données, ce qui explique en grande partie l'accroissement sensible du nombre de pays incriminés par rapport à 2002. L'évaluation de la corruption mondiale est fondée sur la perception du degré de corruption ressenti par les milieux d'affaires, les universitaires et les analystes. Les États sont classés en fonction d'une échelle allant de 0 (haut niveau de corruption) à 10 (haut niveau de probité).

Le tableau suivant relève d'abord les principaux pays dans lesquels sévit une corruption aiguë, puis les principaux États à corruption faible. Nous constatons que la « corruption 0 » n'existe pas.

Tableau 8
La corruption internationale (2003)

A) États accusant une corruption maximale	
État	**Classement dans l'échelle**
– Bangladesh	1,3
– Nigeria	1,4
– Haïti	1,5
– Birmanie, Paraguay	1,6
– Angola, Azerbaïdjan, Cameroun, Géorgie, Tadjikistan	1,8
– Indonésie, Kenya	1,9
– Côte d'Ivoire, Kirghizistan, Libye, Papouasie-Nouvelle Guinée	2,1
– Rép. Démocratique du Congo, Équateur, Irak, Sierra Leone, Ouganda	2,2
– Albanie, Argentine, Pakistan	2,5
– Russie, Mozambique	2,7
– Inde, Malawi, Roumanie	2,8
– Arménie, Iran, Liban, Palestine	3,0
– Bosnie-Herzégovine, Égypte, Maroc, Thaïlande	3,3
– Chine, Syrie	3,4

B) États à « haut niveau de probité » (ce critère n'étant pas moral, mais un critère de rectitude face à la légalité, légalité ne signifiant pas forcément probité morale)	
État	**Classement dans l'échelle**
– Finlande	9,7
– Islande	9,6
– Danemark, Nouvelle-Zélande	9,5
– Singapour	9,4
– Suède	9,3
– Pays-Bas	8,9
– Australie, Norvège, Suisse	8,8
– Royaume-Uni, Canada, Luxembourg	8,7
– Hong-Kong, Autriche	8,0
– Allemagne	7,7
– Belgique	7,6
– Irlande, États-Unis	7,5
– Chili	7,4
– Israël, Japon	7,0
– France, Espagne	6,9
– Botswana, Taïwan	5,7
– Malaisie	5,2

Source : Transparency international

B. Logiques politiques

Le grand « leitmotiv » des États est l'entrée dans la compétitivité, soit politique, soit économique, les deux domaines étant généralement interdépendants.

Les conditions de la compétitivité sont partiellement tributaires des pouvoirs politiques nationaux, qui façonnent les infrastructures et les réglementations, encouragent financièrement et fiscalement les initiatives entrepreneuriales. *L'esprit du vrai développement est étroitement dépendant des institutions multilatérales, qui se doivent d'être ou devraient être fondées sur l'éthique.* Il confère à celles-ci leur légitimité. Il met l'accent sur la nécessité de réaliser le développement au bénéfice de l'ensemble des parties prenantes. *La concrétisation de cette « philosophie » demeure cependant encore rare.*

Le prestige des formations universitaires au plus haut niveau incite les États et la quasi-totalité des acteurs majeurs de la nation à intégrer leur offre en la matière à leur stratégie de présence à l'échelle mondiale. Il est partie prenante de la logique politique de portée internationale. S'ouvrir à l'international est une fonction majeure des grandes écoles et des universités à ambition extra-régionale. Celle-ci est d'ailleurs devenue un impératif pour tout établissement d'enseignement supérieur qui compte s'affirmer de façon décisive et durable. L'exemple de l'initiative récente prise par l'université de Yale (Connecticut, campus de New Haven), l'une parmi les plus anciennes et les plus prestigieuses des États-Unis, qui forme aussi l'« élite » de la classe politique américaine, paraît significatif de l'orientation prise : en 2002, cet établissement à lancé un cursus original, le « *World Fellows Program* », destiné exclusivement à des non-Américains qui ont cinq à quinze années d'expérience professionnelle dans des responsabilités élevées. Il s'agit là d'un appel à un nombre réduit de décideurs chevronnés et décisifs disséminés sur le globe, désireux de se familiariser avec le fonctionnement des mécanismes mondiaux et les dynamiques qui en découlent, soucieux d'enrichir leur vision mondiale.

À des intervalles opportuns, un groupe de 18 « leaders » confirmés ou en voie de confirmation est chaque fois admis à une formation de quinze semaines. Les candidats sont évalués en fonction de leur aptitude à la créativité, à une vision critique, à l'esprit d'entreprise, à la réflexion stratégique... Les personnalités sélectionnées appartiennent tant aux organisations internationales, aux firmes de taille mondiale, aux ONG, aux milieux sanitaires, qu'au monde politique et associatif.

Les résultats de cette course à la performance sont schématisés sur le tableau suivant :

Tableau 9
Les 15 principaux États compétitifs (2003)

État	**Rang en matière de compétitivité de croissance**	**Rang en matière de compétitivité microéconomique**
Finlande	1	1
États-Unis	2	2
Suède	3	3
Danemark	4	4
Taïwan	5	5
Singapour	6	8
Suisse	7	7
Islande	8	14
Norvège	9	-
Australie	10	11
Japon	11	13
Pays-Bas	12	9
Allemagne	13	5
Nouvelle-Zélande	14	-
Royaume-Uni	15	6

Source : World Economic Forum

Les plus grandes économies mondiales sont relevées sur le tableau 10. Il est vrai qu'une telle évaluation demeure fragile. Elle est néanmoins expressive des profondes mutations en cours.

Tableau 10
Les 9 plus importantes économies mondiales étatiques à l'horizon 2050 (selon Goldman Sachs Economic)

État	**PIB en milliards d'US$**
Chine	44 500
États-Unis	35 200
Inde	27 800
Japon	6 700
Brésil	6 100
Russie	5 900
Royaume-Uni	3 800
Allemagne	3 600
France	3 100

Source : Goldman Sachs Economic

Pour maîtriser le développement, donc l'économie, il faut faire de la politique, davantage et avec plus de fermeté que par le passé, dans un monde laissé trop à l'abandon face à l'ultralibéralisme et aux intérêts corporatifs, face aux bureaucraties et technocraties. Les pouvoirs publics ont abandonné une partie de leur souveraineté, de leur politique économique, au profit des avancées, souvent insidieuses, des firmes privées, en matière transnationale, au bénéfice des mouvements de capitaux déstabilisateurs,. Les États ne luttent que faiblement contre la destruction environnementale, sanitaire. Ils ont laissé se détériorer leurs fonctions sécuritaires par les réseaux mafieux et terroristes. Ils ont aussi disposé parfois de leur souveraineté pour la transmettre partiellement à des constellations étatiques internationales élargies, sans toujours mesurer les vraies répercussions de cet « abandon », ni la vraie dimension de la souveraineté.

L'Union européenne est nourrie de « ratés » de cette nature. Samy Cohen nous livre à ce sujet la réflexion suivante : « Lors du sommet de Nice, en décembre 2000, sur la réforme des institutions européennes, nécessaire pour faire place aux futurs États, chacun a défendu ses intérêts de puissance. À la faveur de l'abandon du pacte de stabilité par la France et l'Allemagne, on découvre, ou l'on redécouvre, que le processus d'intégration a des hoquets, qu'il peut connaître des coups d'arrêt, que les États ont la liberté de dire 'non', que les esprits peuvent à tout moment se 'renationaliser'. L'État joue le jeu de la coopération tant qu'elle l'avantage, et si son coût n'est pas trop élevé... On ne vit pas un 'monde sans souveraineté'... mais un trop-plein de souveraineté contre productive parce qu'incapacitante. C'est paradoxalement un excès de souveraineté dans l'État post-moderne qui est source d'immobilisme et d'inertie. » (« Le Monde », 7 février 2004, p. 15).

L'action politique, au sens noble du terme, pétrie de pensée, devrait nécessairement s'inscrire dans le long terme, pour avoir des chances de structurer profondément une société. C'est notamment le cas dans une perspective de développement, surtout si celle-ci est appelée à être durable, c'est-à-dire à vocation sociale, sans donner dans un populisme bon marché et/ou un autoritarisme incompatible avec les règles élémentaires de l'éthique.

La thématisation du temps, de la durée, la notion de temps en politique, ont fait l'objet de l'analyse philosophique depuis Aristote. Les processus de socialisation de la société sont des processus qui donnent du temps au temps. Le temps n'est pas une ressource, susceptible d'être actualisée uniformément par la politique ou la société. Le temps est plutôt une référence pour des processus politiques et sociétaux soumis à un changement permanent. Il importe donc de scruter les possibilités de la politique de marquer sérieusement cette longue évolution (Busshoff, 2003).

De nos jours, la politique est plus que jamais confrontée à des processus vitaux pour l'humanité et son développement. Et ceci à un moment où elle est galvaudée, de plus en plus réduite à un rouage au service d'intérêts mercantiles ou corporatistes ou de la fractalité des marchés.

Pour les États-Unis, le premier objectif est économique, le recours au militaire n'est qu'un outil au service de l'hégémonie économique ou, plus récemment, de la tentative, coûte que coûte, de préservation de cette hégémonie, menacée de toutes parts. Pour eux, il n'y a pas de développement économique, si la sécurité militaire n'est pas garantie. Les mobiles militaires de comportement américains s'adaptent constamment à cette préoccupation : depuis la première guerre du Golfe, les États-Unis se sont désengagés de l'Europe ; des 300 000 militaires US stationnés en Europe, en 1990, il ne reste plus que 80 000 environ.

Toutefois, en vertu même du principe sécuritaire, les États-Unis sont présents dans tout l'espace post-soviétique. Leur puissance militaire demeure considérable (tableau 11). Dans ce contexte, la force militaire de l'Union européenne est mal supportée par les États-Unis dans le cadre de l'OTAN. L'affirmation militaire européenne, avec 400 avions de combat, la recherche d'un type d'avion gros transporteur (tel qu'un Airbus militaire) et d'un aéroport approprié communs, irrite le Pentagone, d'autant plus que les trois Grands européens au point de vue militaire — France, Allemagne, Grande-Bretagne —, qui consacrent 6 % de l'ensemble de leurs forces à la défense européenne, réévaluent les missions internationales de l'UE pour mieux les ajuster, eux aussi, à leurs stratégies sécuritaires. Dans cette même UE, les responsables parlent de moins en moins d'États et de plus en plus de nations, d'une Agence pour la gestion des frontières extérieures, où il s'agit de surveiller la circulation dans un « *no man's land* » qui n'est pas encore l'UE et qui échappe d'une certaine façon aux pays européens hors UE.

Tableau 11
Les principaux budgets militaires du globe en 2002 (en milliards d'US$)

État	Montant
États-Unis	310
Russie	44
Japon	40,4
Royaume-Uni	34
Arabie Saoudite	27,2
France	25,3

Source : « L'année stratégique, 2003 », Iris

De multiples pays, déjà mal en point par leur développement insuffisant, sont de surcroît pénalisés par la géopolitique mondiale. Ainsi la communauté internationale, dans un souci de préservation du fragile « équilibre » du globe, ne touche pas au statu quo et n'exerce aucune pression déterminante sur les gouvernements — en-dehors des affirmations de principe et du rappel à l'ordre moral — en ce qui concerne par exemple l'Algérie, la République du Congo, le Rwanda, la Bolivie, la Tchétchénie... Au Soudan, les crises intervenues depuis 1988 ont certes déclenché des secours et aides destinés à endiguer le régime islamiste, mais la rébellion, estimée peu intéressante, n'est pas mise à profit pour encourager l'établissement de conditions plus conformes à l'éthique. Après l'invasion de l'Afghanistan par l'URSS, les talibans venus du Pakistan ont même été encouragés à s'ancrer dans le pays, les mêmes qui ont prêché des guerres dites « justes » en Sierra Leone, au Kosovo et au Timor.

La terre palestinienne est, depuis plus d'un demi-siècle, privée de vraies chances de développement global, par suite des affrontements militaires consécutifs à la création de l'État d'Israël. Dans ce contexte, les accords géostratégiques pour une paix, en dépit de leur non application, tels que ceux réalisés par Simon Pérès et Yasser Arafat, ceux, israélo-égyptiens, de Camp David (1979), conservent une valeur plus que symbolique.

L'Initiative de Genève (2003), plan de règlement alternatif informel du conflit, récusée à la fois par le gouvernement israélien et les extrémistes palestiniens, demeure un nouvel espoir. Il affirme avec force la nécessité d'une reconnaissance réciproque des deux États israélien et palestinien, des frontières fondées sur le tracé de 1967, à superviser par une force multinationale. Il insiste aussi sur la nécessité d'un accord mutuel sur la question des réfugiés palestiniens, d'une libération des prisonniers palestiniens et de la lutte contre le terrorisme. Jérusalem est proposée comme capitale des deux États. Pareille démarche est destinée également à mettre l'accent sur la supériorité des solutions pacifiques par rapport aux initiatives militaires. Seules les fins de conflits armés sont susceptibles de favoriser le démarrage ou le redémarrage d'un développement coordonné efficace.

Retenons aussi l'une des leçons fondamentales que nous donne l'histoire de l'évolution du développement dans le monde, notamment celle de la seconde moitié du XXe siècle. Contrairement à une opinion et une attitude initialement courante, *les pays encore en développement n'ont pas à effectuer dans le temps le même type de parcours que les pays avancés*. Ce serait leur infliger des lenteurs inadmissibles, de facture néocoloniale. Il en est du développement comme de la métropolisation. Dans les deux cas, les solutions adoptées et possibles sont désormais multiples, les itinéraires variés, en fonction des cultures et structures d'origine, des moyens disponibles, des objectifs à atteindre...

ORIENTATIONS BIBLIOGRAPHIQUES

- Banque des règlements internationaux, *73e rapport annuel (1. avril 2002-31 mars 2003)*, Bâle, 30 juin, 2003, 225 p.
- BUSSDORF H., *Die Zeitlichkeit der Politik*, Duncker & Humblot, Berlin, 2003, 208 p.
- MUTIN G., *Géopolitique du monde arabe*, Ellipses, coll. « Carrefours », Paris, 2001
- OBERENDER P., *Wettbewerb in der Versorgungswirtschaft*, Duncker & Humblot, Berlin, 2004, 100 p.
- ROSIERE S., *Géographie politique et géopolitique – Une grammaire de l'espace politique*, Ellipses, Paris, 2003, 320 p.

Cinquième partie

LES TYPES D'ESPACES DE DÉVELOPPEMENT : DU SOUS-DÉVELOPPEMENT AUX SOCIÉTÉS ÉMERGENTES

Des changements structurels... ont probablement exercé une plus grande influence sur la dispersion des revenus finaux des ménages que les politiques gouvernementales. Une raison de cet état de choses réside peut-être dans le fait que la réduction des inégalités (sauf aux extrêmes) n'a pas été un objectif politique prioritaire. Une autre raison est sans doute que les effets permanents sur la répartition des revenus des différentes formes d'action gouvernementale sont rarement considérés comme partie intégrante d'une même politique.

Nations unies, *Incomes in Post-War Europe*, Genève, chap. 6, 1967, p. 17

Le sous-développement se définit en grande partie par rapport au développement. Il existe une problématique commune au développement, un concept général du développement (UNSRID, 1970), tout comme il est possible de procéder à une démarche d'ensemble en matière d'appréciation des résultats (Bratzel & Muller, 1979), avant même qu'il ne soit opportun d'examiner les divers stades du développement. Il importe ainsi de se livrer au préalable à l'étude de la genèse et de l'évolution générale du développement (Badio-Lloveras, 1997), avant d'observer le cheminement spécifique des peuples « oubliés » (Winter de, 2002), des peuples opprimés (Roth, 1978), des « quatre mondes du Tiers-Monde » (Chapuis & Brossard, 1997), etc.

La réussite du développement, d'une façon ou d'une autre, est, au fond, ou devrait être la priorité ou l'une des priorités de tous les États. *Au développement plus ou moins réussi se rattache une certaine consolidation du pouvoir.* À moins que, le cynisme ou le machiavélisme aidant, des dirigeants n'attribuent l'échec du développement à leurs adversaires idéologiques. Dans tous les cas, le développement est sous-tendu par des choix politiques et stratégiques qui varient d'une époque à l'autre, d'un territoire à l'autre. Il favorise les impérialismes et dominations de tout genre. Il est susceptible de donner lieu à des conflits sociaux, des dissensions militaires, des crises de nationalisme, la montée du populisme, de l'intégrisme... Au Liberia par exemple, l'un des pays les plus pauvres du monde, les 25 compagnies forestières qui exploitent le bois sont directement liées au trafic d'armes. Sous la dictature de Taylor, le bois a remplacé en valeur les pierres précieuses.

La présente subdivision de notre ouvrage traite surtout du sous-développement et montre de quelle façon, par une évolution en spirale, le cercle vicieux de la vile dépendance sociale est à même d'être rompu. Les sociétés émergentes nous éclairent sur une telle évolution et prouvent une fois de plus que le sous-développement n'est pas irrémédiable.

ORIENTATIONS BIBLIOGRAPHIQUES

- BADIO-LLOVERAS N., *Le Tiers-Monde,* A. Colin, Paris, 1997, 223 p.
- BRATZEL P., MULLER H., « *Regionalisierung der Erde nach dem Entwicklungsstand der Länder* », *Geographische Rundschau,* 31, 1979, pp. 131-136
- CHAPUIS R., BROSSARD T., *Les quatre mondes du Tiers-Monde,* A. Colin, 2e édition, Paris, 1997, 247 p.
- ROTH J. (dir.), *Geographie der Unterdrückten : Die Kurden,* Sachbuch Rowohlt, Reinbek, 1978, 322 p.
- UNSRID-United nations research institute for social development (dir.), « *The Concept of Development and its Measurement* », *International social sciences review,* 2, 1970
- WINTER de M., « Les peuples oubliés », *Année internationale de la montagne,* 2, pp. 8-11 + ann., 2002

Chapitre 1
LE SOUS-DÉVELOPPEMENT

L'humanité riche est avare, l'avarice consistant à désirer plus que le nécessaire, et la contagion de cette avarice gagne rapidement les peuples pauvres. Un monde avare ne peut être qu'un monde divisé, éthiquement sordide, en course vers la barbarie. L'Occident, préoccupé exclusivement de soi, est en train de devenir barbare.

L.-J. Lebret, « Le drame du siècle — Misère, sous-développement, inconscience, espoir » , *Économie et humanisme*, Éd. ouvrières, Paris, 1960

I. LA NOTION DE SOUS-DÉVELOPPEMENT

La notion de sous-développement (Myrdal, 1957) n'est pas apparue d'emblée. Elle est issue progressivement de celle de développement, qui a initialement un sens surtout descriptif. C'est au cours des années 1950 que le terme de développement prend un sens transitif et comporte un volet « sous-développement », qualificatif qui implique la reconnaissance d'une situation intolérable et la volonté de parer les difficultés qui freinent le développement. La nécessité d'une transformation des situations socio-économiques difficiles est publiquement admise et proclamée. Elle demeure cependant très équivoque. Tout en permettant d'augurer de temps meilleurs pour les pays sous-développés, l'évolution projetée s'inscrit dans le souci des États développés de restructurer les pays considérés comme insuffisamment développés en fonction de leurs impératifs et projections spatiales. Aussi ces *pays dominateurs* imposent-ils une ligne de conduite, une orientation, par la mise au point de programmes correspondant à leur propre conception du développement. Ils *engagent* ainsi *les pays sous-développés à adhérer à leur « dynamique du développement », sans tenir compte nécessairement des valeurs et besoins propres des pays aidés.* Durant les années 1960, qui correspondent à la première décennie des Nations unies pour le développement, les stratégies déployées dans ce sens s'appuient entièrement sur la théorie de la croissance économique (Perrot, Rist et Sabelli, 1992). Celle-ci engendre un mythe qui survit jusqu'à nos jours.

À la fin des années 1960, la place de l'homme dans la finalité et le processus du développement est certes renforcée sensiblement. Il n'en demeure pas moins vrai que cette place et les besoins définis sont subordonnés aux intérêts défendus par les pays riches qui précisent dans cette optique les finalités et les moyens d'y parvenir. *Les remèdes au sous-développement sont* donc *imposés par « l'extérieur »*, d'où viennent aussi les subsides et l'aide technique. En 1987 par exemple, cette attitude a pu être définie de façon très expressive : « Ce qu'on appelle "projet de développement" constitue le plus souvent ce schéma univoque qui tend à montrer aux différents partenaires qu'en acceptant de transformer leurs manières de produire, leurs manières de vivre et leurs manières de penser, ils s'inscrivent dans un schéma de progrès linéaire qui est pour eux le plus avantageux, voire le seul possible, et que s'ils ne s'inscrivent pas ils auraient à subir un certain nombre de conséquences néfastes. La plupart des projets de développement ne proposent qu'une seule voie pour le progrès et fonctionnent sur la naturalisation des choix arbitraires » (Boiral, 1985). De plus, les rapports de force entre partenaires sont inégaux, tant en moyens matériels, techniques, qu'en termes de savoir et de savoir-faire (Fino, 1996).

Au Burkina Faso encore, en 1987, après la prise de pouvoir par Blaise Compaoré, consécutive à l'assassinat du président Sankara, le nouveau maître du pays n'hésite pas à tenter de rassurer les Européens, en leur rappelant les liens indissociables entre la démocratisation et les progrès inhérents au développement. Il s'adresse à eux en appelant au secours de la façon suivante : « Aidez-nous également à devenir des consommateurs ! ». Il fait allégeance aux tenants du pouvoir mondial, — Américains et autres, institutions financières —, en adoptant les conseils de la Banque mondiale en matière d'ajustement structurel, de développement des ressources productives, de mobilisation des ressources sociales. Il donne la préférence au capitalisme d'État, consent à la dégradation des traditions, des racines culturelles, des modes de vie, au profit de la modernisation à tout prix. La démocratisation qui, logiquement, doit accompagner le développement, n'est qu'un slogan, sans vraie assise politique. Le Burkina Faso s'installe alors dans la facilité et l'aventure de l'aide internationale, est sensible aux multiples sirènes qui se bousculent aux portes de l'État sous la forme d'Organisations non gouvernementales (ONG), dont l'action même n'est pas intégrée dans un plan de développement cohérent. Il s'agit là d'un exemple parmi tant d'autres illustrant les dérives inhérentes à la forte dépendance à l'égard de puissances extérieures aux motivations humanitaires plus ou moins équivoques.

Parallèlement à cette évolution, *l'approche du sous-développement s'est affinée au profit de l'expression « pays en développement »*. Les interdépendances mondiales croissantes ont aussi contribué à répartir, dès les années 1950, les pays du globe en trois catégories : le Premier monde, correspondant aux États industrialisés ; le Second monde, comportant les pays collectivistes et communistes, dits élégamment socialistes ; le Tiers-Monde, regroupant les pays en développement.

Très vite cependant, les spécialistes ont mis l'accent sur la diversité de ces trois mondes. Le Tiers-Monde, surtout, a donné lieu à sa subdivision en Tiers-Mondes, démarche qui a accentué les réflexions théoriques à ce sujet. Ce mouvement s'est renforcé au cours des années 1970, dans la mesure où la pauvreté absolue n'a cessé de se répandre spatialement et d'augmenter en importance quantitative. Le président d'alors de la Banque mondiale, Robert McNamara, a déclaré clairement en 1973, à Nairobi, que la pauvreté absolue était caractérisée par des conditions de vie aussi dégradantes que celles inhérentes à la maladie, à l'analphabétisme, à la sous-nutrition et à la misère. Elle ne permettait pas, constatait-il dans le sillage des habitués des Tiers-Mondes, de satisfaire aux besoins existentiels les plus élémentaires. Se basant sur cette définition, l'« International development agency (IDA) », une filiale de la Banque mondiale, a déterminé les *critères internationaux de référence publique de la pauvreté absolue :*

- un revenu annuel inférieur à 150 dollars US/personne ;
- un montant de calories inférieur, selon le pays, à 2 160-2 670/jour ;
- une espérance de vie inférieure à 55 années ;
- une mortalité infantile supérieure à 33/1 000 ;
- un taux de naissance supérieur à 25/1 000.

Étroitement liée à cette notion de pauvreté absolue, la recherche de mesures appropriées de développement a été focalisée sur les besoins fondamentaux des sociétés sous-développées. C'est là qu'est apparue la notion de *cercle vicieux de la pauvreté* (figure 7), dont le principal théoricien a été Gunnar Myrdal, auteur du Manifeste politique sur la pauvreté dans le Tiers-Monde (1972).

Figure 7
Le cercle vicieux de la pauvreté

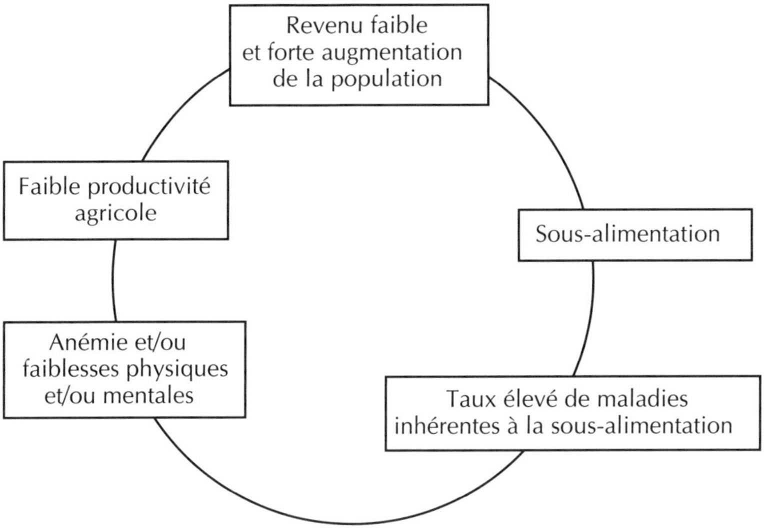

Source : selon Myrdal, schéma réalisé par l'auteur

Selon cet économiste (Myrdal, 1958) ou d'autres théoriciens du cercle vicieux de la pauvreté — principalement des économistes, eux aussi —, le sous-développement est produit et reproduit par les pays du Tiers-Monde eux-mêmes, ce qui constitue déjà en soi une faiblesse majeure du modèle imaginé. En cela, ils ne prennent pas en compte ni les articulations socio-économiques des pays pauvres avec le fonctionnement général du globe ni la dépendance idéologique étroite de ceux-ci par rapport aux pays riches. Ils « oublient », mais cette omission n'est-elle pas idéologique, que le fait de sous-rémunérer les produits du Tiers-Monde sur le marché mondial est l'une des causes fondamentales du cercle vicieux dénoncé ; la faiblesse même du revenu, point de départ et aboutissement de ce cercle, qui est en grande partie au moins à l'origine de toutes les faiblesses énoncées, résulte de l'exploitation outrancière, par les puissances économiques, au nom du principe dit « libéral » du marché, d'une situation de pauvreté. Les économistes incriminés font ainsi abstraction de la dimension historique : leur concept est faussé à la base par la non-intégration de l'économie coloniale et de ses répercussions structurelles, sociales et géopolitiques.

Ils ne scrutent pas non plus les situations précoloniales. En cela ils sont rejoints par nombre de théoriciens qui se prétendent marxistes ou se présentent comme tels, pour lesquels le colonialisme est la cause de tout le « mal », un principe moral qui n'est pas l'apanage des milieux ultralibéraux de type surtout étatsunien. Certes, l'introduction, souvent impitoyable des modes de production « occidentaux », des plantations destinées à l'approvisionnement des marchés capitalistes, au détriment des cultures autochtones qui ont su préserver, grâce à un savoir-faire millénaire, un minimum d'équilibre écologique et économique, sont des importations proprement coloniales. Il en est ainsi également des modes et méthodes d'exploitation minière, des règles du marché mondial, des comportements sociaux, ségrégationnistes et autres. Il n'en demeure pas moins vrai que toute généralisation théorique hâtive est sujette à caution d'une part, et que faire abstraction des multiples diversités locales et régionales d'autre part, est le signe d'une grave méconnaissance du terrain et de ses réalités socio-spatiales. L'esclavage précolonial fut déjà « florissant », le commerce, dit triangulaire, rapportant des bénéfices juteux à ses trafiquants. Au Pérou par exemple, les contrastes précoloniaux furent particulièrement prononcés ; avant l'arrivée des « conquistadors », le Mexique a déjà connu le joug de puissances impérialistes ; le Mali avait perdu ses civilisations florissantes avant la conquête coloniale. Dans d'autres pays, les soi-disant plantations coloniales n'ont été introduites qu'après l'indépendance : tels la banane et le café au Costa Rica (Borsdorf, 1989).

Indépendamment de cette position fondamentale, les définitions du sous-développement sont multiples, variées et évolutives (encart 26*). Elles sont souvent fonction de leur temps, du milieu considéré et de l'orientation culturelle et/ou scientifique de leurs auteurs.*

Encart 26
Définitions du sous-développement

Quelques exemples :

– « Le sous-développement est une situation dans laquelle les processus économiques et sociaux, se heurtant à des blocages fondamentaux, ne parviennent pas à porter la croissance à un rythme autorisant les accumulations nécessaires et à provoquer une transformation des structures telle que s'opère une mutation qualitative dans les conditions d'existence de la population ».

P. George (direction), *Dictionnaire de la géographie*, PUF, Paris, 1970, p. 396

– « État d'un pays, d'une région, d'une activité, dans lequel le capital, l'équipement sont insuffisants par rapport à la population et aux ressources existantes »

E. Mérenne, *GEO – Dictionnaire de termes géographiques*, Fédération des professeurs de géographie, Bruxelles, 1981, p. 288

– « Le sous-développement s'exprime par des caractères sociaux, économiques, politiques et leurs implications géographiques ».

P. Baud, S. Bourgeat, C. Bras, *Dictionnaire de géographie*, Hatier, Paris, 1995, p. 62

Cela implique principalement une production, des possibilités de consommation et de revenus insuffisantes, une sous-nutrition ou une malnutrition, un blocage de croissance, la dégradation des termes de l'échange, une incapacité à assumer le service de la dette.

– selon François Bost et Jean-Pierre Raison, les pays les moins avancés peuvent se définir en fonction des quatre critères suivants :

  – la taille de la population, base de la détermination des aides en provenance des pays avancés ;
  – le revenu par habitant ;

– l'indicateur révisé de la qualité de la vie : c'est un coefficient intégrant des données multiples, qui « se fonde... sur l'espérance de vie à la naissance, la quantité de calories par habitant, le taux de scolarisation primaire et secondaire ainsi que le taux d'alphabétisation des adultes » ;

– l'indicateur de diversification économique, également un coefficient, « est composé du pourcentage des industries dans le PIB, de la proportion des actifs dans l'industrie, de la consommation d'électricité par habitant, enfin du coefficient de concentration des exportations ».

Bailly A., R. Ferras, D. Pumain (direction), *Encyclopédie de géographie*, Economica, Paris, 1992

– Il est vrai qu'en dépit des définitions, la nature et l'ampleur du sous-développement demeurent difficiles à cerner de manière précise. « Il ne peut y avoir de PMA (lire « pays les moins avancés ») que si d'une part l'on peut clairement définir les étapes du développement, que si d'autre part on peut proposer un type de traitement spécifique de la première phase de développement. Or, à l'évidence, le développement, s'il existe, est un continuum et il apparaît bien aujourd'hui qu'il n'existe pas une voie unique vers le progrès, un seul traitement de la misère du monde ».

B. Cazes, 1991

Le sous-développement doit être mis en rapport avec le désordre économique mondial (Corm, 1993). Les théories relatives à l'évolution duale mettent l'accent sur le cheminement parallèle de deux types d'économies et de sociétés :

- l'économie traditionnelle d'une part, marquée par un certain fatalisme, la faiblesse de l'esprit d'entreprise, le troc, l'autarcie, une division réduite du travail, un éventail étriqué des besoins, réels et potentiels... ;
- l'économie moderne d'autre part, animée par un nombre réduit de personnes et de groupes innovateurs, soucieux de participer aussi activement que possible au devenir du monde technologique, disposant d'une formation suffisante, de moyens financiers appropriés, de contacts divers, en vue du déploiement d'une dynamique qui favorise l'évolution en spirale, après avoir fait éclater le cercle vicieux propre aux pays sous-développés. La force d'entraînement ainsi constituée doit intégrer progressivement le secteur traditionnel.

Ce dualisme a été promu jusque dans les années 1970, pour tenter de faciliter la transition vers une économie de marché efficace par l'appui accordé à l'industrialisation, dans l'espoir d'une stimulation consécutive de l'agriculture. La faiblesse des liens noués avec l'extérieur et la léthargie générale n'ont cependant guère confirmé les théories dualistes.

Celles-ci ont pourtant eu quelque succès en Chine : elles ont favorisé la « voie chinoise », qui a ainsi évité un chômage massif au pays par la conservation de vastes activités à main-d'œuvre, tout en favorisant la percée d'activités de pointe. Elles ont également été appliquées en ex-Europe de l'Est, au moment de l'effondrement du système soviétique, avec, là aussi, un succès certain, quoique mitigé.

II. CAUSES FONDAMENTALES ET CRITÈRES

A. Causes

Le sous-développement est conditionné par des *causes naturelles* multiples : climat, végétation, pédologie, hydrographie, écosystèmes influencent notamment le développement déficient. *La grande ceinture mondiale du sous-développement particulièrement prononcé est localisée entre les tropiques. Par extension, elle comporte l'essentiel de la zone subtropicale, elle est renforcée aussi par le régime des moussons.* Dans cette ceinture, les phénomènes climatiques exercent une forte influence sur les sols : en régime tropical, l'exposition aux températures et précipitations élevées entraîne de fortes perturbations chimiques des sols, la kaolinisation et l'élimination du SiO^2 appauvrissent les sols, jusqu'à les rendre infertiles. La partie supérieure de ceux-ci est pénalisée par les formations ferralitiques. Dans les régions tropicales semi-humides, la kaolinisation est plus prononcée par suite de réactions chimiques plus fortes en profondeur. Dans les savanes sèches, des teneurs en fer, silice et aluminium sont par contre caractéristiques des sols en place. En climat désertique, les phénomènes physiques l'emportent sur les mécanismes chimiques... Les terres arides couvrent environ un tiers de la surface de la terre, sont réparties entre 110 États et comportent à peu près 700 millions d'habitants.

Si les structures agraires et l'agriculture sont fortement défavorisées par cette ceinture tropicale et subtropicale, l'écosystème fermé de la forêt tropicale humide et certaines *pratiques agraires et agricoles, ainsi que des usages du sol inappropriés* pénalisent par ailleurs aussi le sol et les rendements. La capacité de charge spatiale agraire est fréquemment mise à dure épreuve. Cette capacité de charge peut être définie comme un territoire dont la population est à même de disposer sur place d'une nourriture suffisante pour accéder à court terme à un niveau de vie durable, à base essentiellement agricole, intégrant les fondements culturels sociétaux habituels, sans que le cadre naturel ne soit déstructuré (Borcherdt et Mahnke, 1973). Cette approche réhabilite quelque peu les caractéristiques culturelles d'une civilisation, considérées pendant longtemps, dans bien des cas aujourd'hui encore, comme responsables de tous les maux, parce que désuètes et/ou ringardes. Une culture peut être en effet dégagée de ses scories, sans apparaître comme un épiphénomène ou une structure à éradiquer tout bonnement. Les écosystèmes sont ainsi malmenés fréquemment par la surpopulation, l'ignorance, l'absence de technicité, des pratiques dépassées, dissociables du fonds culturel authentique, conduisant à l'anémie, à la misère et à l'incapacité de maîtriser les maladie endémiques. La désertification n'est pas uniquement liée aux influences extérieures, mais aussi à l'inaptitude des populations autochtones à faire face positivement aux défis en cours, surtout aux marges des aires désertiques centrales, dans le Sahel par exemple Dans les forêts équatoriales, autochtones et firmes des pays développés procèdent en outre à des défrichements de trop grande ampleur pour ne pas susciter des changements climatiques qui contribuent à accentuer la désertification. La désertification n'implique pas uniquement les pays en développement ; elle concerne aussi les pays riches, tels les États-Unis dans leur partie occidentale, ou les pays de transition, telle la Communauté des États indépendants (CEI), au Kazakhstan.

Certaines structures précoloniales et, par là même, fréquemment préindustrielles ont exercé une influence perturbatrice sur le développement. L'action a cependant été très variée d'un territoire et d'une époque à l'autre. Sur les trois continents particulièrement concernés — Afrique, Asie et Amérique latine — des tribus nomades ou primitives voisinaient avec des civilisations avancées, telles que celles des Aztèques et des Mayas en Amérique centrale, celle des Dogons en Afrique occidentale, ou celle des grandes places marchandes des Hindous. Comme les structures préindustrielles de ces pays différaient du modèle de développement européen, leurs caractéristiques ont donné lieu à la fixation de critères de sous-développement. C'est ainsi que le système indien de castes et l'organisation tribale africaine sont devenus des indicateurs du sous-développement (Borsdorf, 1989).

L'influence coloniale demeure souvent primordiale. Elle aussi est très différente d'un pays colonisateur, d'un pays colonisé et d'une période historique à l'autre. En Amérique latine, les Espagnols ont introduit le système de l'« encomienda », à base de territoires distribués, autochtones inclus, par la couronne à des participants à la « conquista ». Un peu partout, l'économie de plantation, le remplacement de l'autoconsommation par la production destinée au marché international, ont été les bases du nouveau régime. Cette évolution parallèle a incité certains théoriciens à parler d'économie duale, séparant nettement l'économie traditionnelle de l'économie moderne.

B. Critères

L'analyse des structures issues de ces périodes antérieures aux indépendances a donné lieu à l'établissement de *critères du sous-développement.* Il est vrai que ni la nature des critères ni leur nombre ne sont définis uniformément. Selon certains auteurs, les indicateurs économiques sont déterminants. D'autres accordent autant d'importance aux facteurs culturels, sociaux et politiques qu'aux critères économiques. L'United nations research institute for social development (UNSRID) compte 13 indicateurs sociaux et démographiques et 11 indicateurs économiques. Le Répertoire du Tiers-Monde (von Nohlen & Nuscheler, 1974) comporte 16 groupes d'indicateurs de développement, subdivisés en 104 indicateurs élémentaires.

L'« International comparison project » (ICP) des Nations unies a fondé son approche sur le calcul du revenu par habitant à partir de comparaisons avec le pouvoir d'achat. Mais, selon Axel Borsdorf (*op. cit.*), il convient d'aller au-delà de cette évaluation peu expressive, pour cerner de plus près le véritable contraste entre bien-être et pauvreté et connaître la distribution réelle des revenus dans le Tiers-Monde. Il évoque la « courbe de Lorenz », qui fait par exemple apparaître qu'au Brésil, durant les années 1980 , les plus pauvres — soit 40 % de la population — n'ont bénéficié que de 10 % du revenu global, tandis que les détenteurs des revenus les plus élevés — soit 10 % de la population — ont accaparé près de 50 % du revenu global.

Les *critères d'ordre économique* (Mikus, 1994) sont fondés sur la prise en compte des trois grands facteurs de production : le travail, le capital (infrastructures et équipements), ainsi que les ressources naturelles. Il en découle les rémunérations, les gains financiers pour le porteur de capitaux et la rente pour les propriétaires fonciers. Leur part respective dans le PIB varie au cours du processus de développement. C'est ainsi que le secteur primaire demeure encore très traditionnel dans les pays en développement et constitue jusqu'aux trois cinquièmes des revenus. Le secteur secondaire, en croissance, ne dépasse guère, en moyenne, un cinquième des revenus. Le secteur tertiaire atteint un autre cinquième. Retenons toutefois que la plupart des emplois sont peu qualifiés et que cette évaluation n'inclut pas le secteur informel, déterminant pour faire fonctionner tant bien que mal la socio-économie (encart 27). Celle-ci est en effet caractérisée par une faible productivité, un système de formation inadéquat , de même qu'un taux de sous-emploi et de chômage élevés, ce qui nous conduit aux critères sociaux.

La carence en infrastructures de transport et de communication constitue un sérieux handicap pour le développement. Les répercussions ne sont pas seulement matérielles — retards de développement, donc de croissance —, mais aussi humaines et sociales ; elles peuvent avoir un impact important sur la santé, l'approvisionnement, l'espérance de vie, — surtout en milieu rural —, sur la scolarisation et son niveau... Un espace non ou insuffisamment accessible demeure en quelque sorte « au bord de la route où il est laissé ».

Ces facteurs se répercutent sur le commerce extérieur, déficitaire, notamment en matière d'importations, faute de solvabilité. La dette extérieure, qui progresse, est la résultante d'une profonde position de crise. Elle constitue l'un des handicaps les plus sérieux en matière de développement. Lorsque, depuis le début des années 1980, il est apparu que certains pays ne pouvaient plus faire face à leurs engagements financiers, s'est posée la question du moratoire ou de la remise, partielle, voire totale de la dette. Le seul service des intérêts de la dette est devenu problématique. À peu près au même moment s'est ajoutée à cette crise la question des dérèglements du système financier international, frappant à la fois les pays en développement et les pays développés. L'augmentation du prix de l'énergie, la chute des cours des matières premières consécutive à la récession économique mondiale, à partir de 1979, la pratique de taux d'intérêt élevés par l'Amérique du Nord, puis la chute des prix du pétrole, qui a endetté les pays de l'OPEP, furent autant de facteurs de déstabilisation qui se sont focalisés en premier lieu et en peu de temps sur les pays en développement.

L'endettement des États en développement s'est accru de façon accélérée : d'environ 350 milliards de dollars US en 1977, il a doublé jusqu'en 1982 ; en 1986, il atteignait environ 1 000 milliards de dollars US. L'Amérique latine détenait 45 % de cette dette, l'Afrique et l'Asie respectivement 29 et 26 %.

Encart 27
Critique du taux de croissance moyen

Les « analyses transversales partent... du principe que toutes les économies sont semblables et dont la dynamique de croissance forte est uniforme. Une faiblesse essentielle de la littérature sur les équations de croissance est en effet de se concentrer sur l'explication du taux de croissance moyen sans tenir compte de la détérioration de ces performances à travers le temps : or pour ce qui concerne les économies africaines par exemple, on a assisté à une dégradation des résultats, en tout cas depuis les années 1960, époque à laquelle leur situation était comparable à celle de l'Asie du Sud par exemple. Par ailleurs, les épisodes de déclin brutal ne sont par définition pas non plus pris en compte dans une telle approche. La logique du "sentier de croissance équilibré" s'applique pourtant nettement mieux aux pays industrialisés qu'aux pays en développement. Les fluctuations du taux de croissance demeurent une constante de la situation des PED.

... les "effets de zone" sont également ignorés dans cette approche. Or l'absence de convergence des pays en développement peut être interprétée comme un problème de distance entre le "cœur" et la "périphérie". L'économie géographique apporte des éléments pertinents pour comprendre la persistance de certaines zones dans le sous-développement. Krugman (1991) par exemple présente un modèle dont l'objectif est de comprendre la concentration des industries dans un nombre limité de régions tandis que d'autres vont être cantonnées dans un rôle de fournisseur de produits agricoles. Ce modèle est facilement transposé au niveau international. ... les productions à rendements croissants seront localisées près de la demande. Cette dernière devra être relativement abondante ce qui permettra également de réduire les coûts de transport au maximum, tandis que les zones périphériques seront approvisionnées à partir de ce centre... Même si ces facteurs d'économie géographique sont difficiles à prendre en compte dans les analyses empiriques traditionnelles, ils semblent être une piste de recherche intéressante ».

N. Avallone, F. Nicolas (75/El-2003) : « Théorie de la croissance : les leçons pour les pays en développement – Revue sélective de la littérature théorique et empirique », Paris, Groupe Caisse des Dépôts, Document de travail, pp. 69-70

Les *critères sociaux* de base sont le chômage, le sous-emploi, l'ampleur d'un secteur informel qui nourrit le cercle vicieux, le tout accompagné d'un faible système de protection sociale, ce qui conduit à la pauvreté absolue. Celle-ci s'exprime aussi à travers une surpopulation (encart 28), au regard des revenus disponibles, et une situation sanitaire déficiente.

Encart 28
Le surpeuplement

Le surpeuplement relatif : lorsque les besoins humains et sociaux élémentaires d'une population dépassent les ressources économiques disponibles, à un niveau de développement et dans des conditions politiques déterminées, il s'agit d'un surpeuplement relatif.

Le surpeuplement absolu : dès lors qu'une population continue à être privée de l'indispensable, malgré des réformes politiques, économiques et techniques, il y a surpeuplement absolu.

Ces deux types de surpeuplement ne sont pas forcément uniformément répandus sur l'ensemble d'un territoire étatique. Ils sont de nature et d'étendue très variables. Les contrastes socio-spatiaux qu'ils induisent donnent lieu à des mouvements migratoires parfois importants, allant de l'exode rural traditionnel aux concentrations urbaines socio-politiquement explosives. Les métropoles les plus peuplées se situent toutes dans les Tiers-Mondes, Mexico-City et Sao Paulo en tête. Aux nombreux quartiers immondes , elles accumulent l'essentiel des fractures sociales et soulèvent de façon aiguë la question fondamentale de la réforme structurelle du « système monde ».

Les inquiétudes démographiques s'amplifient et constituent un vrai problème mondial, dans la mesure où plus des trois-quarts de la population mondiale vivent dans les Tiers-Mondes. Une natalité soutenue et une diminution relative de la mortalité ne sont guère de nature à apporter de solution aux interrogations qui ne cessent de s'accumuler. Des indices de mutation sont néanmoins perceptibles : çà et là le taux de croissance démographique est tombé en deçà de 1,9 % (Chili...) ; dans d'autres États, le taux d'accroissement démographique est déjà modéré (Afrique centrale, Paraguay, Bolivie...). Ici le processus démographique, appelé « transition démographique », semble rejoindre, par sa décroissance, celui enregistré dans les pays industrialisés aux

XVIII-XXe siècles, sans toutefois l'imiter, les Tiers-Mondes ayant leur propre voie de développement.

Les populations des pays en développement sont en grande partie malmenées économiquement, socialement, culturellement et politiquement, dans la mesure où elles sont démunies face aux exigences d'un monde de plus en plus dominé par les technologies au service du marché dit libéral. Leur déficit en formation, leur état alimentaire et sanitaire souvent déficient, renforcent cet état d'infériorité chronique et la marginalisation dont elles font l'objet. L'analphabétisme et la sous-alimentation rendent tout déploiement économique précaire. Ils fragilisent le travail et son exploitation humaine, sous la forme de l'imposition du travail aux enfants, de la sous-rémunération de salariés peu exigeants, exposés aux contraintes les plus diverses…

III. LA DIVERSITÉ DES SOUS-DÉVELOPPEMENTS

L'expérience, une analyse de plus en plus fine aidant, grâce aussi aux outils d'observation et de mesure, perfectionnés toujours davantage, la notion de sous-développement, puis celle de pays en développement, ont pu être précisées au fil des dernières décennies.

A. La question des seuils

Selon les statistiques des Nations unies, 25 000 personnes meurent en moyenne de faim quotidiennement. 815 millions de personnes souffrent de malnutrition, dont 777 dans les pays en développement, 27 millions dans les pays émergents et en transition, 11 millions dans les États industrialisés. Pour ces êtres humains et, souvent les États en développement concernés, la souveraineté alimentaire n'existe pas, l'aide alimentaire, lorsqu'elle existe, est perverse, l'aide technique demeure insuffisante, même si la production vivrière — par exemple le mil en Afrique subsaharienne — par des paysans autochtones est encouragée.

Durant les années 1970, les Nations unies ont tenté un certain nombre de classifications en ce qui concerne les pays en développement, appelés « Less developed countries » (LDC). En 1971, elles ont déterminé les trente États les moins développés, appelés « Least developed countries » (LLDC), dont le revenu annuel par habitant était inférieur à 100 dollars US, dont la part industrielle au Produit social brut demeurait au-dessous de 10 % et dont le taux d'analphabétisme était inférieur à 20 %. La plupart de ces États étaient africains, cinq étaient asiatiques (Afghanistan, Bhutan, Yémen, Laos, Népal), l'un d'entre eux était latino-américain (Haïti).

Par suite du choc pétrolier de 1973 et du début de la crise économique mondiale en 1974, les Nations unies ont établi aussitôt (1974) un Programme spécial portant sur l'aide à accorder aux pays les plus affectés par la nouvelle situation. Ce *Programme, appelé MSAC* (« Most seriously affected countries »), a désigné un groupe de 45 États sur la base des critères suivants, permettant de faire apparaître les pays les plus démunis face aux deux crises qui ont commencé à ébranler le globe : le revenu annuel par habitant, le renchérissement du coût des importations par rapport aux recettes en provenance des exportations, la forte dépendance vis-à-vis du commerce extérieur, les difficultés inhérentes à la recherche de marchés porteurs extérieurs, le montant élevé du service de la Dette, les faibles réserves monétaires, l'accentuation du coût des transports et du trafic de transit... Ont répondu à ces critères de sous-développement aigu, la plupart des États côtiers du Sud-Est asiatique et d'Afrique, ainsi que Honduras et la Guyane.

Est conçu dans la foulée, sur un plan purement géographique, le groupe des 20 « Land locked countries » (LLC), comportant les pays en développement sans façade maritime, déjà répertoriés parmi les LLDC.

La plupart des États avancés ont établi à leur tour des critères destinés à l'aide au développement. Le gouvernement de la République fédérale du Mexique a alors fixé le seuil minimal de revenu annuel par habitant à 630 dollars US (1978). Il a dressé la liste des États-seuils : Algérie, Argentine, Brésil, Chili, Corée du Sud, Costa Rica, Équateur, Jamaïque, Liban, Malaisie, Mexique, Nicaragua, Panama, République dominicaine, Singapour, Syrie, Taïwan, Trinité, Tunisie, Turquie, Uruguay, Venezuela.

Cette énumération des groupes de pays en développement serait incomplète, si nous n'y ajoutions les États pétroliers de l'OPEP (Organisation des pays exportateurs de pétrole), créée en 1960 : Algérie, Arabie saoudite, Émirats arabes unis, Équateur, Gabon, Indonésie, Irak, Iran, Koweït, Libye, Nigeria, Qatar, Venezuela.

B. Les Tiers-Mondes aux quart et cinquième Mondes

Il n'existe pas un seul Tiers-Monde, mais des Tiers-Mondes. Le Tiers-Monde concerne l'ensemble des pays dont l'Indicateur du développement humain (IDH) est insuffisant pour survivre dans des conditions de vie normales

Les forces extérieures qui menacent les Tiers-Mondes sont principalement les causes naturelles, surtout périodiques et saisonnières, ainsi que les contraintes inhérentes au marché mondial, à l'environnement et aux droits de l'homme. Les difficultés internes relèvent du contexte politique, de la situation juridique, des stratégies de développement, s'il y en a, des normes et appréciations culturelles.

Les Tiers-Mondes continuent à se débattre dans les multiples et souvent insurmontables difficultés qui opposent une économie de subsistance réduite comme une peau de chagrin et le poids démesuré de l'économie de marchandises. Leurs populations sont dans l'ensemble affrontées « aux impulsions données par une mutation sociétale, qui s'articulent d'une part autour du processus de transformation démocratique, d'autre part autour d'une globalisation croissante » (Sabine Tröger).

Selon Theo Rauch (Geographica Helvetica, 2003), la seule élimination des conditions générales n'élimine guère la pauvreté. Cet auteur propose un cadre d'analyse « qui sous-tend un rapport dialectique entre le cadre général et les stratégies d'intervention ", créant « la base théorique d'un concept orienté vers la réflexion systémique ». Il met l'accent sur le résultat de cette démarche, à savoir « une stratégie des quatre niveaux, susceptibles de permettre l'ajustement des changements destinés à lutter contre la pauvreté, au regard des conditions générales globales et nationales, du développement conceptuel régional, ainsi que de la possibilité donnée à des groupes pauvres de la population de bénéficier des nouveaux créneaux d'action ».

Les populations des pays pauvres et très pauvres ont été traitées, dès les débuts de leur découverte par les sociétés dites « civilisées » ou « cultivées », en tant qu'indigènes, autochtones, « peuples à l'état naturels », « *native peoples* », « *first nations* »... Déjà Hérodote a réuni des informations sur les peuples non grecs, notamment sur ceux colonisés par les Grecs. Dès la fin du XVIIIe siècle, l'ethnographie et l'ethnologie — terme utilisé de manière croissante au XIXe siècle — se sont orientées vers l'étude des populations autochtones. Depuis les années 1980, la notion de « peuples indigènes » (« *indigenous Peoples* »), et celle de « *indegenous People* » (population indigène) s'est répandue dans les publications de la communauté scientifique mondiale (Kraas, 2002). D'autres expressions ont vu le jour dans des circonstances appropriées : « *indigenous individuals* » (individus indigènes), « *indigenous populations* » (populations indigènes), « minorités colonisées »...

Les Nations unies s'appuient sur l'étude fondamentale de Cobo (1986), pour lui emprunter la définition suivante, devenue officielle : « *Indigenous communities, peoples and nations are those which, having a historical continuity with pre-invasion and pre-colonial societies that developed on their territories, consider themselves distinct from other sectors of the societies now prevailing in those territories, or parts of them. They form at present non-dominant sectors of society and are determined to preserve, develop and transmit to future generations their ancestral territories, and their ethnic identity, as the basis of their continued existence as peoples, in accordance with their own cultural patterns, social institutions and legal systems* » (UNESCO, 2001).

Les « peuples indigènes » se définissent en principe selon les quatre critères suivants :

- ils sont les descendants des premiers occupants d'une région ;
- ces descendants ont été soumis, colonisés au fil des temps par d'autres peuples ; ils ont été éventuellement chassés de leur territoire d'origine ;
- ils ont été marginalisés politiquement, économiquement et socialement, c'est-à-dire réduits à une position insignifiante et exploitée par la société dominante ;
- ils se distinguent de la majeure partie de la population nationale par leur identification linguistique, ethnique, culturelle, sociale et économique propre, par laquelle ils se singularisent volontairement et systématiquement.

L'UNESCO (2001) a dénombré 4 000 à 5 000 peuples indigènes sur le globe, parlant environ 5 000 langues (Moseley & Asher, 1994). Fréquemment, la différence entre une langue et un dialecte est difficile à saisir. Certaines langues ne sont plus parlées que par une poignée de personnes. Les peuples indigènes comportent 250 à 350 millions de personnes (Softestad ; 1988 : Dreher, 1995). Ils comprennent des groupes indiens nordaméricains, les Inuit (Canada, Alaska, Groenland), les Saami (Norvège, Suède, Finlande), les maoris (Nouvelle-Zélande), les « *Torres straits islanders and aborigines* » australiens, les touareg (Sahara), l'essentiel des populations insulaires de l'océan Pacifique... (Marsden, 1995).

Les peuples indigènes ont bénéficié d'un mouvement de reconnaissance officielle de leurs droits. *Depuis 1995, le projet de Déclaration des Droits des peuples indigènes* est soumis au processus de discussion dans le cadre des Nations unies (United Nations, 1993). Il *concerne tant le Quart que le Cinquième mondes.*

Le *Quart monde* a été assimilé aux pays particulièrement pauvres en matières premières. Un autre Quart monde s'est façonné par suite de la progression alarmante de la pauvreté et de la misère dans les pays développés et à plus forte raison dans les États dits socialistes, surtout à partir de leur effondrement, a fortement bouleversé l'échiquier mondial, les mentalités et les théories en vogue. Les multiples fractures socio-spatiales apparues surtout dans les milieux très urbanisés, dans les tissus métropolitains — les métropoles n'étaient-elles pas devenues les fleurons de l'eldorado des pays développés ? — ont inquiété, interrogé les responsables publics et les chercheurs. Les échauffourées de Los Angeles, réprimées par l'armée américaine sur ordre du président Georges Bush senior, ont alerté l'opinion, la « jet-set » et contribué à relativiser encore davantage la notion de développement économique. Le Quart monde, issu de dramatiques fractures sociales, a ainsi manifesté ouvertement son existence, son ampleur et ses revendications dans les pays riches.

La définition du *Cinquième monde* s'appuie sur un rapport fort ancien, celui de l'américain Pearson (1963), qui a procédé au classement des États du globe en fonction du revenu annuel/habitant. Cette approche a été affinée par la suite. Ainsi Bratzel et Muller (cf. bibliogr. ci-dessus en introduction au présent chapitre) ont élaboré, en 1979, 52 critères définissant le degré de développement, parmi lesquels les critères les plus importants portent sur la croissance démographique, l'espérance de vie, l'activité professionnelle par secteurs économiques, la part agricole au produit social brut, la consommation énergétique, le degré d'urbanisation, le nombre de voitures automobiles, par habitant, d'abonnements téléphoniques, le niveau de formation, l'état de santé, le niveau de la presse écrite, orale et audio-visuelle... Ces critères ont été appliqués à 142 États, sur la base d'une répartition du globe en cinq mondes, soit :

- les pays les plus pauvres (le cinquième monde), ne disposant pas d'un revenu annuel égal à 350 dollars US/habitant ;
- les pays pauvres (le Quart monde), au revenu allant de 350 à moins de 1 500 dollars US ;
- les Tiers-Mondes, ne dépassant pas 5 000 dollars US ;
- les pays favorisés, allant jusqu'à 10 000 dollars US ;
- les pays riches, dont le revenu dépasse 10 000 dollars US.

Ce genre de classification, qui met l'accent sur le sous-développement en tant que problème du niveau de développement, permet de faciliter la définition des pays émergents, qui se situent entre les Tiers-Mondes et les pays favorisés.

Ces mondes marginalisés visent le passage d'une position de tutelle vers une situation d'autodétermination, d'un sous-développement chronique vers une socio-économie durable.

IV. L'AIDE AU DÉVELOPPEMENT

L'aide au développement a eu pour origine des prises de conscience individuelles et collectives, les unes humanitaires, les autres à finalité de profit et/ou de puissance. Individus, ordres et congrégations religieux, associations de toute nature, États, sont intervenus pour des raisons variées, voire contradictoires, pour « mettre en valeur » des terres fraîchement conquises, transformant celles-ci en territoires colonisés très diversifiés. La décolonisation aidant, *le regard jeté sur les sociétés et les économies propres aux territoires concernés, a été fortement renouvelé.* Les scientifiques (encart 29) ont joué à ce titre un rôle majeur, mettant en relief les conditions de fonctionnement et d'organisation inacceptables sous l'angle de la manière d'appréhender le milieu ambiant, social, écologique, économique et politique.

Encart 29
Un exemple de scientifique au service du monde insuffisamment ou mal développé. Le géographe Jean Tricart (1920-2003)

« ... Jean Tricart ne cessa de mener de pair la recherche fondamentale et la recherche appliquée.

... Le Conseil de l'Europe le chargea de la co-direction des journées consacrées à l'étude des ressources en eau, à l'aménagement, à la protection des eaux souterraines et de surface en Europe et d'en adapter les principes aux pays en développement pour les aider dans leur développement durable.

... La Direction des Travaux Publics de l'ancienne AOF le sollicita pour le choix des investissements routiers et ferroviaires les plus efficaces pour le développement durable des colonies après leur indépendance. Jean Tricart proposa de confronter les données statistiques existantes souvent imprécises avec des enquêtes de terrain auprès des transporteurs, notamment routiers, des fournisseurs de fret et des responsables administratifs locaux. Cette méthode fut appliquée dans le cadre bilatéral du Soudan (devenu Mali), au Togo, au Dahomey (devenu Bénin) et en Afrique centrale...

Son cheminement progressif vers l'étude intégrée du milieu écologique en vue de sa gestion, de son aménagement, de sa protection pour le développement durable le conduisit, en 1954, dans le delta du Sénégal, où il mit en évidence les rapports entre les sols et la géomorphologie ; là, il créa une... méthode fondée sur les rapports pédogénèse/morphogénèse... Cette méthode, appliquée de l'Équateur au Cercle polaire, en Europe, en Afrique et en Amérique, a permis à Jean Tricart d'atteindre un stade supérieur d'intégration, présenté dans la Revue de Géomorphologie Dynamique sous le nom de "Système Naturel Terrestre".

Le domaine hydraulique, sous-système du "Système Naturel Terrestre", replacé dans un cadre plus "englobant", reste un des domaines les plus actuels, malheureusement insuffisamment exploité...

Jean Tricart, lecteur infatigable, a offert à la communauté des géographes des milliers de comptes rendus critiques... Tous ces ouvrages sont révélateurs de sa pensée de géographe global, d'homme de terrain qui, avant tout le monde, a mis l'accent, pour ses étudiants, sur la notion d'échelles emboîtées pour l'analyse des paysages, où les sociétés et leurs activités sont toujours incluses... »

M. Mainguet, extraits de la « Notice nécrologique de Jean Tricart », *Revue de géomorphologie*, 2003 (avec l'aimable autorisation de l'auteur)

L'Académie des sciences du Tiers-Monde, au sigle anglais TWAS, créée en 1983 à Trieste par un groupe d'éminents scientifiques de pays en développement, à l'initiative d'Abdus Salam, vise à encourager l'excellence scientifique, à aider les jeunes chercheurs, à promouvoir la coopération scientifique entre les pays du Sud, de même qu'entre le Sud et le Nord. Elle tend aussi à encourager le recours aux sciences et aux techniques en vue de contribuer à résoudre les problèmes concrets posés aux pays en développement. L'effort principal est consacré aux États les moins avancés. Dans sa livraison de janvier 2004, Le Nouveau courrier de l'UNESCO signale, en page 25, que cette Académie a établi une liste de 600 centres d'excellence dans plus de 100 pays, avec lesquels elle a signé des accords, en liaison avec l'UNESCO et l'ICTP (International centre for theoretical physics), destinés à l'accueil et au financement du séjour de chercheurs originaires des États les plus pauvres. Le Fonds mondial pour l'environnement a accordé une subvention de 750 000 dollars US en vue de la mise en œuvre d'un projet de partage d'expériences innovantes dans vingt pays parmi les moins développés, par l'intermédiaire du Réseau des organisations scientifiques du Tiers-Monde, dont le sigle anglais est TWNSO. Ce Réseau est une ONG, créée par la TWAS en vue du développement économique durable, et destinée à fédérer les ministères de la Recherche, les conseils scientifiques et les responsables des Académies des sciences des pays en développement. Il est appelé à commander des études sur des questions pratiques relatives à la gestion de l'eau, la conservation et l'utilisation de plantes médicinales ou autres, la biodiversité des terres sèches. La TWAS a également induit la « Third world organization for women in science », destinée à la promotion scientifique des femmes ; chaque année, une soixantaine d'étudiantes en doctorat bénéficient d'une bourse triennale facilitant l'achèvement des études.

A. Les politiques d'aide

L'encart 30 vise une approche de la définition de l'aide au développement.

Encart 30
Définition de l'aide au développement

L'aide au développement comporte des prestations et mesures d'ordre matériel et immatériel, en provenance des pays industrialisés et/ou de leurs institutions spécialisées, publiques ou privées.

Les prestations matérielles sont principalement constituées par des aides financières sous la forme de crédits et de subventions, par des fournitures en nature, alimentaires et autres, par l'aide technique, publique ou privée, en faveur de la promotion des équipements, sous-tendue par des investissements directs et des crédits à l'exportation.

L'aide immatérielle relève de la matière grise. Elle est accordée dans le cadre des diverses formes de conseil et d'assistance, des expertises et de la formation, fondamentale et continue, générale et spécialisée.

L'aide au développement peut être bi- et/ou multilatérale. Elle est bilatérale, lorsqu'elle est se réalise entre deux États. Elle est multilatérale, dès lors qu'un État l'octroie simultanément à plusieurs pays. Des organismes créés à cet effet, pratiquent l'aide multilatérale de manière systématique, tels la Banque mondiale, le Programme des Nations unies pour le développement (PNUD), le Fonds européen de développement (FED), la Banque européenne de développement (BED)...

Les pays composant le Comité d'aide au développement (CAT) de l'OCDE représentent environ 95 % de l'aide mondiale. En 2001, à Monterrey, ces États se sont engagés à faire passer le montant de l'aide de 52 milliards en 2001 à 75 milliards en 2006. Ils ont également appelé à un effort d'harmonisation de l'aide par les pays donateurs pour permettre une utilisation plus efficace des fonds tant par les États donateurs que par les États bénéficiaires. L'aide des États aux pays en développement est schématisée par le tableau 12.

Tableau 12
L'aide des États aux pays en développement (2001), chiffres nets, en milliards de dollars US

État	Aide en milliards de dollars US (chiffres nets)
États-Unis	10,88
Japon	9,68
Allemagne	4,88
Royaume-Uni	4,66
France	4,29
Pays-Bas	3,16
Espagne	1,75
Danemark	1,60
Suède	1,58
Canada	1,57

Source : OCDE

Selon l'OCDE même, cette aide demeure trop modeste face aux immenses besoins urgents des pays en développement et aux richesses accumulées dans les pays développés. Entre 2002 et 2003, les pays membres du Comité d'aide au développement (CAD) n'ont augmenté leur aide publique — l'Aide aux pays en développement, dite ADP — que de 3,9 % en termes réels, après une hausse en termes réels de 7 % entre 2001 et 2002. La Banque mondiale a confirmé ce diagnostic (Banque mondiale, 2004). Selon l'auteur du rapport de la BM, Uri Dadush, l'augmentation de l'aide a principalement profité à un très petit nombre de pays ; en ce qui concerne les nations les plus pauvres, la hausse n'a été que très symbolique.

Toutefois, l'APD totale du CAD a atteint 68,5 milliards dollars US en 2003, ce qui correspond, selon l'OCDE, à « un montant sans précédent en valeur réelle comme en valeur nominale. Ce total représente 0, 25 % du revenu national brut (RNB) global des membres du CAD, contre 0, 23 % en 2002 et 0, 22 % en 2001 ». L'augmentation de 2, 3 milliards de dollars US, en termes réels, s'explique par :

- la croissance générale des dons bilatéraux, soit 2 milliards de dollars US ;
- le début de l'aide à la reconstruction de l'Irak, soit 2 milliards de dollars US ;
- en contrepartie, nous observons une baisse cyclique des contributions aux fonds concessionnels multilatéraux (1,2 milliards de dollars US) et une légère diminution des prêts nets (0,5 milliards de dollars US).

Les États-Unis demeurent le premier donneur d'aide, en volume, suivis du Japon, de la France, de l'Allemagne et du Royaume-Uni. Ce ne sont cependant que le Danemark, le Luxembourg, les Pays-Bas, la Norvège et la Suède qui atteignent l'objectif de 0,7 % du Revenu national brut (RNB) préconisé par les Nations unies pour l'APD. Irlande, Belgique et France se sont fixées cet objectif pour respectivement 2007, 2010 et 2012, en passant toutes les trois, en 2007, par un objectif intermédiaire de 0,5 %.

Un effort particulier a été réalisé en matière d'aide publique au développement par les États membres de l'UE, qui s'est accrue de 2,2 % en termes réels, en 2003, représentant 0,35 % du RNB collectif des pays de l'UE, taux qui doit atteindre 0,39 % en 2006. Dans le cadre du Club de Paris, des remises de dettes spécifiques ont été décidées envers la République démocratique du Congo. Parallèlement, d'autres allégements en matière de remboursement de la dette s'opèrent dans l'Initiative en faveur de pays pauvres très endettés (PPTE), ainsi que dans l'Association internationale de développement (IDA).

La réunion annuelle des ministres chargés de l'Aide, et des responsables d'organismes d'aide, des représentants du PNUD, de la Banque mondiale et du FMI, du 16 avril 2004, à Paris, a adopté une déclaration sur la réforme des systèmes de sécurité, « dont les donneurs (d'aide) pourront s'inspirer dans leurs efforts pour aider les pays en développement à s'attaquer à l'une des principales causes de la pauvreté : les conflits violents et l'insécurité publique et la terreur au quotidien. Le principe fondamental est de traiter les systèmes de sécurité dans leur globalité, notamment le fonctionnement des forces de police et du système judiciaire, le contrôle exercé par les civils sur les forces armées, et la protection des droits de l'homme. » Cette démarche nécessite une approche administrative globale en concertation entre les États bénéficiaires de l'aide et les États donneurs. Elle requiert une collaboration cohérente entre les instances civiles, les forces de police et les forces armées. L'exemple de la réussite de l'expérience menée à ce sujet aux Îles Salomon est cité comme modèle.

La réflexion, qui doit aboutir à de nouvelles propositions lors de la réunion annuelle de haut niveau en 2005, continue à porter sur la prévention du recrutement d'enfants soldats, le renforcement du rôle de la société civile dans les systèmes de sécurité, la supervision civile et le contrôle démocratique.

La réunion de 2004 a également *constaté que la dynamique de croissance économique de l'Asie de l'Est et du Sud a « sorti » de l'état de pauvreté des millions de personnes, ce qui constitue une première dans l'histoire.* Le CAD tente de participer à l'accélération des efforts en vue de réunir aussi pour les autres pays nécessiteux les conditions de décollage, par la mise au point d'« un axe central » des stratégies de réduction de la pauvreté, l'optimisation des synergies entre le secteur privé, l'agriculture et les infrastructures, technologies de l'information incluses, de même que par le développement d'un secteur financier favorable aux pauvres. Le rôle déterminant des échanges dans le processus de croissance a déjà été souligné lors de la concrétisation des objectifs du Cycle de Doha sur le développement.

Ce n'est que par le renforcement et la stricte application de mesures de cette nature que pourra être envisagée la réalisation des *Objectifs du millénaire pour le développement (OMD), fixés par les Nations unies à l'horizon 2015*, tout proche en somme. Parmi les buts à atteindre, figure la réduction de moitié de la proportion de la population vivant en situation de pauvreté, le recul des taux de mortalité maternelle et infantile, l'amélioration de la santé maternelle, la lutte contre le sida, le paludisme et d'autres maladies, ainsi que la progression de l'accès à l'éducation scolaire pour garçons et filles, la promotion de l'égalité des sexes et de l'autonomisation des femmes, la garantie d'un environnement durable et la mise en place d'un partenariat mondial pour le développement. Le niveau d'aides consenties jusqu'à présent n'abonde malheureusement pas encore dans ce sens, en dépit du fait que la Banque mondiale a rappelé en 2004 l'urgence d'une participation des pays riches, à raison de 0,7 % du produit intérieur brut par État, aux dépenses destinées à la réalisation des Objectifs du millénaire (encart 31).

Encart 31
Améliorer l'efficacité de l'aide du plus grand donateur européen

« La France est le pays du G7 le plus généreux en termes de rapport APD/RNB (Aide publique au développement/Revenu national brut)

... L'aide française obéit à un certain nombre de principes fondamentaux : la priorité à l'Afrique ; les biens publics mondiaux et la régulation de la mondialisation ; le développement durable et la gouvernance démocratique ; la diversité culturelle et la francophonie. Sa gestion se répartit toutefois entre trois entités, chacune ayant ses spécificités : le ministère de l'Économie, des Finances et de l'Industrie, le ministère des Affaires étrangères et leur opérateur, l'Agence française de développement. Cela peut conduire à des doubles emplois à Paris ainsi que sur le terrain et nécessite un effort accru de coordination.

Le CAD (Comité d'aide au développement) recommande que la France élabore un document politique fixant les orientations stratégiques de l'ensemble du système de coopération, sur la base des OMD (Objectifs du millénaire pour le développement), du soutien du Nouveau partenariat pour le développement de l'Afrique (NEPAD) et faisant référence aux stratégies nationales de lutte contre la pauvreté des pays partenaires. Un tel document, associé à une planification pluriannuelle définissant les objectifs assortis d'indicateurs de performance, les priorités géographiques et sectorielles, les modalités de mise en œuvre et la répartition des tâches, contribuerait à rehausser la transparence et l'efficacité de l'APD française. Il contribuerait également à sensibiliser l'opinion publique et à favoriser l'appui de la société civile. Cette démarche rejoint la mise en œuvre de la Loi organique relative aux lois de finances (LOLF), qui prévoit la préparation d'un document de politique transversale pour les missions interministérielles dès 2005.

... Soucieuse d'une mondialisation plus équitable et démocratique, la France s'est engagée en faveur d'une meilleure intégration des pays africains à l'économie mondiale. À cet égard, elle est pour beaucoup dans le plan adopté par l'Union européenne pour rendre plus équitables les conditions d'échange pour les pays africains producteurs de coton. Son action dans ce domaine mériterait d'être étendue à la poursuite de réformes propres à faciliter les exportations des pays en développement dans les secteurs où ils ont un avantage comparatif. Afin d'assurer une prise en compte plus systématique des intérêts des pays en développement dans les décisions du gouvernement français, le CAD recommande que les autorités françaises fassent de la cohérence des politiques au service du développement un objectif plus explicite et renforcent les mécanismes de coordination interministérielle à cet égard. »

Source : OCDE (fichier cad_france_f_tableaux.pdf)

B. Les stratégies d'aide

Dans son rapport sur le commerce et le développement, de 2003, *la CNUCED a critiqué les politiques néolibérales pratiquées depuis une vingtaine d'années dans les pays en développement*, dans la mesure où les stratégies mises en place ont souvent contribué à freiner la croissance (CNUCED, 2003). Cet organisme international constate que le niveau des PVD est comparable à la situation qui existait dans ces États au début des années 1980, un constat qui implique l'urgence d'une reconsidération de la politique économique menée dans ces Tiers-Mondes (encart 32).

Encart 32
L'échec des politiques et stratégies

Limitation à un seul objectif, un objectif manqué : « Abandonner la stratégie de croissance orientée vers le marché intérieur et définie par les pouvoirs publics au profit d'une stratégie orientée vers l'extérieur et déterminée par les forces du marché ».

Résultat obtenu : « Les politiques menées pour éliminer l'inflation et réduire l'importance du secteur public ont souvent eu pour effet de freiner la croissance et de gêner le progrès technologique... ; la plupart des pays qui se sont engagés dans des réformes rapides n'ont pas réussi à atteindre le niveau d'investissement nécessaire ».

Objectif préconisé : pour atteindre le niveau d'investissement indispensable, il faut y consacrer 20 à 25 % du PIB, en vue d'un rythme de croissance susceptible de rattraper les autres pays. Il importe aussi d'abandonner la tentation des réformes néolibérales, ainsi que le retour aux politiques d'industrialisation par trop faciles et inefficaces.

Importance du paramètre mondial, condition du succès :

Selon les prévisions, le commerce international devrait se développer beaucoup plus vite dans les pays en développement que dans les pays industrialisés ;

« Une reprise durable des flux commerciaux et de capitaux ne pourra résulter que d'une reprise rapide de l'économie mondiale, et non l'inverse »

Source : CNUCED, « Rapport sur le commerce et le développement 2003 »

La CNUCED observe cependant que *les PVD ne réagissent pas de manière uniforme au ralentissement mondial*. Les chocs extérieurs les incitent parfois à mettre en œuvre des politiques et stratégies efficaces pour en contrer les effets néfastes. L'Asie de l'Est a ainsi pratiqué « une vaste gamme de politiques macroéconomiques, financières et commerciales, afin de stimuler l'investissement, développer l'industrie et encourager les exportations ». Par contre, en Amérique latine et en Afrique, « la libéralisation subite s'est traduite par des contradictions entre politiques macroéconomiques, commerciales et financières, comme dans le domaine des investissements directs étrangers, ce qui a faussé l'évolution structurelle ». De plus, l'industrialisation a été souvent interrompue, réduisant la part des produits manufacturés dans les exportations, conduisant les gouvernements à avoir recours à une dépréciation monétaire et à des restrictions salariales. L'augmentation de la production traditionnelle a en outre freiné le développement des secteurs d'activité offrant de plus grandes possibilités de croissance en matière de productivité. En Amérique latine, le ralentissement économique a aggravé les difficultés financières extérieures.

ORIENTATIONS BIBLIOGRAPHIQUES

- Banque mondiale, *Global development finance,* New York, 2004
- BORCHERDT C., MAHNKE H. P., « *Das Problem der Tragfähigkeit* », *Stuttgarter Geographische Studien,* 85, 1973, pp. 1-93.
- BORSDORF A., *Dritte Welt und Weltwirtschaft,* Klett, Kurswissen-Geographie, Stuttgart, 1989, 152 p.

- CAZES G., *Le sous-développement et ses critères,* Bréal, Montreuil, 1991, 255 p.
- CNUCED, Rapport sur le commerce et le développement 2003, 2003
- COBO J. M., *Study of the Problem of Discrimination against Indigenous Populations,* United nations, Doc. E/CN.4/Sub.2/1986/7, New York, 1986
- CORM G., *Le nouveau désordre économique mondial : aux racines des échecs du développement,* La Découverte, Paris, 1993, 163 p.
- KRAAS F., « *Zur internationalen Dekade der indigenen Völker (1995-2004)* », Julius Perthes Verlag Gotha, Stuttgart, 2002, pp. 8-15
- KRUGMAN P., « *Increasing Returns and Economic Geography* », *Journal of Political Economy,* 99, 3, 1991
- MIKUS W., *Wirtschaftsgeographie der Entwicklungsländer,* Stuttgart, 1994
- MYRDAL G., *Une économie internationale,* PUF, Paris, 1958
- MYRDAL G., *Economic Theory and Under-developed Regions,* Luckworth, Londres,1957
- PERROT M.-D., RIST G., SABELLI F., *La mythologie programmée – L'économie des croyances dans la société moderne,* PUF, Paris, 1992
- RAUCH T., « *Bessere Rahmenbedingungen allein beseitigen Armut nicht – Eine theoriegeleitete Vier Ebenen-Strategie für entwicklungspolitische Interventionen* », *Geographica Helvetica,* 1, Basel, 2003, pp. 35-46
- SEVIN O., *Migrations, colonisation agricole et terres neuves en Indonésie,* CRET, Bordeaux, 2001
- SOFTESTAD, L.T., « *Indigene Völker und Landrechte : ein Überblick* », *Geographica Helvetica,* 43 (3), 1988, pp. 164-176
- UNESCO, www.unesco.org/culture/indigenous/index.shtml, 2001
- United nations, Doc. E/CN.4/Sub.2/Annex I, 23.8.1993
  [http ://www.cwis.org/drft9329.html]

Chapitre 2

DE LA MISÈRE AUX SOCIÉTÉS ÉMERGENTES

Plus encore que par l'appartenance à une certaine zone de revenus, la pauvreté se définit par une situation totale dont la composante essentielle est sans doute l'inadaptation, l'« étrangeté » au sein du monde dans lequel vit celui qui en est frappé. C'est en cela que la pauvreté d'aujourd'hui diffère de celle des âges anciens.

J. Parent, *Revue Économie appliquée*, Archives de l'ISEA, Institut de science économique appliquée, 1/2, t. XXIV, Droz, Paris, 1971, p. 10

La pauvreté exprime certes une inégalité économique et sociale ; elle résulte toutefois de structures à faible production et à consommation relativement réduite.

I. LE CERCLE VICIEUX

A. La culture, richesse des pauvres

La richesse des pauvres est leur culture et leur dignité. En dépit de toute détresse, les démunis parviennent à justifier leur existence par l'affirmation de leur être et des aspirations de celui-ci. Ainsi l'une de leurs expressions culturelles est la fête, parallèlement aux rites religieux et/ou civils. En Amérique latine, le carnaval en est le symbole (photo 17). À l'opposé, de multiples stigmates de la servitude humaine continuent eux aussi à apparaître. Si en milieu colonisé, les bagnes ont été supprimés en principe (photos 18a et b), les chantiers sur lesquels des travailleurs sont quasiment traités comme des esclaves, demeurent nombreux, notamment dans les dictatures.

La connaissance concrète et approfondie des sociétés dites en développement, la prise de conscience des problèmes réels posés par elles sont d'autant plus difficiles et délicates que les contacts engagés avec elles par les interlocuteurs, coopérants et autres acteurs venus de l'« extérieur » sont eux-mêmes éloignés depuis plusieurs générations des conditions de vie modestes, voire fragiles de leurs ancêtres. Un véritable apprentissage est nécessaire pour saisir les véritables dimensions mentales, culturelles et socio-économiques de ces communautés tant rurales qu'urbaines, dont les liens ethniques demeurent vivaces (Copains, 1998), en dépit de la superposition d'attaches plus modernes, familiales, sociétales, professionnelles et récréatives. Outre la compétence théorique et le savoir-faire technique, il importe d'être constamment en écoute, non seulement, parfois non essentiellement économique, mais culturelle et linguistique. *Il convient de scruter le sens des choses et de la vie dans des milieux très différents de ceux observables en pays développé.* Selon O. de Sardan (cf. orientations bibliographiques ci-dessous), « l'important, ce n'est pas tellement les actions elles-mêmes, mais leur potentiel d'apprentissage. En quoi ouvrent-elles les portes à de nouvelles façons de voir les choses, de s'organiser, de penser les relations entre acteurs, en quoi permettent-elles aux acteurs d'apprendre du neuf sur eux-mêmes et sur la société dans laquelle ils sont ? En quoi développent-elles leur capacité d'agir ? ».

B. Sociétés « oubliées » ou marginalisées

Il existe en effet des « peuples oubliés », comme l'a rappelé, en 2002, M. de Winter, dans l'Année internationale de la montagne (Dimension-3, BEL, 2), évoquant les sociétés montagnardes de Cerro de Pasco (Pérou), Sindhupalchok (Népal), Mont Elgon (Kenya) et Maliko-liko (Lesotho).

De multiples signes témoignent de ces marginalisations, suscitées par une inadéquation fondamentale des termes du trinôme « sociétés-habitat-activités », notamment en comparaison avec le monde dit développé.

L'eau est un enjeu permanent dans les pays pauvres : plus de 15 millions d'enfants meurent annuellement par manque d'eau ou par la pollution de l'eau. La « guerre de l'eau », déjà observée il y a 4 500 ans en Mésopotamie, où deux villes s'affrontaient à ce sujet, ne cesse de s'activer. À présent, environ 300 rivières frontalières sont convoitées par plusieurs États. Au cours de la dernière décennie, plus de 1 800 litiges ont surgi à propos de l'eau ; les deux tiers d'entre eux ont induit des conflits armés. Ils furent une quarantaine durant le demi-siècle écoulé, dont 27 en Palestine et dans les États alentour. Les enjeux géopolitiques des implantations israéliennes tournent autour des points d'eau accaparés par celles-ci. L'eau a donné lieu à la signature de plus de 150 traités au cours des deux dernières décennies.

Marc Lavergne relève par exemple la menace constante de manque d'eau en Jordanie et l'urgence d'une réduction du rôle joué par l'agriculture irriguée. Il montre combien une géopolitique constructive et réaliste devrait conduire à un consensus sur le partage de l'eau entre Israël, la Jordanie et la Syrie, en vue « d'une future économie de paix » (TROIN, 1997).

Les multiples tensions qui entretiennent une situation de stress hydrique ne font qu'augmenter. Le problème de l'eau n'est pas un problème de ressources naturelles ; il est économique, mais la ressource exige une gestion écologique.

Les préoccupations sanitaires sont vives dans les régions en développement, comme celles de l'environnement menacé par la dégradation de la forêt, par la spéculation foncière et mobilière inhérente à la libéralisation intempestive des outils économiques, ainsi que par des risques de catastrophes.

Le cercle vicieux du sous-développement est aussi perceptible dans d'autres domaines : celui de l'environnement rural et littoral, par exemple au Mexique (photo 19), dans le Haut plateau du Moyen-Atlas marocain (photos 20 et 21)

- (photo 22) Le Burkina Faso a vécu son rêve brisé du rail, pour le développement
- (photo 23) La case mélanésienne reflète l'indigence autochtone
- (photo 24) comme la maison sur pilotis en Thaïlande

Boulvert démontre de façon systématique comment la Guinée, un pays maritime favorisé par un milieu naturel diversifié, aux riches potentialités hydroélectriques susceptibles d'induire des aménagements socio-économiques prometteurs, doté de surcroît de ressources minières importantes (premières réserves mondiales en bauxite, or, diamant, fer), a perdu sa fonction d'exportateur agricole et ne parvient plus à rentabiliser le travail d'une population paysanne pourtant zélée. La rente minière donne lieu à des gaspillages scandaleux, alors qu'elle pourrait servir utilement à l'investissement dans les transports et les infrastructures de communication, les grands travaux publics et les industries de transformation. Minée et ruinée d'abord, depuis l'époque post-coloniale, par le régime dictatorial de Sékou Touré, puis par l'immobilisme politique actuel, la Guinée attend toujours que son sous-sol soit exploité rationnellement, que des activités secondaires modernes se déploient suffisamment et que les atouts tertiaires soient saisis — tel le tourisme international — pour sortir du marasme. La faiblesse de l'armature urbaine, son déséquilibre, l'absence de pôle majeur face à Conakry aggravent la situation démographique : l'exode rural renforce les flux migratoires en direction de villes trop peu dynamiques pour offrir des solutions suffisantes en matière d'emploi (Boulvert, 2003).

De multiples initiatives et expériences post-coloniales ont échoué ou sont en état de stagnation, faute de moyens ou de portée géopolitique suffisants. C'est le cas des cinq pays africains de langue officielle portugaise, désignés par l'acronyme PALOP, issus du démembrement, en 1974/75, de l'empire colonial portugais en Afrique. Ont ainsi apparu successivement sur la scène internationale la Guinée Bissau, Sao Tomé et Principe, le Mozambique, l'Angola et le Cap Vert. Leur indépendance, chèrement conquise au prix de douloureuses et longues guerres de libération, ne leur a pas permis de s'affirmer ni économiquement ni politiquement. Demeurés dans le peloton africain des pays les plus démunis, ils ont souffert, de leur abandon trop rapide sans doute, par les force occidentales compétentes, au moment de la rupture avec le Portugal. Le manque de cadres supérieurs susceptibles de les reconstruire et de les entraîner vers le développement s'observe encore aujourd'hui. Ils ont été victimes aussi de la bipolarisation mondiale, l'appartenance du Portugal à l'OTAN ayant incité les mouvements nationalistes à s'appuyer sur le bloc soviétique et à adhérer au marxisme-léninisme, qui a inspiré l'idéologie officielle jusqu'à la fin de la guerre froide entre les deux superpuissances mondiales, sauf en Guinée-Bissau qui s'est rapprochée du Portugal dès 1978. Ce n'est qu'à partir des années 1990 que les anciennes colonies resserrent leurs liens avec le Portugal. En dépit des efforts de cet État en faveur de l'Afrique lusophone, celle-ci demeure dans son marasme. L'aide financière portugaise, d'un montant d'environ 250 millions de dollars, reste cependant faible. Le Portugal est le principal bénéficiaire de la balance commerciale entre lui et les PALOP ; son commerce avec les PALOP ne dépasse guère 2 %. Mais ses investissements en Afrique n'atteignent que 3 % des ses investissements à l'étranger.

Conscient du fait que la notion d'« Afrique lusophone » n'a qu'une portée très limitée, le gouvernement portugais n'abandonne toutefois pas la partie, car dans le cadre européen, il entend conserver un rôle international, notamment en Afrique. En attendant, les PALOP sont loin d'une intégration à la spirale du mouvement socio-économique ascendant.

Pourtant, des indices permettant d'envisager une évolution par des améliorations effectuées à « faible dose », telle la construction d'habitations en dur à Bali (photo 25).

Dans de nombreux cas, les sociétés concernées vivent entre tradition et moderne : c'est le cas à Fort-de-France (photos 26 et 27).

La construction de l'autoroute reliant la Chine et le Pakistan, la « Karakorum-Highway », d'une longueur d'environ 1 500 km, continue à se heurter à des oppositions tribales, qui vont jusqu'à s'extérioriser par des agressions contre les touristes. Cette accessibilité est cependant destinée à susciter le développement endogène en matière agricole et dans le domaine de l'élevage, en jetant à la fois les bases d'une économie de subsistance correcte et d'une économie de marché.

Dans les Andes, les axes de transit font cruellement défaut, en-dehors du fait que, comme partout ailleurs dans les régions de haute montagne intertropicales, les routes sont difficilement praticables. Les barrières techniques jouent ici un rôle aussi défavorable que les difficultés d'accessibilité physique. Observons que dans l'arc alpin oriental, l'ouverture des frontières entre l'Autriche et les Pays de l'est ex-soviétique, dans le cadre d'une action d'envergure de l'Union européenne, le transit alpin routier s'est accru de 89 % depuis le début de cet élargissement.

L'économie de marché est souvent très peu adaptée aux diverses situations faites aux pays en développement, dans la mesure où elle ne répond même pas aux règles classiques du libre-échange. Les pays pauvres ne peuvent s'en sortir que par des soutiens publics et privés efficaces, des accords préférentiels, la protection face à l'ultralibéralisme.

Par ailleurs, au lieu de soutenir sur place le déploiement socio-économique et de créer des activités efficaces dans les pays en développement, les responsables des pays développés ont laissé s'amplifier de vastes migrations humaines, surtout durant la seconde moitié du XXe siècle. Ils ont ainsi soutenu la stratégie de leurs entreprises soucieuses de réduction des coûts de production et de compétitivité internationale, de préservation des marges bénéficiaires destinées notamment à garantir les rentes exigées par les porteurs de capitaux. Les intérêts des populations migrantes et de leurs pays d'origine ont été relégués à l'arrière-plan. Les contrastes entre les Nord et les Sud se sont ainsi renforcés sensiblement.

II. L'ÉCLATEMENT DU CERCLE VICIEUX

A. L'importance de l'aide extérieure

L'éclatement du cercle vicieux repose en premier lieu sur la volonté autochtone à s'en sortir du marasme et le choix de dirigeants à la fois clairvoyants et relativement honnêtes. Les efforts autochtones ne sauraient cependant suffire. *L'aide extérieure, éducative, formatrice, technologique et financière est capitale.*

La radio, plus récemment la télévision, sont de puissants agents de développement, surtout dans des pays dans lesquels les taux d'analphabétisme et d'illettrisme sont élevés et où les journaux jouent ainsi un rôle moindre. Toutefois, elles peuvent être aussi des outils de propagande en faveur d'un développement unilatéral, au service de groupes de pression idéologiques et/ou financiers. Une chercheuse affirmée a entendu des chansons, dont le refrain a fait l'éloge des bailleurs de fonds occidentaux : « La démocratie est la base de tout développement », « nous ferons de notre mieux pour ne pas vous décevoir vous, les Blancs, les bailleurs de fonds, vous qui venez développer notre pays » (Carruzzo, 2002).

L'OCDE suit de près l'évolution de l'aide publique au développement (APD), associant « *satisfecits* » et recommandations à l'adresse des pays développés, compte tenu des engagements pris ou souhaitables. Cet organisme publie régulièrement des études à ce sujet. À titre d'exemple, nous livrons quelques éléments relatifs à l'Irlande, un petit État qui ne tient pas à se tenir à l'écart de la géopolitique mondiale, dans le cadre de la prise en compte des PVD, tant en ce qui concerne l'aide que pour ce qui est de la présence sur des marchés potentiels. Comme les autres États-contributeurs, l'Irlande focalise son attention sur des pays particuliers, avec lesquels elle entend entretenir des relations tant politiques qu'économiques (encart 33, figures 8 et 9).

Encart 33
Recommandations du Comité d'aide au développement (CAD) de l'OCDE à l'Irlande (2003)

« À l'occasion d'un examen de fond du programme de coopération pour le développement de l'Irlande, le Comité d'aide au développement (CAD) de l'OCDE a noté que l'aide publique au développement (APD) irlandaise avait considérablement augmenté au cours de la dernière décennie, passant de 70 millions USD en 1992, soit 0,16 % du revenu national brut (RNB), à 398 millions USD en 2002, soit 0,40 % de RNB. Preuve de sa détermination à lutter contre la pauvreté, l'Irlande achemine la moitié de son APD vers les pays les moins avancés, ce qui constitue le pourcentage le plus élevé parmi les 22 pays membres de CAD, contribuant ainsi à la réalisation des Objectifs du millénaire pour le développement...

La grande majorité de la population soutient les efforts de développement de l'Irlande. Il importera de continuer de mobiliser l'opinion et de lui permettre de s'investir davantage dans le programme de coopération pour le développement en s'en appropriant les desseins, les réalisations et les enjeux à mesure que s'accroîtra l'APD, de façon à atteindre durablement l'objectif de 0,7 %.

L'Irlande devrait prévoir maintenant la façon dont elle gèrera et mettra en œuvre son programme d'un montant de 1 milliard USD, de façon à maintenir l'attention qu'elle porte aux pays les moins avancés, spécialement en Afrique de l'Est où elle concentre son aide, à soutenir un éventail d'organismes multilatéraux, à poursuivre son combat contre le problème du VIH/sida qui se pose de façon particulièrement aiguë dans les régions où l'Irlande mène prioritairement ses activités, et à promouvoir la stratégie prospective qui est la sienne en ce qui concerne la dette...

Il a été bénéfique pour l'Irlande de concentrer ses principaux partenariats bilatéraux sur seulement sept pays de programme. Elle devrait approfondir son engagement dans ces pays, en s'associant de plus près aux activités des organisations de la société civile locale et en la soutenant, de même que le secteur privé local, et en inscrivant son action dans une perspective régionale. L'Irlande devrait par ailleurs maintenir une approche prudente dans la désignation de nouveaux pays de programme.

Par rapport à la moyenne des membres du CAD, l'Irlande consacre une part importante de son APD au cofinancement d'activités menées par des ONG. Les responsables du programme de coopération pour le développement devraient continuer de promouvoir des approches stratégiques, la prise en compte systématique de questions à caractère transversal (égalité homme-femme, gouvernance, VIH/sida et environnement) et un contrôle, un suivi et une évaluation plus systématiques des activités de la part des ONG partenaires)... »

Source : OCDE, « Recommandations du CAD au moment où l'Irlande se prépare à porter son programme de coopération pour le développement à hauteur de 1 milliard USD », Paris, 20 novembre 2003

Figure 8
ADP nette des pays du CAD en 2002

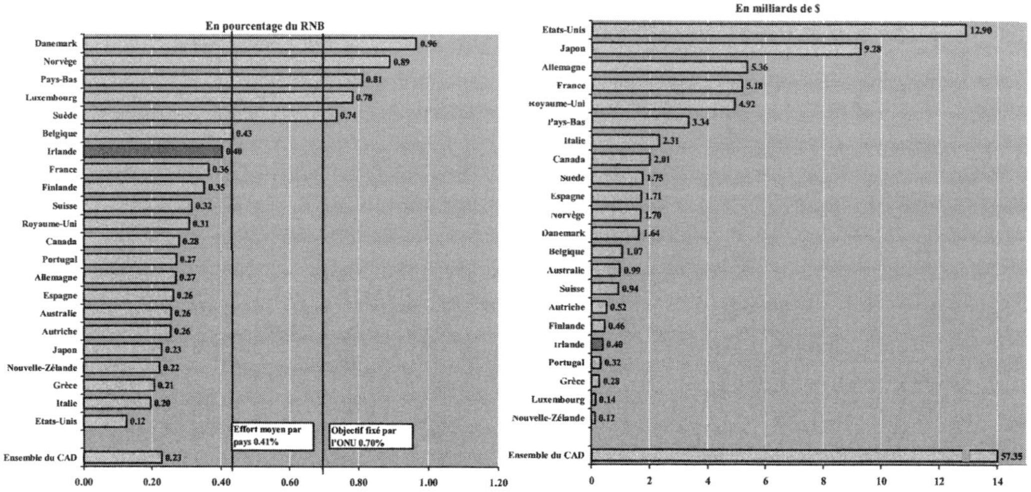

Figure 9
L'aide de l'Irlande - aperçu synthétique

IRLANDE

APD bilatérale brute, moyenne 2001-02, sauf indication contraire

APD nette	2001	2002	Variation 2001/02
Prix courants (millions de $)	287	398	38.8%
Prix constants (millions de $ 2001)	287	360	25.7%
En euros (millions)	320	422	31.9%
APD/RNB	0.33%	0.40%	
Aide bilatérale (%)	64%	67%	
Aide publique nette (AP)			
Prix courants (millions de $)	23	26	14.3%

Dix principaux bénéficiaires d'APD/AP brute (millions de $)	
1 Ouganda	30
2 Mozambique	24
3 Éthiopie	23
4 Tanzanie	21
5 Zambie	16
6 Lesotho	10
7 Afrique du Sud	8
8 Afghanistan	6
9 Kenya	4
10 Zones/adm.palestinienne	3

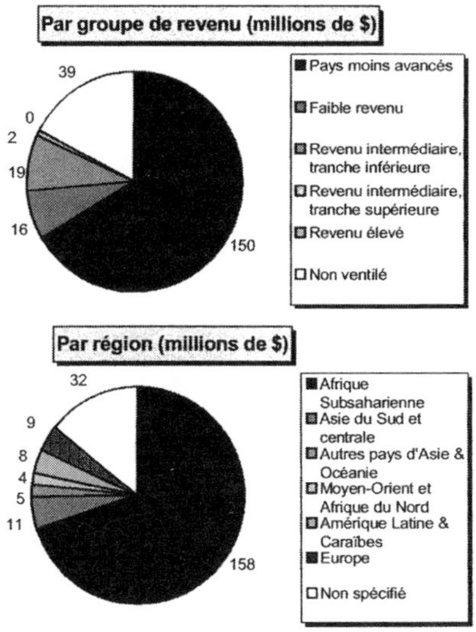

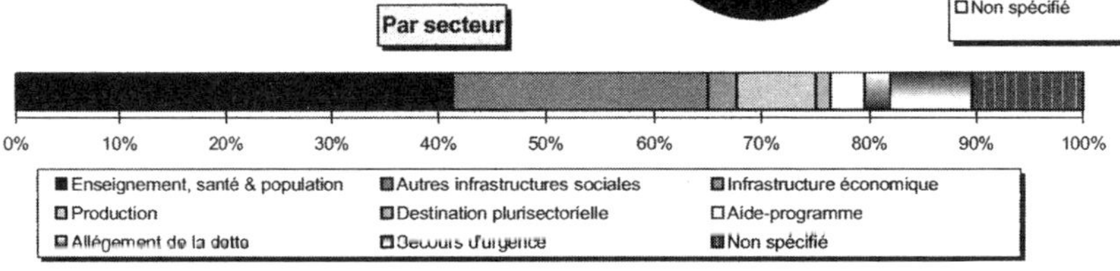

Source : DATAR

L'aide extérieure, sous la forme de *programmes de formation*, est également déterminante.

Information, éducation, apports de savoir-faire ne doivent cependant pas être « importés » de manière péremptoire, triomphaliste, néocoloniale. Ils sont à intégrer aux portions de savoirs et savoir-faire existants encore pertinentes. Aucune formation ne saurait réussir sans une éducation préalable, preuves pratiques et quotidiennes à l'appui, portant sur l'évidence bienfaisante d'une dynamique, source de progrès. Selon O. de Sardan, « les savoirs sont intimement liés à des pratiques sociales, on ne peut en avoir une vision figée et ils ne prennent sens que dans une dynamique de changement et d'évolution sociale permanente » et « L'important, ce n'est pas tellement les actions elles-mêmes, mais leur potentiel d'apprentissage » (cf. Sardan, 1991, voir orientations bibliogr. Première partie, chap. I). Il convient, en somme, de faire entrer en relation deux systèmes de sens différents, voire parfois opposés, de « tenter de transférer certains savoir-faire associés aux systèmes de sens propre aux opérateurs de développement vers des populations dotées de systèmes de sens différents » (ENDA GRAF SAHEL, 1992). Il y a nécessité d'une confrontation permanente des connaissances théoriques avec les aspects opérationnels.

Dans le domaine des transports, le service au développement est capital : initiation à l'économie des transports, au transport multimodal, à la planification des transports, au financement des projets de transport, à la sécurité, à la politique régionale au sens inter- et superétatique, aux méthodes d'évaluation des politiques de transport...

B. Processus internes

Les processus internes sont appuyés, entre autres, sur l'examen des attitudes des diverses composantes de la population autochtone face aux problèmes posés, ainsi que des remèdes adoptés ; ils dépendent du degré d'influence des apports extérieurs, potentiels et/ou réels. Pour répondre de près aux attentes des populations locales, il importe de détecter au mieux les meilleures façons de transfert possible des savoir-faire et des compétences extérieurs vers les savoir-faire traditionnels, sans heurter de front les susceptibilités et sans éliminer les éléments demeurés positifs dans ces attitudes locales fondées aussi sur l'observation et l'expérience séculaires.

Observons par exemple le comportement des paysans d'Afrique subsaharienne face aux problèmes de sécheresse. Sont-ils prêts à remettre en cause leurs pratiques culturales pour les adapter aux nécessités modernes et aux possibilités offertes par l'irrigation artificielle ? Une telle expérience a été réalisée dans le nord du Burkina Faso. L'acceptation de l'irrigation et de la fertilisation a permis, en 1998, d'obtenir une récolte trois fois supérieure à celle obtenue en zone cultivée traditionnelle ; la quantité de grains récoltés a augmenté de 41 % et la biomasse de 29 % en zone irriguée (Carruzzo, 1992).

La photo 28 donne l'exemple d'une insertion touristique relativement réussie de l'atoll de Tikahau (Polynésie française)...

18a. Stigmates de la servitude humaine en milieu colonisé : bagne sur l'Île-des-Pins (Nouvelle-Calédonie)

17. La richesse des pauvres : carnaval populaire à Pointe-à-Pitre (Guadeloupe)

18b.

19. Le cercle vicieux du sous-développement : environnement rural et littoral au Mexique (environs de Taxco)

20. Nomades sur le Haut-plateau du Moyen-Atlas

21. Interface sédentaires/nomades sur le Haut-plateau du Moyen-Atlas

22. Le rêve du rail pour le développement : le chemin de fer de Tombao (Burkina Faso) – 1986

23. Case mélanésienne (Nouvelle-Calédonie)

24. Maison sur pilotis près de Bangkok (Thaïlande)

25. Constructions en dur (Bali, Indonésie)

26. Entre tradition et modernité : marché populaire à Fort-de-France (Martinique, 1991)

27. Entre tradition et moderne : du système colonial à la difficile insertion mondiale (Martinique, 1991)

28. Insertion touristique de l'atoll de Tikahau (Polynésie française, 1996)

Dans l'ensemble des pays en développement, le rôle moteur des petites et moyennes entreprises est capital. Il amorce, sous-tend, accompagne les évolutions dans le secteur d'activité secondaire, épaule les efforts entrepris dans l'agriculture, influence l'éducation, ainsi que la formation générale et professionnelle, constitue un facteur déterminant de la modernité sans exclure systématiquement les affirmations identitaires fondamentales. L'exemple des « pays-ateliers » d'Extrême-Orient, devenus Nouveaux pays industrialisés, est éloquent à ce sujet (cf. chapitre suivant). Il montre toutefois aussi les inconvénients de cette évolution : la soumission à terme des PME aux impératifs des marchés mondiaux, tant en ce qui concerne les travailleurs que pour ce qui est des identités culturelles. Il est vrai que ces NPI sont parvenus à briser le cercle vicieux pour accéder à des conditions et niveaux de vie tels qu'ils ont entraîné un véritable basculement dans la modernité contemporaine, sans forcément entraîner un nivellement culturel ou identitaire.

Dans bon nombre d'États et de régions en développement, les progrès sont plus lents. Mais la solidarité aidant, les PME ne forment pas moins la base du renouveau. En Afrique par exemple, le Réseau de l'entreprise en Afrique de l'Ouest (REAO), organisation non gouvernementale internationale créée en 1992, sous l'impulsion du Club de Sahel et de l'USAID (United States agency for international development), est fondé sur la conviction que l'entreprise privée moderne constitue l'une des clés du développement. Il parvient petit à petit à contrer une conjoncture économique moins prévisible que dans d'autres régions du globe, à surmonter les difficultés inhérentes à l'étroitesse des marchés, en termes de demande solvable, à faire mieux face à l'insuffisance quantitative et qualitative des infrastructures, de même qu'aux fortes contraintes législatives et réglementaires.

Le REAO s'appuie sur des politiques souples, évolutives et étroitement adaptées aux conditions locales. Il requiert des réseaux nationaux solides, susceptibles de favoriser le développement régional. Il bénéficie de l'aide d'un nombre imposant de bailleurs de fonds et d'administrations publiques : USAID, Banque mondiale, Caisse française de développement, ministère français de la Coopération, Agence canadienne de développement international, Union européenne... Il couvre une douzaine d'États et compte plusieurs centaines d'entreprises appartenant toutes à la seconde ou à la troisième génération. Ses membres ont suscité trois sous-réseaux professionnels régionaux qui facilitent la mise en œuvre et le suivi des contacts d'affaires. Il a vocation à rayonner aussi sur l'Afrique de l'Est et l'Afrique australe.

ORIENTATIONS BIBLIOGRAPHIQUES

- BOIRAL P., « Logiques de recherche et logiques d'action », *Paysans, experts et chercheurs en Afrique noire,* Karthala, Paris, 1985
- BOULVERT Y., « La Guinée : atouts et handicaps au seuil du troisième millénaire – Essai synthétique de géographie physique, économique et humaine », *La Géographie, mars,* Paris, 2003, pp. 55-75
- CARRUZZO J., Difficultés du passage à l'agriculture pluviale irriguée au Yatenga (Burkina Faso) – Représentations et réalités du développement, Cahier de l'Institut de géographie, 59, Université, Neuchâtel, 2002, 97 p.

- CHAZAN N. *et al., Politics and society in contemporary Africa,* Prentice-Hall N.J., 1999
- CNUCED, Rapport sur le commerce et le développement 2003, Genève, 2003
- CONYERS D., HILLS P., *An Introduction to Development Planning in the Third World,* Chichester, 1984
- COPAINS J., *L'enquête ethnologique de terrain,* Nathan, Paris, 1998
- ENDA GRAF SAHEL, *La ressource humaine, avenir des terroirs : recherches paysannes au Sénégal,* ORSTOM, Paris, 1992, 320 p.
- FINO D. (dir.), « De l'aide internationale au renforcement des capacités nationales », *Impasses et promesses, l'ambiguïté de la coopération au développement,* PUF, Paris, 1996
- GUEBOURG J.-L., *Petites îles et archipels de l'océan Indien,* Karthala, Paris, 1999
- KREISEL W., MARSDEN P.H. (dir.), « *First peoples, first voices. Indigene Völker zwischen Selbstbestimmung und Selbstbehauptung* », Aix-la-Chapelle, Pazifik-Forum, 5, 1995
- MOSELEY C.& ASHER R.E. (dir.), *Atlas of the world's languages,* Londres, 1994
- PERROT M.-D., RIST G., SABELLI F., *La mythologie programmée – L'économie des croyances dans la société moderne,* PUF, Paris, 1992
- SEVIN O., *Migrations, colonisation agricole et terres neuves en Indonésie,* CRET, Bordeaux, 2001
- SOFTESTAD, L.T., « *Indigene Völker und Landrechte : ein Überblick* », *Geographica Helvetica,* 43 (3), 1988, pp. 164-176
- UNESCO, www.unesco.org/culture/indigenous/index.shtml, 2001

Chapitre 3
LES SOCIÉTÉS ÉMERGENTES

... des pays qui ont décidé de prendre les commandes, ... qui ont décidé que, dans les décennies à venir, ils compteront dans les décisions sur l'état économique du monde (et pas simplement sur l'état économique du monde.

X. Guilhou, *Ruptures créatrices*, dir. par P. Lagadec, Ed. Les Echos, Paris, 2000, p. 139

I. DE L'ÉCLATEMENT DU CERCLE VICIEUX À L'AMORCE D'UNE SPIRALE DU DÉVELOPPEMENT

Le *moment* où une société parvient à faire éclater le cercle vicieux pour commencer à évoluer en spirale est évidemment *capital* (Billerbeck & Yasugi, 1979 ; Richardson, 1977) : cette performance a déjà été atteinte par un nombre appréciable d'États, par la force des choses, des prédispositions culturelles et mentales, ainsi que des opportunités accélérées par la conjoncture extérieure.

L'Inde (encart 34), ce pays aux amples contrastes, opposant un régime de castes et de profonde misère à une ouverture économique de premier plan, est entré de plain-pied dans les hautes technologies et la mondialisation. Si les secteurs de pointe demeurent encore relativement limités territorialement et socialement, ils n'en constituent pas moins des instruments efficaces en faveur de la rupture du cercle vicieux et de l'entraînement de l'État vers une spirale de développement. Celui-ci, quoique indiscutable dans ses effets, demeure limité et bien réduit par rapport aux promesses faites par le Pandit Nehru, lors de l'Indépendance, le 14 août 1947 . Ce dirigeant politique annonça en effet « la fin de la pauvreté, de l'ignorance, de la maladie et des inégalités des chances ». Aujourd'hui encore, plus d'un demi-siècle après, en dépit d'imposants efforts économiques et éducatifs, l'Inde compte 320 millions de pauvres pour un milliard d'habitants et 35 % d'analphabètes. Pour les pays anciennement sous-développés, la voie du salut est souvent longue (Saglio-Yatzimirsky, 2002).

Encart 34
Contrastes et fractures en Inde

La misère

– 138 millions d'Intouchables ;

– 20 millions de chômeurs ;

– une faible, souvent aucune sécurité de l'emploi, aucune sécurité sociale, aucun horaire fixe de travail, notamment pour ce qui est du travail nocturne ;

– revenu annuel moyen : 450 dollars US ;

Une société émergente, avec ses zones d'ombre

– une croissance exponentielle : 8 % attendus en 2004 (« une Chine en devenir ») ;

– records boursiers à Bombay , capitale économique de l'Inde, qui a adhéré au capitalisme mondial ultralibéral et dans les rues de laquelle les voitures de sport conduites par des mannequins à la pointe de la mode et de jeunes cadres tranchent avec des enfants en haillons, des miséreux de toute nature et des mendiants mutilés ; sur les centaines de sites d'anciennes filatures victimes de la crise des années 1980, aux milliers de chômeurs, sont à présent érigés de luxueux bureaux installés par les plus grandes multinationales, attirant de manière croissante des investissements mondiaux ; dans la banlieue, à Bandra par exemple, des bidonvilles sur fond d'immeubles résidentiels ; pour des raisons d'économies de salaires et non fondamentalement pour améliorer la qualité de leurs services, une cinquantaine de multinationales y ont délocalisé leurs plates-formes de relations avec la clientèle des entreprises délocalisées ; les employés de celles-ci travaillent pour 1/7 du salaire de leurs collègues européens, mais gagnent huit fois le revenu annuel moyen indien ; leurs « centres d'appel téléphoniques » sont très actifs en matière d'embauche : les Indiens embauchés prennent un pseudonyme anglicisé ; il est vrai que les groupes anglophones qui ont transféré leur centre d'appel sont à même d'offrir un niveau de services de grande qualité, dans la mesure où l'Inde dispose d'une main-d'œuvre abondante, fort éduquée, anglophone et bon marché ; cela explique la présence de grosses firmes informatiques, telles que les américaines Dell, Intel ou Hewlett Packard, la banque britannique Lloyds TSB, les groupes de télécommunications BT (ex-British Telecom), le groupe télécom étatsunien AT & T, les assureurs britanniques Aviva et Prudential, la firme d'audit Ernst & Young...

L'éminence grise du pouvoir politique étatsunien, Brzezinski, a précisé que, *dans ce contexte, tout acte destiné à maintenir la suprématie des États-Unis devient légitime.*

Il a relevé que le continent eurasien est depuis cinq siècles le foyer de la puissance mondiale, que deux aspirants à cette puissance, Hitler et Staline, ont tenté un instant, par leur entente, d'exclure les États-Unis de l'Eurasie. Ceux-ci ont compris que la puissance qui contrôle la « grande île » que constitue l'Eurasie — initialement l'URSS, désormais la Russie, et la Chine —, contrôle également le monde dans son ensemble. Sur cette portion du globe vivent les trois-quarts de la population mondiale, sont localisées les trois-quarts des ressources énergétiques et des matières premières de la planète ; 65 % du produit mondial brut y sont générés. Les pays-clés de l'Asie centrale sont en premier lieu l'Afghanistan (d'où la mise à profit de l'affaire Ben Laden consécutive à l'exploitation outrancière de l'acte terroriste du 11 septembre, pour entreprendre l'expédition punitive aérienne), l'Ouzbékistan (clé du contrôle de l'Asie centrale, ce qui a incité les États-Unis à y atterrir en premier), le Kazakhstan, le Tadjikistan et des États voisins. Brzezinski n'a pas caché le fait d'avoir eu recours à la

CIA pour armer secrètement les moudjahidines ou avoir attiré les soviétiques en Afghanistan pour pour affaiblir l'URSS, dans l'espoir d'un effondrement intérieur. Il avoue avoir écrit au président Carter, le jour de l'invasion de ce pays par l'armée soviétique (1979) : « Nous avons maintenant l'occasion de donner à l'URSS sa guerre au Viet-Nam ».

Hanoï et Ho Chi Minh-Ville, après de longues périodes de guerres classiques et civiles, souvent entremêlées, souffrent à présent toutes les deux d'un mal commun et premier : les fractures découlant de la pauvreté, qui réduisent les chances d'un nouveau développement urbain ; elles sont aussi sous-tendues par une économie de faibles salaires qui favorise une mondialisation prompte à bénéficier d'une telle position fragile.

En Océanie par exemple, en Nouvelle-Calédonie, le Centre culturel Tjibaou (CCT), ouvert en 1998 à Nouméa, s'entend « inscrire l'identité kanake dans l'universalité des cultures du monde ». Il s'agit là d'une initiative qui a pour ambition de rayonner sur la scène locale, régionale et internationale. En novembre 2000, le Centre a prêté ses espaces au VIIIe festival des arts du Pacifique pour le théâtre, la danse et des colloques. Sans s'inscrire dans des mouvements institutionnels territoriaux à vocation supranationale, des créations de cette nature sont à même de faire progresser la démarche et la réflexion transfrontalières.

Un groupement d'États conservant chacun sa pleine souveraineté, la Ligue arabe, avec ses 22 membres totalisant environ 280 millions d'habitants et une perspective de 400 à 450 millions de personnes à l'horizon 2020, joue un rôle non négligeable au Proche- et au Moyen-Orient, tant en matière politique qu'économique et culturelle. Ce groupe de pression mondial, dont la force religieuse est l'islam et le poids politique le pétrole, tout en maintenant le principe de l'indépendance nationale, a néanmoins relativisé celle-ci, se fondant avec force sur une identité et un levier de puissance communs. Il illustre le fait qu'il est possible d'être, selon le Programme des Nations unies pour le développement (PNUD), à la traîne du développement économique et humain, tout en occupant, idéologiquement et diplomatiquement le devant de la scène internationale. Dans son premier rapport sur le développement humain dans les pays arabes (2002), le PNUD relève une pauvreté récurrente, d'imposantes disparités et un retard sensible dans les objectifs de développement. Si la plupart des pays arabes ont enregistré d'importants progrès en matière d'espérance de vie, le taux d'accroissement du revenu par tête d'habitant est le plus faible du globe depuis deux décennies, à l'exception de l'Afrique subsaharienne, tandis que les 3 000 milliards de dollars US de revenus réalisés au cours des toutes dernières années n'ont toujours pas été réinvestis de façon productive dans le pays. Orientés vers la formation de capital fixe, ils accusent la différence entre croissance et développement. Ils offrent ainsi l'exemple d'un mouvement supranational influent, dont les États-membres ne se sont guère « développés », mais globalement enrichis au cours des dernières décennies.

II. LES FONDEMENTS D'UNE SPIRALE DU DÉVELOPPEMENT

Les exemples abondent à présent de l'émergence d'économies et de sociétés susceptibles de pouvoir s'orienter vers le développement. Prenons l'exemple de quelques États significatifs d'une telle évolution, une évolution très différenciée d'un pays à l'autre.

Au *Maroc* entre autres, les initiatives se sont amplifiées au cours des deux dernières décennies : aménagement du barrage de Dchar-al-Oued, dans le Moyen-Atlas (photo 29) ; création d'une oasis artificielle en altitude dans le Haut-Atlas par l'irrigation moderne (photo 30) ; insertion d'Essaouira à l'économie internationale par l'exploitation de l'atout touristique (photo 31) ; en quête de dépaysement, promotion de la station de sports d'hiver « européanisée » d'Ifrane, à 1 640 m d'altitude dans le Moyen-Atlas (photo 32).

L'agglomération casablancaise est devenue une ville-phare du tourisme national et international. Elle contribue à conférer au Maroc le label de Nouveau pays industrialisé (voir subdivision suivante). Positionnée de surcroît à proximité de l'Union européenne, cette métropole des Sud participe étroitement à l'insertion du Maroc à la mondialisation, certes encore toute relative.

Aussi n'est-il pas étonnant que ce pays ait connu en septembre 2002 sa première campagne électorale « libre ». Il a choisi, au moins en principe et à terme, la voie parlementaire et démocratique du développement.

Cette mutation socio-économique marocaine requiert toutefois d'urgentes mesures de protection et de promotion environnementales, dans la mesure où l'irruption de la modernité, voire de la post-modernité, a fragilisé des pans entiers de paysages et de fonctions écologiques, notamment en montagne. Une étroite solidarité entre la population autochtone, les responsables de l'aménagement et les touristes étrangers s'impose. Il importe de prendre conscience des complémentarités incontournables entre les massifs tertiaires et les plaines alentour, une dualité de première importance. Le Haut-Atlas apparaît comme la colonne vertébrale du Maroc. C'est pourquoi cet espace de montagne, qui continue à être considéré et traité comme une région périphérique, et qui, par là même, demeure marqué par de grandes faiblesses, doit être développé systématiquement. Il est nécessaire aussi de remédier, surtout dans les plaines, au recul démographique, au dépeuplement, au déclin des systèmes sociaux et économiques traditionnels, aux difficultés d'approvisionnement en eau, aux éventuelles menaces climatiques à long terme, ainsi qu'à la gestion environnementale défectueuse. Une politique et une stratégie appropriées d'investissements sont de nature à faciliter le passage de la spirale de l'appauvrissement à celle de l'enrichissement. Le modèle de développement durable marocain repose sur le principe de l'auto-développement autochtone, en vertu duquel la modernisation va de pair avec le respect des fondements culturels (Stoffel et ass., 2002)

La *Turquie* a connu au cours des toutes dernières décennies une imposante mutation infrastructurelle, économique et sociale, une croissance urbaine supérieure à celle de la plupart des villes mondiales, une forte industrialisation et une amélioration sensible du niveau éducatif et de formation. Se sont en outre déployés tout particulièrement : le tourisme, les aménagements hydrauliques et les barrages. Les disparités s'accroissent au fur et à mesure que l'on s'éloigne de l'ouest. Le contraste est flagrant entre l'espace de la mer Marmara et la périphérie orientale du pays.

Dans ce pays, le passé est appelé à demeurer un stimulant, dans la mesure où la longue histoire des traditions orientales doit être prise en considération, surtout lors de la formation de collectivités étatiques modernes susceptibles d'englober un jour la Turquie, telle l'Union européenne. C'est dans cette optique que l'État turc, modernisé par le kemalisme, continue à assumer son rôle de liaison terrestre entre les continents et les mers (Hütteroth & Höhfeld, 2002).

La *Corée du Sud* partage avec les États-Unis et le Japon le marché mondial de l'industrie du jeu vidéo. Avec un chiffre d'affaires d'environ 1 000 milliards de wons en 2001, la consommation intérieure devrait atteindre en 2004 un montant de 426 570 milliards de wons. L'exportation est en croissance continue, atteignant près de 250 millions de dollars en 2003. L'Académie du jeu sud-coréenne est appelée « la Mecque des experts ».

De nombreux États toutefois, dont le développement pourrait être bien plus avancé, ont été ou sont toujours handicapés par l'état de guerre ou des conflits armés de déchirements intérieurs. Cela a été par exemple le cas du *Liban* qui avait émergé économiquement, financièrement, voire socialement avant la guerre civile, une longue guerre (1975-1990) aux fortes imbrications internationales. Ce conflit a déstructuré le pays, après la faillite de la Banque du Liban, cause principale de la disparition de la place financière de Beyrouth, internationalement convoitée. Avaient été éliminées aussi la très dynamique et prestigieuse activité commerciale, ainsi qu'une vie sociétale, surtout nocturne, particulièrement attractives, y compris pour le tourisme international et d'affaires.

La reconstruction du pôle d'entraînement national majeur, Beyrouth en l'occurrence, a permis à l'observateur avisé (Schmid, 2002) de dresser un bilan des enjeux politiques, ethniques et socio-économiques du redéploiement de cette capitale politico-économique. Illustration de la géographie des situations conflictuelles, elle peut servir aussi à montrer comment un espace métropolitain renaissant, en quête d'insertion à la mondialisation, s'appuie sur les forces locales et internationales, affichées publiquement ou demeurées occultes.

La démarche théorique de la renaissance libanaise a été fondée sur un concept central, celui de l'expression d'une puissance motrice, ayant ses règles, ses ressources et ses potentialités. Ce concept, à forte vision géopolitique, exprime à la fois un « rational » et un « emotional choice ». Il a une forte image internationale, présentant la nouvelle centralité de Beyrouth comme un « Hong-Kong au bord de la Méditerranée », associé à un « Paris du Proche-Orient ». Autour de la nouvelle notion de centre-ville est construit un discours économique à vocation internationale.

Cette volonté d'imposition stratégique et systématique d'une représentation métropolitaine est l'émanation d'un groupe d'intérêts privés, dont l'acteur principal a réussi à s'emparer du pouvoir politique, Rafiq al-Hariri, devenu Premier ministre en octobre 1992. Dès décembre de la même année, un confident très proche de Hariri, Fadl al-Schalaq, président du « Council for development and reconstruction (CDR) », crée le conseil d'administration de la société de reconstruction « Solidere », à laquelle va être confiée la reconstruction du centre-ville de Beyrouth. Le très discuté « Projet

Solidere », imposé par la force, des pressions de toute nature sur les acteurs réticents, l'expropriation intempestive de locataires, de propriétaires et d'institutions religieuses, l'élimination en centre-ville des réfugiés de la guerre civile, est ainsi légitimé, en dépit du danger de polarisation confessionnelle, des conflits surgis entre le souci de protection du patrimoine public et le réaménagement urbain. Il est soutenu en outre par le discours économique officiel élaboré autour de la nouvelle notion de centre-ville, malgré la confrontation provoquée par une reconstruction « sous stress », activement subordonnée aux intérêts privés. Début septembre 1994, le gouvernement approuve le « Master Plan » ; le 21 du même mois, est posée la première pierre de la Reconstruction du Centre-ville, achevant ainsi une extraordinaire course contre la montre en faveur d'une conception du développement propre à une poignée de privilégiés, faisant fi d'un véritable consensus et des principes mêmes d'un développement approprié aux exigences profondes d'un pays et de sa population laborieuse.

Évoquons encore quelques métropoles significatives : Abidjan, reflets du développement et de ses retombées sur les catégories privilégiées de la population (photo 33a) ; Sao Paulo, métropole économique à vocation internationale du Brésil (photo 33b). Brasilia, la nouvelle capitale brésilienne, symbole de la volonté nationale de territorialisation intérieure depuis 1982 (photo 33c).

Le Chili appartient à ce groupe de pays émergents qui est parvenu à s'ancrer partiellement dans l'économie mondialisée, notamment par la création de zones économiques spéciales, aptes à servir d'instruments flexibles pour une politique régionale active, améliorant à la fois les échanges internationaux ainsi que les conditions de vie et de travail. Ces zones spéciales attirent des investisseurs étrangers, déclenchent un nouveau déploiement économique, suscitent des emplois, confortent les structures socio-économiques en général, favorisent la réflexion en vue de perspectives durables… (Weckner, 2003).

III. LES NOUVEAUX PAYS INDUSTRIALISÉS

Les Nouveaux pays industrialisés (NPI) ont émergé dans le sillage de la percée du Japon, du Dragon. Les quatre premiers, pionniers, devenus références historiques, furent Singapour, Hong-Kong, Taïwan et la Corée du Sud.

Appelés pays-dragon, leur décollage s'est appuyé sur la diffusion d'« ateliers » suscités dans une ambiance de main-d'œuvre nombreuse, habile, aux exigences initialement, apte à s'intégrer au marché en voie d'internalisation croissante. Singapour, ville-État, (photo 34) est devenue un symbole de la percée des NPI dans le Pacifique (NPIP).

Dans le Sud-Est asiatique, la notion même de NPI a connu relativement vite une mutation de taille : l'évolution vers la tertiairisation économique à base de services de plus en plus élaborés, de technologies rapidement assimilées et de substrats financiers d'ampleur mondiale. L'une des préoccupations modernes dans les pays en développement arrivés au stade de l'émergence, est l'organisation progressive de la gouvernance et la transparence des investissements.

29. Barrage de Dchar-al-Oued dans le Moyen-Atlas marocain

31. L'insertion d'Essaouira (Maroc) à l'économie moderne : l'atout du tourisme

30. Une oasis artificielle en altitude (Haut-Atlas marocain)

32. Le Maroc à l'heure du dépaysement : la station de sports d'hiver « européanisée » d'Ifrane, dans le Moyen-Atlas (1 640 m d'altitude)

33. Évolutions différenciées des pays en développement :
a) Abidjan (Côte d'Ivoire) : reflets du développement et de ses retombées sur les catégories privilégiées de la population

b) Sao Paulo (Brésil)

c) Brasilia : la nouvelle capitale brésilienne, symbole de la volonté nationale de territorialisation intérieure (1982)

34. Un symbole de la percée des nouveaux pays industrialisés : Singapour

Hong-Kong par exemple est passée en peu de temps d'un pays manufacturier à une structure dominée par les services. Le nouveau « système Hong-Kong », greffé sur cette profonde mutation, a fortement bénéficié de l'environnement culturel et sociétal. Il est placé sous la double influence de processus parallèles : la mondialisation et l'intégration régionale qui se confortent mutuellement. Les effets de ces deux évolutions amplifient le rôle de la métropole en tant que l'un des centres financiers nationaux et mondiaux. La ville « globale », une mégacité, s'appuie sur un ample territoire suburbanisé et une région métropolitaine transfrontalière, tant maritime que continentale (Breitung, 2001).

Le passage à la République populaire de Chine, non exempt de situations conflictuelles, s'est déroulé *grosso modo* de façon positive, surtout lorsqu'on le compare à la transition chaotique en cours en Europe orientale et dans les républiques de l'ex-URSS.

Les négociations entre la Grande-Bretagne et la République populaire de Chine, en vue du retour de Hong-Kong à cet État, ont conduit à imposer au gouvernement de Pékin l'application, au Territoire de Hong-Kong, d'un statut spécial. Hong-Kong est ainsi devenu une « région administrative spéciale », dans lequel la Chine s'est engagée à respecter le principe « un pays, deux systèmes ». Une fois revenu à la Chine, cet ancien Territoire britannique a eu du mal à bénéficier réellement de ce principe. Petit à petit toutefois, l'opposition croissante au pouvoir a revendiqué l'application intégrale de celui-ci, à commencer par l'Assemblée législative, appelée « Legco », dont le renouvellement est prévu pour 2004 . Les espoirs des libéraux vont donc dans ce sens.

Subsistent des faux semblants : le mythe du miracle asiatique (Krugman, 1994), a suscité des « bulles », puis leur éclatement. N'empêche que la montée des pays du Pacifique occidental a contribué à bouleverser sensiblement les rapports de cette portion du globe avec les pays avancés, voire l'ensemble des relations économiques et géopolitiques internationales.

IV. LES RUPTURES D'ACCOMPAGNEMENT DE LA MONDIALISATION

La notion même de NPI est désormais largement remplacée par des paramètres de nature et de portée très différente.

Dans le Sud-Est asiatique, le « boom » économique apparu à partir du milieu des années 1980, puis la crise de portée internationale, ont conduit à *une double rupture structurelle*, profonde et irréversible, l'une socio-économique, l'autre politique (Kraas, 2004). Sociétés et institutions ont subi des secousses déterminantes en un temps relativement court, suscitant de nouveaux contrastes inscrits dans une évolution vers une économie de marché de portée mondiale. Les divers développements économiques, d'un pays à l'autre, révèlent une augmentation sensible du produit intérieur brut et du revenu, l'importance croissance prise par les secteurs secondaire et tertiaire parmi les activités, de même que le renforcement massif des infrastructures de transport et de communication. Des fronts fluviaux, assainis, ont donné lieu à un aménagement moderne à l'emplacement des anciens bâtiments portuaires et des docklands ; c'est le cas, depuis le début des années 1990, le long de la Singapore River.

Les répercussions de ce développement sur la santé, la sécurité sociale et la formation sont globalement positives ; le nombre de personnes appartenant aux couches moyennes de la population augmente ; la progression démographique ralentit, tandis que les processus migratoires modifient les relations interétatiques et transforment en profondeur les rapports internationaux.

Cette mutation donne lieu à des processus de diversification politique très différenciés, aux marges de manœuvre étroites en ce qui concerne l'information publique, la liberté de presse, les restructurations administratives et économiques, ainsi que la *progression de l'intégration du Sud-Est asiatique aux coopérations internationales.* Les potentiels d'innovation, considérables, se déploient non seulement dans les métropoles, mais aussi dans les autres centres ; la Thaïlande, la Malaisie (Penang par exemple) en constituent des exemples typiques. Il importe cependant que les réformes en cours portant sur les structures administratives, la culture d'entreprise et la privatisation de firmes publiques non rentables soient conduites à leur terme.

Les disparités socio-économiques s'accentuent toutefois. En matière budgétaire des ménages, les domaines-clés sont affectés par une augmentation des dépenses et des prix ; la pauvreté et les taux de criminalité se développent. La fracture entre le monde rural et le milieu urbain s'élargit, accélérant les migrations pendulaires de travail, puis, souvent, dans un second temps, la sédentarisation urbaine. Les liens avec le lieu d'origine ne sont cependant pas rompus forcément. Les enquêtes effectuées par Anne Clausen (Kraas, 2004) attirent l'attention sur la nécessité de *nuancer « les stéréotypes du global et du local »* : le pragmatisme thaï conduit par exemple à des attitudes de compromis, des comportements intermédiaires, agrégeant de façon très variée des éléments ruraux traditionnels et de la modernité urbaine dans des façons de vivre originales.

L'urbanisation galopante a déstructuré l'agriculture. Autour de Bangkok par exemple la ceinture de croissance démographique a conduit au remplacement de la riziculture par des cultures maraîchères et fruitières, des terrains à bâtir, des réserves pour aires résidentielles destinées aux couches aisées de la population ou la friche. Les transformations, perceptibles aussi dans la démocratie populaire du Viet-Nam, sont accompagnées de multiples échecs urbanistiques. À la périphérie de Ho Chi Minh-Ville, des maisons non occupées depuis le début des années 1990 témoignent d'expériences manquées. De façon générale, *l'urbanisation est entrée dans une ère tourbillonnaire,* avec ses mosaïques d'affectation des sols, ses processus de fragmentation, la polarisation des économies urbaines, la régression socio-économique et la marginalisation contrastant avec le « boom » économique, l'extension des centres-villes, l'apparition de new towns et de multiples phénomènes de gentrification.

En Amérique latine, *la fragilité socio-économique est renforcée par le risque politique,* qui s'accentue en période de récession ou de crise économique. Ce fut déjà le cas de la crise asiatique de 1997, qui a secoué l'ensemble des États de la zone, en-dehors de la Chine et de la Birmanie. La dévaluation du real, en 1999, et la faillite argentine de 2001 ont secoué à leur tour des structures étatiques constamment fragilisées par des régimes politiques instables. Le régime autoritaire du président Suharto, en Indonésie, fut victime de cette tempête. La crise du rouble, en 1998, a eu des répercussions fâcheuses sur les pays issus de l'URSS, en les affaiblissant dans leur difficile transition post-communiste.

ORIENTATIONS BIBLIOGRAPHIQUES

- BILLERBECK K., YASUGI Y., « *Private Direct Foreign Investment in Developing Countries* », *Staff working paper,* n° 348, World Bank, Washington, 1979
- BREITUNG W., « *Hong-Kong und der Integrationsprozess – Räumliche Strukturen und planerische Konzepte* », *Basler Beiträge zur Geographie,* 48, Geogr. Institut, Bâle, 2001, 228 p.
- HÜTTEROTH W.-D., HÖHFELD V., *Türkei. Geographie, Geschichte, Wirtschaft, Politik.,* Wissenschaftliche Buchgesellschaft, Darmstadt, 2002, 534 p.
- KRAAS F. (dir.), « Ruptures socio-économiques et politiques dans le Sud-est asiatique », *Geographica Helvetica*, 1, Bâle, 2004
- KRUGMAN P., « *The Myth of Asia's Miracle* », *Foreign Affairs,* nov./dec., 1994, pp. 62-78
- MIKUS W., *Wirtschaftsgeographie der Entwicklungsländer,* Geogr. Institut, Stuttgart, 1994
- RICHAQRDSON H. W., « *City Size and National Spatial Strategies in Developing Countries* », *Staff Working paper,* n° 252, World bank, Washington, 1977
- SAGLIO-YATZIMIRSKY M.-C., *Population et développement en Inde,* Ellipses, coll. « Carrefours », Paris, 2002, 224 p.
- SCHMID H., « *Der Wiederaufbau des Beiruters Stadtzentrums – Ein Beitrag zur handlungsorientierten politisch-geographischen Konfliktforschung* », *Heidelberger Geographische Arbeiten*, Geogr. Institut, Heidelberg, 2002, 284 p.
- STOFFEL M., MONBARON M., MASELLI D., *Montagne et plaines : adversaires ou partenaires ? — Exemple du Haut-Atlas, Maroc — Une contribution au Sommet de Johannesbourg 2002,* Sommet mondial sur le développement durable, et à l'Année internationale de la montagne 2002, Département de géosciences, géographie, Atlas, Fribourg (Suisse), 2002, 32 p.
- WECKNER K., « *Sonderwirtschaftszonen als Teil der Regionalpolitik in Chile* », *Arbeitsmaterialien zur Raumordnung und Raumplanung,* 219, Universität, Lehrstuhl Wirtschaftsgeographie und Regionalplanung, Bayreuth, 2003, 194 p. +annexe

Sixième partie

LES TYPES D'ESPACES DE DÉVELOPPEMENT : SOCIÉTÉS EN TRANSITION ET SOCIÉTÉS DÉVELOPPÉES

La vie internationale ne peut plus se réduire aujourd'hui à l'activité des services diplomatiques ; elle plonge désormais ses racines dans les grands conflits d'intérêts ou d'idées qui ébranlent la société contemporaine.

M. Merle, *La vie internationale*, A. Colin, coll. « U », Série « Société politique », Paris, 1963, 303 p.

Nous venons de traiter les sociétés dites en développement et leurs espaces, depuis les plus démunies et les moins aptes au décollage socio-économique jusqu'à celles qui sont parvenues à briser le cercle vicieux du marasme, de la subordination au destin tragique des hommes sans grand espoir d'amélioration de leurs conditions d'existence jusqu'au terme de leur vie. Ces sociétés dites émergentes ont évolué de manière différenciée et acquis des niveaux de développement variés, avec un degré d'insertion à l'économie mondiale déjà plus ou moins prononcé.

Dans cette sixième partie de notre ouvrage, nous nous proposons certes de poursuivre notre présentation des types d'espaces de développement, mais de regrouper deux catégories de pays diamétralement opposés dans leur passé, leurs structures et le rôle joué dans les rapports internationaux, les uns, dits pays en transition, étant fortement tributaires des autres, dits pays avancés, moteurs du déploiement économique sur notre planète.

Pourtant, *les pays en transition d'Europe ont en commun avec les États développés une compétence scientifique élevée, des systèmes de formation souvent efficaces, des mentalités de pays industrialisés et urbanisés, des substrats culturels qui favorisent le développement à l'occidentale.* Il est vrai qu'au fur et à mesure que l'on s'éloigne de l'Europe centrale, ces caractéristiques s'estompent pour se rapprocher de celles des pays en développement, sans toutefois se confondre avec elles. Seul l'intermède collectiviste a interrompu leur évolution, au moment où ils s'apprêtaient à entrer dans l'ère industrielle occidentale, au début du XXe siècle en ce qui concerne les pays qui allaient composer l'URSS, après la Seconde Guerre mondiale pour ce qui est des territoires qui allaient devenir des démocraties populaires. Dès l'effondrement du système soviétique, ces pays ont bénéficié de leur histoire et de leurs structures pré-communistes, ainsi que de l'apport communiste qui a fortement modernisé l'agriculture et l'industrie, de même que les structures administratives, accru la compétence et le savoir-faire, développé les échanges, surtout intrasoviétiques, ayant eu le tort de ne pas poursuivre le développement en direction de l'inévitable prédominance de la civilisation des services. La voie de leur évolution a donc comme atout cette avance de technicité, d'ouverture et de structuration générale, qui rapproche à maint égard ces pays du ceux du monde occidental.

La Chine fait quelque peu « bande à part » (nous avons inclus le Viet-Nam aux pays émergents), n'ayant pas connu les mêmes assises historiques ni un niveau de développement socio-économique analogue avant la période communiste et collectiviste. Dans le sillage de la transformation d'ensemble du « second monde », la Chine a pris le virage, en direction d'une libéralisation économique, quoique ni sociale ni politique, à tel point qu'elle est à même de valoriser les acquis de l'époque communiste, par une formation avancée, un niveau scientifique élevé, des structurations territoriales une l'efficacité est sans commune mesure avec les pays en développement, des solidarités de renouveau sociétal greffées sur les atouts que nous venons d'évoquer. La Chine est déjà un partenaire potentiel des grandes puissances ; comme la Russie, elle est reconnue comme telle par celles-ci, quoique encore à un degré inférieur. Elle figure dans le peloton de tête de tous les classements à l'horizon 2030, dépassant largement la Russie, voire des puissances occidentales aujourd'hui dominantes.

Chapitre 1
LES SOCIÉTÉS EN TRANSITION

Si on ne veut pas subir une révolution, il faut la penser et la faire.

A. de Tocqueville

I. CARACTÉRISTIQUES D'ENSEMBLE : LA TRANSITION CHAOTIQUE VERS L'ÉCONOMIE DE MARCHÉ

Le passage vers l'économie de marché, appelé transition, s'est avéré difficile à ses débuts et continue à faire problème. Les analyses qui précèdent ont déjà révélé la complexité de l'évolution d'un type de développement vers un autre. Les pays concernés par ce processus, appelés pays en transformation, sont soumis à des conditions et rythmes très différenciés. Il importe surtout de prendre en compte les influences culturelles spécifiques, c'est-à-dire le poids des comportements, le savoir social, le rôle des moyens de communication sociale et des médias proprement dits, la pression du conformisme, dont la conjugaison est plus ou moins favorable à l'évolution des projections sociétales, à la mutation des structures de tous ordres et à la volonté d'intégration progressive à la communauté internationale. C'est le cas des pays de l'ex-bloc soviétique et de la République populaire de Chine, mais aussi, dans une perspective à plus long terme, de la plupart des pays islamiques et d'Afrique noire (Eger, 2002).

Lorsque par exemple dans la République autonome de Touva, l'une des plus petites et des plus pauvres de Russie, dans la taïga sibérienne, la commune de Koungourtouk (2 000 habitants), créée en 1944 par la volonté planificatrice stalinienne, au moment même où la Chine a cédé le territoire de Touva à l'URSS, a été vouée par la planification soviétique à la spécialisation dans la viande de bœuf pour s'en sortir de son sous-développement, et qu'à présent le marché a mis fin à cette orientation, la transition est devenue catastrophique pour ce coin de territoire russe. Désormais quasi-abandonnée par le gouvernement de Moscou, Koungourtouk, qui a bénéficié sous le régime soviétique de l'accessibilité aéroportuaire et de l'équipement de son sovkhoze en électricité et en tracteurs, a vu son sovkhoze disparaître, alors que la coopérative qui en est résultée au moment de la transition est demeurée fantomatique. Le groupe électrogène n'a plus fonctionné que pendant deux heures/jour durant l'été, et trois heures/jour pendant l'hiver. L'eau potable a être puisée dans la rivière. Le téléphone a fait défaut ; de courtes vacations radio l'ont remplacé en cas d'urgence. La vaste école de 450 élèves a rappelé l'URSS, de même que la bibliothèque ; le théâtre, aménagé à cette époque-là, n'a plus été qu'un souvenir, dans la mesure où il ne constituait plus qu'un étrange hangar de planches battu par les vents. Koungourtouk a cherché sa voie dans les « richesses » traditionnelles de la taïga, par le retour à l'élevage de vaches, yacks, moutons, chevaux, d'élans ; la transhumance a repris ses droits. Les habitants ont renoncé à partir, préférant se contenter de peu. L'économie d'expédients a fleuri. Mais les vraies solutions étaient ailleurs, un ailleurs impossible à saisir.

A. Le concept « transition »

Le concept de transformation ou de transition n'est certes pas bien précisé dans la littérature socio-économique actuelle. Il est néanmoins *utilisé fréquemment pour qualifier la période immédiatement consécutive à un effondrement socio-économique, une révolution politique, qui ont entraîné un changement de système*, en l'occurrence le passage, après une rupture impitoyable, de l'économie planifiée à l'économie de marché, de la « dictature du prolétariat » aux rudes conditions du capitalisme, dont les caractères démocratiques s'avèrent être en définitive, dans bien des cas, plus formelles que réelles.

La transformation ou la transition est l'évolution, en un temps limité et au cours d'un processus relativement bien ciblé et accompagné, d'un ordre économique à un autre. Elle est l'expression d'un système devenu instable, que même des mesures de correction inhérentes à ce système sont incapables de stabiliser. Elle ne saurait cependant pas être assimilée à une simple réforme économique. Elle repose sur deux facteurs fondamentaux inhérents au changement de système politico-économique : le passage du collectivisme et du régime communiste d'État au régime démocratique et capitaliste occidental, d'une part, de la propriété étatique des biens de production à la propriété privée de ces biens, d'autre part.

Si le « big bang » ou la thérapie du choc n'ont été envisagés qu'à titre spéculatif en matière intellectuelle, dans la pratique, la stratégie « graduelle » a été de mise un peu partout, sous des formes diverses. Signalons le modèle des trois phases, assez courant (Fassmann, 1997), qui conduit de l'économie planifiée à l'économie de marché :

- phase préparatoire : mise en place du cadre législatif, organisationnel et institutionnel destiné à préparer l'économie de marché, par la création d'un système bancaire à double niveau, surveillance de la compétition économique, création de l'autorité chargée de la privatisation...
- phase de départ : dérégulation de l'économie nationale, libéralisation des échanges extérieurs...
- phase d'adaptation (d'assainissement) : stabilisation de la monnaie et de la production, adaptation structurelle de l'économie nationale aux aléas de la demande.

La transformation a trois dimensions :

- une dimension systémique, qui concerne la restructuration socio-économique ;
- une dimension temporelle, pour la mise en place du cadre général de la transition et les étapes de celle-ci ;
- une dimension régionale, qui reflète le degré d'efficacité des processus de transformation.

B. Les voies initiales du processus de transformation

Les multiples voies actuelles du processus de transformation de l'Europe ex-collectiviste s'appuient en effet fondamentalement sur trois orientations :

- *une préoccupation monétaire,* par la libéralisation du système des prix, la création d'un système monétaire et de crédit, la suppression du monopole d'État en matière de commerce extérieur, celle-ci favorisant l'insertion à l'économie internationale de marché et la formation d'un système financier viable par la constitution de marchés monétaires et financiers ;

- *la création d'un secteur entrepreneurial fondé sur la privatisation* et le démantèlement des anciennes structures économiques, ainsi que la mise au point d'une politique industrielle qui accorde la priorité aux stratégies de développement ;
- parallèlement à la formation de marchés de biens en état de fonctionner, *le façonnement d'un marché du travail* en relation étroite avec des garanties démocratiques, politiques, juridiques, sociales et culturelles, *en liaison avec les recommandations et conventions de l'Organisation internationale du travail.* La restructuration de ce marché implique une réadaptation des systèmes politique, administratif et juridique, de même que celle du système éducatif et de formation en général, surtout en ce qui concerne les transformations mentales, les projections individuelles et le contenu des programmes proposés.

Si ces trois orientations de base recueillent dans l'ensemble un consensus général, *les interrogations et désaccords demeurent en ce qui concerne les processus de mise en œuvre*, la vitesse à laquelle les réformes doivent être entreprises et le degré de rapidité de l'imposition de la notion de rentabilité économique propre au système de marché.

En Russie, les pôles de croissance spatiaux que sont d'habitude les villes, leurs alentours et réseaux urbains, ne jouent pas non plus le rôle moteur escompté. Indépendamment du fait que les transformations post-soviétiques sont difficiles à mesurer, dans la mesure où les indicateurs indispensables à cet effet sont inexistants ou insuffisamment fiables, les processus de restructuration régulés par l'État font défaut. Il n'existe donc pas de grandes aires économiques motrices suffisamment innovatrices pour induire des phénomènes socio-économiques durables. Le retrait de l'État de certaines de ses responsabilités majeures accélère l'effondrement sociétal en même temps que celui des articulations économiques. L'espace urbain est ainsi condamné à perdre son rôle de fédérateur économique au moment du passage conjoint vers l'internationalité du marché et la mondialisation. La crise générale fait ressortir un certain ralentissement du processus d'urbanisation, les effets pervers des migrations et des situations conflictuelles d'ordre ethnique. Elle conduit à des transformations fondamentales des structures sociales, des hiérarchies urbaines, des rapports de force entre les villes et les régions urbaines. Des investigations empiriques ont commencé à constater l'émergence potentielle de centres de croissance régionaux et nationaux. Elles ont également permis de déceler les nouvelles forces d'impulsion urbaine et régionale. Quatre grandes métropoles millionnaires tentent toutefois de s'adapter au plus vite aux nouvelles exigences de la compétition mondiale et d'accélérer la désindustrialisation. Dans ce peloton de tête, Saint-Pétersbourg, qui compte plus de quatre millions d'habitants, occupe la première place. Sa position dans le réseau métropolitain européen commence à s'affirmer, d'autant plus que cette ville des bords de la Baltique s'appuie sur une continuité historique combinant à la fois des racines prérévolutionnaires et soviétiques. Les études menées font ressortir l'influence exercée par le déploiement forcé du secteur tertiaire sur la mutation des structures urbaines à l'échelle micro-spatiale. Les prix particulièrement élevés du marché du logement dans les villes post-socialistes constituent un indicateur notoire de l'apparition de ces structures. En Russie, la dynamique urbaine de Moscou est tout particulièrement perçue dans l'optique placée « entre aménagement et profit capitaliste » (Brade, 2002).

La transition en Europe ex-collectiviste diffère sérieusement de la transformation opérée en République populaire de Chine, où l'État est demeuré communiste tout en procédant initialement à une amélioration du système, sans toutefois provoquer la mutation de celui-ci. Ce n'est qu'après 1989 que les progrès économiques réalisés ont conduit à une légitimation plus grande de l'orientation prise : dans ce sens le 14e congrès du Parti communiste chinois a redéfini en 1992 les finalités économiques en prônant l'économie socialiste de marché, c'est-à-dire l'économie de marché dans un système socialiste, en bref dans un État communiste. Cette différence déterminante avec l'évolution dans *l'ancienne Europe soviétisée* qui a dû faire face à une vraie rupture dans tous les domaines, et dont les répercussions n'ont toujours pas pu être maîtrisées, explique en grande partie la raison pour laquelle cette portion du continent eurasiatique *est souvent marquée par les caractéristiques d'une aire fortement sous-développée ou en voie de sous-développement, tandis que la Chine continue à quitter lentement la voie du sous-développement.*

La Chine se distingue en effet de l'Europe centrale et orientale ex-collectiviste par :

- la nature propre de son communisme, d'essence nationale, voire nationaliste, alors qu'en Europe de l'Est c'est l'Armée Rouge qui a établi « l'ordre » soviétique ;
- ses ressorts culturels qui lui ont permis de conserver — certes de façon dictatoriale — sa manière propre de concevoir le fonctionnement des entreprises et de la société en général, s'éloignant très vite du modèle soviétique, très technocratique et « sans âme », c'est-à-dire en rupture de ban avec les diversités culturelles aux profondes racines territoriales de la Russie d'une part, des autres composantes de l'aire soviétisée d'autre part, très riches en valeurs sociales ; la planification chinoise et la culture d'entreprise se sont adaptées tant bien que mal à cette prudente exigence ;
- l'expérience malheureuse et désastreuse de la Révolution culturelle, qui a mis en garde contre les démarches de « table rase » et encouragé de nombreux milieux responsables à préférer le chemin des réformes par touches plus ou moins expressives ;
- la présence d'une importante et riche diaspora prête à agir en tant que communauté économique et financière à l'intérieur de la Chine sous la tutelle du pouvoir en place, auquel elle demande en contre-partie un minimum de concessions que les dirigeants politiques accordent dès qu'ils en conçoivent l'opportunité.

L'Europe soviétisée par contre, en situation quasi-coloniale par rapport à la Russie, a attendu confusément l'heure de son émancipation. Celle-ci arriva quasi-inopinément, fit éclater l'empire à l'ouest par la sécession des démocraties populaires, puis au centre même par la désintégration de l'URSS. La transition qui s'ensuivit « s'accompagna d'une forme particulière de crise, la crise de la transition. L'exception chinoise ne fait que confirmer la règle » (Sergeï Aukutsionek). Il est vrai toutefois que la Chine n'est pas sûre de pouvoir évoluer constamment sous un régime communiste. Dans ce cas, la rupture n'interviendrait que tardivement et la transition pourrait, dans le cas le plus avantageux, ne pas poser autant de problèmes que pour les pays ex-collectivistes d'Europe de l'Est.

Dans ces États, il s'agissait avant tout, souvent par des projections quasi-mythiques alimentées par l'action médiatique orchestrée par l'Occident, de rejoindre le plus vite possible modes et niveaux de vie de ce même Occident, de l'Europe de l'Ouest en particulier, si proche depuis que les frontières s'étaient ouvertes. Cette ouverture bénéficia à la nouvelle orientation des échanges commerciaux, fondée sur des privatisations massives, notamment au bénéfice de groupes étrangers prêts aux investissements efficaces en vue d'une remise en route rapide des économies à l'abandon. L'envers social de cette démarche compta peu dans la perspective tracée. Ces États avaient en outre tous réussi pour l'essentiel à éviter les écueils de la Yougoslavie qui a différé ou retardé son évolution par des guerres civiles déstructurantes. Seule la Slovénie a tiré d'emblée son épingle du jeu, appuyée par la République fédérale d'Allemagne. La Croatie, qui bénéficia du même appui pour son indépendance, demeura malheureusement étroitement liée au conflit bosniaque.

Les méthodes de reconversion utilisées ont varié d'un pays à l'autre (Carter *et al.*, 1998). Avec une avance certaine, la Hongrie s'est lancée dans la course aux investissements étrangers massifs. Les dirigeants tchèques ont accordé leur préférence initiale à la privatisation de masse, distribuant des coupons aux citoyens qui se sont souvent empressés de les céder aux banques encore nationalisées ! L'échec ne se fit guère attendre. En Pologne, les privatisations ont concerné environ 6 000 entreprises d'État de 1989 à 1999. Si le résultat économique est clair et positif en tant que tel, les répercussions sociales générales ne le sont pas du tout, dans la mesure où le premier est obtenu au détriment de la cohésion sociale, déterminante à long terme. L'efficacité économique de la restructuration obtenue surtout au bénéfice des entreprises occidentales ne fut acquise qu'en « rudoyant » le volet social. Les investisseurs étrangers ont en effet apporté le capital, les technologies, des méthodes managériales modernes, des produits innovants et, d'habitude, des débouchés intéressants. Dans l'ensemble, l'économie « s'en sort d'autant mieux » qu'il y a destruction massive d'emplois et précipitation d'une part importante de la population dans la fragilité, la précarité et l'exclusion. *Nous sommes placés là face à un type singulier de sous-développement : celui-ci s'accentue à court et moyen terme dans les faits sinon forcément dans les moyennes économiques, au fur et à mesure que le capitalisme occidental se met à l'œuvre, misant sur le long terme pour tenter de se justifier tant soit peu socialement.* La mondialisation elle-même n'a pas été une structure d'accueil pour les pays ex-soviétisés : la brutale discipline des marchés financiers a desservi ceux-ci en dépit des avancées inhérentes aux sociétés locales elles-mêmes.

Avec 73 milliards de dollars US d'investissements à la faveur des privatisations, les échanges extérieurs ont été dopés : ce sont aujourd'hui les entreprises locales passées sous contrôle étranger qui participent le plus aux exportations. L'Union européenne est venue occuper une place dominante dans ces échanges : en République tchèque les exportations vers les pays de l'Union ont vite atteint de l'ordre de 60 % de la totalité des exportations du pays ; en Hongrie, ce taux s'est élevé à 70 %, les sociétés à capitaux étrangers ayant participé à elles seules à raison de 30 % à la formation du PIB ; ce pays a bénéficié d'un tiers environ des investissements directs autrichiens en Europe centrale et orientale. Des secteurs économiques entiers furent pratiquement pris en charge par des groupes étrangers en vue d'une restructuration à l'occidentale. Dans le domaine tertiaire, les télécommunications figurèrent en première place. Les deux secteurs industriels concernés furent le « high tech » en général et l'automobile en particulier. Tous les constructeurs automobiles locaux qui n'ont pas fait faillite furent rachetés par des firmes occidentales. Seule la firme tchèque, renationalisée par l'État à raison de 44 %, demeure à l'écart, mais fragile. Volkswagen s'est taillée la part du lion par ses multiples filiales. En Roumanie, Dacia est tombée sous le contrôle de Renault en septembre 1999. Partout, les occidentaux ont profité des bas coûts salariaux pour réaliser des prix de vente dits imbattables. Renault a réussi cette performance en Roumanie pour 6 000 dollars/voiture automobile. Il lui a toutefois fallu gérer l'imposant sureffectif de 23 000 salariés pour une production annuelle d'à peine 100 000 voitures avant la cession. En Belgique, à Vilvoorde, la tourmente sociale fut déclenchée lors de la mise en cause d'un effectif bien moindre et pour une productivité bien supérieure, sans aucune commune mesure avec la situation roumaine, soit 120 000 véhicules annuels à très haute technicité et qualité pour 3 000 salariés !

Mais le message de l'Ouest demeure optimiste. Tel celui du président de la Banque européenne pour la reconstruction et le développement (BERD), Horst Köhler, qui a estimé, en novembre 1999, que « la liberté, l'économie de marché et le secteur privé se sont fermement enracinés » dans l'Europe ex-collectiviste. Selon lui « la libéralisation des marchés et la privatisation des entreprises publiques ont trop souvent été réalisées sans accorder une attention suffisante à la concurrence et à la gestion des entreprises. Il faut avoir des institutions solides, c'est-à-dire un pouvoir judiciaire et des fonctionnaires capables de faire respecter les lois et les règlements de façon équitable et cohérente. » Il a ainsi attribué les excès à la faiblesse des institutions, que ce soient la fraude fiscale, le pillage plus ou moins systématique des ressources publiques, la fuite des capitaux ou la non-observation des règles de bonne gestion des affaires privées et publiques. Il a mis l'accent sur la responsabilité qui incombe aux pays en transition de contribuer à attirer les investissements par l'écartement des obstacles à la création de nouvelles firmes et par le soutien accru aux petites et moyennes entreprises. Il en a appelé aux pays de l'Union européenne pour qu'ils adoptent un régime d'imposition favorable aux investisseurs qui se tournent vers l'Est, accélèrent les changements structurels par des facilités accrues accordées au transfert de ressources des industries déficitaires vers des produits, des services et des marchés plus novateurs. Il a souhaité aussi la disparition des grands obstacles commerciaux, telle que l'application arbitraire de droits antidumping et des formes diverses de protectionnisme touchant particulièrement les métaux, les textiles et les produits agricoles.

Dans la réalité quotidienne la situation se présente tout autrement. Alors qu'en Pologne par exemple 80 % des points de vente du secteur d'État étaient déjà entre les mains d'investisseurs privés à la fin de 1990, les changements-clés qui auraient dû accompagner cette mutation n'étaient guère réalisés ; la formation d'une classe moyenne et celle d'une élite économique ou tout bonnement celle de vendeurs efficaces fit défaut. Un fossé d'incompréhension s'établit entre la multitude de petits commerçants et les distributeurs étrangers. En Pologne comme ailleurs dans l'espace post-collectiviste, le commerce reflète lui aussi l'état de confusion générale de l'ensemble des logiques d'organisation de la vie institutionnelle et fonctionnelle dans les États post-socialistes.

II. UNE AIRE DE SOUS-DÉVELOPPEMENT SPÉCIFIQUE : LES PAYS DE L'EX-EST EUROPÉEN

Les pays européens ex-collectivistes constituent une aire de sous-développement spécifique qui ne correspond pas aux profils des Tiers-Mondes habituels. Tandis que les autres Tiers-Mondes ont été dans l'ensemble affectés à une époque donnée de l'Histoire soit par le déclin et la disparition d'empires, comme le furent certaines régions du bassin méditerranéen, soit par la colonisation, phénomène qui s'est prolongé pour l'essentiel d'entre eux jusqu'en plein milieu du XIXe siècle, l'ex-territoire soviétisé a connu une évolution sensiblement différente. La Russie tsariste a commencé vers sa fin à s'industrialiser, une industrialisation qui fut la gloire de *l'Union soviétique parvenue à se hisser au second rang parmi les grandes puissances. Les démocraties populaires,* évoluant dans ce sillage, *se sont* elles aussi *appuyées sur un certain niveau de développement,* très différent d'un pays à l'autre, pour participer à l'émancipation socio-économique de l'après-guerre. La République démocratique allemande (RDA) demeura la cohéritière de la « Leistung » industrielle allemande et se situa en seconde position derrière l'URSS en ce qui concerne le classement économique des États collectivistes européens. *Mais la planification entretint une agriculture surdimensionnée et une industrie pesante* au moment où le marché mondial s'orienta vers les hautes technologies et la tertiairisation économique. À l'Est par contre, l'accent fut mis sur l'armement, la production énergétique et celle des matières premières, le désir de rivaliser avec les États-Unis dans le domaine des technologies spatiales. Un nouveau sous-développement se précipita ; il devait éclater au grand jour lors de l'effondrement politique soviétique. La première « grande » exposition technologique de l'Est à Berlin-Est, en 1987, appelée à convaincre les ressortissants de la RDA et les touristes des pays le l'Est de l'ouverture au monde nouveau, ne fut ni plus ni moins qu'une présentation de technologies dont l'Occident s'était déjà rendu familier depuis au moins une quinzaine d'années en moyenne.

Les pays européens ex-collectivistes sont alors venus rejoindre le groupe des pays sous-développés, situation qui n'a cessé d'être affectée par la tourmente financière de 1997/1998 et qui n'a toujours pas permis de rattraper les niveaux de croissance atteints avant cette crise. Le rapport de fin 1999 établi par la Banque mondiale évoque l'Europe de l'Est comme partie constituante du groupe englobant aussi l'Asie centrale, le Moyen-Orient et l'Afrique du Nord, qui étaient susceptibles de « faire reculer sensiblement la pauvreté ». Mais, compte tenu de leur précarité, « une croissance légèrement inférieure au niveau projeté ou bien une aggravation des inégalités pourraient se traduire par des progrès limités ou même par une augmentation de la pauvreté ».

Compte tenu de la complexité des causes du sous-développement, il importe de mettre l'abord l'accent sur les antécédents avant de définir l'essence et les effets de celui-ci. Il faut ensuite analyser la manière dont les solutions sont envisagées ou se précisent pour maîtriser la situation, en dépit des multiples écueils qui continuent à retarder l'évolution.

À présent, « pour les pays d'Europe centrale et orientale, le déficit majeur provient de leur adhésion future à l'UEM (Union économique et monétaire européenne). Dans certains, un déficit budgétaire excessif a engendré des taux d'intérêt élevés qui ont attiré d'importantes entrées de capitaux, de sorte que les autorités monétaires ont été placées devant un autre dilemme » (« 73e Rapport annuel », Banque des règlements internationaux, 2003).

A. Des pesanteurs de systèmes politico-économiques rétrogrades au collectivisme

À la fin du régime tsariste toutefois, les réformes entreprises et la pression du marché mondial, notamment celui du pétrole qui a impliqué la Russie directement dans les affaires économiques et géostratégiques internationales, ont fait évoluer le pays vers l'ère industrielle, notamment par les débuts du développement d'une importante production de matières premières et les prémices d'une industrie de transformation.

Le collectivisme léniniste s'est appuyé sur la mutation en cours, non sans dommage pour celle-ci, dans la mesure où en Occident l'industrialisation s'en est sortie socialement à long terme avec une efficacité qu'aucune mesure marxiste n'est parvenue à égaler, bien au contraire : *si les réformes initiales entreprises en URSS constituèrent socialement et économiquement un nouveau départ* s'appuyant sur des structures déjà en partie modernisées à l'époque du tsarisme, *elles devaient très vite manquer de souffle* et continuer à précipiter cet État, après une courte montée mondiale retentissante, dans un sous-développement certain.

À l'origine, l'État collectiviste avait une avance importante sur les autres Tiers-Mondes. En théorie surtout et en pratique durant un laps de temps relativement court, la suppression des prélèvements capitalistes sur le fruit du travail et la planification aidant étaient appelés à conforter une société initialement privée de l'essentiel des facteurs de décollage : une accumulation de moyens susceptibles de mettre en œuvre une économie agricole et industrielle fondée sur des valeurs socialistes, écartant le chômage, assurant un revenu minimum et une retraite qui permettait d'échapper à l'indigence, instaurant les congés payés, favorisant la scolarisation, la formation professionnelle, l'élévation du niveau de l'hygiène et de la santé, l'insertion parmi les puissances économiques mondiales régies par le capitalisme. L'adhésion populaire en vue de l'émancipation du prolétariat et de l'évolution vers le bien-être général était galvanisée par l'idéologie partout présente.

La réalité des faits devait faire déchanter plus ou moins vite : la pensée unique fondée sur un régime dictatorial ne permettait guère à l'opinion publique de nuancer les mesures collectivistes prises souvent à l'encontre du bon sens et de la justice sociale ; bureaucratie et technocratie envahirent l'administration ; la formation d'une puissante classe d'apparatchiks, dominateurs et désinvoltes, réduisit à peu de choses l'idéal d'une société sans classes. La priorité donnée à l'industrie lourde dans le premier plan quinquennal soviétique, lancé par Staline en 1929, demeura par-delà son utilité un genre de dogme pour l'ensemble des dirigeants communistes du monde, en charge de la lutte contre le sous-développement, notamment après la Seconde Guerre mondiale. L'importance ultérieure des produits agricoles enrichis par des transformations successives, dits « nobles », et des produits industriels à forte valeur ajoutée, à base de services élaborés par la recherche-développement, l'affinement technologique, donc qualitatif, importance à laquelle s'ajouta en fin de compte la gestion télématisée, fut méconnue de façon systématique.

De nombreuses traces de l'archaïsme tsariste et, surtout, de celui inhérent au collectivisme, marquent encore de multiples régions. Dans le Caucase et autour de la mer Caspienne, l'adduction d'eau potable continue à faire défaut ou à demeurer rudimentaire ; les routes carrossables y sont également rares ou mal entretenues. L'URSS a pratiquement laissé le Caucase dans un état de sous-développement quasi-complet. La Russie actuelle continue à laisser aller. Des mouvements centrifuges se développent de manière anarchique. Les dirigeants tchétchènes appuient leur lutte indépendantiste sur les revenus en provenance de la contrebande, de réseaux mafieux, de rançons et de la solidarité islamiste internationale. Une façon de perpétuer avec des moyens nouveaux les incohérences et contradictions, les insoumissions et oppositions culturelles déjà inhérentes au régime tsariste.

B. Rigidités du système soviétique

Le régime soviétique s'est bâti sur le double héritage fondé sur le sous-développement rural (Maurel, 1994) et une industrialisation balbutiante. *La chape de plomb* a contribué à une méconnaissance grossière des valeurs culturelles en tant que ressorts d'une dynamique sociale et d'une synergie socio-économique. Ce n'est que vers la fin du régime que de réels efforts de rénovation urbaine, de réhabilitation des centres historiques furent réalisés. L'année Luther, juste avant l'explosion culturello-religieuse de Leipzig, qui conduisit à l'affranchissement politique de la RDA, marqua des points dans le sens d'une prise en compte des valeurs culturelles dans le développement d'une société. Dans cette ambiance, le tourisme souffrit forcément d'un important déficit d'ouverture. De plus, le régime dictatorial réduisit autant que possible la mobilité des personnes et n'augmenta guère sensiblement celle des biens. Le verrouillage des frontières avec le monde capitaliste fut complet. Transports et surtout télécommunications furent réduits à leur expression la plus modeste possible.

Quelques photos illustrent cette problématique, servant d'indices d'évolution : la photo 35 montre le « froid » développement urbanistique collectiviste sur le littoral de Constanza (Bulgarie) ; le secteur « privé » agricole en Pologne témoigne de l'effort familial en faveur de l'habitat rural, près de Kozubnik (1981), en dépit des rigueurs de l'économie d'État, le combat étant toutefois perdu d'avance (photo 36) ; il en est de même du périurbain « riche » de Bucarest : la commune de vidra (village de Sintesti), avec ses vignobles (photo 37) et cultures maraîchères, a été considérée à l'époque — 1984 —, aux dires de mon collègue géographe ruraliste Yon Yordan (préfet de Bucarest après la chute du régime de Ceaucescu) comme la commune rurale la plus opulente de Roumanie, disposant de 1 200 voitures automobiles pour 3 000 habitants et 800 familles ; ce ne fut cependant qu'un havre de prospérité au milieu de l'écrasante économie de scories ; la photo 38 révèle un mini-rayonnement touristique international sur fond antique romain et précollectiviste : Split, création thermale de l'empereur Hadrien (Yougoslavie, 1986), est l'un de ces centres appelé à procurer au système les « valuta » (devises) tant convoitées, mais engrangées trop parcimonieusement pour être efficaces.

L'interdépendance des républiques composant l'URSS et notamment la forte dépendance de celles-ci par rapport à la Russie ont rendu très complexe le relâchement des liens politico-économiques dans le cadre de la CEI (tableau 13). Si, en 1988, la production de la Russie n'était tributaire qu'à raison de 18 % des autres républiques de l'URSS, le degré de dépendance de celles-ci vis-à-vis du restant de l'Union soviétique était relativement élevé (Berton-Hogge, 1998).

35. Le « froid » développement collectiviste : Constanza (Bulgarie), en 1983

37. Le périurbain agricole « riche » de Bucarest à l'époque collectiviste : la commune de Vidra (village de Sintesti), ses vignobles et cultures maraîchères (1984)

36. Le secteur « privé » agricole en Pologne à l'époque collectiviste : effort familial en faveur de l'habitat rural, près de Kozubnik (1981)

38. Mini-rayonnement touristique international, sur fond antique romain et période précollectiviste : Split, création thermale de l'empereur Hadrien (Yougoslavie, 1986)

Tableau 13
Dépendance économique des républiques de l'URSS par rapport à la Russie

République	Taux de dépendance
Biélorussie	70 %
Estonie	67 %
Lettonie, Arménie	64 %
Moldavie	62 %
Lituanie	61 %
Azerbaïdjan	59 %
Géorgie	54 %
Turkménistan	51 %
Kirghizie	50 %
Ouzbékistan	43 %
Tadjikistan	42 %
Ukraine	39 %
Kazakhstan	31 %

Source : ONU

Nous observons que les petites républiques étaient particulièrement liées à l'Union. En quittant celle-ci, les États baltes eurent d'importantes difficultés qui réduisirent leur aptitude à maîtriser la transition, situation qui prolongea leur sous-développement.

La distanciation croissante par rapport au marché mondial et le mécontentement des générations montantes face aux faibles retombées sociales de l'effort collectif, aboutirent à un doute grandissant qui finit par s'emparer des milieux dirigeants même.

Cet échec dont furent plus ou moins conscients les derniers maîtres de l'URSS, sans toutefois en mesurer forcément la totalité de la gravité, conduisit Michael Gorbatchov à décider de recourir à un processus chirurgical sans précédent : « perestroïka » (réformes structurelles) et « glasnost »(transparence), toutes deux bannies jusqu'alors par le régime, devaient permettre à l'URSS d'évoluer vers « l'économie socialiste du marché », puis vers la démocratie pluraliste. L'ouverture à la voie devant transformer radicalement le système soviétique rassura bien entendu l'Occident dont les appétits capitalistes furent aussitôt aiguisés, mais plongea en même temps l'univers soviétique dans un invraisemblable chaos. L'apprenti-sorcier, qui déclencha des forces qu'il ne sut maîtriser, perdit le contrôle de son appareil. La déstabilisation du système fut accomplie dès lors que le même Gorbatchov accorda l'autonomie financière aux entreprises, lézardant ainsi mortellement les rouages de la planification et de la répartition économique qui s'est ensuivie. La suppression de plusieurs ministères-clés fédéraux, la fermeture des centrales d'achats du commerce extérieur finirent par déstabiliser complètement le système.

La victoire de Solidarnosc en Pologne, prélude de l'effondrement du système soviétique, la chute du Mur de Berlin en 1989, qui amorça celle, imminente, des gouvernements des républiques dites démocratiques populaires de l'Est, avec l'accord de Gorbatchov, permirent à l'Europe médiane de se reconstituer tant bien que mal en quelques semaines. *Les pays soviétisés d'Europe basculèrent en très peu de temps vers un sous-développement « officiel », après avoir évolué progressivement, de décennie en décennie, surtout à partir des années 1960, vers un sous-développement de fait,* les dirigeants ayant manqué le passage vers la tertiairisation de la société qui, immanquablement, eût aussi entraîné le régime vers une réelle démocratisation. L'accumulation des retards et déficits de toute nature plaça donc en 1989 l'Europe de l'Est, URSS incluse, simultanément face aux trois problèmes fondamentaux et indissociables de tout pays sous-développé désireux de s'affranchir des stigmates de sa servitude : s'arracher aux structures bloquant l'évolution, s'ouvrir au marché et s'appuyer sur une maîtrise démocratique des événements ainsi que du devenir envisagé.

Naïvement si l'on veut, Michel Camdessus, le même directeur général du FMI qui sera accusé plus tard, en 1999, d'avoir toléré le gaspillage des fonds internationaux par le système Eltsine, déclara à ce sujet avec la même candeur que « nous n'avons pas vu que le démantèlement de l'appareil communiste était le démantèlement de l'État ». Il n'est pas étonnant du tout que les milieux politiques qui ont mis en place de tels milieux financiers aient reporté cette attitude de l'autruche sur Eltsine, ouvrant à celui-ci crédits et largesses du FMI, de la Banque mondiale et d'autres institutions financières, sans contre-partie aucune en-dehors d'une théorique image de stabilité mondiale masquant mal le vrai fossé qui continua à se creuser dangereusement dans l'essentiel de l'ex-URSS, surtout en Russie.

Ce fut une lourde et quasi-impossible tâche, sans solide appui extérieur, d'autant plus que la brutale rupture de 1989 avait provoqué une crise de la production en général et de la production industrielle en particulier. Cette rupture entraîna aussi une crise des salaires réels, qui ont pesé sur la chute du PNB, à tel point que seule la Pologne a pu retrouver, peut-être dépasser son niveau de 1989. République tchèque, Slovaquie et Hongrie s'en rapprochèrent à peine. Il est vrai que l'indispensable appareil statistique demeura déficient : à l'époque soviétique, les planificateurs ne cessèrent de gonfler les données ; à présent, entreprises et ménages visent à « dégonfler » celles-ci pour mieux échapper à l'impôt, à la barbe de gouvernements peu regardants, par ailleurs préoccupés essentiellement par la sortie globale du tunnel.

C. Une forme particulière de sous-développement

1. Des sociétés à double niveau

Les cadres des pays de l'Est disposaient souvent d'un haut niveau de compétence scientifique et technique qu'il suffisait de mettre à jour ou de valoriser au début de la transition. La planification introduite en URSS dès les années 1920, dans les démocraties populaires, aussitôt après la Seconde Guerre mondiale, fut initialement et dans bien des domaines un important facteur de progrès. La scolarisation, la formation professionnelle, la sécurité de l'emploi, les régimes de retraite, la santé publique et la sécurité sociale furent des atouts qui suscitèrent l'adhésion des foules au régime. Les lourdeurs bureaucratiques, les errements des choix de la planification et leur accentuation au fur et à mesure de l'évolution du régime, la faiblesse de la compétitivité inter-entreprises et l'autarcie empêchèrent cependant les richesses intellectuelles et techniques, réelles et potentielles, de donner leur pleine mesure. L'agriculture comme l'industrie combinaient progrès techniques, voire technologiques, et fonctionnements antédiluviens, compétence et mentalité policière, incompatibles avec un développement cohérent. Dans l'industrie chimique on s'ingéniait par exemple à mettre au point des engrais de fabrication complexe, tandis qu'en agriculture des bureaucrates refusaient de porter leur choix sur la sélection de semences ou plants appropriés ; à la fin des années 1950 le ministère de l'Agriculture de la République démocratique allemande (RDA) accorda, en dépit de l'avis de scientifiques avisés, sa préférence aux vaches à robe rouge, bien moins bonnes productrices de lait que les vaches à robe noire, ce qui plongea le pays dans une crise alimentaire sérieuse. À l'époque de la RDA, le rendement d'une vache était en moyenne de 3 000 l/an ; actuellement il dépasse 7 000 l/an. Le laisser-aller général des paysans dans les fermes collectives de l'espace soviétisé ne permit guère de relever les défis d'aucune sorte.

De plus, au moment de la transition, la mauvaise utilisation des acquis positifs — car tout n'était pas désuet — ou leur insuffisante prise en considération ont provoqué de sérieuses irritations, de profondes blessures d'amour-propre, voire des sentiments de révolte contre le système capitaliste accusé de faire fi de la dignité humaine et d'imposer vaille que vaille ses propres acquis en vue d'un profit aussi immédiat que possible.

En Allemagne de l'Est, dans l'ancienne RDA, relativement privilégiée en matière technologique et de ressources humaines, une prise en compte systématique de ces avantages eût par exemple permis d'éviter le dépeçage « sauvage » des grands complexes industriels par *la Treuhandanstalt*, holding chargé de la privatisation des combinats. L'intervention de cet organisme, auquel fut confié un immense marché de 9 000 entreprises, 40 000 unités techniques et près de 600 milliards de Deutschmark d'actifs, *a accéléré le bradage de pans entiers d'une économie pourtant prête à redémarrer*. La « Treuhand » a donné sa préférence à des solutions de facilité, en confiant en priorité les établissements à des firmes ouest-allemandes — à raison de 80 % — qui s'en servirent dans bien des cas comme des annexes de fabrication en pays à nombreuse main-d'œuvre disponible, donc propice à des gains salariaux substantiels.

En dépit des erreurs fondamentales initiales, *le tissu de compétence en matière de ressources humaines de l'ancienne RDA a fini par émerger*. Ainsi ce territoire constitue un excellent terrain d'observation des effets positifs résultant de l'association d'atouts anciens — les ressources humaines — et d'orientations technologiques nouvelles. Souvent les entreprises issues des privatisations sont devenues performantes par la création d'équipes directoriales composées d'Allemands de l'Est — fréquemment d'anciens cadres de la même firme — pour prendre en charge le fonctionnement technique, et d'Allemands de l'Ouest appelés à promouvoir le management, la finance et la stratégie. À la faveur des travaux de recherche de qualité menés dans les laboratoires de l'ex-RDA, une nouvelle génération de créateurs d'entreprises d'essence « ossie » — surnom donné aux ressortissants de cette ancienne république — s'est constituée rapidement, aidée par la mise en place d'un réseau particulièrement dense d'aide au transfert de technologie. Aujourd'hui le ministère des Affaires économiques du seul Land de Saxe soutient plus d'une quarantaine de centres de transfert de technologie, parmi lesquels plus de vingt pépinières high tech. La matière grise valorisée d'un espace développé antérieurement facilite la sortie du sous-développement actuel. La route demeure toutefois longue pour une insertion complète dans l'aire des pays développés : les marchés domestiques, même intra-ex-RDA, l'emportent encore trop sur les marchés extérieurs ; le solde net des créations d'entreprises, quoique positif, a fini par fléchir vers le milieu des années 1990 ; les fonds propres des entreprises font encore tellement défaut qu'une partie de leur développement est financé par les pouvoirs publics. *Les observateurs les plus avisés parlent d'une période transitoire correspondant au temps de montée d'une génération.*

Il s'agit là cependant d'une situation quasi-privilégiée inhérente à la fois aux ressources tant humaines que technologiques particulières de l'ancienne RDA à l'intérieur de l'URSS et à l'apport technologico-financier de l'Allemagne de l'Ouest. *Ailleurs les points d'appui sont bien moins efficaces.* La Russie et les autres anciennes composantes de l'URSS se positionnent à cet égard en fin de classement, disposant de secteurs à hautes technologies, dans le domaine nucléaire notamment, y compris en matière de personnel, mais se trouvant dans l'incapacité financière de faire face à la maintenance. À ce sujet, le message de l'ambassade de France en Ukraine, à l'occasion du bogue de l'an 2000, était clair et direct : dans sa « recommandation » aux ressortissants français vivant dans cet État, rendu tristement célèbre par l'explosion survenue dans la centrale nucléaire de Tchernobyl en avril 1986, cette ambassade a invité toutes les personnes concernées à faire leurs bagages pour le 20 décembre et à quitter momentanément l'Ukraine si elles n'avaient rien d'indispensable à y faire le jour de l'an. Le sous-développement est donc aussi perceptible dans la méfiance vis-à-vis de la fiabilité et de la sécurité liée aux hautes technologies.

L'architecture et l'urbanisme de type soviétique sont également le reflet de cette société à deux niveaux. D'un côté, le savoir et le savoir-faire professionnel avaient atteint un degré de compétence élevé, de l'autre les moyens matériels disponibles étaient rudimentaires compte tenu du sous-développement socio-économique latent. Le manque de disponibilités financières associé à la poussée de nivellement idéologique ont suscité à perte de vue une technique rudimentaire et uniformisatrice de béton, de préfabriqué, de logements et de locaux professionnels peu accueillants, de surcroît très vite dégradés. Le souvenir de cette époque a fortement marqué les mentalités, à tel point que dans la ville de Luther, à Wittenberg, en Allemagne de l'Est, la démolition du quartier d'immeubles en préfabriqué, dénommé « Trajuhnscher Bach », construit dans l'ambiance de « la compétition socialiste » des années 1970 et 1980, a donné lieu à une démarche à deux facettes : conserver à des fins symboliques et touristiques le « Plattenbaustil » du lycée Martin Luther, c'est-à-dire la structure en plaques de béton préfabriquées à l'époque de la RDA et propre au style soviétique, tout en réhabilitant cet ensemble « pour satisfaire aux exigences profondes de la nature et de l'âme humaine ». Le très connu artiste-concepteur viennois, Friedensreich Hundertwasser, s'est prêté à la réalisation de cette entreprise qui devait être selon lui « la dernière bataille des bétoneurs obtus » de la RDA. C'est en fin de compte la force culturelle des pays de l'Est en général et de l'Allemagne de l'Est en particulier qui a contribué à un important redéploiement urbanistique. Görlitz, ville allemande à la frontière polonaise en est une illustration (photos 39a et b).

La *difficile mobilité des biens et des personnes* est aussi un indice de sous-développement spécifique. La formation en gestion de l'entreprise, en marketing ou en management, tant dans l'enseignement secondaire que dans l'enseignement supérieur et dans les écoles professionnelles spécialisées, fut rudimentaire à l'ère soviétique, non pas à cause du manque de compétences, mais par suite du refus idéologique systématique de favoriser échanges et marché. En outre, alors que la science théorique et appliquée du transport était très avancée dans les pays collectivistes — la recherche et les expériences spatiales en sont une preuve éclatante — l'idéologie ne tolérait guère des déplacements non surveillés ; outre les migrations quotidiennes de travail limitées

39a. Redéploiement urbanistique
dans les anciens Pays de l'Est : Görlitz, ville
allemande à la frontière polonaise

39b.

au strict minimum et à des distances aussi courtes que possible, les mouvements de personnes étaient canalisés vers des aires récréatives de fin de semaine ou des centres de vacances annuelles, « bien » encadrés par le Parti et ses organismes supplétifs, telles que les institutions de jeunesse ou les syndicats professionnels officiels. Le transport de marchandises était lui-même limité par la non-convertibilité de la monnaie et le contrôle étatique du commerce extérieur. La pénurie de moyens financiers fit le reste : les parcs de véhicules et les flottes de transport furent frappés par une obsolescence grandissante, alors que les responsables du transport étaient souvent théoriquement à même de mettre en place des chaînes logistiques, de faire appel à l'informatisation et d'assurer une gestion de gabarit international. Il convient de ne pas oublier par exemple que l'URSS s'était spécialisée dans les navires de vrac mixte qui se plaçaient au second rang mondial ; les navires de transport de passagers occupaient le 4e rang mondial.

Les chantiers navals n'avaient cependant, à défaut de crédits et d'expérience, ni les capacités de production suffisantes ni le savoir-faire en adéquation avec la demande du marché et des exigences de standardisation à l'échelle mondiale. Il fallait donc acheter des navires à l'étranger, à raison des 2/3 des commandes en 1990. Comme les devises — les fameuses « valuta » — firent défaut, le recours aux emprunts à l'étranger devint alors indispensable. La capacité d'emprunt étant toutefois limitée, l'État eut recours au pavillon de complaisance : en 1990, 72 bâtiments navals sont passés sous pavillon chypriote, réputé pour ses bateaux obsolescents.

Le plan Qualipol, élaboré dans le cadre des projets de coopération interrégionale externe de l'Union européenne (1997-1999), est destiné à permettre aux collectivités locales ex-collectivistes de la mer Noire et de la mer Baltique de bénéficier du concours des réseaux européens de techniciens, d'experts et de chercheurs de réputation internationale en vue de l'accélération du développement et de la revalorisation pleine et entière des compétences et des ressources humaines limitées par l'Ancien régime.

Les effets du sous-développement en matière de transports (Wackermann, 1997) éclatèrent au grand jour dès lors que, le Rideau de fer tombé, l'Europe ex-soviétisée se trouva démunie en réseaux aptes à être connectés à ceux de l'Occident. En matière de transports terrestres, l'archaïsme des transports ferroviaires, malgré la présence de réseaux propres aux pays développés, freina les échanges ; l'insuffisance des liaisons routières rendit les acheminements difficiles. Il fallut réhabiliter les infrastructures, tenir compte des échanges Est-Ouest qui se substituèrent de manière rapide aux courants commerciaux antérieurs dominés par l'URSS. Ces infrastructures reflétaient néanmoins la valorisation d'un savoir-faire de pays développé, à tel point que fin juin 1999 le ministre de l'Économie autrichien a pu inviter ses homologues des États riverains du Danube à constater que l'on avait fini d'écrire l'« histoire des transports paneuropéens » et que l'infrastructure de transports devait être réaménagée en Europe centrale et orientale. Il proposa de penser en réseaux et de combiner au plus vite les liaisons routières et ferroviaires avec le transport fluvial, axe pendant longtemps déterminant. Le volume du trafic routier entre l'Union européenne et les Pays d'Europe centrale et orientale (PECO) est en effet à même d'être multiplié par quatre d'ici à l'horizon 2 015, celui du trafic ferroviaire peut être triplé. Les axes ouest-est dotés de métropoles à fort rayonnement — Berlin, Prague, Budapest, Varsovie, Saint-Pétersbourg — sont susceptibles de constituer des corridors de redéploiement. Parmi eux, trois axes majeurs potentiels se dégagent dès à présent : celui de Berlin-Varsovie-

Saint-Pétersbourg, celui de Francfort s/Main-Nuremberg-Prague et celui allant de l'Italie du nord à Budapest, puis, dans une étape ultérieure, vers trois directions : Kiev d'une part, Arad, Bucarest, Constanza d'autre part, puis Belgrade, Nis, Sofia, Thessalonique et Istanbul.

En attendant, le sous-développement ayant induit une forte insécurité dans l'acheminement du fret, certaines firmes occidentales, liées tout particulièrement à la fiabilité de leurs expéditions, ont pris soin, dès lors qu'elles avaient exploré les moyens de contrer les agressions, d'organiser des convois protégés par des équipes civiles armées recrutées à faible coût dans les pays ex-collectivistes même. Ainsi l'entreprise ouest-allemande Autotransport Logistic GMBH, dont le dirigeant est un ancien de la compagnie ferroviaire publique « Deutsche Bundesbahn » (DB), a créé à l'intention des pays de la CEI ainsi que des républiques baltes devenues indépendantes, des convois par chemin de fer allant jusqu'à Mukran, port conteneurisé est-allemand sur la Baltique, d'où la traversée par ferry jusqu'à Klaïpeda — 521 km — permettait à son partenaire russe d'organiser pour l'ensemble des destinations de la CEI des expéditions fortement surveillées, dans l'attente de jours meilleurs encore imperceptibles à l'horizon. *Ce n'est* donc *pas le niveau technologique qui constitue le principal handicap, mais bel et bien la marginalisation induite par l'association des insuffisances issues de l'ère soviétique et des turbulences inhérentes à la période post-collectiviste.*

2. Le « sinistre » socio-économique

Selon le rapport « Transition 99 » du Programme des Nations unies pour le développement (PNUD), rendu public à Genève le 6 août 1999, sur la situation en Europe orientale et dans les pays de la Communauté des États indépendants (CEI), une centaine de millions d'habitants y vivent dans une très *grande pauvreté*. Le nombre de personnes obligées de vivre avec 4 dollars par jour est passé de 4 à 32 % entre 1988 et 1994. L'espérance de vie a baissé de façon générale. Le PNB a diminué en moyenne de 12 % depuis 1990. En Russie, le niveau de vie moyen a diminué de moitié en moins de 10 ans. Dans son ensemble, 1/3 de la population russe vivait en 1995 au-dessous du seuil de la pauvreté, 1/3 se situait aux alentours de ce seuil et 5 % appartenaient au groupe des « nouveaux riches ». Les caractéristiques du sous-développement sont nettes.

Au Daguestan, 40 à 80 % de la population vit sous le seuil de pauvreté, ce qui fait de cette république l'un des territoires les plus démunis de la Russie ; l'agriculture qui lui permettait au temps de l'URSS de subvenir à ses besoins, s'est écroulée par suite d'un manque d'entretien ; l'industrie agro-alimentaire, obsolète, est presque arrêtée ; cette république vit d'un budget alimenté à raison de 87 % par la Fédération, c'est-à-dire le gouvernement de Moscou, en mal fiscal. En 1999, le pouvoir d'achat des Roumains a baissé en moyenne de 60 % par rapport à 1989 ; le chômage y touche 11 % de la population active, soit plus d'un million de personnes.

Cette situation alarmante se répercute dans la crise du commerce de détail, à très grande proximité des populations laborieuses. L'étatisation collectiviste d'une part déterminante de cette activité, selon laquelle la commune socialiste devait offrir, à qualité égale, des services accessibles à l'ensemble des habitants, a répercuté en fin de compte la pénurie générale sur les points de vente. Le marché noir devint le seul moyen pour s'en sortir, dès lors que les consommateurs avaient des disponibilités monétaires ou des possibilités de troc suffisantes. Au moment de la Perestroïka, à partir de 1988, ce marché parallèle prit une ampleur internationale dans les pays de l'Est par la création de véritables réseaux aux dérives très vite mafieuses.

Le marché noir constitue actuellement 25 % du PNB de la Russie et 40 % de celui de la Yougoslavie de Milosevic, de l'Arménie ou de la Macédoine. En Arménie, les prix des denrées ont augmenté de 24 000 % entre 1991 et 1996, entraînant malnutrition et anémie, alors qu'une journée d'hôpital coûte l'équivalent de 40 % du montant du salaire mensuel moyen. En Pologne, 60 % des enfants souffrent de malnutrition. En Russie, le nombre de femmes anémiques à la fin de leur grossesse a presque triplé entre 1989 et 1994. Parallèlement, la criminalité liée à la drogue a quadruplé entre 1991 et 1996.

Les *atteintes environnementales* constituent un autre facteur ayant conduit au sous-développement. L'industrialisation polluante est devenue un critère tangible de celui-ci. Elle est très caractéristique des pays ou ex-pays collectivistes. Ainsi l'aire urbaine de Karabache, avec ses 17 000 habitants, officiellement reconnue par le gouvernement russe comme « zone de catastrophe écologique », est considérée comme le mouroir toxique de l'Oural. C'est en fait, selon les experts du Programme des Nations unies pour l'environnement (PNUE), de passage en 1992, l'un des espaces urbains les plus pollués du monde, victime des émissions nocives d'une grande fonderie de cuivre, créée à la fin de l'époque tsariste, en 1914, et autour de laquelle s'est constituée la ville. Depuis le début de l'exploitation, se sont accumulées 18 millions de tonnes de scories de cuivre, qui forment de véritables montagnes noires, appelées « chauves » par les habitants, autour d'isbas vétustes. Dans ce paysage local, le vent emporte sur les potagers la poussière émanant des amas de scories. La flore a disparu sous l'effet des émanations de soufre. Sur plusieurs centaines de mètres, la terre, empoisonnée par la pyrite, est desséchée à tel point que rien ne pousse plus. À Karabache, le sol est en général empoisonné par de fortes concentrations de plomb, d'arsénic, de nickel, de cobalt, de cadmium, de cuivre et de zinc : pendant plusieurs dizaines d'années, le taux de rejets a dépassé de 150 à 350 fois la norme maximale admise. Chaque jour, des centaines de tonnes de soufre furent projetées dans l'atmosphère par les fumées s'échappant des cheminées des fonderies.

À l'époque soviétique, les mesures de protection firent défaut ; lors du passage à l'économie libérale, aucun programme financier n'a été prévu pour construire les installations de purification de l'air, pourtant disponibles sur le marché mondial. Après le passage des experts du PNUE, la fonderie fut certes fermée. En 1998, un industriel local influent obtint toutefois l'autorisation de réouverture, sans astreinte aucune en ce qui concerne la mise en conformité avec les exigences environnementales. De 1998 à 1999, l'hôpital de la ville a observé une forte croissance des cas de pneumonie et de bronchites. Le nombre de malades du sang a été multiplié par deux et celui des maladies de peau par 1,5. Le taux de mortalité dû aux cancers serait passé de 25,8/10 000 en 1997 à 39,1/10 000 en 1998. La mort à l'âge de 45 ans est considérée comme normale, compte tenu de la pollution atmosphérique élevée. Le taux de mortalité générale était de 17,9/1 000 en 1998 à Karabache, contre 14 en Russie ; celui des naissances était de 6,9/1 000 contre 9 pour l'ensemble de la Fédération.

Depuis plus de trente ans, le lac Baïkal, le plus grand réservoir d'eau douce du globe, est pollué par l'usine de cellulose BCBK de Baïkalsk. Cette entreprise employant cependant près de la moitié de la population active de Baïkalsk (17 000 habitants), les autorités locales craignent une explosion sociale en cas de fermeture. De plus, près de

90 % du budget municipal est financé par l'usine qui fournit en outre l'électricité, le chauffage urbain et l'eau chaude. Les résolutions du gouvernement russe qui se sont succédées depuis 1987 ne sont donc pas appliquées, la population locale refusant à son tour de reconnaître la nocivité de la pollution : elle boit l'eau et ne croit pas que les problèmes de peau et d'allergie soient liés aux rejets de chlore et de dioxine de l'usine. La biologiste Olga Golmirova a certes essayé de prouver que le taux de maladie à Baïkalsk était supérieur à la moyenne russe ; elle s'est heurtée à la peur des médecins locaux de briser un tabou. Des pratiques du système soviétique, dont certaines furent héritées du régime tsariste, continuent à se maintenir, voire à s'amplifier en pleine transition.

Face à ce constat, le PNUD n'hésite pas à affirmer que la transition vers une économie de marché dans ces pays a été « trop rapide » et que la crise ainsi générée est de « grande ampleur, marquée par une augmentation de la pauvreté, du chômage et de la criminalité ». Il observe en outre une importante *dégradation du niveau sanitaire*, « un retour meurtrier » de la tuberculose et la multiplication par six des cas de contamination par le virus HIV du Sida entre 1990 et 1994.

L'état sanitaire général de la population reflète le sinistre socio-économique : le taux de mortalité a été multiplié par 1,5 depuis 1992, année de lancement des réformes libérales. Ce taux correspond à la mort prématurée de 4,2 millions de personnes, une surmortalité inhérente pour un dixième seulement au vieillissement démographique ; pour le reste, elle est due à des facteurs morbides. En dépit du fait que la mortalité s'est accrue constamment de 1965 à 1985, l'évolution a toutefois été bloquée à ce moment-là pour ne reprendre sa croissance qu'en 1992. La pauvreté accompagnant les réformes consécutives à l'effondrement du système soviétique résulta du retour de la consommation individuelle à son niveau du milieu des années 1960, c'est-à-dire de la fin de l'ère stalinienne, où pourtant la mortalité était l'une des plus faibles des pays développés. La tuberculose a repris le dessus, faisant ses ravages. Selon l'hebdomadaire Moskovskie Novosti, le risque de tuberculose a doublé et cette maladie a provoqué deux fois plus de décès depuis 1990. En Roumanie, la moitié des 27 500 établissements d'enseignement ne disposent toujours pas d'autorité sanitaire pour fonctionner.

Cette position de dérive est concrétisée par le *retour du troc* qui règle, en Russie comme dans les autres États de la CEI, au minimum entre 40 et 50 % des transactions hors des circuits financiers, par des échanges de marchandises ou de services entre les entreprises. L'usine de Splav par exemple, située dans la région de Novgorod, à 530 km au nord-ouest de Moscou, spécialisée à raison de 65 % dans la fabrication d'équipements pour les centrales nucléaires, a écoulé en 1998 environ 90 % de sa production dans le cadre du troc ; seuls 10 % ont été payés par transfert financier. Les principaux clients de Splav, les centrales atomiques de Russie et d'Ukraine, ont recours au troc depuis 1993. La livraison de machines à une société d'embouteillage d'eau minérale de la région de Novgorod permet à Splav et à son personnel d'être approvisionnés toute l'année durant en eau minérale.

L'encart 35 met l'accent sur la société sinistrée tant par l'héritage soviétique que par le passage au libéralisme.

Encart 35
« En plein Moyen Âge »

« Derrière la façade de la grande ville, dans le tréfonds des appartements communautaires moribonds, avec le serpentin moisi des fils électriques qui court sur les murs extérieurs, les disjoncteurs bricolés, crochets, verrous, parois bleuâtres de caserne, vitres brisées, appuis de fenêtres lézardés, poignées de portes arrachées, bassines émaillées, air vicié ; là où la rue commence dès le couloir, où les canalisations fuient goutte à goutte, où le froid de la cour envahit des toilettes éclairées par une ampoule nue, c'est là que loge la Russie éternelle, qui n'a pas émergé des temps prépétroviens. Si, par inadvertance, on compose un faux numéro, une voix qui vocifère nous parvient comme du fond d'un puits, et l'on est parachuté en plein Moyen Âge. »

V. Erofeev, *Obchtchaïa Gazeta,* Moscou, Texte reproduit en français dans le *Courrier international,* 432, Groupe Expansion SA, Paris, 1999

L'espace sinistré est particulièrement perceptible en Russie, sur le territoire jouxtant l'Océan glacial arctique, où la faillite de nombreuses activités, le danger environnemental suscité par une flotte atomique sous-marine obsolescente, ont donné lieu à un sous-développement important. Cette septentrionalité est ainsi en voie de marginalisation, de façon générale. Le Grand Nord, dont les amples richesses du sous-sol et la position stratégique ont éveillé naguère chez les dirigeants du Kremlin de forts appétits géopolitiques, est à présent en très mauvaise posture. 8 % de la population russe y sont établis pour produire un cinquième du PIB russe. Ce territoire fournit 95 % du gaz de la Fédération de Russie, 90 % de l'étain, 75 % du pétrole, 60 % de l'ensemble des exportations de matières premières, l'essentiel de l'or et plus de la moitié du poisson ou autres produits de la mer. Après les privatisations cependant, les nouveaux propriétaires ont surexploité les richesses minières à leur profit, détourné les subventions de l'État pour les faire fructifier dans les banques, créé des systèmes mafieux et négligé leurs obligations sociales en même temps que l'entretien des infrastructures, celles du transport notamment. Le chômage est devenu inquiétant ; les désœuvrés s'ajoutant aux nombreux retraités, les vivres qui arrivent dans ces régions éloignées avec bien des difficultés renchérissent le coût de la vie de façon notable et accentuent le dépeuplement. À tel point que les autorités fédérales placées face à un très coûteux éparpillement spatial ont projeté le regroupement de la population restante, retraités inclus, en des endroits plus cléments et moins périphériques. Le ministère de la Politique régionale est chargé de ce transfert de population. La République des Komis par exemple a élaboré un projet d'accueil de 150 000 personnes d'ici à l'an 2005 : mais le financement de cette vaste opération est fondé sur l'aide de la Banque mondiale qui a décidé d'accorder 80 milliards de dollars US, alors que le coût de l'évacuation et de la réinstallation de la population en surnombre a été évalué à 500 millions de dollars.

La situation est aussi délabrée à Vorkouta, la ville russe localisée au-delà du cercle polaire, fleuron de l'industrie houillère soviétique, qui fut à l'avant-garde des grandes grèves de 1989 et qui périclite depuis l'éclatement de l'URSS en 1991. Construite à l'époque stalinienne dans des conditions inhumaines par des détenus politiques envoyés au Goulag, dans une ambiance courante de -30° degrés en hiver et d'invasions de moustiques durant le seul mois d'été, cette ville comporte 180 000 habitants, dont 15 000 travailleurs à peine sont maintenus pour desservir les sept mines encore en activité. Au temps de l'URSS, le statut du mineur dans ce secteur était très attrayant, aux avantages quasi-aristocratiques : la rémunération du mineur était quatre à six fois supérieure à celle des autres salariés. Hôtes privilégiés des littoraux de la mer Noire durant la saison estivale, ces mineurs étaient connus pour leur propension à dépenser tant dans les restaurants que dans les magasins. Compte tenu de la situation générale du pays, ils adhéraient volontiers au « pacte tacite » proposé par les autorités soviétiques : travailler du côté du Nord durant vingt ans afin de pouvoir acquérir une maison et une voiture dans le Sud. À Vorkouta un immeuble mentionne toujours cet engagement très intéressé par le slogan idéologique « produire plus pour la patrie ». Mais la réalité des lendemains de la chute du régime soviétique a contrasté vivement avec celle du temps jadis : le salaire mensuel n'était plus que de 1 200 roubles dans leur valeur inflationniste, la retraite n'en valait que la moitié ; les arriérés étaient de treize mois, dévalués en outre de 75 % par la crise financière d'août 1998. Dans de telles conditions, nul observateur attentif ne s'est étonné du regret d'une part importante de la communauté des mineurs de la disparition de l'URSS.

Ailleurs, dans l'ex-URSS, les conditions de l'évolution n'étaient guère plus enviables. Dès le début de 1999, les observateurs avertis se sont demandés si en Ukraine ne s'ébauchait pas une crise financière comparable à celle subie par la Russie. La dévaluation de la hrivna s'est faite dans un contexte de récession économique et d'appauvrissement de la population. L'économie souterraine a alors atteint plus de la moitié du niveau de l'économie officielle ; en part du PIB, elle semblait dépasser celle de la Russie.

Contrairement à l'envol pris au début du XXe siècle par les capitaines d'industrie américains, les « robber barons » (barons voleurs), qui ont été à l'origine des empires entrepreneuriaux capitalistes contemporains, la montée des « barons voleurs russes » notamment (Désert, 1997) ou dans une certaine mesure des pilleurs des ressources publiques des autres ex-démocraties populaires, n'a pas pu être considérée comme un douloureux mais bref passage obligé pour surmonter les obstacles du sous-développement, bien au contraire (Roche, 1999). En Russie surtout ou dans d'anciennes républiques de l'URSS, des réseaux mafieux complexes sont parvenus dès le début de la transition à imposer la loi : la nomenklatura en place a sécrété aussitôt, dès le début des années 1990, un vaste mouvement de détournement de fonds au-delà des frontières, à la faveur de la libéralisation financière. L'insuffisance des réformes, entretenue par l'esprit de corruption générale, a facilité la constitution d'imposantes fortunes privées. En Russie, la seule distribution de 150 millions de « bons de privatisation » de 1992 à 1994, favorisant des rachats massifs, a donné l'occasion à une poignée d'apparatchiks et à leurs bandes mafieuses de s'approprier une part importante des actifs industriels du pays. Les matières premières et énergétiques de celui-ci furent mises en coupe réglée, depuis le pétrole et le gaz — ce dernier fit la fortune de Tchernomyrdine, qui devint de surcroît premier ministre par la suite — jusqu'à l'aluminium et au nickel. La complicité avec le pouvoir politique fut évidente et permit de mettre à profit les privatisations au rabais, des prix ou taux d'intérêt de faveur. Boris Berezovski, éminence grise du président Eltsine, s'est constitué une imposante richesse par la commercialisation de voitures automobiles achetées au-dessous de leur prix de revient à la firme publique AvtoVaz. Le jeune banquier Vladimir Potanine a pu emprunter à la banque centrale d'imposantes sommes à des taux privilégiés de 10 à 20 %, au moment où durant la seule année 1992 l'inflation des prix a été multipliée par vingt. Pétrole et matières premières en général aux prix réglementés ont été revendus par des initiés sur le marché mondial aux prix libres. Le sous-développement est donc entretenu outre mesure parce que la corruption empêche d'instaurer dans un avenir déterminé et proche une véritable économie de marché. À tel point qu'enfin, après une confiance plus ou moins consciemment aveugle accordée jusqu'à la faillite d'août 1998 à la Russie par le Fonds monétaire international et les investisseurs étrangers, la vigilance est devenue de rigueur, appuyée sur la recherche des filières de l'argent clandestin par les appareils judiciaires occidentaux, le tout renforçant la crise d'ensemble et l'état de sous-développement chronique de type spécifique, propre aux ex-pays collectivistes européens.

Cette situation de confusion et de non-transparence a freiné le zèle les investisseurs, rebutés en outre par l'inappropriation des lois fédérales russes. En attendant, le gouvernement a misé pour son budget 2000 sur près de 6 milliards de dollars d'aide en provenance des institutions financières internationales, dont près de 4 milliards de la part du Fonds monétaire international (FMI), soit sur une aide internationale équivalant le quart des recettes totales escomptées par lui. L'importance géostratégique internationale de la Russie a été telle que le FMI n'a jamais interrompu son aide davantage que quelques mois. La seule menace d'arguments aussi porteurs pour les grandes puissances que ceux du retour des communistes, d'une guerre civile ou du chaos nucléaire a contribué à ne pas attaquer le sous-développement à la source et à ne pas investir les moyens adéquats pour s'en sortir efficacement. Les spéculations capitalistes sur le désordre et la misère sont demeurées permanentes en toile de fond.

En 1999, le seul service de la dette russe s'est élevé à 17,5 milliards de dollars, alors que les impayés en salaires et retraites atteignirent un montant de 3,1 milliards de dollars. En contrepartie de son aide de 7 milliards de dollars, le FMI a conseillé l'augmentation des impôts, la baisse des salaires, la libéralisation des loyers et du prix de l'énergie, la réforme du système bancaire, un amalgame de mesures de surcroît très irréaliste.

Cette crise a débouché sur une méfiance particulière des investisseurs d'Europe occidentale, plus prudents ou plus frileux que les investisseurs américains, australiens et japonais. Il en a été ainsi par exemple dans le secteur minier et métallurgique de l'ensemble des pays de la CEI : dans l'ignorance du devenir de ce secteur et dans la crainte d'une reconstitution d'un bloc tributaire de règles spécifiques, le dialogue avec l'Ouest est demeuré précaire, d'autant plus que le fiscalité élevée, l'insécurité politique, le cadre juridique trop incertain ont constitué autant de facteurs défavorables à une politique occidentale d'investissement à long terme.

Au fond, *le sous-développement de la société post-collectiviste est la résultante ou la conjugaison des errements du système soviétique et de ceux des réformes libérales* (Zwass, 1995). Il a engendré une structure socio-économique très spécifique, associant une nouvelle pauvreté, très forte, et les formes les plus diverses de l'« émancipation » dont l'ampleur même pèse lourdement sur le sous-développement. La Russie est sans doute le cas le plus connu de cette situation à la fois unique et complexe (encart 36).

Encart 36
Les quatre grandes catégories de Russes

« La société russe se divise aujourd'hui en quatre grandes catégories : les déshérités, dont la devise est "tous égaux", ce qui signifie "tous égaux dans la pauvreté" ; vient ensuite le grand capital, dont l'idéologie est la loi du plus fort ; la troisième est une petite couche parasitaire de "businessmen de la politique" (hauts fonctionnaires qui profitent de leur position pour s'enrichir) ; la dernière catégorie est composée de la classe moyenne telle qu'elle s'était constituée et de l'intelligentsia. Cette dernière, par son niveau d'éducation et son importance pour la société, doit aujourd'hui devenir la vraie classe moyenne. Elle seule conjugue une attitude humaine envers les plus faibles et une capacité à dialoguer avec les banquiers et industriels civilisés, avec lesquels elle partage le même rapport à la propriété privée ».

O. Noskovitch, *Vek* (extrait), Moscou, Texte reproduit en français par le *Courrier international*, 432, 1999, Groupe Expansion SA, Paris

La Russie symbolise en effet de la façon la plus expressive la dégradation structurelle qui a conduit du sous-développement latent de la fin de l'époque soviétique à celui, réel et renforcé, de la période de transition actuelle. Le malaise suscité par « l'explosion » du sous-développement apparaît politiquement dans la persistance du Parti communiste qui est demeuré longtemps en nombre de députés la composition la plus importante de la Douma : le Parti communiste de ce pays se présente comme « le parti de la justice sociale », dénonçant « le fossé grandissant entre riches et pauvres », de même que la corruption. Avec 600 000 adhérents en 1999, il a offert à beaucoup de Russes appauvris et déçus « une valeur refuge » qui attire des électeurs au-delà des traditionnels nostalgiques de l'URSS.

Les ex-États collectivistes européens participent aussi dans leur ensemble, comme les autres pays sous-développés non-communistes du globe qui ont été décolonisés, mais à leur façon, à *une certaine recolonisation économique, voire culturelle.* Comme dans les « pays du Sud », la mise sous tutelle économique, y compris mafieuse, est également prononcée dans ces États ex-collectivistes qui forment une imposante « enclave » territoriale sinistrée dans un Nord prospère. Les vraies grandes puissances, les États-Unis en tête, appuyées sur le FMI et la Banque mondiale, demeurent déterminantes en ce qui concerne les moyens financiers.

Le sous-développement des pays ex-collectivistes est néanmoins très particulier. La misère, relative par rapport à celle qui sévit dans les pays sous-développés du Sud, aurait pu être jugulée dans ses grandes lignes par une transition judicieuse. Dans des États comme la Pologne, la Hongrie ou la République tchèque, la fierté de l'indépendance retrouvée et la volonté d'assumer un nouveau destin ont quelque peu atténué les rigueurs de la transition. Ailleurs, en Russie notamment, le désemparement des dirigeants communistes et la pression du marché international ont malheureusement précipité la crise et suscité aussitôt la corruption, des mafias de toute nature alimentant elles-mêmes de gigantesques mécontentements qui ont renforcé les dérives. Les ressorts culturels — identités locales et régionales, affirmations religieuses, patriotisme, fierté nationale —, laminés par le système soviétique, n'ont plus guère eu la force de réagir contre le délabrement de structures aux abois. La hiérarchie de l'Eglise orthodoxe, inféodée au régime communiste, comme elle le fut au régime tsariste et comme elle continue à l'être d'une certaine façon au régime actuel, n'était pas non plus en mesure de constituer un support moral suffisant pour un quelconque renouveau.

En attendant cependant, le paradoxe géopolitique généré par l'effondrement du système soviétique d'une part, l'évolution de la Chine d'autre part vers l'économie de marché contrôlée, permet aux deux « puissances » politiques mondiales économiquement sous-développées, la Russie et la République populaire de Chine, de contrer les Occidentaux sur la scène internationale, parfois de commun accord, en dépit de leur faiblesse et de leur dépendance vis-à-vis du capitalisme.

Le rapport du PNUD, évoqué ci-dessus, relève toutefois que *quelques États* — République tchèque, Hongrie et États baltes notamment — *ont réalisé des progrès considérables* en direction d'une économie de marché dynamique. *Le caractère exceptionnel même de cette réussite confirme le marasme général* dans cette vaste portion du continent eurasiatique. L'Institut autrichien de promotion économique (WIFO), dont la prudence a toujours été de règle face au redéploiement des pays ex-collectivistes, signale en 1999 que même dans les cinq États considérés comme les plus développés — Pologne, République tchèque, Hongrie, Slovénie et République slovaque — la croissance recule depuis 1995. En 1999, la progression annuelle ne dépasserait pas 2 % en moyenne, contre 2,2 % en Europe de l'Ouest, alors que les prévisions habituelles envisageaient pour l'Est des taux de croissance de 2 à 5 % supérieurs à ceux de l'Ouest. Ces cinq États d'Europe ex-collectiviste marquent le pas, selon l'Institut WIFO. Le processus de la transition se bloque dans la mesure où la réforme des institutions progresse trop lentement. Sauf en Pologne, il n'existe plus depuis un certain nombre d'années des majorités gouvernementales aptes à susciter les changements nécessaires. En République tchèque, ancien pays-modèle, l'économie est appelée à se rétrécir de 1,5 % en 1999 : la privatisation ne fonctionne pas efficacement et le legs du gouvernement Vaclav Klaus est très lourd à gérer. En Slovaquie l'imposant déficit budgétaire et un bilan très négatif de productivité suscitent une réelle stagnation économique. En 1999, la Hongrie enregistre un déficit budgétaire record correspondant à 8 % du PIB, ce qui entraîne des mesures draconiennes de restriction des dépenses publiques. En somme, la durée impartie au rattrapage économique des États ex-collectivistes s'annonce plus longue qu'initialement prévue. L'expert Stankovsky de WIFO avance l'explication selon laquelle les scenarios optimistes élaborés pour ces pays étaient destinés à faciliter l'élargissement de l'Union européenne à l'Est.

D. Du cercle vicieux au mouvement en spirale ?

Dans cette portion du globe, les orientations vers le développement sont laborieuses. L'étape décisive, appelée transformation ou transition, contribue à construire ou à reconstruire des identités, susceptibles d'alléger le cheminement vers une socio-économie plus soutenable. Les mutations politiques et économiques (Radvanyi, 2003) vont de l'avant, quoique difficilement et, souvent, à la manière de la procession d'Echternach (« deux pas en avant, un en arrière »).

En dépit des multiples dysfonctionnements et scories, d'inutiles déstructurations et de pénibles restructurations, *l'assainissement économique se poursuit globalement, quoique sinueusement* (La Documentation française, 1999). En Allemagne de l'Est par exemple, les quelque 1 400 milliards de DM injectés initialement par l'Ouest ont abouti à des résultats concrets. Durant les seules années 1993/1994, séquence durant laquelle les transferts financiers furent les plus élevés, ceux-ci représentaient 7 % du

PIB de l'Allemagne de l'Ouest. Pourtant le contraste demeure saisissant entre cette progression et la fracture sociale qu'elle aggrave.

Cette ambiance alimente une réelle nostalgie appelée « ostalgie », parce que propre à l'est. Elle a même fait apparaître l'image à forte connotation sentimentale de « pays perdu » (« das verlorene Land »), sous-entendu la défunte République démocratique allemande. Il convient néanmoins de demeurer lucide. Le retour à l'ancien régime serait une étrange utopie ; ce régime a démontré lui-même qu'il ne pouvait pas fonctionner à la longue. Le passage actuel est certes douloureux ; il aurait pu s'effectuer avec moins de brutalité ; il est néanmoins indispensable ; il est vrai que la solution la plus efficace ne réside pas dans les voies empruntées jusqu'à présent, mais dans des projections à long terme, sous-tendant des mesures durables dans les domaines les plus divers par des préoccupations éthiques.

Les améliorations structurelles sont surtout le fait de pays ou de régions qui bénéficient d'une confiance entrepreneuriale extérieure, à la faveur des réformes entreprises, de leur degré d'efficacité et de la caution morale ou financière d'institutions internationales reconnues, depuis le Fonds monétaire international jusqu'à la Banque mondiale (World development report, 1996). Le rôle de l'Union européenne apparaît toutefois comme une garantie sérieuse pour les investisseurs. Ainsi, nous constatons que les cinq États d'Europe centrale et orientale désignés initialement pour faire partie du premier train de négociations en vue de leur entrée dans l'Union, sont ceux qui continuent à s'en sortir le moins mal possible de la crise éclatée lors de la chute du collectivisme et prolongée par la période de transition : Pologne, Hongrie, République tchèque, Estonie, Slovénie, qui ont commencé à négocier dès 1998 leur entrée à l'Union. Un rattrapage s'est opéré en décembre 1999, au bénéfice de la Lettonie et de la Lituanie, ainsi que de la Slovaquie, de la Roumanie et de la Bulgarie (Freudenberg, 1998). Alors que la Slovaquie satisfait déjà aux critères économiques, les Quinze ont admis que la Lettonie et la Lituanie ont presque atteint le niveau économique de leur voisin estonien. Mais la Roumanie et la Bulgarie continuent à demeurer à un niveau économique nettement insuffisant ; ces États étant appelés toutefois à accroître les écarts de développement face à l'Union, celle-ci a estimé qu'il valait mieux les inclure que de les laisser en-dehors, d'autant plus que lors de la crise du Kosovo l'attitude de leur gouvernement à l'égard de l'OTAN fut globalement positive. En dépit des critères de sélection rigoureusement économiques à court terme annoncés initialement, des considérations géopolitiques et des vues économiques à long terme l'ont emporté « *in fine* » (tableaux 14 à 18).

Tableau 14
Estimation du PIB par habitant de l'Europe centre-orientale et de l'ex-URSS, par comparaison avec celui de l'Europe occidentale (1500-1998)

Année		
Europe occidentale = 100	**Europe centre-orientale**	**Ex-URSS**
1500	60	65
1600	58	62
1700	55	60
1820	52	56
1870	44	48
1913	44	43
1950	46	62
1973	43	53
1998	30	22

Extrait, avec la très aimable autorisation de l'auteur, de Ch. VANDERMOTTEN « Les disparités spatiales en Europe et leurs évolutions : 1960-2000 », *Cahiers économiques de Bruxelles,* 45, 4, 2002, p. 27

Source : A. Maddison (2001)

Tableau 15
Europe occidentale-Europe de l'Est,
Retard comparé en biens de consommation durable en 1963 et en 1999 (Belgique = 100)

Suisse	118	Suisse	147
Suède	172	Suède	143
Danemark	117	Danemark	131
Irlande	74	Irlande	128
Pays-Bas	66	Pays-Bas	114
Allemagne (RFA)	111	Allemagne	94
France	151	France	70
Italie	70	Italie	61
Espagne	15	Espagne	38
Portugal	20	Portugal	30
Grèce	7	Grèce	19
Tchécoslovaquie	23	Tchéquie	34
Allemagne (RDA)	27	Slovaquie	35
Hongrie	7	Hongrie	24
Pologne	6	Pologne	20
Roumanie	2	Roumanie	9
Ex-Yougoslavie	5	Bulgarie	8
		Albanie	2
		Slovénie	80
		Croatie	21
		Yougoslavie	7
		Estonie	43
		Lettonie	26
		Lituanie	19
		Ukraine	5
		Moldavie	3
		Russie	12

Sources : Annuaire statistique des Nations unies ; Banque mondiale

Tableau 16
Les échanges économiques européens à l'Est et à l'Ouest de 1963 à 1999

		Part du bloc dans les exportations mondiales	Part des exportations du bloc dirigées vers		
			L'europe occidentale	l'Europe centre-orientale	l'ex-URSS
Ex-URSS	1963	41,4 %	63,8 %	2,7 %	1,6 %
	1970	44,1 %	66,8 %	2,6 %	1,6 %
	1982	38,9 %	64,6 %	1,8 %	2,4 %
	1999	39,1 %	69,7 %	2,9 %	1,2 %
Europe centre-orientale	1963	6,5 %	19,8 %	27,4 %	41,5 %
	1970	5,7 %	22,4 %	28,2 %	37,4 %
	1982	4,2 %	23,0 %	21,8 %	37,0 %
	1999	2,1 %	68,6 %	11,5 %	5,9 %
Europe occidentale	1963	4,7 %	16,5 %	57,2 %	-
	1970	4,1 %	17,7 %	52,8 %	-
	1982	4,7 %	32,3 %	41,7 %	-
	1999	1,7 %	39,5 %	12,0 %	19,9 %

Note : Le commerce entre les républiques soviétiques n'est pas comptabilisé en 1963, 1970 et 1982
Source : Annuaires statistiques des Nations-Unis ; CNUCED (www.unctad.org).

Tableau 17
Risques-pays : notation des risques des États baltes (cf. note p. 310)

Notation globale : 6 : risque pays faible			
Potentiel de marché : E+ : marchés de petite taille et qui le resteront en dépit de leur croissance			
	Estonie	**Lettonie**	**Lituanie**
Risque pays	6+	6-	6
Risques financiers (coefficient 5)	6+	6-	6-
Vulnérabilité financière et poids de la dette	6	6	5
Capacité de l'État à honorer ses engagements	6	5	5
Volonté de l'État d'honorer sa signature	7	6	6
Qualité et solidité du réseau bancaire	6	5	5
Risques politiques (coefficient 2)	6	5+	6-
Homogénéité sociale et culturelle	5	5	6
Stabilité du gouvernement et de ses décisions	6	5	5
Risque de renversement violent	6	6	6
Risque de conflit externe	7	6	6
Environnement des affaires (coefficient 3)	6	6	6
Gestion économique et maîtrise des équilibres	5	5	5
Risque de change et d'inconvertibilité	6	6	6
Accueil des investissements étrangers	6	6	6
Rapport qualité/prix du travail et des infrastructures	6	6	6

Source : Credit Risk International (octobre 2003)

Tableau 18
Risques-pays : notation des risques de l'Afrique du Sud (cf. note p. 310)

Notation globale : B6-	**B** : marché de taille moyenne en croissance **6-** : risque faible
Potentiel du marché (1)	A – B – C – D – E
Risque pays (2)	0 – 1 – 2 – 3 – 4 – 5 – 6 – 7
Riques financiers (coefficient 5)	**6**
Vulnérabilité financière et poids de la dette	6
Capacité de l'État à honorer ses engagements	6
Volonté de l'État d'honorer sa signature	6
Qualité et solidité du réseau bancaire	5
Risques politiques (coef. 2)	**5**
Homogénéité sociale et culturelle	3
Stabilité du gouvernement et de ses décisions	5
Risque de renversement violent	6
Risque de conflit externe	6
Environnement des affaires (coef. 3)	**5-**
Gestion économique et maîtrise des équilibres	5
Risque de change et d'inconvertibilité	3
Accueil des investissements étrangers	5
Rapport qualité/prix du travail et des infrastructures	5

Source : Credit Risk International (octobre 2003)

La coopération transfrontalière, par le truchement des « euro-régions » confortées par l'Union européenne, constitue également une forme de progression, notamment le long de l'ancien Rideau de fer, où voisinent désormais à l'ouest des secteurs frontaliers aisés et à l'est des secteurs sinistrés. Des plans d'aménagement communs et des projections de développement diverses sont susceptibles de réduire sensiblement à moyen terme les décalages inhérents au sous-développement oriental. La présence de l'Allemagne et de l'Autriche le long de cet ancien axe d'affrontement idéologique, deux États de l'Union européenne en pleine prospérité, est de nature à accélérer l'évolution. L'assistance technique en provenance de ces deux États, appuyée sur les aides financières communautaires, a facilité la mise en route de processus de développement territorial, de réseaux de villes, de marketing et du management communaux, subrégionaux et régionaux, qui ont permis d'accélérer la transition. L'aide d'organismes d'aménagement, d'instituts universitaires particulièrement qualifiés dans le transfert du savoir et du savoir-faire occidental, inspirée de surcroît du concept de « milieu créatif », de celui du développement économique, social et environnemental durable, tel qu'il a été défini lors de la conférence de Rio, en 1992, ont été et continuent à être des atouts majeurs pour le décollage et la collaboration transfrontalière.

Cette aide a surtout bénéficié aux petites et moyennes entreprises, aux milieux populaires et aux couches moyennes de la population, notamment aussi à l'artisanat. L'initiation aux stratégies de pointe, l'introduction de réglementations suffisamment souples pour ne pas décourager les initiatives, la mise en place de stratégies de coopération et de « joint ventures », de systèmes de management qualitatif, de stratégies de marché conformes aux situations locales spécifiques, la promotion d'infrastructures et d'équipements susceptibles de porter des projets d'aménagement modernes à vocation sociétale d'ensemble, ont contribué à une dynamique réelle, en dépit des nombreux et amples retards de développement accumulés durant l'ère soviétique.

Ailleurs, des euro-régions contribuent aussi au renouveau : telle la collaboration entre une Hongrie plus avancée et une Roumanie encore en retrait. À la fin de 1997, ces deux États ont créé l'euro-région Danube-Mures-Tisza, qui contribue déjà au developpement local. Des initiatives plus larges ont également vu le jour, comme celle de 1994 qui a concrétisé l'euro-région des Carpates, comportant une population de 14 millions d'habitants, formée par la Hongrie, la Roumanie, la Pologne, la Slovaquie et l'Ukraine.

Il convient cependant de prendre aussitôt le recul indispensable à une évaluation réaliste de la situation. En dépit des « performances » enregistrées ici ou là, dans tel État plutôt que dans tel autre, *la fragilité demeure générale*. La Pologne par exemple, considérée comme un pays à réussite relative (Barbier, 1998), destination favorite des investisseurs étrangers, n'échappe toujours pas à l'expression du mécontentement d'une partie de la population, voire à une réelle hostilité à l'égard des effets pervers de la transition économique. En septembre 1999, des manifestants venus des quatre coins de ce territoire ont protesté contre une situation de fait : les restructurations des mines, de l'industrie lourde et d'autres secteurs économiques ont contribué à un chômage en progression lente, mais continue, touchant 11,9 % de la population dix ans après la chute du collectivisme. Un slogan comme ce « non à la Pologne vendue aux étrangers » a été repris le plus fréquemment par la foule. Au même moment, les ex-communistes du parti SLD refoulé dans l'opposition et le président Kwasniewski, ex-communiste lui aussi, ont caracolé en tête des sondages. Le gouvernement de centre-droit en place par contre a été vivement accusé d'être « un valet de l'Occident ».

Même Berlin-Est, en dépit de ses immenses chantiers et la publicité faite autour de son nouveau rôle métropolitain, continue à accuser d'importantes faiblesses socio-économiques : la pauvreté et l'exode urbain — 300 000 personnes ont quitté la ville — consécutive à la crise générale témoignent du malaise persistant ; le nombre de salariés a baissé de 1,8 million en 1989 à 1,4 million en 1999. Potsdam a perdu 20 000 salariés et Magdebourg 25 000. Contrairement aux attentes, Berlin ne regarde guère vers l'Est, alors que l'attention de l'Est est attirée par Berlin.

En fait, depuis le début de la transition les financements publics et privés en provenance de l'Ouest ont bénéficié d'abord principalement aux premiers pays, retenus comme aptes à être candidats à l'entrée à l'Union, puis seulement à ceux de la seconde

« fournée ». Cette caution, tant *a priori* qu'*a posteriori*, de l'Union européenne, accordée aux États en transition perçus comme des « battants » par leurs initiatives et leurs résultats, est tout particulièrement perceptible dans le cadre des républiques baltes. L'avance prise par l'Estonie a désigné cet État comme très digne d'intérêt : le rattachement de sa monnaie au Deutschmark dès 1992, par la mise en place d'un « currency board », ses privatisations à grande échelle ouvertes aux étrangers lui ont conféré une avance décisive sur la Lettonie et surtout la Lituanie demeurées non seulement en retrait, mais dans une ambiance d'indécision préjudiciable à la manifestation de la confiance capitalistique extérieure. Les différences de résultat s'exprimèrent dans le commerce extérieur : tandis que l'Estonie s'est réorientée fortement vers l'Ouest avec 63 % des échanges en 1994 contre à peine 7 % en 1990, les deux autres États baltes sont demeurés très tributaires de la Communauté des États indépendants (CEI). Le développement régional en Russie oscille entre passé et perspectives (Westlund *et al.*, 2000). Le changement économique régional en Russie est très contrasté (Hanson *et al.*, 2000).

En République tchèque, la transformation qui a conduit à la privatisation de l'industrie a eu des effets positifs. Les apports positifs reposent sur la déconcentration des activités, la décentralisation des ressources, l'augmentation du nombre de petites et moyennes entreprises compétitives. La reprise des effectifs industriels, une offre facilitant la diversification professionnelle et l'amélioration des rémunérations, une participation croissante de ces nouvelles firmes à la dynamique nationale, voire internationale, témoignent de la modernisation et de l'amélioration du savoir-faire. Ce cheminement s'appuie sur un système bancaire adapté aux circonstances, un appui étatique souvent judicieux et un réseau de clients, dont une partie remonte à de vieux contacts des anciennes entreprises d'État avec leurs partenaires de l'époque soviétique. Cependant, parallèlement à cette évolution, les disparités s'accroissent entre les milieux relevant de cette mutation et ceux encore tributaires des activités traditionnelles

III. LE CAS DE LA CHINE

À présent, la Chine est le pays extérieur aux États-Unis qui détient la réserve de dollars la plus ample du globe. Les Chinois se sont dotés de centaines de millions de portables téléphoniques. Le boom économique se poursuit, en dépit du fait que les structures et les hommes demeurent prisonniers du système politico-économique en place, que « le cerveau droit ignore encore fréquemment le cerveau gauche », que le pays s'achemine vers une extraordinaire pénurie de main-d'œuvre et de réserves sociales (retraites, santé...), compte tenu de la forte diffusion des ménages à enfant unique. Le malthusianisme démographique est en outre doublé d'un malthusianisme financier : la pénétration de la Chine par les banques et entreprises étrangères est limitée par l'interdiction faite aux firmes d'intégrer plus de 20 % de capital étranger. *La croissance économique est ainsi fragilisée. Pourtant, le marché chinois continue à être fortement sollicité depuis l'extérieur qui parie sur le moyen et le long terme.* Quoique les conditions faites aux expatriés soient frustes (l'absence d'écoles pour étrangers et d'autres inconvénients au quotidien n'incitent guère au départ des familles des expatriés), de nombreux cadres visent une carrière, au moins de durée limitée, dans cette Chine en plein mouvement ascensionnel, technologiquement et économiquement (Lemoine, 2003).

Une étude interdisciplinaire associant géographie et sinologie, soutenue comme thèse (Tagscherer, 1999), portant sur la mobilité et la carrière des cadres dans une Chine en transformation, constitue une approche très originale du nouvel environnement entrepreneurial de la République populaire de Chine. Fondée sur *une analyse à la fois qualitative et empirique des milieux de cadres chinois engagés dans des joint ventures germano-chinoises ou dans des filiales et représentations diverses entièrement allemandes*, l'enquête qui forme la base de la recherche s'appuie sur un échantillon de 47 firmes représentatives tant des divers types d'influence économique allemande en Chine que des catégories de cadres chinois ; ces unités, comme les autres d'essence étrangère, sont surtout localisées sur le littoral oriental, notamment dans les villes les plus développées, telles que Pékin, Shanghaï, Nankin, Canton... La photo 40 a donne un aperçu de l'évolution à plusieurs vitesses de la grande métropole de Shanghaï, par l'élan technologique de pointe au débouché du « Bund ». La photo 40 b par contre illustre l'évolution de Shanghaï au ralenti.

L'Allemagne est, avec environ 43 %, le principal partenaire du pays en ce qui concerne l'Union européenne ; c'est depuis quelques années une entreprise germano-chinoise qui se situe en tête des 500 firmes d'origine étrangère réalisant le chiffre d'affaires le plus élevé.

Ulrike Tagscherer rappelle que, contrairement à l'ex-Europe de l'Est, le gouvernement chinois n'a jamais décidé la fin de l'État communiste, mais il a suscité *d'abord une amélioration du système, puis, à partir des années 1990, la transformation du système économique*. Le *rôle moteur des villes* est déterminant dans cette profonde transformation : les éléments, masculins et féminins, les plus désireux de formation se concentrent en milieu urbain, dans la mesure notamment où les milieux ruraux ne sont pas à même de disposer ni des équipements nécessaires ni de la qualité des enseignements. Les entreprises d'origine allemande n'accordent toutefois qu'une attention limitée aux diplômes délivrés par l'enseignement supérieur chinois. Les références professionnelles antérieures et les aptitudes décelées par les coûteuses agences de « chasseurs de têtes », *les « Headhunter-Agencies », demeurent décisives.*

Toujours selon notre auteur, alors que la *mobilité professionnelle* fut encore peu autorisée avant 1986, elle s'est accrue sensiblement depuis le début des années 1990. Dès à présent, l'essentiel des cadres signalent avoir déjà eu trois employeurs : le niveau de compétence particulièrement élevé des cadres dans les entreprises étrangères et l'offre accrue en matière d'emploi hautement qualifié expliquent cette tendance. Cette mobilité affecte surtout les cadres jeunes, féminins inclus, âgés de moins de quarante ans, qui visent une promotion professionnelle permanente, contrairement aux aînés — les plus de quarante ans — pour lesquels un montant de salaire plus élevé est davantage recherché que la carrière. *Plus la position est élevée dans la hiérarchie, plus ce souci de mobilité et de promotion est affiché par les deux sexes.* Il n'est pas rare que les intéressés acceptent provisoirement une diminution du salaire face au prestige escompté et l'espoir d'un rapide réajustement.

Les entreprises qui évitent les chocs culturels et qui préparent leurs cadres — étrangers et chinois — aux nouveaux contacts parviennent à une meilleure compréhension réciproque ainsi qu'à une intégration qui se répercute sur l'ambiance générale, l'efficacité et, finalement, la productivité et la croissance. La connaissance simultanée, au moins partielle, de la langue chinoise et de la langue propre à la firme étrangère est généralement un atout pour les cadres concernés. *La place de la culture*

40. Évolution à plusieurs vitesses d'une grande métropole chinoise : Shanghaï (1995) :
a. élan technologique de pointe à l'entrée du « Bund »

b. L'évolution au ralenti

dans les relations entrepreneuriales est aussi déterminante que le haut niveau de technicité.

Il est vrai, et cela l'auteur ne l'étudie pas vraiment, sans doute parce que « non opportun », puisque l'entreprise allemande vise malgré tout, comme toutes les entreprises étrangères, à réussir surtout économiquement, que le processus de transformation en cours en milieu dirigeant pose dès à présent la question du déracinement chinois dans ses facettes les plus diverses et ses fibres sociales les plus intimes, face à une mondialisation implacable. Aucune réflexion n'a été menée dans cette direction. Et c'est bien dommage dès lors qu'il s'agit d'un travail qui se doit d'être exclusivement scientifique.

Le mouvement des délocalisations vers les ex-pays collectivistes s'accélère et s'amplifie. Les échecs dans ce domaine sont surtout à attribuer à un mauvais ciblage des activités transférées, à un choix défectueux des localisations et à l'absence d'adhésion interne aux décisions prises à l'étranger, bien loin des territoires concernés.

L'ascension technologique et économique de la Chine est toutefois vertigineuse. Cet État a quadruplé son PNB au cours des vingt dernières années. Il compte en faire autant entre 2000 et 2020. Environ 250 millions de Chinois ont un niveau de vie équivalent à la moyenne européenne. La métamorphose de Shanghaï en une mégalopole ultramoderne a fait de cette agglomération le symbole de la réussite contemporaine, l'expression quasi-mythique de l'aptitude chinoise à maîtriser les enjeux de l'économie post-moderne. 37 % des diplômés chinois sont des ingénieurs, contre 6 % aux États-Unis. Il existe 300 000 chercheurs confirmés en Chine, qui se place en 3e position mondiale au niveau de la recherche-développement. Ce pays produit déjà 70 % des jouets, 75 % des montres et 85 % de la planète. Il a un quart de la capacité de production de l'acier mondial. Il détient 30 à 40 % du chiffre d'affaires des porte-conteneurs du monde. Il sera bientôt le premier acheteur mondial. En 2003, ses importations ont atteint un montant de près de 400 milliards de dollars, presque l'équivalent de celui des exportations. Il est devenu le premier consommateur d'automobiles du globe. Pour faire face au manque d'électricité en vue de la réalisation des objectifs de croissance, la Chine construit le plus gros barrage hydroélectrique du globe sur le fleuve Yangzi : celui-ci devra fournir une puissance de l'ordre de 18 réacteurs nucléaires et couvrir, avec 26 turbines de 700 mégawatts, un huitième des besoins du pays.

Si l'Europe, voire en général les puissances dites avancées, ne se ressaisissent pas, — mais le peuvent-elles encore ? — la Chine dominera la production de masse, au même titre que les États-Unis jouent un rôle capital en matière d'innovation.

IV. DU SOUS-DÉVELOPPEMENT AU DÉVELOPPEMENT : QUELLES CHANCES POUR LES PAYS EN TRANSITION ?

Les échecs du passage de l'économie collectiviste à celle du marché sont d'autant plus amples et significatifs que les responsables ont méconnu, sciemment ou inconsciemment, les principes fondamentaux qu'implique la réalisation d'une société libérale et humaniste. Selon Maurice Allais, prix Nobel d'économie, « vivre ensemble implique pour toute une société un consensus profond sur ce qui est essentiel. Si ce consensus n'existe pas, la réalisation d'une société humaniste s'en trouve par là même compromise. » Pour Allais la cause majeure du chômage est la libéralisation mondiale des échanges associée à la déréglementation des mouvements de capitaux et au « dumping monétaire ». L'économie de marché ne saurait être efficace sans cadre institutionnel, politique et éthique approprié. Une société libérale ne saurait être anarchique.

L'oubli ou l'ignorance de ces réalités a conduit l'Occident à croire que la transformation des pays sous-développés en pôles de croissance, tels que les pays ex-collectivistes, les pays asiatiques ou la Chine, lui permettaient de connaître un développement et un accroissement de richesse sans précédent. La profonde crise qui s'est manifestée à partir de 1997 en Asie du Sud-Est, en Amérique latine ensuite, pour atteindre son paroxysme en Russie, en août 1998, puis fragiliser en septembre de la même année les établissements bancaires ainsi que les bourses américaines et européennes, fut le signe éclatant de la bancalité des certitudes occidentales. L'instabilité du système financier et monétaire mondial, de même que la mondialisation de l'économie sur les plans monétaire et réel ont été décisifs. Alors que les pertes fiscales de la Russie depuis 1992 étaient dues à l'incapacité du gouvernement de faire rentrer les impôts, au moment où l'excédent commercial était relativement élevé — plus de 66 milliards de dollars de 1994 à 1998 —, il était devenu évident que ces pertes, donc l'endettement qui en résulta, étaient dues en grande partie à la fuite massive des capitaux, rendue possible par la libéralisation rapide du marché des changes et du commerce extérieur, mesures imposées par le même FMI. Celui-ci a ensuite dû consentir à la Russie des prêts alimentés par l'argent du contribuable occidental. Il a ainsi contribué en fin de compte à alimenter les détournements de fonds publics par les dirigeants du Kremlin. Le FMI aurait voulu rendre la Russie insolvable, il n'aurait pas pu faire mieux.

Une importante réorientation des attitudes occidentales s'impose, avant même que l'on puisse modifier celles inhérentes aux pays ex-collectivistes. L'ancien ministre de l'Économie ukrainien, Souslov, démissionnaire en 1998 après une année à peine d'exercice de ses fonctions, a bien montré combien les membres de la nomenklatura soviétique restée au pouvoir ont « plaqué » leur comportement sur les exigences occidentales : « Ils ont appris les mots qu'il faut prononcer pour obtenir des crédits de l'Ouest, sur la nécessité des réformes, de l'adaptation à l'économie de marché, des droits de l'Homme et de la démocratisation ». À l'inverse, il convient aussi de ne pas vouloir imposer à ces États des modèles de comportement passe-partout diffusés à l'échelle internationale par les grandes puissances capitalistes et leurs institutions financières, les cas spécifiques étant nombreux, presque aussi nombreux que les situations nationales, voire régionales. Ainsi l'attention accordée à l'Europe centrale et orientale relève souvent davantage des grands enjeux de la mondialisation de la distribution que d'une volonté réelle de traiter les racines de la pauvreté et de l'exclusion. Le souci d'intégration de cette portion du globe à la dynamique des économies occidentales demeure équivoque.

Le développement des pays ex-collectivistes est étroitement lié à une réelle conception éthique des grandes puissances économiques et à un comportement moins aventureux de leur part à l'égard du sous-développement. *L'écart de civilisation creusé d'abord par les Anciens régimes précollectiviste et collectiviste, puis par le capitalisme propre à la transition, ne saurait être comblé sans une forte affirmation culturelle et la réalisation d'une économie sociale.* Comme l'effondrement de l'Europe ex-collectiviste a posé en urgence le principe de la nécessité de construire de nouveaux liens sociaux, il importe enfin de s'y consacrer. Ce n'est qu'à ce prix que le sous-développement peut être surmonté dans cet espace potentiel de l'« Euroland ».

ORIENTATIONS BIBLIOGRAPHIQUES

- BARBIER B., ROSCISZEWSKI M., *La Pologne,* coll. « Que sais-je ? », PUF, Paris, 1998, 127 p.
- BERTON-HOGGE R., CROSNIER M. A., *Les pays de la CEI,* coll. « Notes et Études Documentaires », La Documentation française, Paris, 1998, 150 p.
- BRADE I. (dir.), « *Die Städte Russlands im Wandel – Raumstrukturelle Veränderungen am Ende des 20. Jahrhunderts* », *Beiträge zur regionalen Geographie,* 57, Institut für Länderkunde, Leipzig, 2002, 261 p.
- CARTER F.W., JORDAN P., REY V. (sous la dir. de), *Central Europe After the Fall of the Iron Curtain – Geopolitical Perspectives, Spatial Patterns and Trends,* Peter Lang, Francfort s/Main, 1998, 341 p.
- CNUCED, *Is Central and Eastern Europe Attracting Enough Foreign Direct Investment ?,* World Investment Report, 1998, p. 279 ss.
- DESERT M., FAVAREL-GARRIGUES G., *Les capitalistes russes,* coll. « Problèmes économiques et sociaux », La Documentation française, Paris, 1997, 76 p.
- DIETZ R., « *From Command to Market Economies – an Exchange Theoretical View* », *Forschungsberichte,* 185, Wiener Institut für internationale Wirtschaftsvergleiche, Vienne, 1992
- EGER T. (dir.), *Kulturelle Prägungen wirtschaftlicher Institutionen und wirtschaftspolitischer Reformen,* Duncker & Humblot, Berlin, 2002, 214 p.
- FASSMANN H., « *Regionale Transformationsforschung – Theoretische Begründung und empirische Beispiele* », *Regionale Transformationsprozesse in Europa (sous la dir. de A. Mayr),* Leipzig, 1997
- FREUDENBERG M., LEMOINE F., *Les dix pays candidats et l'Union européenne : l'intégration en marche,* La Lettre du CEPII, 169, 1998 :
- HANSON P., BRADSHAW M. (dir.), *Regional Economic Change in Russia,* Edward Elgar publishing limited, Cheltenham, 2000, 320 p.
- La Documentation française, *Problèmes économiques,* Revue, n° 2 638-2 639, Paris, 1999, 80 p.
- LEMOINE F., *L'économie chinoise,* La Découverte, Paris, 2003, 128 p.
- LEVCIK F., « *Die Transformation der Wirtschaft im Osten* », *Reprint-Serie,* 151, Wiener Institut für internationale Wirtschaftsvergleiche, Vienne, 1994
- LHOMEL E., SCHREIBER T., *L'Europe centrale, orientale et balte,* coll. « Le Courrier des Pays de l'Est », n° 428/429, La Documentation française, Paris, 1996, 198 p.
- MANGIN C., *Les villes et l'organisation de l'espace en Europe médiane,* Economica, Paris, 1999, 101 p.
- MAUREL M. C., *La transition post-collectiviste : mutations agraires en Europe centrale,* L'Harmattan, Paris, 1994, 366 p.
- MAYR A. (sous la dir. de), « *Regionale Transformationsprozesse in Europa* », *Beiträge zur regionalen Geographie,* 44, Institut für Länderkunde, Leipzig, 1997
- MEUSBURGER P., « *Spatial and Social Inequality in Communist Countries and in the First Period of the Transformation Process to a Market Economy – The Example of Hungary* », *Geographical Review of Japan,* 70 (Série B), 1997, pp. 126-143

- «1989-1999 – « À l'Est, quoi de nouveau ?», *Problèmes économiques,* n° 2638-2639, La Documentation française, Paris, 1999, 80 p.
- RADVANYI J. (dir.), *Les États post-soviétiques – dentités en construction, transformations politiques, trajectoires économiques,* A. Colin, Paris, 2003, 240 p.
- RAISER M., « *Lessons for whom, from whom ? The Transition from Socialism in China and Central Eastern Europe Compared* », *Working Paper,* 630, Institut für Weltwirtschaft an der Universität Kiel, Kiel, 1994
- ROCHE F., *Le hold-up du siècle,* Le Seuil, Paris, 1999, 124 p.
- STEINLE et ass. (sous la dir. de), *Management in Mittel-und Osteuropa – Konzepte,* Praxis, Perspektiven, Georg. Institut, Francfort s/Main, 1996
- TAGSCHERER U., *Mobilität und Karriere in der VR China – Chinesische Führungskräfte im ransformationsprozeß,* Heidelberger Geographische Arbeiten, Geographisches Institut der Universität Heidelberg, vol. 109, 1999, 254 p., 8 cartes, 31 fig., 19 tabl.
- WACKERMANN G., REY V., AQUATIAS C., *Mutations en Europe médiane,* SEDES, Paris, 416 p., 1997
- WESTLUND H., GRANBERG A., SNICKARS F., *Regional Development in Russia – Past Policies and Future Prospects,* Edward Elgar publishing limited, Cheltenham, 2000, 232 p.
- « De l'économie planifiée à l'économie de marché », *World Development Report,* Banque mondiale, 1996
- ZWASS A., *From Failed Communism to Underdeveloped Capitalism – Transformation of Eastern Europe,* the Post-Soviet Union and China, 1995

Chapitre 2
LES SOCIÉTÉS DEVELOPPÉES

La civilisation est un pari. Double. Contre ce qui la nie et la menace d'annihilation. Contre elle-même, trop souvent complice passive ou aventuriste de sa disparition.

A. Glucksmann, *Ouest contre Ouest*, Plon, Paris, 2003, 212 p.

Le présent chapitre n'a pas vocation à être exhaustif, dans la mesure où le capitalisme qui sous-tend les sociétés développées a été traité tout au long de notre ouvrage dans l'essentiel de ses aspects dominateurs. Il est essentiellement destiné à faire apparaître ses principaux fondements, ainsi que ses ressorts spécifiques, en vue de mieux comprendre les raisons de son succès et les aspects négatifs de sa dynamique.

I. LES FONDEMENTS

Les sociétés développées actuelles se sont d'abord appuyées sur le capitalisme industriel, avant d'évoluer vers le capitalisme post-moderne, à base tertiaire. *La société industrielle s'est appuyée sur le charbon. La société post-industrielle s'en est écartée d'abord progressivement, puis assez brutalement.*

En France, nous avons assisté à la fermeture de l'avant-dernier puits lorrain, en automne 2003, à Merlebach, où les Houillères de Lorraine ont encore extrait en 2002 un millier de tonnes de charbon. Découvertes en 1853 dans cette cité minière, les veines de charbon lorraines ont conduit ce lieu à devenir, au milieu du XXe siècle, le plus grand siège charbonnier d'Europe. C'est après la Libération que la nationalisation des mines de houille a été motivée officiellement par le souci affiché du renouveau économique : « Pour reconstruire la France, il faut d'abord du charbon ». En avril 2004, la dernière mine lorraine et française de charbon, celle de La Houve, à Creutzwald, a été arrêtée. Signe des temps, Charbonnages de France est désormais une entreprise de développement durable de l'environnement, à commencer par la réhabilitation des sites miniers. Dans les pays européens anciennement collectivistes, le charbon continue à être présent, mais il y a également amorcé sa régression.

Selon Angus Maddison, le décollage économique de l'Europe a commencé déjà au XIe siècle . Si le mouvement ascensionnel fut d'abord très lent, la croissance fut ensuite géométrique : au XIVe siècle, l'Europe avait rattrapé la Chine en termes de revenu annuel/habitant, la Chine étant à l'époque la première économie de l'Asie. Un constat qui infirme l'affirmation de Braudel : « ... il est pratiquement hors de doute que l'Europe était moins riche que les mondes qu'elle exploitait (Chine comprise), même après la chute de Napoléon ». Braudel a repris la thèse de Bairoch et Lévy-Leboyer (1981), pour lesquels la Chine devançait largement l'Europe de l'ouest en 1800 ; or Bairoch a fabriqué de toutes pièces des arguments pour étayer cette hypothèse. Pour Maddison, l'exploitation coloniale se comprend mieux si l'on considère de façon réaliste la force de l'Occident et la faiblesse de l'Asie autour de 1800. La croissance économique s'est fortement accélérée au XIXe siècle : en 1820, le revenu européen avait déjà triplé par rapport au Moyen Âge. Cette progression fut ensuite vertigineuse jusqu'après la Seconde Guerre mondiale. Depuis l'entre-deux-guerres, elle fut toutefois doublée par une ascension parallèle, celle des technologies tertiaires, qui ont fini par triompher au cours de la deuxième moitié du XXe siècle. *Le capitalisme industriel a évolué vers le capitalisme post-moderne.*

Le 22 janvier 1984, à Los Angeles, Steve Jobs, chef et cofondateur d'Apple, a présenté à la télévision le premier ordinateur Macintosh, qui a traité les premières données statistiques (les « data »). L'ère opérationnelle de l'informatique s'est appuyée sur de profonds changements culturels, en matière scientifique, technique et entrepreneuriale, pour créer les conditions propices au déploiement de la post-modernité (Harvey, 1990).

La tendance à une libéralisation croissante des échanges, à l'échelle mondiale, qui dope les milieux financiers, constitue la base structurelle de cette mutation. Elle *est portée et répandue par les États-Unis, champions de la post-modernité et puissance dominante du monde.* Étroitement lié aux intérêts des grands groupes économiques et bancaires, le gouvernement des États-Unis n'hésite pas, surtout depuis la fin de la Seconde Guerre mondiale, à imposer autant que faire se peut, le modèle américain au restant du globe. À tel point que celui présidé par George Bush junior a tenté d'éliminer une part importante de la concurrence étrangère. À cet effet, il a par exemple envisagé de contrer les bas prix des produits industriels d'exportation chinois, notamment textiles, inhérents aux faibles salaires dans ce pays. Même le président de la Réserve fédérale, Alan Greenspan, a mis en garde contre une diminution des importations textiles chinois et les demandes de réévaluation du yuan, précisant que pareilles mesures étaient devenues inefficaces face à l'efficacité même du système américain mondialisé : si les velléités du gouvernement de Washington devaient aboutir à une limitation des importations en provenance de la Chine, d'autres États prendraient la place de ce pays. Il a déclaré par ailleurs qu'un changement de parité yuan/dollar « n'aurait probablement que peu, voire pas du tout, d'effet sur l'emploi en général aux États-Unis. Mais une devise chinoise mal alignée, si cela devait être le cas, pourrait avoir des effets négatifs sur le marché financier mondial, et par conséquent indirectement sur la production et l'emploi aux États-Unis ».

L'« oracle » Greenspan a un écho tel que la répétition par exemple, par l'intéressé, en janvier 2004, d'une règle bien connue, à l'adresse du gouvernement allemand, selon laquelle un protectionnisme renforcé rendait l'économie mondiale moins flexible, a aussitôt déclenché une baisse des cours boursiers américains, au moment où les investisseurs attendaient des déclarations plus confiantes en l'avenir.

Les « bonus » distribués à Wall Street aux banquiers et « traders » témoignent de l'opulence des milieux financiers placés au sommet de la réussite dans les pays développés, accentuant ainsi les décalages avec le restant de l'économie : le développement du capitalisme financier est devenu quasi-insulaire, dans la mesure où il distancie de loin les autres secteurs d'activité. Ainsi, le négoce d'obligations est susceptible d'augmenter ces bonus de 50 %, en une année. Parfois ces sommes, réparties en « cash » aux dirigeants, représentent plus de 90 % de la rémunération annuelle de ceux-ci, s'ajoutant aux « stocks-options » qui plafonnent à des niveaux encore bien plus importants. Le montant de ces avantages a atteint plus de 19,4 milliards de dollars en 2000 ; il a dépassé en 2003 la somme de 10 milliards de dollars. Au palmarès des plus gros bénéficiaires de cette manne, au titre de 2003, signalons le patron de Citigroup, avec environ 15 à 20 millions de dollars, celui de

Merrill Lynch (plus de 15 millions), celui de Goldman Sachs (environ 13 millions), celui de Morgan Stanley (environ 12 millions)...

Pour New York même, les firmes de Wall Street représentent environ 5 % des emplois de la ville, 15 % des salaires et des retombées multiples sur la presse, l'informatique, les services divers, la restauration et l'hôtellerie. Les répercussions de ces « gâteaux » fouettent les activités et les initiatives économiques. Aux États-Unis, les directeurs de firmes, qui, il y a une trentaine d'années, touchaient en moyenne un salaire 39 fois plus élevé que celui d'un ouvrier non qualifié, bénéficient à présent d'une rémunération 1 000 fois supérieure à celle du salaire de base.

Les milieux dirigeants de la plupart des pays développés s'activent dans le sillage des États-Unis. Gibraltar, avec sa fiscalité avantageuse, l'une des plus prisées d'Europe, avec l'exemption de taxes bénéficiant à toute société immatriculée sur le Rocher, est fortement recherchée par les détenteurs de capitaux. Les nouveaux arrivants ne paient l'impôt que sur les premières 45 000 livres sterling (63 874 euros) de leurs revenus déclarés. Seuls les revenus obtenus ou versés à Gibraltar même sont imposables. Face à ces avantages, dès qu'un programme immobilier est annoncé, les riches Britanniques et étrangers se précipitent sur l'occasion. En 2003 par exemple, les 115 appartements de luxe d'un programme immobilier ont été achetés avant même la pose de la première pierre. Deux membres de la famille royale anglaise et plusieurs célébrités internationales figurent parmi les acquéreurs. La monarchie britannique est devenue elle-même gestionnaire d'un « business » équivalent environ 15 milliards d'euros.

La station de sports d'hiver de Courchevel réalise à présent un chiffre d'affaires annuel de l'ordre de 500 millions d'euros, alors que l'augmentation considérable du prix de l'immobilier oblige les salariés originaires de la commune à devenir des « banlieusards » venus habiter à 3/4 d'heure minimum de distance de leur lieu de travail .

Aux Îles Bahamas, un descendant privilégié des riches de l'époque de l'apartheid, a quitté la République sudafricaine pour construire sur l'Île Paradise, entièrement vouée aux touristes, les infra- et superstructures destinées à lui permettre de faire fortune en quelques années. Ayant pu « acquérir » l'île pour l'équivalent de 800 millions de francs français d'alors, il y a investi environ l'équivalent de 2 milliards de francs français. L'élément central, l'hôtel Atlantis, de 2 500 chambres, à 400 €/nuit/personne, comporte des halls et salles en marbre, stuc et colonnes monumentales. Une marina permet aux « milliardaires » d'entrer en yacht dans leur immeuble résidentiel. Une politique d'accueil spécifique est destinée à contacter les 155 personnes du globe susceptibles de dépenser l'équivalent de 155 000 €/jour. Le promoteur est le plus grand employeur de l'île. 11 000 cocotiers ont été importés de Floride et 50 000 poissons appartenant à environ 200 espèces peuplent le plus grand aquarium du monde. La nourriture offerte aux requins donne lieu à un gaspillage imposant des populations de poissons, dont seuls les bons morceaux sont retenus, le restant étant jeté à la mer

L'adaptation permanente des paradis fiscaux à la mondialisation reflète la volonté délibérée des organismes détenteurs de la puissance financière de resserrer les liens entre les réseaux d'influence économique, en vue d'une exploitation plus systématique des ressources disponibles sur le globe. La logique dans laquelle s'insère cette démarche, sous-tendue par des stratégies appropriées, est évidemment financière, au grand dam des logiques sociales, environnementales, éthiques...

II. LES MANIFESTATIONS DU DÉVELOPPEMENT

A. La dynamique

1. De la « vieille Europe » à l'ordre américain

L'opulence occidentale a ses symboles (photos 41a à d) et ses manifestations diverses. Elle s'est d'abord appuyée sur le « vieux monde », c'est-à-dire *l'Europe,* cette « vieille Europe » comme se plaisent à le dire les détracteurs de sa civilisation et de ses valeurs culturelles. Évoquons par exemple à ce titre, Venise, symbole de l'âge d'or de la Méditerranée moderne, Amsterdam, témoin de la grande épopée maritime méditerranéenne (photo 41a), Rotterdam, affirmation portuaire européenne et mondiale (photo 41b), Dublin, fierté d'une appartenance culturelle reconquise (photo 41c)...

À l'intérieur de l'Europe, un certain nombre de pays et de régions, notamment méditerranéens, ont connu une lente insertion au développement réalisé surtout dans les pays du nord-ouest. Ce fut par exemple le cas de la Sicile (photo 42a) où l'ancien et le nouveau voisinent sur les basses pentes de l'Etna, où le tourisme international s'est affirmé à Taormine (photo 42b), où le Parti communiste italien a été quasiment le seul contestataire politique du très singulier développement capitaliste (photo 42c).

Dans le Nouveau monde, les *États-Unis* (Boquet, 2003) continuent à affirmer de plus belle leur suprématie mondiale, voire avec une réelle arrogance au moment où les déficits de l'État fédéral deviennent vertigineux et où des signes d'essoufflement se précisent. Toujours dynamisés par une grande aptitude à l'intégration multiculturelle d'apports migratoires constants, un déploiement technologique sans égal sur le globe, une métropolisation croissante, ils parviennent à s'imposer au monde, idéologiquement, économiquement, culturellement, jouant avec le dollar inflationniste, marquant de leur emprise production et consommation, « exportant » allègrement le modèle ultralibéral, se transformant en gendarme du globe le moment venu, cisaillant à leur guise la Déclaration universelle des Droits de l'homme, pourtant votée sur leur sol et à leur initiative. De plus, la puissance économique, politique et militaire même conduit à des dérèglements sociaux et environnementaux qui mettent en cause toute perspective de développement durable.

La récente étude économique de l'OCDE sur les États-Unis (OCDE, 2004) montre que les principaux enjeux actuels sont la préservation du dynamisme de la croissance et de la cohésion sociale, une attitude qui implique la viabilité des finances publiques, une réelle discipline budgétaire, le maintien de la stabilité des prix, l'amélioration de la confiance, la réduction des distorsions sur les marchés financiers. Seule cette démarche fondée notamment sur la cohésion sociale est de nature à garantir la performance économique et l'aptitude à la compétitivité à long terme. Tout pari serait très risqué.

Dans leur contexte présent, celui de l'ALENA (Boquet, 2005), les États-Unis intègrent désormais « sur place » un pays émergent, le Mexique, formant une Association de libre-échange nord-américaine qui s'impose au monde par les principes de fonctionnement même assignés aux pays « avancés. Un puissant réseau métropolitain américano-canadien s'est emparé des réseaux mondiaux. La notion même de métropole est, selon la classification de Friedmann, essentiellement américaine (photo 43).

Le tourisme, relevant à la fois de l'industrie et des services, est partie prenante majeure de cette dynamique internationale. Il intègre avec force l'imagerie du passé, voire de l'ère pionnière du tourisme, ainsi que, les technologies avancées aidant, les projections mondialisées. Là aussi, les États-Unis ont exporté leurs modèles, le modèle californien en l'occurrence (photo 44), des cadres de référence plus ou moins réadaptés sur d'autres continents en fonction des nécessités locales, nationales ou internationales. À ce titre, l'arc alpin européen est susceptible servir de référence, dès lors que ses pôles emblématiques ont participé activement à la mutation post-moderne, telle la métropole genevoise (Lévy, 2002). Le développement touristique s'est réalisé tous azimuths, y compris sur les océans et les mers ; le Quatre-Mâts du Club Méditerranée en est une illustration (photo 45).

Face à cet Occident, qui répondait à des formes et sensibilités de développement diverses, mais qui s'affirmait dans le cadre des « lois » du capitalisme à finalité essentiellement économico-politique, au sens « libéral » du terme, *des mondes multiples tentaient de résoudre leurs propres problèmes tant bien que mal*. Les uns étaient plus ou moins étroitement tributaires du système américain, d'autant plus que celui-ci avait inspiré les grandes instances internationales d'aide au développement, et en tenait les leviers de commande : Fonds monétaire international, Banque mondiale, PNUD, Banque des règlements internationaux (BRI). Les États concernés étaient notamment ceux en développement, de même que les pays émergents. Premier et Tiers-Monde, respectivement les États développés et ceux en développement, constituaient l'essentiel de la communauté humaine internationale. Le second monde, communiste et collectiviste, créé à partir de la révolution des Bolcheviks en Russie tsariste, en 1917, institutionnalisé en tant qu'Union soviétique, n'a pu s'élargir qu'au lendemain de la Seconde Guerre mondiale par la formation du bloc des démocraties populaires, dominées par Moscou. S'affrontaient alors deux impérialismes, ceux des États-Unis et de l'URSS, deux blocs qui veillaient à exercer une influence maximale sur les divers Tiers-Mondes par de très actives géostratégies interposées. Les pays en développement, souvent plus proches, en matière idéologique, du « camp » soviétique, ont cherché des issues en s'adossant fréquemment à chacun des blocs, ce qui a donné naissance, entre autres, au groupe des pays « non alignés », parmi lesquels l'Indonésie, la Yougoslavie, l'Inde... ont exercé un certain « leadership ». S'est associée au second monde, après la victoire consécutive à la Longue marche, la République populaire de Chine qui, tout en appartenant idéologiquement et politiquement au bloc communiste dirigé par l'URSS, s'est engagée très tôt dans sa voie propre, ayant à son tour ses satellites (Corée du Nord, Viet-Nam, Cambodge pour un certain temps...), ainsi que ses sympathisants assistés par elle dans les Tiers-Mondes.

Dès les années 1980, les méthodes de développement et les moyens mis en œuvre à cet effet ont annoncé faiblesse et fragilité du système politico-économique du bloc collectiviste. Les dures lois du marché ont fini par prendre le dessus et à engager, directement et indirectement, le processus de désintégration des régimes à base de développement collectiviste. La Chine s'est orientée par paliers vers l'économie de marché, le bloc soviétique par une rupture brutale, en 1989. *Le second monde a disparu ; il a pris le chemin de la « transition », de la « transformation », laissant la voie libre, à l'échelle mondiale, au premier monde, celui de la Triade* (voir ci-après), *elle-même dominée, plus que jamais, par les États-Unis*. Il n'est sans doute pas trop étonnant que l'administration du président Bush Jr. et du vice-président, « pétrolier », Dick Chesney, soit devenue l'expression même de l'arrogance des États-Unis, une force à laquelle tout semble être désormais permis.

41. Symboles de types d'opulence occidentale :
a. Amsterdam (témoin de la grande épopée maritime néerlandaise)

b. Rotterdam (l'affirmation portuaire européenne et mondiale)

c. Dublin
(fierté d'une appartenance culturelle reconquise)

42. La lente insertion à l'Europe développée
(l'exemple de la Sicile) :
a. l'ancien et le nouveau sur les basses pentes de l'Etna (1976)

b. l'affirmation de Taormine
dans le tourisme international (1982)

c. la contestation du développement capitaliste :
siège du Parti communiste italien à Messine (1973)

43. Montréal : entre développement de pointe et tradition

44. Le luxe américain : hôtellerie de luxe sur les pentes de Santa Monica (Los Angeles)

45. Le développement tous azimuths sur les océans et les mers : le Quatre-mâts du Club Méditerranée en Nouvelle-Calédonie (1994)

2. La Triade et son évolution vers un monde multipolaire

Les pays avancés se sont lancés dans *une nouvelle forme de rapports entrepreneuriaux*, demeurant ainsi en position de pointe dans le domaine de la conception de l'entreprise, de son organisation, de son fonctionnement, de sa gestion, de la maîtrise des marchés, de la compétition mondiale. Ils sont en train de mettre en réseau le monde économique.

Ils ne peuvent tenter de conserver tant bien que mal, au moins une partie de leur importance, qu'en se situant en position de pointe dans les hautes technologies. Ainsi, tous les gouvernements français récents, de gauche ou de droite, ont visé et continuent à viser la protection et la promotion des secteurs de production stratégiques, telles que l'industrie technologique, les communications, l'industrie aérospatiale, les biotechnologies, la construction navale et les textiles.

Le développement est en outre accompagné par la *structuration du monde en grandes unités spatiales* susceptibles de répondre aux exigences de la massification et aux nécessités de l'autodéfense face aux effets de rouleau compresseur suscités par la pression des firmes multinationales abritées derrière de puissants paravents libéraux. L'Union européenne (UE), l'Association de libre-échange du Nord de l'Amérique (ALENA) sont issues de ce mouvement, amplifiant la compétition entre les membres de la « Cour des grands ». À l'intérieur même de ces regroupements, émergent, dans une optique identique, des entités transrégionales décidées à s'affirmer plus efficacement dans le cadre transnational. Dans l'espace-creuset du Marché Commun, le territoire transfrontalier « Saar-Lor-Lux » vient de servir de base, en juin 2003, lors d'un sommet à Sarrebruck, à un élargissement en « Grande région » comportant le Luxembourg, la Lorraine, les Länder allemands de Sarre et de Rhénanie-Palatinat, la Wallonie, ainsi que les communautés francophone et germanophone de Belgique. Il s'agit là d'une aire de 65 401 km^2, peuplée de 11,2 millions de personnes, soit 3 % environ de la population de l'Union européenne. Près de 120 000 habitants y sont des travailleurs frontaliers vivant dans un État et exerçant leur activité professionnelle dans l'État d'en face. Cette « Grande région », qui est la première à emprunter cette dénomination, mais qui n'est certes pas la seule à pouvoir prétendre à cette qualification, a décidé de se doter d'un secrétariat permanent, dont le siège sera au Luxembourg, et d'un budget commun. Cinq groupes de travail vont se pencher sur le bilinguisme et la culture, la science et la recherche, l'activité économique et le tourisme. Un sommet réunira tous les 18 mois les dirigeants des composantes de la Grande région.

Par la structuration en « nouvelle Europe » transnationale, une polarité en compétition avec les États-Unis, le « vieux continent » répond au défi de la taille et à celui lancé par des États-Unis qui se croient tout-puissants. L'intégration européenne favorise des relocalisations industrielles (Dluhosch, 2000) et des ciblages entrepreneuriaux aptes à s'affirmer davantage sur l'échiquier mondial. À la faveur de la restructuration territoriale à l'échelle régionale en Europe occidentale, et de la chute du régime soviétique, la constellation européenne sort renforcée dans son rôle de contrepoids potentiel aux États-Unis et au Japon (Keating, 2000).

La recherche d'une dynamique ne passe plus par celle d'un équilibre national, favorisant les régions en retard de développement par rapport à celles plus favorisées, comme cela fut le cas, pendant longtemps de la DATAR, qui, en vertu des principes égalitaires et niveleurs propres à la conception républicaine française, très centralisatrice de surcroît, a vainement tenté de privilégier l'Ouest au détriment de l'Est. À présent, dans un pays comme la France, en retrait à bien des égards des grandes puissances, mais néanmoins solidement intégré au peloton élargi de tête des États avancés, cette insertion s'amplifie. À Lille, par exemple, le campus « Entreprises et cités », établi dans la banlieue résidentielle de Marcq-en-Baroeul, constitue un pôle de compétences mises en réseau, d'environ 2 500 entreprises au large éventail d'activités de services, allant du juridique au marketing, en passant par le financier, le social, le culturel… En tant que réseau de créateurs et créateur de réseaux, il est essentiellement fonctionnel, se fonde à la fois sur un site et un terreau de matière grise. Il accompagne les transformations du tissu socio-économique de la métropole lilloise et de sa région alentour. Particulièrement orienté vers les activités « quaternaires », le propre des pays avancés, il comporte de nombreuses sociétés d'études, des clubs d'entreprises, une « cité des échanges », au service des forces vives de l'agglomération. Appuyé sur les outils qui assurent désormais des informations et des décisions rapides, il dispose d'infrastructures « audio », « vidéo », d'Internet sur réseau local, de vote électronique… L'effort réalisé par les acteurs de la capitale régionale du Nord-Pas-de-Calais, en vue de rendre cette aire urbaine attractive, porte entre autres sur le TGV Paris-Lille, la proximité de Bruxelles, le quartier d'affaires Euralille, l'esthétique et l'animation du centre-ville, les nombreux terrains de golf (108 trous)… Il y a quelques courtes décennies, cette région industrielle très sinistrée faisait encore figure de lanterne rouge, juste devant la Corse, dans le classement des régions métropolitaines françaises.

Forte de ces mutations, l'Union européenne s'appuie sur la politique et les structures de développement interétatique intégrées, mises en œuvre depuis le début des années 1950, pour procéder à un élargissement spatial considérable et à une intensification des projets de développement transcontinentaux. Le 1er mai 2004, dix nouveaux États membres ont été accueillis officiellement, portant le nombre d'États à 25, la population de l'UE à 453 millions de personnes, le nombre de régions à deux centaines. L'asymétrie socio-économique est de taille : les dix nouveaux arrivants ne totalisent ensemble que 5 % environ du PIB de l'Union. Mais ils sont désormais à l'intérieur de l'Union et offrent des potentialités de développement sensibles

Aussitôt après cette entrée dans l'Union, les 3/4 mai, ont eu lieu les Entretiens internationaux de l'aménagement et du développement des territoires concernés, des Entretiens inaugurés en 2002 en vue de l'affermissement de la gouvernance locale, fondée sur des partenariats forts entre les composantes vivantes des territoires, constituées par les États, les élus, les entreprises et la société civile. Les espoirs mis dans les chances d'un développement considérable à terme sont amples. La réflexion mutuelle élargie, les efforts de convergence, l'approfondissement des partenariats sont des domaines qui nourrissent les attentes. La variété des types de décentralisation d'un État à l'autre doit inciter à l'innovation, contribuer à définir un nouveau cadre de coopération entre les différents échelons décisionnaires, depuis la Commission de Bruxelles jusqu'aux États et aux régions. La place de la subsidiarité reste à définir. Quel équilibre des rôles peut-on envisager en vue d'un développement territorial efficace et la nécessaire cohésion socio-spatiale ?

Les Entretiens de mai 2004 ont aussi élaboré des projections en matière de coopération économique et sociale interrégionale et transnationale, à l'exemple des initiatives prises à propos des arcs atlantique, méditerranéen et baltique. Ils ont permis d'entrevoir, à partir des résultats obtenus par les outils de coopération en œuvre actuellement, de quelle façon le nouvel instrument financier de coopération pouvait être mis en place en vue de la prochaine génération de programmes.

Ils ont aussi dépassé largement les questions d'ordre technique, pour esquisser un projet de société et une vision de l'espace européen susceptibles de rassembler les citoyens de l'Union. À ce titre, ils ont amorcé une réflexion sur le passage de l'Union à l'économie de la connaissance et au développement durable, la finalité à terme étant la cohésion territoriale et l'émergence d'une « patrie » européenne, qui n'a jamais existé autrement que dans les rêves et visions prophétiques.

Des éléments de bilan ont déjà pu être dressés : outre l'extension du marché pour les entreprises et les consommateurs, l'UE a induit environ 2 500 000 emplois et créé environ 877 000 000 000 € de richesses supplémentaires.

Le bilan révèle aussi des zones d'ombre : la place financière de Francfort s/Main a été et continue à être victime de deux types de phénomènes qui se sont amplifiés simultanément : la place de Londres a attiré vers elle de multiples fonctions ou portions de fonctions, d'une part ; en Allemagne même, la dispersion des centres financiers et de leur dynamique s'est amplifiée en peu de temps, d'autre part (Grote, 2004).

L'écart des salaires entre les quinze et les dix nouveaux adhérents de l'Est incite depuis déjà une décennie de nombreuses firmes à transférer des unités de production vers l'Est. Le coût horaire de la main-d'œuvre de l'Europe des Quinze s'est en effet élevé, en 2000, à une moyenne de 22,21 €, contre 19,09 € dans la future Europe des Vingt-cinq. À l'Est, le pays situé en tête, avec à peine 10,74 €, est Chypre, l'État le plus avantageux est, avec 2,42 €, la Lettonie. Ces différences sont loin d'être négatives de façon globale. Elles incitent à de nouvelles solidarités face aux deux autres pôles de la Triade, les États-Unis et le Japon.

B. Les scories

L'exemple des pays développés est une excellente illustration de la *dichotomie croissante entre le développement économique, une certaine régression sociale et une très inquiétante dégradation environnementale*. Tandis que langage politique habituel continue à vanter l'influence quelque peu magique du développement et de la croissance économiques sur la progression du bien-être social, les nombreux dysfonctionnements plus ou moins récents entre ces deux termes convient à la prudence en matière d'évaluation des répercussions observées. La croissance, devenue mythe, « savamment » porté par les médias, est en effet le « leitmotiv » des pratiquants d'une conception pure et dure du progrès économique, fondée sur la frénésie de la performance financière, toujours davantage décrochée du progrès social. Même le taux minimum de croissance de 3,5 %, inhérent au pacte de stabilité en vigueur au sein des États de l'Union européenne, a été critiqué par le président de la Commission de celle-ci, Romano Prodi, sans compter certains des gouvernements-membres, et non des moindres (France, Allemagne). Les regroupements, absorptions, destructions de firmes, en vue de la domination sur des parts de marché toujours plus imposants et des bénéfices destinés à augmenter la puissance financière des groupes survivants comme de leurs principaux actionnaires, entraînent couramment la destruction de milliers d'emplois et de savoirs-faire précieux, des crises économiques locales, régionales ou nationales de grande ampleur, des fragilisations et marginalisations sociales qui renforcent la pauvreté et la misère en plein espace dit riche. De véritables poches, niches et couloirs à fortes déficiences sociales participent au mitage du tissu général de prospérité plus ou moins avancée. Dans un pays dit avancé tel que la France, un cinquième des habitants vivent au-dessous du seuil de pauvreté.

Par contre, les médias ne cessent de diffuser des informations dangereusement rassurantes sur les bienfaits de la croissance économique, considérée toujours encore comme une panacée devant échapper à toute critique, le but justifiant les moyens. C'est ainsi que les statistiques officielles, aussi crédibles que possible en soi, sont interprétées de manière très tendancieuse, non forcément de manière délibérée, mais en l'absence de compétence suffisante du journaliste appointé par un groupe de presse trop conservateur pour ne pas se satisfaire d'une telle aide dite intellectuelle : sont alors mis en exergue les taux de croissance annuels, la courbe ascendante ou de reprise des investissements, la progression des exportations et de la consommation. Sont considérés comme un moindre mal et inéluctables, des taux de chômage qui peinent à baisser, comme si tout ce qui touche au domaine social ne devait avoir qu'une importance secondaire, une dérive amorcée il y a des millénaires, mais rendue d'autant plus insupportable depuis que la masse des possédants et celle des marginalisés sont séparées par un fossé financier et socio-culturel de plus en plus profond, de surcroît socio-spatialement proche, la réduction du rapport entre la distance et le temps aidant.

Dans ces conditions, les comparaisons entre États des taux de croissance économique annuels deviennent très aléatoires. Les statistiques officielles même le confirment, par exemple pour les perspectives en 2004 : Allemagne, Pays-Bas, Suisse, Autriche, Belgique, Italie ou Portugal ont, par ordre d'importance décroissant, un taux de croissance relativement réduit, alors qu'ils occupent une position plus confortable sur l'échiquier mondial que les pays à meilleur taux de croissance, tels que, par ordre d'importance décroissant, l'Australie, l'Irlande, la Pologne, la Finlande, la Hongrie, la Nouvelle Zélande, le Canada, l'Espagne, la Norvège, la République tchèque, le Danemark, le Luxembourg ou la Suède. Le peloton de tête — États-Unis (4-5 %), Grande-Bretagne (2,7-3 %), France (2 %), Japon (1,5-2 %) —, apparaît également dans le désordre, dans la mesure où il ne répond pas non plus au classement habituel des grandes puissances.

Nous constatons en outre que la constitution des grandes entités économiques et le façonnement du globe en quasi-unité de mondialisation ne se sont pas effectués sans répercussions sur le tissu économique lui-même. Les structures et les orientations continuent à être soumises à d'amères critiques, surtout lorsqu'il s'agit de choix de développement. Ainsi l'intégration européenne apparaît à présent comme un frein à la croissance des pays en situation difficile, à tel point que certains d'entre eux regrettent d'avoir abandonné autant de souveraineté nationale en matière économique. Pour ces États, le coût de l'euro, avec ses deux corollaires — la politique monétaire commune et le pacte de stabilité — est trop élevé, compte tenu des contraintes endurées : la tutelle de la Banque centrale européenne (Francfort) et la limitation du déficit public à 3 % du Produit intérieur brut (PIB). La France l'a notamment remarqué à l'occasion de l'« affaire » Alsthom : les exigences de la Commission de Bruxelles, face à la tentative de sauvetage de 120 000 emplois et d'activités qui font partie du fleuron de l'industrie nationale, ont fait surgir l'interrogation sur le coût trop élevé de l'euro pour les pays de l'Union. Si la rigueur communautaire doit inciter les membres à gérer de façon prospectiviste, elle ne doit pas aboutir à l'absurde qui consiste à sacrifier la valeur du travail aux règles d'un marché dit libéral, téléguidé par les grands groupes d'intérêts mondiaux.

L'endettement mondial généralisé est une facette de ce profond déséquilibre : le globe, qui vit toujours davantage à crédit, est plongé dans une crise qui combine, depuis 1990, croissance et endettement, la première étant soutenue par l'endettement des entreprises et des ménages, sauf par exemple en France et au Japon, où la croissance est alimentée par les déficits publics. Les pays dits avancés figurent en position de pointe dans cette course économiquement et socialement malsaine. Si les entreprises américaines se sont sensiblement désendettées depuis l'éclatement de la bulle technologique en 2000, les ménages des pays anglo-saxons (États-Unis et Royaume-Uni) empruntent massivement depuis une décennie, surtout pour financer des achats immobiliers ; leur niveau d'endettement atteint les 4/5 du PIB, tandis que le taux d'épargne des habitants des États-Unis s'est abaissé à moins de 4 %, ce qui constitue un plancher historique. En Europe, la dette privée (ménages et entreprises) a atteint un peu plus de 100 % du PIB. Depuis 2000, les déficits publics de l'ensemble des pays de l'OCDE augmentent en suscitant une aggravation de la dette publique et de la dette totale. Le Japon « illustre » sensiblement l'évolution : tandis que depuis le début de la crise, en 1990, les firmes et particuliers ont apuré, dans un premier temps, leurs dettes et assaini leurs bilans, permettant à la dette du secteur privé de s'abaisser à présent à 145 % du PIB, contre 173 % en 1990, le déficit public atteint aujourd'hui 8 % du PIB, à tel point qu'il a aggravé la dette publique jusqu'à 160 % du PIB, contre 70 % en 1990. La dette totale nippone atteint même 305 % du PIB. Ce qui revient à dire que, dans ce pays, l'endettement est trois fois supérieur à la production, soit davantage que ceux du Royaume-Uni (230 % du PIB) et des États-Unis (180 %).

Dans les pays émergents, la Russie est le seul pays dans lequel l'endettement n'augmente pas. Si la dette privée demeure réduite en Amérique latine et en Europe centrale ex-soviétisée, elle est très élevée en Inde (175 % du PIB), en Chine (170 % du PIB, soit plus qu'un doublement en une décennie), en Corée du Sud (130 % du PIB, soit un triplement). En Corée, cet endettement est masqué par un excédent important des finances publiques, en Chine et en Inde la dette publique est renforcée par les déficits publics (Ville, 2004).

En ce qui concerne la déjà dramatique dégradation environnementale, elle poursuit son œuvre, au moment où, de toutes parts, avec bien du retard, la notion de développement durable est dans la bouche de quasi-tout le monde, y compris dans celles qui continuent à massacrer les sources vives de la nature et de la culture. Le loisir et le tourisme, devenus des industries et des activités dites de « service », contrairement à leur vocation première et fondamentale, ont été mis fréquemment à profit pour des rentrées financières maximales, au détriment des précautions les plus élémentaires, tant environnementales que culturelles. Ils ont alors participé au nivellement général, à la provocation politico-culturelle et géo-écologique, suscitant des antagonismes évitables et des conflits de civilisation qui ont nourri abondamment les intégrismes. Face à la domination des représentations occidentales, les mouvements de résistance locaux ont tenté de reconstruire les identités culturelles et les aires territoriales qui ont du sens pour les autochtones. Les nombreuses sociétés insulaires tropicales et subtropicales agressées à ce sujet sont en première ligne dans cette « reconquête » de la dignité et de la maîtrise de leur territoire, en vue d'un développement culturellement et écologiquement durable (Guillaud, 2003).

ORIENTATIONS BIBLIOGRAPHIQUES

- BOQUET Y., (en prépar.) *L'ALENA,* Ellipses, coll. « Carrefours », Paris, 2005, 160 p.
- BOQUET Y., *Les États-Unis,* Belin, Memento, Paris, 2003, 192 p.
- DLUHOSH B., *Industrial Location and Economic Integration – Centrifugal and Centripetal Forces in the New Europe,* Edward Elgar publishing limited, Cheltenham, 2000, 208 p.
- GROTE M.H., *Die Entwicklung des Finanzplatzes Frankfurt – Eine evolutionsökonomische Untersuchung,* Duncker & Humblot, Berlin, 2004, 294 p.
- GUILLAUD D. (dir.), *Îles rêvées – Territoires en crise dans le Pacifique insulaire,* Presses de l'université de Paris-Sorbonne, Paris, 2003, 380 p.
- HARVEY D., *The Conditions of Postmodernity : an Enquiry into the Origins of Cultural Change,* Blackwell, Cambridge/Oxford, 1990
- KEATIN M., *The New Regionalism in Western Europe– Territorial Restructuring and Political Change,* Edward Elgar publishing limited, Cheltenham, 2000, 256 p.
- LEVY B. et ass., *Le tourisme à Genève– Une géographie humaine,* Métropoles, Genève, 2002, 437 p.
- MADDISON A., *L'économie mondiale– Une perspective millénaire,* OCDE, Études du Centre de développement, Paris, 400 p.
- SCHNEIDER-SLIWA R., *Die USA– Geographie, Geschichte, Wirtschaft, Politik,* Wissenschaftliche Buchgesellschaft, Länderkunde, Darmstadt, 2004, 320 p.
- SCHNEIDER-SLIWA R. *et al., Städte im Umbruch– Neustrukturierung von Berlin, Brüssel, Hanoi, Ho Chi Minh Stadt,* Reimer Verlag, Hong-Kong, Jerusalem, Johannesburg, Moskau, Sankt-Petersburg, Sarajewo und Wien, Deimer-Verlag, Berlin, 2002, 361 p.
- VILLE L., « Un endettement mondial sans précédent », *Les Echos, Enjeux,* avril, Paris, 2004, pp. 20-22.

Septième partie

REGARDS ACTUELS ET HORIZONS

Le fait que les compagnies aériennes actuelles aient déjà transporté au total 45 millions de passagers en 1952 donne une idée de l'importance énorme de l'aéronautique

Friedrich Wilhelm Siebel, constructeur d'avions allemand

Quand je regarde comment évolue l'aéronautique, je ne vois que deux possibilités : ou bien nous coopérons à l'échelon international, ou bien nous n'existons pas

Ingénieur général Daum (Nord Aviation), autour de 1960

Chapitre 1
LE POIDS DE LA MONDIALISATION

La mer, à l'endroit du détroit au moins, n'était pas considérée comme une barrière, mais bien un lien.

Ch. Picard, *L'Océan atlantique musulman de la conquête arabe à l'époque almohade*, Maisonneuve & Larose/UNESCO, Paris, 1997, p. 65

Si l'habitude s'est installée progressivement de rendre synonymes les termes de mondialisation et de globalisation, et que d'aucuns sont allés jusqu'à dire qu'en « américain » ou « anglo-saxon » on parlait de globalisation, alors qu'en « français » il fallait avoir recours au mot « mondialisation », l'explication est loin d'être complète, voire exacte. Il est vrai que la globalisation est d'essence anglo-saxonne et que la mondialisation est une notion courante dans la langue française. Il existe toutefois une différence importante de nature entre les deux termes. La mondialisation exprime une vision tant économique que socio-culturelle du devenir de notre planète, tandis que la globalisation est essentiellement un mouvement fondé sur l'emprise déterminante des technologies de tout genre au service des firmes à gabarit mondial et les répercussions de celle-ci, tant dans le secteur privé que dans le secteur public. Nous retrouvons la facette humaniste européenne dans « mondialisation ». Les opposants à la globalisation ne s'y sont pas trompés en mobilisant en faveur d'une mondialisation « humaine ».

I. L'ÉBRANLEMENT DU SYSTÈME OCCIDENTAL

A. Du problème de société à la transmutation du travail

La mondialisation est étroitement liée au post-moderne, spatialement à travers son enracinement dans le contexte urbain métropolitain *et, surtout, socialement* par le remodelage de la société capitaliste en société consumériste. La société consumériste a refaçonné la ville selon sa propre image. La ville, l'espace, la condition post-modernes, la post-modernité sont la conséquence de la mutation de la société capitaliste, naguère fondée sur la primauté de la production, aujourd'hui tributaire de la consommation. Dès les lendemains du drame du 11 septembre 2001, le « Daily Telegraph » a titré « Shopping : your patriotic duty » (Clarke, 2003). La crainte d'une récession économique et d'une vulnérabilité mortelle fut présente dans tous les milieux dirigeants du monde capitaliste.

Plus que jamais, le tissu urbain, la ville post-moderne sont des déclencheurs privilégiés de changements sociaux. Mais si la vie sociale moderne est née en ville, la ville post-moderne s'est développée dans ses fractalités. Elle est aussi un genre d'hypermarché, avec des modèles d'espace post-urbain. L'espace-temps post-moderne est caractérisé dans les faits par « une discontinuité continue » (Clarke). L'ère de la mondialisation implique un changement de la nature même de la réalité. La glocalisation est en marche. Selon Jean Baudrillard, « la réalité même est hyperréaliste ».

Le passage du fordisme au post-fordisme n'est pas uniquement marqué par l'accentuation des inégalités socio-économiques et de la territorialisation des modèles de ségrégation, mais aussi par la mise en œuvre de politiques et de réglementations contradictoires. Le déficit réside surtout dans les contrastes existant entre l'ambition des objectifs fixés et la faiblesse des moyens mis en œuvre pour faciliter l'adaptation des esprits des acteurs politiques et administratifs aux nouvelles exigences. Les politiques urbaines souffrent dans ce domaine de l'absence ou de la faiblesse d'engagements sociétaux impliquant une vraie adhésion mentale à la réalisation des projets élaborés, au transfert de la théorie à la pratique (Alisch, 2002).

Déjà « Les temps modernes » de Charlie Chaplin ont présenté l'usine comme un lieu de réduction minimale de la part du travail humain dans le processus de production. C'est à ce moment-là que la Cour de Cassation a encore défini le salarié par sa position de subordonné plutôt que par sa situation de dépendance économique. Cette distinction entre le salarié en état de subordination et le professionnel indépendant s'est fortement réduite, jusqu'à devenir floue. Mais aujourd'hui encore « Les temps modernes » sont d'actualité dans notre société tertiairisée, dite développée, une réalité taylorienne qui continue de surcroît à marquer la jurisprudence.

La montée massive du chômage dans les pays développés, un aspect devenu structurel, a néanmoins rendu au travail sa fonction de valorisation de la dignité humaine, une notion déjà évoquée par Martin Luther dans le terme « Beruf », à double sens. Dans cette optique, le travail est redevenu la condition même de l'existence dans une société qui, tout en se développant économiquement, abandonne au bord de la route les nombreux laissés pour compte de l'automatisation, de la technologisation, de la mondialisation.

L'orientation présente vers l'affirmation de structures supranationales, telle que l'Union européenne, est toutefois à même de procéder à une refondation du droit du travail, susceptible d'assurer un meilleur développement socio-économique par la définition de conditions plus adéquates de bon fonctionnement du marché du travail. L'importance accordée par le droit communautaire au principe de subsidiarité devrait faciliter une large négociation relative aux droits professionnels dans le cadre d'une place plus large laissée dans l'entreprise à la liberté du travailleur.

L'observation de l'évolution du travail sous l'éclairage du contexte politico-économique nous permet d'observer, avec le recul dont nous disposons depuis les années 1960/1970, que *ce travail n'est plus soumis, depuis trois décennies environ, à une mutation permanente, mais à une transmutation (Gautié, 2003).* Dans le cadre de cette évolution, nous assistons à une changement de nature tant en matière professionnelle que sociale. Le marché impose de plus en plus à l'homme de louer ses compétences, de préférence plurivalentes, de se louer comme capital humain, de la même façon que, traditionnellement, le capital loue le travail. Ceci, dans un contexte international, national et local (Wackermann, 1999), où règne l'instabilité politique, économique et sociale, tant dans les pays développés que dans ceux en développement. La précarité croissante du travail sous toutes ses formes est partie prenante du vaste déménagement, à l'échelle mondiale, des capitaux et des entreprises, des délocalisations toujours davantage perturbatrices d'une stabilité qui semble déjà appartenir au passé, entraînant un chômage accentué et des fractures sociales multiples. Ce mouvement, d'ampleur planétaire, conduit à un changement de paradigme, de la sécurité de l'emploi à la mobilité permanente, au prix de l'instabilité individuelle et familiale, de l'équilibre physiologique et mental, entraînant des manifestations monstres, celles des altermondialistes notamment, augmentant le nombre de demandeurs d'asile ou de travailleurs clandestins, suscitant des restructurations dans les conceptions et processus de négociation collective, favorisant la montée des extrêmes politiciens et fragilisant les régimes démocratiques.

C'est que *nous sommes passés, au cours des quarante dernières années, toujours à l'échelle mondiale, d'un système d'organisation plus ou moins rigide et collectif de la société et de l'entreprise vers une flexibilité et une individualisation des initiatives,* à tel point que les nouvelles conceptions du travail ne sont que l'une des nombreuses expressions actuelles de ce vaste passage du libéralisme classique vers ce que l'on appelle de façon quelque peu sommaire le post-fordisme. Cette transformation modifie radicalement les notions de marché, de régulation, de relations au travail et à la société. Les premiers États à avoir subi les contrecoups de cette évolution furent les pays collectivistes, figés dans leurs structures industrielles lourdes et leur bureaucratie entrepreneuriale, sous-tendues par une idéologie pénalisante, inaptes à une quelconque adaptation. L'insertion du globe tout entier à l'économie de marché et aux exigences de la mondialisation a relégué aux oubliettes l'autorégulation du marché, devenue mythe, à la faveur du manque accentué de transparence des affaires.

En Europe occidentale, cette profonde remise en cause s'est mise en branle à partir des années 1970, presque au même moment où le monde actuel allait connaître sa première grande crise économique doublée d'une crise pétrolière, toutes déstabilisatrices des marchés, mais aussi inductrices de la segmentation du marché du travail, comme de ce que l'on a appelé la « balkanisation » de la relation salariale. La part des emplois temporaires augmenta sensiblement. *La logique des compétences individuelles l'emporta sur celle des qualifications.*

À présent, la rémunération est plus tributaire des qualités personnelles que des critères objectivables. Une re-marchandisation du travail est en cours. Même les entreprises industrielles tendent à se redéfinir comme des prestataires de services ; l'intérim « de profession », exercé par des salariés particulièrement qualifiés, qui préfèrent ne pas nouer de rapports durables avec une entreprise, s'est lancé dans cette voie. Il y a ainsi « crise des statuts » et de l'identité collective. La négociation change à son tour de nature : l'accent est mis davantage sur les procédures que sur les contenus. Pour tous ceux qui n'ont pas le nouveau privilège de participer au système, et de bénéficier d'une solide formation générale de haut niveau, adaptée à la transformation permanente des exigences professionnelles, la course à la compétitivité se traduit aujourd'hui par les parcours du combattant que doivent effectuer de plus en plus de salariés, dans une ambiance de précarité de l'emploi. Jusqu'à quel point peut-on aller dans la flexibilité du salariat ? Une demande sociale est-elle envisageable, tant que la nécessité de l'adaptation impitoyable du travail au marché n'est pas fondamentalement récusée.

La précarité de l'emploi participe ainsi à ce manque de transparence de l'évolution d'ensemble de la civilisation du travail, contribuant à masquer *le passage du régime des dictatures classiques — fascisme, collectivisme — à celui de la dictature des systèmes ultralibéraux de production et de consommation.* Nous sommes en mesure de nous demander si les États-supports d'une mondialisation financière et économique n'entretiennent pas une ambiance de soi-disant développement humainement, socialement et culturellement impitoyable. Nous devons nous poser la question de savoir si ces États, États-Unis en tête, ne sont pas aussi criminels que ceux qui, par la terreur qu'ils font régner dans leur pays ou une partie de celui-ci, sont profondément irrespectueux des Droits de l'Homme (Iran, Chine, Russie...). La seule volonté de destruction économique systématique, à l'instar de Louis XIV vis-à-vis des Provinces-Unies, par l'industrie de pointe interposée, n'est-elle pas criminelle ? Comme celle, inhérente aux pivots d'une mondialisation dure, qui consiste à développer la misère, le chômage, la pollution de l'alimentation par la pollution de l'agriculture, les atteintes contre l'environnement, le tout au bénéfice du profit financier d'un infime pourcentage d'individus agissant contre l'intérêt général de l'humanité.

B. Une dynamique du risque ?

Les récentes grandes crises internationales ont ébranlé les systèmes socio-économiques en place, depuis les crises politiques, qui ont fortement relativisé le pouvoir sécuritaire des États, jusqu'aux crises financières, qui ont fragilisé la confiance dans la Bourse, les patrons de groupes bancaires et entrepreneuriaux, et aux crises suscitées par les technologies, qui ont mis en cause ingénieurs, experts, assurances... La géopolitique actuelle génère une véritable mutation de la remise en cause des rapports de pouvoir, des rapports de puissance et de gouvernance et des places financières. De nouveaux « seuils » de risques sont apparus, y compris en matière de conflits, à l'intérieur ou aux frontières de l'État. De nouvelles règles stratégiques de management ont été établies, tant en ce qui concerne la prise en compte de la dignité culturelle, que de celle propre à la sécurité des échanges des personnes et des biens ou aux enjeux économiques. Notre époque est devenue également celle de l'inconcevable et de l'impossible devenus concevables et possibles. L'abdication face aux responsabilités, l'effondrement des opinions, les ruptures de confiance à tous les niveaux de la société... constituent sans doute le risque majeur de notre temps.

Xavier Guilhou écrit à juste titre que « toutes les grilles de réflexion doivent être revues. Elles doivent l'être en urgence mais, surtout, avec un esprit neuf, attentif aux évolutions d'une planète peuplée aux deux tiers par des éléments étrangers à la civilisation occidentale, réfractaires à nos modélisations et donc, le plus souvent, exclus des analyses... Comment... retrouver une saine capacité de décision et donc de prise de risque ? En redonnant au monde réel priorité sur le virtuel... en commençant par écouter le terrain et les signaux qu'il envoie » (CCE International, Paris, 504/2002). Guilhou relève aussi qu'à présent 95 % de la population mondiale vivent quotidiennement « avec des protocoles de croyance qui échappent à la modernité de nos sociétés matérialistes ».

L'exemple des pays émergents aidant, la mondialisation a certes confirmé le fait qu'une société sans risque est une société sans profit, mais elle a aussi multiplié les risques, notamment les *« risques pays »,* rendant l'assurance du risque difficile ou impossible, comme c'est le cas dans des pays déstabilisés. Même aux États-Unis, la « juridiciarisation » extrême, qui a conduit à des demandes d'indemnités exorbitantes de la part de tiers, a fragilisé les assurances, le risque n'étant plus toujours normalement quantifiable, donc financièrement supportable, l'infini n'étant pas assurable. On aboutit ainsi à la notion de *risque rare,* parce que hors de prix.

La mondialisation a aussi rendu obsolètes de nombreux outils de mesure ou d'évaluation du risque, créant de nouvelles échelles de risques. Elle oblige à requalifier les natures de risques, depuis le risque de guerre ou le « *risque souverain* » jusqu'à la vision du risque par les gouvernants et les gouvernés, les juristes et les assureurs, les opérationnels sur le terrain... Elle a suscité des *risques émergents,* et, parmi eux, des *risques transversaux,* inhérents au désengagement des États en matière de sécurité collective.

Dans ce monde en pleine turbulence, le gigantisme des firmes les rend particulièrement vulnérables aux crises ; il tend même à accélérer leur fragilité. Selon Pierre Delcroix, dirigeant de la Rhodia Egypt chemicals, « une multinationale peut difficilement imposer des procédés généraux à 40 pays et cultures différentes ; elle a donc tout intérêt à conserver certaines fonctions globales, comme les relations humaines ou la communication, tout en décentralisant les fonctions nécessitant l'approche locale... Le management interculturel n'en devient que plus délicat » (CCE International, Paris, 504/2002).

Par ailleurs, la concentration se transforme en nécessité dans cette immense fuite en avant que provoque la course fébrile à la domination économique du monde. Ainsi, les grands groupes de firmes, pour grimper d'un ou de plusieurs échelons dans la hiérarchie mondiale, ont tendance à se constituer en supergrands, en se regroupant dans les meilleures conditions possibles , peu importe tant les répercussions économico-politiques nationales, régionales ou locales, que les conséquences sociales et/ou culturelles fâcheuses. Ces opérations sont devenues courantes dans une société conduite par l'intérêt financier. L'année 2004 a continué à connaître une vague de fusions bancaires : aux États-Unis, Morgan Chase et Co. a par exemple intégré pour 58 milliards de dollars US le 6e groupe bancaire américain, la Bank One Corporation, devenant le second groupe étatsunien.

À un autre niveau, force est de constater que la compétition acharnée que se livrent les grands groupes est rendue d'autant plus inégale que les lourdeurs décisionnelles propres à certaines parties du globe sont préjudiciables aux positions de pointe technologiques acquises. Tel est par exemple le cas dans l'Union européenne, dans laquelle les processus de concertation et de décision apparaissent comme de forts consommateurs de temps, dans la mesure où la production d'une machine ou d'un appareil à haut niveau technologique, l'Airbus par exemple, requiert une répartition des tâches à vocation multinationale. Outre la participation de firmes localisées dans plusieurs États européens, plus d'un tiers des pièces requises par la construction de l'Airbus, pour les moteurs en particulier, sont fabriquées aux France. Le temps de gérer la préparation des accords et la mise en route de l'ensemble des lancements des productions en réseau pour pareille aventure, n'est pas comparable avec celui, interne aux États-Unis, qui, tout en requérant des négociations fort complexes elles aussi, est de loin plus réduit.

Selon l'hypothèse de la Banque mondiale, en ce qui concerne la composition du G10 à l'horizon 2020, selon la projection des PNB respectifs, le classement des principales puissances par ordre hiérarchique décroissant s'annonce de la façon suivante : Chine, États-Unis, Japon, Inde, Indonésie, France, Corée, Thaïlande, France, Taïwan ; comme « outsiders, sont indiqués le Brésil en onzième et le France en quinzième positions.

Les menaces qui pèsent désormais constamment sur les positions et avantages acquis des puissances occidentales ont changé de fond en comble la donne géopolitique. *Le risque géopolitique est devenu l'un des risques les plus importants et déterminants du globe.* Il participe au vaste mouvement de relativisation des phénomènes mondiaux, rien n'étant plus comme avant, tant en ce qui concerne les répercussions inquiétantes des excès de notre comportement à l'égard des phénomènes naturels et sociétaux, que pour ce qui est de l'affirmation rapide des pays émergents.

Ainsi, en Inde, les jeunes travailleurs mettent 12 à 18 mois de moins que ceux d'Europe occidentale à développer un processus industriel équivalent. Les bureaux d'études les plus performants ne sont plus localisés en Occident, mais sur le pourtour asiatique de l'océan Pacifique, de même qu'autour de l'océan Indien. Avant 2050, Chine et Chinois vont devenir le premier actionnaire du monde capitaliste. Durant la décennie à venir, les quatre cinquièmes des revenus des Occidentaux et de la sécurité de ces derniers ne seront plus générés par les systèmes en place actuellement...

La compétition mondiale ne suscite pas uniquement à terme des modifications sensibles dans le classement des États. Elle se répercute aussi sur les grands secteurs d'activités, qui, par ricochet, participent étroitement à la course concurrentielle qu'ils induisent dans un premier stade.

Chaque État ou organisation superétatique est désormais confrontée à une *échelle des risques* (pour la définition, voire note ci-dessus pour les tableaux 17 et 18). Les tableaux 17 et 18 illustrent, le premier, la situation dans les États baltes, le second, celle de l'Afrique du Sud. Tandis que les États baltes offrent des marchés de petite taille, malgré leur croissance, et ne sont sujets qu'à un risque faible, l'Afrique du Sud est un marché de taille moyenne en croissance, à risque faible. Le tableau 17 révèle des pays baltes parvenus globalement à assurer leur transition vers l'économie de marché, grâce à une relative stabilité financière et politique, ainsi qu'à une ambiance favorable au déploiement d'entreprises, notamment étrangères. Le tableau 18 confirme que l'Afrique du Sud est également en assez bonne voie, en dépit d'une réelle insécurité, d'une administration encore peu efficace et d'une croissance faible. Les atouts portent notamment sur l'informatique, la grande distribution et l'hôtellerie de luxe.

Cf. Tableaux 17 et 18

Note pour le tableau 18 :

(1) La notation, qui va de A à E, est fondée sur la prise en compte de 40 critères destinés à évaluer le *potentiel de marché.* Elle indique à cet effet le degré d'importance économique ainsi que le niveau de développement du pays considéré, de même que la taille effective et la dynamique de son marché. Elle intègre aussi le niveau de privatisation et d'ouverture de l'économie de l'État.

(2) Le *risque-pays* donne lieu à un classement en cinq catégories, sur la base de notes allant de 1 à 7 ; considérant la prise de risque à moins de 18 mois.

1 : risque dangereux

2 : risque très élevé

3 : risque élevé

4 : risque assez élevé

5 : risque modéré

6 : risque faible

7 : risque de type OCDE

Source : Credit Risk International (octobre 2003)

À l'échelle des investissements en capital-risque, la Silicon Valley constitue aux États-Unis une excellente illustration de la progression de l'innovation. Une nouvelle génération de firmes start-up, orientées vers les réseaux sans fil, la conception de types de médicaments inédits, la production d'énergie solaire ayant recours aux nanotechnologies, est à même de lancer sur le marché des technologies à haute aptitude compétitive. Dans les principales régions technologiques américaines, les investissements de pointe en capital-risque ont marqué à ce sujet les secteurs de production suivants (tableau 19) :

Tableau 19
Principaux secteurs de production et régions des États-Unis à investissements de pointe en capital-risque, en % (2002), par rapport au total des investissements

Région	Secteur de production	Taux
Silicon Valley	Technologies sans fil	62
	Logiciels et Internet	46
	Biotechnologies	42
Boston	Biotechnologies	36
	Logiciels et Internet	24
	Technologies sans fil	24
San Diego	Logiciels et Internet	26
	Biotechnologie	20
	Technologies sans fil	12
Austin	Logiciels et Internet	4
	Biotechnologies	2
	Technologies sans fil	2

Source : Joint venture Silicon Valley network (JVSVN)

II. LE TOURBILLON DE LA MONDIALISATION

De nouvelles infrastructures et moyens d'accessibilité, ainsi que l'ambiance générale développée par eux favorisent le passage à l'économie « globale », c'est-à-dire mondialisée (Andersson, 2000).

A. Impératifs sociaux

L'internationalisation des structures et des échanges réduit sensiblement l'emprise nationale sur les événements et mutations affectant le globe. Même aux États-Unis, les capitaux asiatiques sont devenus partie prenante de la puissance américaine ; celle-ci, à vrai dire, est plutôt nippo-américaine ou asio-américaine. En Europe, dans un pays aussi marqué par ses caractéristiques nationales que la Suisse, la statistique officielle a révélé, à la fin de l'année 2003, que, pour la première fois, on pouvait dénombrer un nombre plus important de dirigeants étrangers à la tête des grandes firmes installées dans le pays que de responsables helvétiques.

La mondialisation qui s'exprime par une tendance accélérée vers une globalisation de la société et de ses activités, de la production et de la consommation, du système financier, des flux de personnes et de biens, vers une contraction croissante de l'espace-temps, la prééminence du multilatéralisme, *ne signifie pas*, toutefois, *nécessairement uniformisation.* Celle-ci est certes constamment présente dans les faits ou les tendances. Elle n'est ni indispensable ni incontournable. Quoique fortement sous-tendue par les nouvelles technologies de l'information et de la communication, mettant le monde petit à petit en réseaux qui suscitent des systèmes territoriaux complexes, mais tributaires de mécanismes induits par les grands groupes financiers et économiques, la mondialisation est tenue de prendre en considération, sous peine de graves déboires, les nombreux héritages socio-spatiaux, les multiples identités appelant chacune des solutions spécifiques.

La mondialisation n'est pas un processus qui impose une quelconque uniformité aux régions urbaines et aux institutions politiques qui les coiffent (Boyer, 1997). À l'échelle locale elle ne suscite pas nécessairement partout la reproduction redimensionnée des mêmes modèles structurels. Les spécificités et évolutions locales, l'action complexe des forces qui déterminent le développement urbain suscitent des ensembles métropolitains de facture variée. La métropolisation ne remplace nullement en tant que nouvelle forme de vie ni l'empreinte du marché, ni celles de l'État, des acteurs politiques en général ou de l'acteur humain proprement dit. Même à l'heure de la mondialisation, l'évolution des grandes villes ne se prête que de façon limitée à des extrapolations théoriques. Les tendances « globales » ne sauraient se réduire à des constatations de portée générale assimilables à des « lois ». Les forces locales et globales répondent à une dialectique dont l'influence se différencie spatialement et temporellement en fonction des constellations et des facteurs de développement propres à chaque site considéré. Les identités locales et les spécificités territoriales jouent à ce sujet un rôle déterminant, marquant chaque construction métropolitaine par des caractéristiques uniques, indépendamment des phénomènes de banalisation universels (Schneider-Sliwa, 2002).

Berlin et Jérusalem illustrent ainsi le rétablissement de formes contradictoires d'hégémonie ; Hong-Kong et Sarajewo expriment des rapports de pouvoir modifiés, Moscou, Saint-Pétersbourg et Johannesbourg l'effondrement d'idéologies, les deux premières du communisme soviétique, la troisième de l'apartheid ; Vienne et Bruxelles ont élargi leur horizon économique et politique, tandis que Hanoï et Ho Chi Minh-Ville ont été freinées dans leur croissance économique et politique. Pour Rita Schneider-Sliwa, ce classement en cinq types de contextes politiques est bien trop schématique, dans la mesure où il convient de prendre encore en considération pour chaque métropole tant le degré d'équilibre ou de déséquilibre culturel et religieux que le niveau de développement et le stade du processus de globalisation. Le développement induit par la mondialisation dans les pays développés ne conduit donc pas nécessairement à une banalisation de l'espace. Il est surtout marqué, toutefois, du sceau de l'emprise économique, par une oligarchie de puissants, sur le devenir socioculturel du globe.

Un mouvement de mondialisation bien réussi doit générer une dynamique à géométrie variable. Miser sur la seule logique de pôles dominateurs, aux effets multiplicateurs, et de périphéries plus ou moins marginalisées, serait courir le risque de renforcement des inégalités socio-spatiales. Aussi serait-il absurde de ne pas tenter de contrer l'actuelle configuration des forces : un centre donnant l'impulsion décisive au système économique mondial, par son accumulation financière autour de l'Amérique du Nord et de l'Europe occidentale ; une périphérie très ample — l'essentiel de la surface et de la population du globe —, devenue tellement tributaire de ce centre, colonisation et post-colonisation aidant, qu'elle a perdu toute capacité à maîtriser réellement ses composantes territoriales. Le nouveau système économique des rapports mondiaux est en effet devenu « totalisant, asymétrique et systémique » ; cette mondialisation est « déstabilisatrice », créant « des processus structurels de domination/intégration » (Carroué, 2002). Inutile de s'étonner alors des nombreuses tendances à la résistance, passive et active, des orientations certes compréhensibles et fort utiles, mais parfois équivoques dans certaines de leurs motivations. Quoi qu'il en soit, la mondialisation, selon Carroué, « débouche sur de vraies questions de civilisation et justifie l'ampleur des enjeux posés au monde actuel par les nouvelles interdépendances, ceci malgré l'essor d'une opinion publique internationale contestataire, qui commence à peser sur les termes du débat ».

Evitons toutefois des schématisations hâtives. Claude Manzagol vient de préciser que la mondialisation ne supprime guère « l'espace des lieux » au bénéfice du seul « espace des flux ». Elle s'inscrit plutôt dans la fin de la révolution industrielle dynamisée par la mécanique de la vapeur qui a facilité la concentration des entreprises en grosses firmes, dont la localisation est répercutée par la « loi de Weber ». Notre collègue relève aussi que la notion de centre soumettant un vaste espace alentour, plaçant en somme les régions voisines sous sa domination en les périphérisant, n'est plus vraiment réaliste. L'évolution actuelle va plutôt dans le sens de l'interdépendance progressive des diverses économies du globe, resserrant les liens entre les pays développés et ceux qui le sont moins ou peu. Notre géographe démontre avec rigueur, cartes à l'appui, que de nouvelles économies émergent dans le cadre d'une dynamique inégalée, entraînant d'imposantes fractures géopolitiques et mettant à mal la notion de « système monde », très centralisée, qui a fait bien du tabac. En fait, ce système est désormais une imbrication de sous-systèmes très affirmés, à tel point que le système est devenu souvent méconnaissable et désuet. Les sous-systèmes, fortement marqués par l'Amérique du Nord, l'Europe et l'Extrême-Orient, se livrent une concurrence qui aboutit à des rivalités parfois acharnées. Selon Manzagol, la globalisation du système productif s'appuie sur ce qu'il appelle la montée des villes globales, et sur un remodelage des territoires selon les forces d'attraction inhérentes à ces pôles tentaculaires, induisant des disparités croissantes entre les espaces ruraux plus ou moins urbanisés et les aires métropolitaines à forte concentration d'activités et de capitaux (Manzagol, 2003).

La montée quasi-vertigineuse des services, parallèlement à la destruction industrielle et d'un nombre grandissant d'emplois de ce secteur, s'accompagnant de la fragilisation des conditions de travail, de l'émergence de nombreuses formes de travail temporaire, de la précarité de l'emploi, *introduit dans les pays développés même des situations de crise sociale*, opposant sur les mêmes lieux les privilégiés et les « exploités », les seconds contribuant à renforcer encore le niveau de vie des premiers. Ce phénomène est particulièrement marquant dans les stations de sports d'hiver et, en général, sur les sites de grand tourisme international. Ici le luxe ou le confort haut-de-gamme, mis en compétition à l'échelle mondiale, met la pression sur les prix des services de toute nature, depuis ceux de l'acheminement, des transports sur place, jusqu'aux tarifs de l'hôtellerie et de la restauration, en passant par les diverses prestations récréatives. Ce sont les personnels des stations et sites qui subissent les répercussions de la compression des prix sur les salaires et la charge de travail. Les saisonniers, voire le personnel permanent, sont souvent obligés de se contenter de conditions de logement décevantes, parfois à une distance socialement inacceptable, compte tenu de longs et fatigants trajets.

Des voix s'élèvent toutefois pour évoquer des genres de privilèges qui se sont constitués à l'abri des politiques sociales, lors de la mise en place de l'économie sociale de marché. Comme désormais ni les conditions de travail ne sont plus les mêmes qu'à l'époque industrielle ni qu'aux premiers temps de l'époque post-industrielle, et que la crise technologico-industrielle a remis fondamentalement en cause les « droits acquis » en d'autres temps, des voix se sont élevées pour fustiger la réduction permanente de la durée de travail hebdomadaire et annuelle. En 2004, l'ex-chancelier démocrate-chrétien allemand Kohl a eu l'occasion de condamner la « colonie de vacances » qu'était devenue, selon lui, son pays. Dans cette optique, le ministre social-démocrate de l'Économie de ce pays, appuyé par les fédérations patronales, a autorisé l'allongement du temps de travail, contre la volonté des syndicats certes.

L'orientation présente vers l'affirmation de structures supranationales, telle que l'Union européenne, est toutefois à même de procéder à une refondation du droit du travail, susceptible d'assurer un meilleur développement socio-économique par la définition de conditions plus adéquates de bon fonctionnement du marché du travail, la réduction des écarts et gabegies de consommation imposants, depuis la consommation alimentaire jusqu'aux gaspillages d'énergie, les retours de boomerang en ce qui concerne les maladies inhérentes à la suralimentation et/ou à une alimentation désordonnée, inadéquate (tableau 20).

Tableau 20
Nombre de personnes (en millions) dans les pays de l'OCDE, dont le Body-Mass-Index (BMI) est supérieur à 30 (2002)

Pays	Nombre de personnes en millions
États-Unis	31
France	22
Australie	21
Nouvelle-Zélande	17
Canada	15
République tchèque	15
France	13
Islande	12
France	11
Finlande	11
Danemark	10
France	9
France	9
France	9
Pays-Bas	9
Suède	9
Suisse	7
Japon	3

Source : OCDE

Les immenses besoins de reconstruction consécutifs aux guérillas, guerres, invasions, conquêtes, expéditions dites de libération (tableau 21) engloutissent des sommes considérables, dont l'emploi eût été plus judicieux dans les actions de soutien du vrai développement.

Tableau 21
Sous-développement et destructions systématiques.
L'exemple de l'Irak (2004-2007) : le gouffre financier d'une reconstruction

Secteurs touchés par les dépenses de la reconstruction	Montant en millions de dollars US
Electricité	12 122
Santé et éducation	7 190
Eaux, assainissement, déchets	6 842
Transport et télécommunications	3 409
Agriculture	3 027
Logement et gestion urbaine	1 831
Développement du secteur privé	777
Gouvernement, société civile	387
Déminage	234

Source : Rapport conjoint de la Banque mondiale et de l'Organisation des Nations unies

Les destructions paysagères viennent renforcer les agressions contre le cadre dans lequel le milieu humain est habitué à s'affirmer, voire à s'épanouir. Les brûlis et le déboisement illégal, auxquels sont associés les chasses clandestines en vue du commerce des animaux, de même que l'exploitation illicite des minerais, continuent par exemple d'être la marque la plus négative des actions productivistes dans la forêt amazonienne. La nouvelle équipe brésilienne, dirigée par Lula da Silva, est déterminée à réagir aussi énergiquement que possible contre les dépravations et la corruption. La nouvelle ministre de l'Environnement, Marina Silva, issue de la forêt amazonienne, d'une famille occupée dans une plantation de caoutchouc, n'a pas uniquement établi un programme de lutte contre les dégradations, mais aussi une liste de mesures destinées à réhabiliter les zones déboisées.

B. Clarifications économiques ?

Le développement des pays pauvres ne saurait guère s'appuyer sur le commerce pour devenir efficace. En dépit du fait que l'ONU a prévu pour l'année 2004 une croissance économique mondiale de 3,5 % et une croissance de 7,5 % du commerce mondial, rien n'est censé modifier positivement la situation des pays en développement, bien au contraire. Ici le développement est tributaire d'une production rendue constructive par la prise en compte de la valeur sociale des richesses qui exclut la banalisation mercantile du marché, la recherche du profit à tout prix et une compétitivité sans bornes.

La rentabilité ne doit pas être jugée uniquement en raison des résultats financiers de la production, mais aussi en fonction de l'aptitude d'une économie fragile à contribuer à élever les ressources de telle sorte que les populations concernées soient à même de faire face à leurs besoins existentiels de base, pour ne plus être tributaires de l'aumône publique et privée, pour assumer leurs dépenses de santé, d'hygiène...

Il importe de raison garder et de ne pas donner dans une simplification outrancière, trop schématique, idéologique du « capitalisme ». Celui-ci a des contenus divers, voire opposés, des facettes plus ou moins adaptées aux situations locales et nationales... À défaut de structures vraiment conformes aux principes éthiques et au développement durable, des voies médianes ont pu être expérimentées, non sans succès. En matière commerciale mondiale, des accords nationaux bilatéraux ont pu réduire les écarts entre les antilibéraux et les partisans du soi-disant libre-échange.

Le rôle des territoires et de la territorialité, déjà déterminant dans le processus de la mondialisation, est aussi important pour la mise en œuvre de nouvelles pratiques d'aménagement destinées à *promouvoir le développement durable et à réguler cette mondialisation dans l'optique d'une prospective stratégique* conforme aux enjeux socio-économiques et culturels. Une politique des territoires suscite le renouvellement de la pensée et de l'action dans le domaine du développement. Elle contribue à approfondir la connaissance des phénomènes, interactions, systèmes de temporalité et de spatialité. Elle implique la prise en compte des représentations, des logiques endo- et exogènes. Elle requiert une gymnastique délicate, pleine d'embûches, portant sur le passage du discours participatif de prospective aux stratégies opérationnelles (plans, projets, politiques). Elle fait appel à une triple compétence : la prospective, la gestion de projet et la concertation. La prospective territoriale requiert une internalisation au sein des collectivités territoriales, les conseils régionaux étant plus avancés dans ce domaine que les agglomérations urbaines.

Le cheminement comporte un transfert délicat de savoir et de savoir-faire. Il faut s'appuyer sur la prospective programmatique, en vue de convertir le discours politique en politiques de développement, par des approches de faisabilité, sous-tendues par l'administration et un encadrement opérationnel des actions à mener, dans le respect des décisions consensuelles des acteurs en présence, prises dans le respect des textes législatifs et réglementaires en usage : élus politiques, services techniques, acteurs économiques et sociétaux sont des interlocuteurs incontournables, quoique souvent peu prêts à adhérer de façon volontariste à des projections de développement à long terme.

La réflexion à long terme a conduit entre autres à la nécessité d'entrevoir et de contribuer à affirmer l'émergence à la fois de grands groupes de firmes de gabarit mondial et de pôles spatiaux imposants en matière de synergie scientifico-économique, susceptibles de servir de moteurs d'entraînement interrégionaux, à vocation continentale et intercontinentale. En 2004 par exemple, le chancelier allemand a ainsi réaffirmé, lors de l'inauguration du salon de l'aéronautique de Berlin, son appui à la création de grands groupes européens, l'exemple de l'EADS à l'appui.

À vrai dire, il convient de contrer la désertification territoriale au profit d'espaces à haute valeur ajoutée en matière grise et en bénéfices. Le monde présent est appelé à évoluer en réseaux, irriguant de façon optimale les territoires Le fait d'intégrer les actions de développement territoriales locales, régionales et nationales aux grandes orientations continentales et transcontinentales n'implique nullement la subordination, voire l'effacement des territoires face aux forces de sélection arbitraires du mouvement de mondialisation ou de programmes sans aucune commune mesure avec les réalités socio-spatiales. Bien au contraire, les effets de complémentarités sont plus importants que les forces de polarisation qui, dès lors qu'elles deviennent excessives, nuisent à l'ensemble du mouvement de développement par la création de nouvelles disparités et de nouveaux antagonismes.

L'exemple de l'Union européenne montre amplement la véracité de cette constatation. La coopération décentralisée en cours, selon Nicolas Jacquet, délégué à l'aménagement du territoire et à l'action régionale en France, « associant les régions ou les villes en fonction d'affinités économiques, géographiques, environnementales ou culturelles, sur la base de proximités transfrontalières, de grands ensembles géographiques (tels l'espace baltique et l'arc atlantique), ou de réseaux à l'échelle de l'Europe élargie, est de nature à remédier aux déséquilibres habituels. Avec l'accentuation de la décentralisation dans tous les États membres, elles offrent aux autorités territoriales et locales un cadre pour optimiser une capacité d'action à l'échelle européenne. Les « programmes décentralisés, par les expérimentations et les innovations qu'ils permettent sur le terrain, peuvent être un facteur de diffusion du progrès » (Les Echos, 3 mai 2004).

Une politique supranationale du développement facilite la stimulation d'importants effets d'entraînement inhérents aux économies d'échelle, sous réserve que le principe de la complémentarité intra- et extraterritoriale soit appliqué, de façon à éviter la « dualisation » entre des territoires à haute valeur ajoutée, regroupant les pôles majeurs du développement qui concentrent les principales richesses mondiales, d'une part, les territoires en régression socio-économique, tributaires de la redistribution publique, d'autre part.

Dans le cadre des nouvelles conceptions du développement, le monde entrepreneurial est appelé à s'ajuster à son tour. La nécessité du rapprochement et du contact étroits avec l'environnement local confère aux « managers de proximité » un rôle majeur. Ce sont eux qui doivent assumer face aux usagers les changements structurels du marché, tout en continuant à développer les services attendus. Ils constituent en quelque sorte les « traducteurs » des changements inhérents à la mondialisation. Ils ont à faire état de leur aptitude à jouer le rôle de tampon contre les répercussions générées par les tensions. À eux à réguler, à gérer les émotions suscitées par les mutations en cours, décidées par les « managers d'en haut », fréquemment très « éloignés » des réalités quotidiennes du terrain local et régional. Ils sont devenus l'échelon socio-spatial indispensable à la relation permanente avec leurs collaborateurs devenus l'interface entre la firme et les usagers, les clientèles... *Le fonctionnement de la mondialisation, de la tertiairisation a besoin, plus que jamais, d'une profonde culture de proximité.* Il requiert certes de la part des managers du savoir et du savoir-faire très élaborés, mais aussi un savoir-être qui apparaît surtout comme le fruit de l'expérience pratique quotidienne, d'une observation de tous les instants et d'une remise en cause constante du comportement à la lumière de la confrontation avec les faits.

ORIENTATIONS BIBLIOGRAPHIQUES

- ALISCH M., *Soziale Stadtentwicklung– Widersprüche, Kausalitäten und Lösungen*, Leske+Budrich, Opladen, 2002, 297 p.
- ANDERSSON A., ANDERSSON D. (dir.), *Gateways to the Global Economy*, Edward Elgar publishing limited, Cheltenham, 2000, 416 p.
- CARROUE L., *Géographie de la mondialisation*, A. Colin, coll. « U », Paris, 2002, 249 p.

– CLARKE D.B., *The Consumer Society and the Postmodern City*, Routledge, London/New York, 2003, 268 p.
– GAUTIE J., « Marché du travail et protection sociale : quelles voies pour l'après-fordisme », *Revue Esprit*, novembre, Paris, 2003
– MANZAGOL C., *La mondialisation*, A. Colin, coll. « Campus », Paris, 2003, 191 p.
– WACKERMANN G., *De l'espace national à la mondialisation*, Ellipses, Paris, 1995, 192 p.

Chapitre 2
ADAPTATIONS ÉCONOMIQUES ET RÉACTIONS SOCIO-CULTURELLES

La pensée humaine domine le temps et parcourt sans cesse rapidement le passé et l'avenir en franchissant n'importe quel intervalle ; mais celui qui travaille est soumis au temps à la manière de la matière inerte qui franchit un instant après l'autre. C'est par là surtout que le travail fait violence à la nature humaine.

S. Weil, *L'enracinement*, Gallimard, NRF, coll. « Idées », Paris, p. 379

I. ALIGNEMENTS

Les pays en développement, au moins pour ce qui est des plus émancipés parmi eux, sont en train de commencer à compter un taux de population active industrielle aussi élevé que celui des pays avancés. Les États-Unis sont par ailleurs, d'une certaine façon, le miroir qui reflète les changements économiques rendus possibles par l'émergence des NTIC. Ils tracent plus ou moins la voie aux autres pays, une constatation que Karl Marx a déjà faite à propos des pays industrialisés, miroirs pour le restant du globe.

Si au Sommet de Davos, de janvier 2004, les États-Unis ont été reconnus comme le moteur de la croissance mondiale, l'Inde et la Chine ont été présentées comme les deux éléphants en compétition en Asie pour la première place. L'Inde a été considérée comme le centre potentiel mondial de la recherche-développement, la Chine comme son atelier. Les jeunes ingénieurs chinois ont été perçus comme plus enthousiastes et avides d'innovation que leurs homologues européens. L'espace allant de l'Est méditerranéen à l'Inde a été signalé pour son impressionnant potentiel économique.

En Amérique latine, plongée dans la turbulence, l'exception chilienne, bénéficiant d'une réelle stabilité, d'un système financier parmi les plus affirmés dans le groupe des pays émergents, attire les investisseurs étrangers. Le Chili fut dès les années 1980 parmi les précurseurs de l'entrée dans la mondialisation. Son commerce extérieur représente la moitié environ du PIB, les exportations atteignent le tiers de celui-ci (contre à peine 10 % en Argentine ou au Brésil). Pourtant les écarts de revenus demeurent révoltants, alors que les 4 000 firmes étrangères ont investi directement environ 58 milliards de dollars de 1974 à 2002, dont 90 % depuis 1990, et que le ratio IDE (investissements directs étrangers)/PIB est l'un des plus élevés du globe.

Il est vrai que la relativité, dans le temps et l'espace, s'est généralisée autant que la mondialisation : tandis qu'aux États-Unis la croissance annuelle réelle du PNB sous la présidence de George Bush Jr., avec en moyenne 2,3 %, aurait été considérée comme satisfaisante lors des présidences de Reagan ou de Bush père, elle n'apparaît plus que comme médiocre après la prospérité sous la présidence Clinton. Selon J. Bradford Delong, de l'université de Berkeley, : « Sous-tendant le cycle économique, la progression rapide de la révolution des technologies de l'information active la croissance de la productivité américaine aussi vite (ou plus vite) que jamais. Si la Réserve fédérale avait manifesté une plus grande agressivité pour réduire les taux d'intérêt ou si George W. Bush et le Congrès avaient adopté des réductions d'impôts visant à développer la demande sur le court terme et l'emploi, l'économie américaine se serait développée à un rythme sans précédent en l'espace d'une génération et demie » (Les Echos, 26 janvier 2004).

Le phénomène des *délocalisations* est l'une des manifestations les plus expressives du « grand chambardement » entraîné par l'internationalisation qui a conduit à la division du travail à l'échelle mondiale. Dans une première étape, il a concerné les transferts industriels dans les pays à forte main-d'œuvre agile, habile et bon marché. Entre-temps, il a changé de nature, de niveau, qualitativement et quantitativement. La mondialisation aidant, l'internationalisation du marché du travail est appliquée aux services, un processus appelé « outsourcing », dont les origines sont surtout étatsuniennes, mais qui s'est répandu jusqu'en Europe. La banque d'affaires Goldman Sachs a évalué à environ six millions d'emplois les services susceptibles de quitter les États-Unis, dans les toutes prochaines années, en direction des pays en développement. En Europe, l'exode semble frapper un million d'emplois à court terme dans la seule industrie financière. 800 000 emplois ont déjà délaissé les États-Unis dans le cadre de l'« outsourcing ».

La montée rapide des services est à même de renforcer ce mouvement : dans les pays industrialisés, plus de 60 % du PIB sont le produit des services, qui fournissent les deux tiers des emplois. La « vieille industrie » pâtit de cette prééminence, est entrée en crise, est menacée de réduction drastique. Au Royaume-Uni, les centres d'appel (« call centers ») ont déjà plus d'emplois que l'industrie classique.

À regarder de près, nous observons que seule une partie des tâches — la plus importante — des entreprises de services se sont délocalisées. Le transfert concerne des emplois très qualifiés, contrairement à ceux de la première vague, qui appartenaient d'une certaine façon au « tout-venant ». Inde, Philippines, Chine en constituent les gros pays bénéficiaires. Tandis qu'initialement, le transfert s'est réalisé selon un axe nord-sud, il se réalise désormais aussi dans une direction sud-sud.

La partie asiatique des États du Pacifique est l'une des grandes bénéficiaires de la mondialisation. Pendant trois décennies, elle a enregistré des taux de croissance économique très élevés. Elle a bénéficié d'une forte augmentation de ses exportations. Il est vrai qu'à la fin des années 1990, victime d'une importante crise des taux de change, doublée d'une crise financière et économique, cet élan a marqué le pas durant un court laps de temps. À présent, le processus d'intégration économique de l'aire Asie-Pacifique se poursuit grâce à l'adhésion de la Chine et de Taïwan à l'Organisation mondiale du commerce (OMC), à la nouvelle percée des firmes multinationales, à la reprise des efforts de coordination et de coopération après la crise asiatique des années 1997/1998 et aux changements structurels intervenus au Japon (Neveda Dacosta, 2000).

II. REFUS

Refuser une condition sociale inhumaine, blessante, dégradante est évidemment un droit, voire un devoir plus que légitime. L'insuffisant développement inhérent à un système d'organisation et de structuration dont l'objectif essentiel est le profit purement économique, l'une des caractéristiques fondamentales et communes à l'essentiel des carences enregistrées, conduit nécessairement à des mécontentements, des turbulences politiques, voire à des soulèvements sociaux. Dans les dictatures, généralement bâties sur le sous-développement, les effets de celui-ci sont ressentis comme d'autant plus meurtrissants que les espoirs de rupture du cercle vicieux au profit d'une évolution en spirale sont faibles, surtout à court et moyen termes. Selon Bernard Mazo, « c'est dans les pays où l'on souffre, où sévissent des totalitarismes que la fleur de la poésie s'élève au plus haut ». La poésie n'est toutefois qu'un pis-aller, un refuge sentimental ; la conscience de l'aliénation demeure. Les douloureuses réalités quotidiennes, matérielles et morales, qui engendrent des privations et frustrations permanentes ne sont pas faites pour favoriser le développement ; elles réduisent sensiblement les initiatives, la créativité, le degré d'adhésion à tout programme de mise en valeur.

Les délocalisations tertiaires de haut niveau relatif ont mobilisé les syndicats des pays de départ comme ceux des pays d'arrivée, fréquemment sous la pression des cadres, en vue de la mise en place d'accords sociaux à vocation internationale, transfrontalière. Le phénomène d'« outsourcing » n'est pas combattu en soi, mais abordé sous l'angle de la mondialisation, à l'intérieur des firmes multinationales par exemple Selon le secrétaire général du syndicat United Network International, il importe désormais d'intégrer au dialogue avec le patronat la dimension mondiale, sans frontières, des relations sociales (Mutin, 2000).

Le tissu urbain des pays développés est soumis à une mutation structurelle considérable, qui réduit le rôle des centres-villes au profit d'une polynucléarisation de l'aire urbanisée, participant aussi à une dispersion des centres de production, de financement, de gestion et de commandement. La dispersion des activités ne signifie pas, toutefois, une répartition plus équitable des sources d'emploi et des richesses. Le contraste entre les espaces de pauvreté et d'opulence s'amplifie. Il induit des *fractures socio-spatiales* d'une ampleur souvent inquiétante pour l'équilibre des forces vives. La mondialisation conduit certes globalement à une croissance urbaine économiquement positive, au moins partiellement. Force est cependant de constater qu'une analyse fine des aires de turbulence urbaine et des ensembles marginalisés formés parfois en pleine centralité dans le vaste magma métropolitain, révèle une utilisation inadéquate du capital humain, en fonction de critères insuffisamment sociaux et peu à même de répondre aux exigences d'un déploiement durable. Quoique cette orientation soit plus accusée dans les pays centralisés que dans les États dont les collectivités régionales et locales bénéficient d'une autonomie relative en matière économique, culturelle et sociale, ce dernier groupe de pays n'échappe pas aux dysfonctionnements induits par la Nouvelle économie. C'est par exemple le cas de l'aire métropolitaine d'Amsterdam, qui a donné lieu à des études fouillées à ce sujet (Musterd & Salet, 2003 ; Deben *et al.*, 2000).

Dans les pays développés, la ségrégation urbaine est l'une des répercussions sociales majeures du développement économique. Les politiques de restructuration qui y sont souvent menées visent la différenciation des logements disponibles à l'échelle du quartier en vue de favoriser la mixité sociale et une insertion démographique plus efficace des populations défavorisées. À vrai dire, en dépit des mesures prises, aux Pays-Bas par exemple, il semble préférable de soutenir directement la promotion des couches modestes par l'amélioration des conditions matérielles de formation, une meilleure accessibilité culturelle aux savoir et savoir-faire, ainsi que par l'accès à l'emploi ; le détour par le marché du logement n'apparaît que comme un pis-aller et une insuffisante maîtrise sociale des retombées économiques du développement (Musterd & Ostendorf, 2002).

Les institutions démocratiques ont donné lieu à une profonde réflexion sur leurs insuffisances et inadaptations face aux grandes mutations intervenues dans les pays développés depuis leur mise en place. Il est apparu de plus en plus que les seuls liens de dépendance juridique n'étaient pas à même de contribuer à résoudre les rapports entre gouvernants et gouvernés dans les sociétés fortement urbanisées, aux mécanismes de fonctionnement devenus fort complexes. C'est ainsi que la notion de gouvernance est devenue un élément de souplesse dans le jeu institutionnel, parce que fondée sur la participation des acteurs de la société civile à la réflexion des élus « institutionnels » et à l'évaluation des répercussions potentielles des votes envisagées par ceux-ci. L'approche consensuelle a été en effet jugée indispensable pour accompagner, nuancer, rectifier les raideurs décisionnelles des représentants politiques de la collectivité.

Quoique gouvernement et gouvernance de la cité soient étroitement interdépendants, ils sont en constante contradiction l'un par rapport à l'autre. L'essentiel du pari de la gouvernance métropolitaine consiste ainsi à trouver la clé de l'organisation des connexions entre les diverses sphères de l'action en faveur d'un fonctionnement efficace et durable du milieu urbain. L'expérience montre (Salet, Thornley & Kreukels, 2002) que dans les échanges intermunicipaux il n'est pas possible de mélanger les stratégies de distribution égalitaire et les stratégies de développement coopératif. Tandis que les premières reposent sur des méthodes hiérarchiques, les secondes sont basées sur la coopération. En raison de leurs succès, les stratégies de développement coopératif gagnent en importance, tandis que les autres sont reléguées dans le tiers supérieur des préoccupations gouvernementales. En tant que « stratégies » ex-centriques (Salet, Thornley & Kreukels, 2002), elles stimulent la formation d'une organisation métropolitaine fondée sur des pouvoirs multi-centrés et le façonnement d'un nouveau type de coopération entre ces structures polynucléaires.

Un peu partout dans les pays développés, une action est entreprise pour libérer les aires métropolitaines de leur tendances à l'occlusion, à l'« étouffement », à une hyper-densité du bâti et une accumulation dangereuse des atteintes à l'environnement, contribuant aux risques anthropiques et sociétaux majeurs de l'humanité. Certains espaces métropolitains ont été particulièrement densifiés jusqu'à atteindre des signes pathologiques dans tous les domaines humains et biologiques en général. Dans la République fédérale d'Allemagne, la fébrile reconstruction de l'après-guerre et le « miracle » économique ont amplifié le mouvement de manière telle que, dès les années 1950, le terme de « Ballungsraum » est venu qualifier de maladif ce phénomène de croissance économique. Le „Ballungsraum" se présente en effet comme le résultat d'un grossissement ultrarapide et anormal, quelque peu comparable au gonflement dangereux de la panse d'une vache. Compte tenu de son aspect péjoratif, ce terme a été quasi-éliminé du vocabulaire urbanistique au cours des années 1990, la prise de conscience du recours à des démarches moins dramatiques s'étant précisée entre-temps.

À Francfort sur-le-main par exemple, une réflexion pluridisciplinaire s'est engagée autour de l'évolution du « Ballungsraum » vers le « Kulturraum » (espace culturel), réunissant théoriciens, universitaires et praticiens (Cuadra *et al.*, 2002). Ce groupe d'audacieux s'est même fixé comme but de susciter de l'enthousiasme auprès du public à partir des propositions élaborées. Celles-ci partent de la valorisation des richesses paysagères blotties dans un écrin collinaire entre le Taunus et l'Odenwald, deux montagnes du Massif schisteux rhénan. S'appuyant sur le principe qu'il convenait de mettre fin à la laideur du bâti urbain, mais décidant de conserver l'apport nouveau de la « skyline » et ses effets à grande distance, en tant que partie intégrante du paysage humanisé. La question s'est évidemment posée de savoir dans quelle mesure les espaces esthétiquement détruits étaient à même d'être restaurés. Le cas de la Toscane est alors évoqué par les tenants du projet pour montrer combien ce pays a pu conserver son cachet harmonieux à travers les siècles, en dépit des bouleversements économiques. Ces protagonistes citent aussi l'influence de précurseurs, tels que Ebenezer Howard, Barry Parker, Raymond Unwin, Welwyn et d'autres, qui ont tenté d'introduire un peu d'harmonie dans le paysage urbanisé de l'époque industrielle. Tout cela pour revenir à la région urbaine de Francfort où des points d'appui tels que l'idyllique Arrière-Taunus ou le très attractif vignoble du Rheingau peuvent contribuer à conforter les tentatives de rénovation. Cuadra souhaite partir de modèles comme l'espace-jardin de Wörlitz dans le pays de Sachsen-Anhalt, les villes intermédiaires de la société de services, qui doivent être traitées autrement que les noyaux urbains. Ceux-ci par contre, ainsi que les cités fractales et les archipels urbains incitent à penser différemment et à aménager à grande échelle.

La région urbaine de Francfort est donc à considérer comme une composante de l'espace Rhin-Main. Elle est partie intégrante d'une réflexion paysagère sur la ville et l'espace rural, sur le rôle du fleuve en tant que capital paysager, sur les forêts et champs revivifiants, localisés sur le territoire urbanisé, sur le paysage comme signe culturel, sur les entrées des villes qui intensifient l'attractivité interactive. Elle est aussi susceptible de changer à la faveur du remplacement de la croissance horizontale par une croissance verticale. La mutation escomptée requiert le concours convergent des pouvoirs publics, des acteurs économiques et des forces vives socio-culturelles pour qu'aucun élément revigorant à l'échelle macro- et microspatial ne demeure absent dans la démarche proposée.

À ce sujet Ebenezer Howard a été un utile maillon dans la chaîne des innovations, en proposant un « local government », précurseur de la gouvernance, susceptible, selon lui, de contribuer à la rencontre de deux mondes, celui de l'organisation, avec sa sécurité et ses emploi bien rémunérés, d'une part, et celui de l'entreprise individuelle, avec ses incertitudes, ses risque, le chômage, ses fragilités. Howard a également proposé d'aménager autrement, en s'inspirant des réalités locales, pour promouvoir un environnement plus viable. Il visait à combiner d'une certaine façon les avantages qu'il attribuait à son projet de « new towns » et la vitalité propre à la vieille ville (Howard, 1898).

La plupart des grands secteurs économiques, par leur alignement trop étroit sur les excès de la mondialisation, ont été placés face à des refus plus ou moins brutaux. La « financiérisation » de l'économie, qui a fait suite au « mur de l'argent » incriminé en France lors de la montée et de la victoire du Front populaire (1936), ne fait que s'amplifier. La grande presse, comme on disait initialement, étroitement associée au « capital », avait déjà un pouvoir imposant sur les esprits et les faits. Aujourd'hui, à l'ère des médias, la presse n'étant plus qu'une facette, certes déterminante, de ceux-ci, le pouvoir de l'argent s'est considérablement amplifié, à tel point qu'il devient de plus en plus difficile de discerner l'approche objective de la masse d'informations et de commentaires « déversée » sur l'humanité, elle-même complexe et contradictoire dans ses réactions, les unes consommatrices, les autres plus ou moins citoyennes, sous une soi-disant image de véracité.

Le tourisme international a également subi des revers imposants. Nous sommes loin de l'imagerie d'Épinal qui a présenté les Baléares comme un univers paradisiaque, alors que cet archipel n'a cessé d'être bétonné et enlaidi par une architecture et une superconsommation des plus banales. Aujourd'hui, l'effort de restauration, de ré-identification, à l'initiative des autochtones, porte ses fruits et intègre de nouvelles conceptions paysagères à la recherche de la diversité et d'un retour aux sources culturelles (Martinez, 2003).

Il importe toutefois de garder ses distances face aux traditionalismes irréductibles, aux mouvements identitaires quasi-claniques ou tribaux, aboutissant à des populismes de toutes sortes, allant jusqu'à l'asssociation de régionalismes ethniques et de fanatismes religieux. L'exemple d'Al Qaïda est instructif à cet égard : son fondateur et dirigeant s'appuie lui-même sur un mouvement mondialisé pour contrer la mondialisation à l'occidentale, en nouant des alliances avec des résistances identitaires nationales, ethniques ou religieuses intolérantes, la fin justifiant les moyens.

ORIENTATIONS BIBLIOGRAPHIQUES

- BOYER R. *et al.*, *Mondialisation au-delà des mythes. Les dossiers de l'état du monde*, La Découverte, Paris
- CUADRA M., *RheinMainRegionale– Der Ballungsraum Frankfurt auf dem Weg zum Kulturraum*, Junius Verlag, Hambourg, 2002, 96 p.
- NEVEDA DACOSTA M. M., « *Regional Economic Integration in Pacific Asia : Market Forces, Trends and Prospects* », Competitividade territorial e globalizaçao, Geo/Nova, PRT, 3, 2001, pp. 73-112
- DEBEN L., HEINEMEIJER W., VAART (van der) D. (des.), *Understanding Amsterdam– Essays on Economic Vitality, City Life and Urban Form*, Het Spinhuis, Amsterdam, 2000, 304 p.
- HOWARD E., *To-morrow : A Peaceful Path to Real Reform*, 1898 ; réimprimé en 1902 sous *Garden Cities of To-morrow* ; réédition de 1993, *Attic Books*, New illustration edition, Wales, 125 p., avec une introduction de Ray Thomas.
- MARTINEZ J. M. Serrano, « Le développement du tourisme en Espagne. Ombres et lumières d'un modèle majoritaire fondé sur le soleil et la plage », *Auphan & Dézert : L'Europe en mouvement*, Ellipses, coll. « Transversale », Paris, 2003, pp. 270-281
- MUSTERD S., OSTENDORF W., « Ségrégation et politique urbaine aux Pays-Bas », *Les Cahiers de la sécurité intérieure*, 49, Revue de sciences sociales, Institut des hautes études de la Sécurité intérieure, Paris, 2002, pp. 9-34
- MUSTERD S., SALET W. (dir.), *Amsterdam human capital*, Amsterdam university press, 2003, 399 p.
- MUTIN G., *L'eau dans le monde arabe*, Ellipses, coll. « Carrefours », Paris, 2000, 156 p.
- SALET W., THORNLEY A., KREUKELS A. (dir.), *Metropolitan Governance and Spatial Planning– Comparative case studies of European City-regions*, Spon Press, Londres et New York, 2002, 406 p.

Chapitre 3
VERS DE NOUVELLES ORIENTATIONS

Si, aux États-Unis, des économistes tentent d'élaborer un concept d'entreprise sociale, si, en France, les experts en politique sociale encouragent l'émergence d'une économie solidaire, cela reflète dans les deux cas la difficulté pour le capitalisme contemporain de prendre en charge par les méthodes traditionnelles d'assistance les problèmes sociaux qu'il suscite.

M. Abélès, *Lettre économique de la Caisse des Dépôts et Consignations*, 145, Paris, 2002, p. 6

I. L'IMPORTANCE DES NOUVELLES TECHNOLOGIES

Les technologies marquent le véritable passage de l'ère technique au monde généralisé des services et à la tertiairisation des activités de production des biens matériels (encart 37). *L'informatique a permis le passage définitif de la technique à la technologie, donc d'une culture, voire d'une civilisation à une autre.*

Encart 37
Technique, technologie, trajectoire et rupture technologiques

« *La technique* relève de savoir-faire construits empiriquement dans l'action, dans l'accumulation d'expériences concrètes, par l'apprentissage, en faisant. En cela, la technique tient du tour de main, de la recette, de la pratique sur un objet ou une opération particulière. Une bonne part de la technique est tacite... c'est-à-dire qu'elle n'est pas codifiée et donc difficilement reproductible sans expérience préalable : son transfert se fait principalement par compagnonnage.

Cet enracinement de la technique dans le réel et dans l'action constitue à la fois une force et une faiblesse. À l'évidence, la puissance de la technique provient de l'expérimentation et de l'accumulation d'expériences. À l'inverse, faute d'une connaissance suffisante et d'une compréhension des mécanismes qui permettent à la technique de fonctionner, les adaptations, les extensions, les transferts d'application sont difficiles, aléatoires et potentiellement coûteux.

La technologie fait référence à une activité de conception et de production, souvent industrielle mais aussi de service, en réponse à des besoins de marché. La technologie combine pratiques, techniques et connaissances scientifiques, au service de finalités économiques explicites. En cela, la technologie a vocation à être gérée alors même que, par nature, elle relève pour partie de savoir-faire tacites.

Le lien entre innovation et technologie est naturel : la technologie s'améliore en continu au travers d'innovations dites "incrémentales" qui tracent, chemin faisant, une *trajectoire technologique* en exploitant le potentiel de la veine ainsi explorée, jusqu'à ce qu'une *rupture technologique* (une innovation révolutionnaire) vienne substituer une nouvelle technologie à l'ancienne, en un processus de destruction créatrice décrit par Schumpeter ».

Ministère de l'Économie, des Finances et de l'Industrie, *Technologies clés 2005*, Paris, 2000, pp. 17-18

Les nanotechnologies (encart 38) figurent parmi les technologies les plus en pointe et les plus pionnières. Elles ont eu du mal à se profiler et, surtout, à bénéficier de transferts vers la production. Pourtant, « la nature produit des nanomatériaux depuis des millions d'années comme les bactéries magnétotactiques, la ferritine ou les dents de certains mollusques » (Acad. des Sciences, 2004).

Encart 38
L'impact des nanotechnologies

« L'émergence des nanosciences et des nanotechnologies est une petite révolution. Exigeant des investissements importants, ces disciplines impliquent une vision à long terme ainsi qu'une continuité dans l'effort qui est incompatible avec les fluctuations budgétaires que nous avons connues dans le passé.

... Un ambitieux projet national de recherche sur les nanotechnologies est nécessaire...

... Assurer au pays une position de premier plan... »

Académie des Sciences, *Nanosciences,* Paris, 2004

Quoi qu'il en soit, la compétition mondiale bat son plein : Les États-Unis se sont intéressés officiellement aux nanotechnologies en janvier 2000, lors du lancement, par le président Clinton, de la « National nanotechnology initiative », bénéficiant de fonds fédéraux de l'ordre de plus de 400 millions de dollars par an, ainsi que de financements locaux. Comme dans d'autres domaines, la Grande-Bretagne a été le premier État européen à adhérer dès 1986, sous la forme d'un programme national, à cette orientation. En 2002 est venu le soutien public, de l'ordre d'une cinquantaine de millions d'euros. L'Allemagne est engagée en tant qu'État, depuis 1998, dans les nanotechnologies, avec un financement d'environ 36 millions d'euros par an. La Suisse s'est mobilisée à hauteur de 75 millions d'euros par an, dont la moitié du montant est public. La France, qui occupe le sixième rang mondial à ce sujet, s'est intégrée en 2002, décidant, pour un financement de 100 millions d'euros sur trois ans, d'une remise à niveau autour de cinq centres : Orsay , Marcoussis, Toulouse, Grenoble et Lille.

Parmi leurs aspects les plus spectaculaires figurent les nanomachines à même de manipuler des molécules individuelles et d'intervenir dans des structures vivantes. Les applications industrielles sont nombreuses. Telles la fabrication de capteurs, destinés à mesurer l'activité d'une cellule ou d'un tissu, la production de matériaux ultra-performants en vue d'applications mécaniques, de revêtements de surface (films protecteurs ou dotés de propriétés tribologiques spécifiques), la confection d'adhésifs de haute performance et de microcapsules circulant dans le sang... Autant d'atouts socio-économiques, dont disposent de nos jours les pays avancés, favorisés à l'échelle sanitaire par une grande longévité des populations, l'une des expressions du développement durable. « Ces techniques ouvriront... la porte à des matériaux très originaux qui seront autoréparables ou autoréplicables » (Acad. des Sciences, 2004).

Les nanotechnologies ont également induit l'électronique quantique, une alternative aux technologies de gravure photochimique des composants électroniques, dont les limites seront atteintes en 2012-2015. Des nanocircuits, une centaine de fois plus petits que les circuits actuels, sont entièrement mis au point à l'échelle expérimentale, mais le passage à la production à grande échelle et à des coûts compétitifs des composants demeure bloqué, en attendant. Il est vrai que dans ce domaine du développement, nous sommes confrontés à l'impact social des sciences de l'infiniment petit : la manipulation de la matière à l'échelon atomique a suscité une inquiétude alarmante pour le devenir de l'humanité. *Le développement de pointe intrigue, inquiète autant que sa faiblesse.*

D'autres innovations, de portée considérable, sont venues s'ajouter aux types de technologies que nous venons d'évoquer : les Nouvelles technologies de l'information et de la communication (NTIC), qui mettent à profit Internet, les technologies de réalité virtuelle, le courrier électronique, le téléphonie mobile, les Systèmes d'information géographique et de navigation géo-référencée (encart 39).

Encart 39
Portée de l'innovation technologique

« Si l'innovation technologique est un des moteurs essentiels de la croissance des TIC, elle ne saurait se réduire à la maîtrise d'un nombre limité de technologies dites "clés". La capacité à intégrer différentes technologies dans des systèmes complexes, la capacité d'anticipation des évolutions technologiques et la réactivité de l'entreprise, depuis les processus de détection de nouveaux marchés et de R&D jusqu'à la distribution des produits ou services, sont également des facteurs-clés ».

Ministère de l'Économie, des Finances et de l'Industrie, *Technologies clés 2005*, Paris, 2000, p. 65

Nous assistons au quotidien à une vaste mutation, à caractère quasi-permanent, des rapports sociaux, des relations entre la distance et le temps, des enjeux territoriaux et sociaux, des modes de fonctionnement des structures de production publiques et privées, des anticipations sur les développements futurs... (Vodoz, 2001). Pour assurer le succès d'une innovation, les méthodes de conception, d'organisation, de marketing, de gestion des connaissances... sont devenues aussi déterminantes que la maîtrise scientifique d'une technologie. La pluri- et l'interdisciplinarité, ainsi que le rôle accru des sciences sociales jouent un rôle moteur croissant dans ce mouvement.

La conduite pratique des affaires, que le marketing a prise partiellement en charge, est ainsi soumise à des exigences innovatrices permanentes. La présence ou l'absence de celles-ci se répercute sur les actions en faveur du développement. Elles impliquent une durée de vie limitée des produits placés sur le marché. Elle requiert des méthodes d'appréciation constamment renouvelées, l'affinement du « customer relationship management », des recherches de marché suivies en matière d'« on line », des stratégies de « marques » et d'échanges durables (Rabe & Lieb, 2003).

Les technologies de l'information et Internet ont en outre favorisé l'émergence d'une Nouvelle économie, fondée sur la connaissance. Celle-ci est appuyée sur la « net économie », dernier maillon de la chaîne révolutionnaire technologique issue de la Seconde Guerre mondiale, surgie au milieu des années 1990. Elle compte déjà environ 275 millions d'internautes en février 2000, environ 500 millions en 2003. Elle est confortée par les industries motrices de pointe constituées par l'informatique, les semi-conducteurs, les télécommunications, les logiciels, les services informatiques... Il s'agit là d'un ensemble d'activités dont l'importance s'amplifie dans l'économie contemporaine (environ 10 % du PIB des États-Unis). Ces activités ont accéléré la redéfinition des rapports interentreprises. Elles sont également inductrices en première ligne de matière grise, de recherche-développement (R&D). Selon l'OCDE, « l'effort d'investissement en savoir », c'est-à-dire l'addition des dépenses de R&D, des dépenses publiques d'enseignement et des investissements en logiciels, s'est élevé, entre 1985 et 1995, de près de 8 % du PIB des pays membres ; durant la même période, la croissance moyenne s'est élevée à 2,8 %. En 1996, les industries basées sur le savoir ont généré plus de la moitié de la valeur ajoutée des entreprises des pays industrialisés, contre 45 % en 1985.

Selon « Technologies clés 2005 », ouvrage préfacé par le secrétaire d'État socialiste à l'industrie du gouvernement Jospin, cette évolution contribue à modifier fondamentalement l'organisation des entreprises et leurs rapports internes autant que réciproques. Durant l'ère fordienne, l'organisation des firmes était surtout orientée vers la recherche de « l'efficience statique », c'est-à-dire de la maximisation du rendement par le recours à la parcellisation du travail, l'automatisation de la production, l'exploitation des économies d'échelle en association avec une production en grande série.

Dans la nouvelle économie, le renforcement du rôle de l'innovation dans les stratégies concurrentielles, le besoin d'améliorer la flexibilité stratégique par l'accentuation de la capacité d'apprentissage, ont accéléré et augmenté l'importance de la diffusion de nouveaux principes organisationnels, davantage orientés vers les compétences de l'entreprise et l'« efficience dynamique ». Nous observons en outre une « recomposition du travail et l'augmentation de la polyvalence de la main-d'œuvre, le raccourcissement des lignes hiérarchiques et la décentralisation partielle du pouvoir de décision vers ceux qui sont impliqués dans le processus d'innovation..., sans oublier la percée remarquable du "knowledge management". Ils modifient radicalement le statut de travail dans l'entreprise : loin de ne constituer qu'un coût à réduire ou un facteur de rigidité à flexibiliser, ils constituent le cœur de la capacité d'apprentissage de l'entreprise... Après des années de restructuration et de "lean management", c'est là un changement de perspective considérable ».

En Australie par exemple, la première moitié de la première décennie du XXIe siècle est appelée à connaître une croissance déterminante de l'« Internet-banking : 25 à 40 % des Australiens vont être conduits à réaliser l'essentiel de leurs affaires bancaires quotidiens par Internet (Sathye, 1999, p. 3). L'ampleur prise alors par le commerce électronique va rendre Internet de plus en plus attractif. Dès à présent, Internet contribue à faire face, de manière efficace, au problème des grandes distances intra- et extra-australiennes. Les milieux bancaires du pays saisissent leur chance de construire ou de renforcer leur position sur les marchés asio-pacifiques. À court et moyen terme, le marché bancaire australien sera repositionné par les potentialités compétitives des petites et moyennes banques régionales, et par l'arrivée de prestataires de services financiers étrangers.

II. PERSPECTIVES DES PAYS DÉVELOPPÉS

En tout état de cause, *les technologies demeurent l'une des bases du développement économique et de la compétition mondiale*, tant par leurs atouts intrinsèques que par leurs interdépendances et leur aptitude à une recombinaison permanente. D'aucuns parlent de « technologie carrefour » (ministère de l'Économie, des Finances et de l'Industrie, 2000). L'irruption des nouvelles technologies a activé les rentes de situation, notamment dans les petits États. La Suisse connaît des adaptations multiples favorisées par la mise en œuvre de hautes technologies (Elsasser, 2003) ; c'est le cas aussi en Belgique (Charlier, 2003)...

Un secteur économique, tel que le tourisme, notamment international, encore fortement porteur il y a quelques années (Wackermann, 1994), est remis en cause par les avancées technologiques. Internet, mobilité virtuelle, simulation et vécu correspondant de déplacements par-dessus monts et vallées, profusion d'images documentaires et de rêve, multiples publications diversifiées, CD-Rom, CVD... ont réorienté la nature des aspirations à l'évasion récréative. Les exigences touristiques se sont accentuées qualitativement. Les destinations et pratiques, de même que les méthodes, requièrent des affinements. Le tourisme de masse, propre à l'ère post-industrielle, s'effrite, toutes proportions gardées. Le terrorisme mondial, accentué par les événements du 11 septembre 2001, les accidents d'avion inhérents à une mauvaise maintenance, consécutive à la féroce bataille des prix dans une atmosphère concurrentielle sans précédent, ont contribué à réduire sensiblement l'attractivité touristique classique, qui a placé celle-ci au premier rang mondial en matière de chiffre d'affaires.

L'Occident, qui a contrôlé, jusqu'il y a à peine quelques décennies, environ 85 % des richesses mondiales et qui s'est empressé d'intégrer le monde entier à ses modes de fonctionnement, de production et de consommation, à ses projections mentales et ses certitudes de développement, représente à présent moins d'un dixième de la population du globe. La montée explosive des pulsions sociétales des autres peuples a mis en cause le leadership des pays dits avancés, leur culture, leur légitimité, leurs fonctions dominatrices en général. Pour Xavier Guilhou, « nos modèles ne sont plus des références : parce qu'ils ne répondent plus aux grandes questions existentielles de l'humanité » (Guilhou, 2000). Ajoutons à cela la peur du chaos, la frilosité face aux initiatives courageuses à susciter, alors qu'elles sont connues.

III. PERSPECTIVES DES PAYS ENCORE INSUFFISAMMENT DÉVELOPPÉS

L'aide au développement, privé et publique, est encore loin des besoins et des promesses. L'OCDE permet de mesurer le déficit public en la matière. Se référant aux engagements pris lors de la conférence de Monterrey, en mars 2002, l'aide publique à fournir par les États-Unis, le Royaume-Uni, la France, l'Italie et l'Allemagne, devrait atteindre 75 milliards de dollars US d'ici à 2006. Sur la base de cet objectif, l'aide ne dépassera guère 0,3 % du RNB global des membres du Comité d'aide au développement de l'OCDE (figure 10). Cet organisme s'inquiète néanmoins du fait que l'aide ainsi accordée n'est pas destinée uniquement au développement proprement dit, dans la mesure où elle rejoint en partie l'aide humanitaire, c'est-à-dire des dépenses d'aide publique en réponse à des situations d'urgence, par opposition au développement à long terme et à aux investissements destinés aux pays les plus pauvres.

Figure 12
L'insuffisante aide au développement

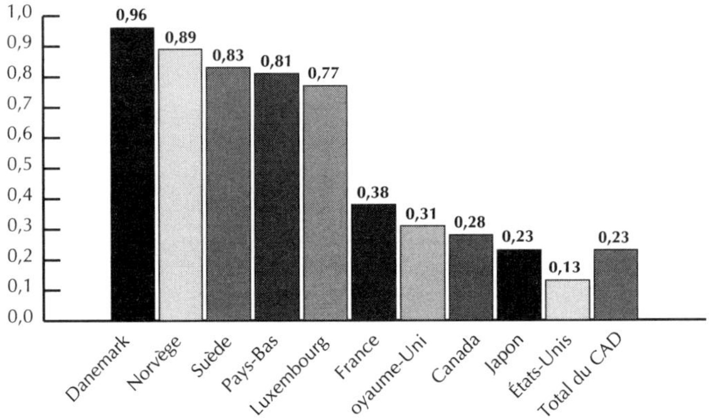

Source : OCDE, Comité d'aide au développement (CAD)

Les pays encore insuffisamment développés sont, plus que jamais, soumis à la pression ultra-libérale induite par les grands groupes financiers et économiques, dont le levier politique majeur est incontestablement le gouvernement des États-Unis. Après avoir étendu leur emprise sur l'Amérique centrale et méridionale, l'Asie, les territoires issus de l'ex-Union soviétique, grignotant petit à petit l'idéologie communiste en Chine, les États-Unis renforcent leur attention sur l'Afrique, au-delà des convoitises dans le domaine des matières premières, le pétrole notamment, que ce soit en Afrique du Nord ou en Afrique centrale.

Évoquant les rapports entre le transport routier individuel et la migration internationale au Maroc, dans leurs articulations avec l'Europe, Mohamed Charef note : « L'analyse traditionnelle nous a habitués à penser l'immigration et/ou l'émigration, comme des phénomènes liés aux problèmes socio-spatio-politico-économiques, mais sans prendre en considération les évolutions technologiques. Or, une approche systémique, intégrant à la fois les transports et les nouvelles technologies de l'information et de la communication… permet de voir autrement les changements que vit le monde migratoire, et de favoriser la compréhension de ce bouillonnement circulatoire » (Charef, 2003). La percée technologique conduit le Marocain en état de migration à une perception éclatée de l'espace, à un recours croissant à la voiture automobile, signe de libération, dès lors que le continent européen est tout proche, même si les pays d'accueil sont localisés plus au nord. Alors qu'en 1975, un quart environ des émigrés marocains ont possédé une voiture, selon une enquête Remplod, ils sont à présent environ 80 %, notamment en milieu jeune. Et Mohamed Charef d'ajouter : « La voiture… permet plus de liberté, facilite le transport de la famille et des marchandises, renforçant ainsi les symboles de réussite aux yeux des autochtones. Mais surtout, elle favorise la mémorisation et l'appropriation de l'espace que le voyageur vit à son rythme ».

Dans ses deux Communications au Parlement et au Conseil européens, de février 2004, la Commission de l'UE a mis l'accent sur la réforme des entreprises d'État et le devenir du développement des entreprises dans les pays en développement. Les députés du Parlement ont insisté sur le fait que la privatisation des entreprises publiques ne devait pas être une fin en soi, qu'elle n'avait pas à occulter la nécessité de renforcer les services publics, surtout en matière de distribution d'eau et d'énergie. Dans le cas de privatisations, ils ont en outre demandé la protection des services d'intérêt général et l'association des investisseurs locaux à la réforme de ces entreprises, d'autant plus que les petites et moyennes entreprises, ainsi que les micro-entreprises constituent un apport souvent important au développement économique, notamment en matière de création d'emplois. Ils ont observé aussi que les soi-disant remèdes à « grande échelle », conduisant à la reprise d'entreprises publiques par des firmes multinationales, ne sont pas nécessairement la solution la plus appropriée aux besoins des PVD, bien au contraire ; il suffit de se tourner vers l'Amérique du sud, où les échecs dans ce domaine ont été nombreux et spectaculaires. Ils ont ajouté que la priorité devait être accordée à la lutte contre la pauvreté, par l'amélioration de la situation économique dans ces États. Ils n'ont pas manqué de signaler qu'il y avait urgence à demander aux entreprises transnationales de créer et de mettre en place des Comités d'investissement éthique, chargés d'identifier des projets de développement d'entreprises, dans lesquels les sociétés candidates étaient autorisées à investir. Dans ce cas, les investissements réalisés étaient mieux à même de répondre à leur objectif social, environnemental et industrie : l'éradication progressive de la pauvreté.

IV. L'ÉCONOMIE SOLIDAIRE

La recherche de nouvelles voies en matière de conception et de finalité économiques, associant étroitement les impératifs socio-culturels, *a conduit à de multiples approches*, encouragées par des expériences douloureuses sur le « terrain », des mouvements sociaux (protestations de masse, échauffourées, révoltes, révolutions...). Elle a donné lieu à l'émergence, dès la première moitié du XIXe siècle, des socialismes utopique, puis scientifique, étroitement liés à l'ère industrielle. La transition vers l'ère post-industrielle a fait apparaître les notions d'économie humaniste et d'économie sociale, a mis l'accent sur la nécessité de prendre en considération l'économie informelle, la microfinance... La mondialisation a accéléré le recours aux concepts de commerce équitable, d'économie solidaire, d'alteréconomie.

Il s'agit, en somme, après l'échec cuisant du collectivisme et du communisme dictatorial qui ont survécu outre mesure à l'ère de l'industrie lourde, de *trouver une nouvelle et véritable alternative aux excès du capitalisme.* Les sociologues de la revue MAUSS, déjà référenciée en introduction au présent ouvrage, ont soulevé récemment une question fondamentale, en se demandant s'il ne fallait pas, en fin de compte, interroger la conception même de ce qui façonne l'économie et la richesse. Les nombreuses solutions esquissées convergent : il faut intégrer à l'économie les principes de justice sociale et individuelle, de solidarité et de réciprocité. Mais elles ne sont pas à même, en tant que telles, de structurer ni une autre économie ni un autre système économique. Elles visent essentiellement à relativiser ce qui est encore en grande partie un absolu économique, fondé sur des lois (l'économiste classique ne dit-il pas « selon la loi économique, il faut... » ?). Elles exigent que l'économie ne soit pas une priorité économique au sens « acquis » du terme, mais éthique et politique. Elles impliquent des perspectives d'espoir en un développement durable et solidaire.

Cette *économie solidaire*, que d'aucuns préfèrent appeler économie solidaire et sociale, pour éliminer toute ambiguïté, *requiert une approche intégrée à toutes les échelles socio-spatiales.* Elle est appelée à s'appuyer sur la solidarité socio-économique, prenant non seulement en compte les paramètres de la croissance, mais l'ensemble des facteurs susceptibles de conduire à un développement tendant à éliminer à terme la précarité, l'exclusion, la marginalisation... (Laville, 1994). Dans cette optique, elle est destinée à promouvoir des structures durables.

S'appuyant sur ces nouveaux impératifs, le Sommet mondial sur le développement durable (Johannesburg, septembre 2002) a rappelé de manière solennelle, quoique très théorique, les urgentes nécessités dans ce domaine :

- la mise en place de politiques d'échanges, d'investissement, d'environnement, à bases scientifiques solides, intégrant les objectifs économiques, environnementaux et sociaux dans une action mondiale, découplant la croissance économique des pressions environnementales ;
- la soumission de l'organisation et du fonctionnement des marchés aux schémas élaborés en vue d'une production et d'une consommation correspondant aux principes de l'économie solidaire ;
- la gestion des ressources naturelles de telle façon que les prix reflètent l'intégralité des coûts et avantages, environnementaux et sociaux, des activités économiques, le tout dans une perspective destinée à mieux faire ressortir la valeur non marchande et l'impact à long terme ;
- la lutte contre le changement climatique par une action globale et systématique contre les émissions nocives et en faveur de la réduction sensible des interférences anthropiques avec le système climatique.

À cet effet, le Sommet a recommandé instamment :

- le recours au potentiel scientifique et technologique disponible ;
- l'élaboration d'indicateurs fiables relatifs aux trois dimensions du développement durable (voir première partie, chap. IV) ;
- le renforcement des décisions consensuelles, de l'information et de la communication, conformes à l'éthique évoquée.

Les réflexions nouvelles et mouvements issus de ces courants de pensée, s'expriment de manière croissante au cours de *grands forums mondiaux* centrés sur les alternatives à la socio-économie dominante. Le Forum social mondial (FSM) réunit les altermondialistes, jusqu'à présent essentiellement dans un pays en développement (Brésil, Inde). Ce Forum peut toutefois se tenir n'importe où sur le globe.

Ses quatrièmes assises ont eu lieu du 16 au 21 janvier 2004, à Bombay, les suivantes sont prévues à Porto Alegre (2005) et, probablement au Kenya (2006).

La tenue du Forum en Inde a été une gageure. Il convenait d'éviter, compte tenu des divisions religieuses, politiques et sociales du pays, du système des castes, plaçant les Intouchables au bas de l'échelle et les brahmanes en haut, que l'organisation de la manifestation internationale soit verticale. Les Indiens sont parvenus à dépasser ces difficultés et à mettre en place une organisation horizontale.

Le problème capital posé à ce Forum est l'aptitude à produire des idées concrètes portées par une partie déterminante du mouvement, face au foisonnement de propositions. À cet effet, les dirigeants consolident la création de réseaux au niveau mondial. Comme environ 70 % des participants du FSM de Porto Alegre avaient fréquenté l'enseignement supérieur, il importe désormais d'intégrer les secteurs plus populaires jusqu'aux populations des favelas. Mais déjà en 2004, lors du Forum, les Intouchables indiens (140 millions de personnes) ont réalisé quatre marches convergeant vers Bombay.

La figure emblématique du nouveau président brésilien, « Lula », déjà quelque peu ternie depuis le Sommet de Porto Alegre, est toutefois l'illustration même, une fois de plus, du fait que, sans sérieuse compétence économico-financière, toute politique altruiste est vouée plus ou moins à l'échec. Le gouvernement brésilien se heurte en effet à la conjugaison de la mauvaise situation héritée de ses prédécesseurs et des comportements inappropriés accumulés depuis.

La *Charte du commerce équitable* (encart 40) se fonde sur de nombreuses distorsions, croissantes, qui réduisent de plus en plus les possibilités de développement des pays défavorisés, au moment où les États dits avancés ne cessent de renforcer leurs richesses, en dépit de l'accroissement des charges pesant sur leurs budgets, de la lutte contre les catastrophes qu'ils ont en grande partie suscitées, le terrorisme inclus. Ainsi les écarts de revenus moyens augmentent entre les 20 % des pays les plus riches et les 20 % des pays les plus pauvres : l'écart était de 3 à 1 en 1820, de 11 à 1 en 1913, de 30 à 1 en 1960, de 74 à 1 en 1997.

Dans la perspective d'une amélioration, a été créée en 1949, aux États-Unis, une ONG (la SERRV), destinée à aider les producteurs favorisés à vendre dans de meilleures conditions. En 1964, une conférence de la CNUCED a lancé le slogan « le commerce, pas la charité ». En 1975, a été ouvert le premier magasin de commerce équitable en France. En 1988, Max Havelaar a lancé le commerce équitable dans la grande distribution. La même année est née la Fédération internationale de commerce équitable (IFAT).

Encart 40
Charte du commerce équitable

L'objectif du commerce équitable est de permettre aux producteurs et aux consommateurs de vivre leur dignité et leur autonomie, en retrouvant la maîtrise et le sens de leurs actes.

1. Dans une approche solidaire du commerce équitable, travailler d'abord avec les producteurs parmi les plus défavorisés, dans le cadre d'un développement durable.
2. Refuser systématiquement une quelconque forme d'esclavage ou de travail forcé, y compris l'exploitation des enfants.
3. Contractualiser entre les différents partenaires des garanties portant sur :
• le prix du produit qui permet une juste rémunération des acteurs économiques . Celle-ci prend en compte leurs besoins et ceux de leurs familles, notamment en termes de formation, de santé, de protection sociale... ;
• la qualité des produits ;
• le versement d'un acompte, lorsque les organisations de producteurs n'ont pas le fonds de roulement nécessaire pour acheter la matière première, ou pour vivre tout simplement entre la commande et le règlement final ;
• le délai de livraison.
4. Privilégier des relations commerciales durables avec les producteurs. Pour eux, c'est la durée qui assure l'avenir.
5. Assurer la transparence dans le fonctionnement des différents partenaires, qui passe par une information réciproque à chaque étape sur les conditions de travail, les salaires, la durée des relations, les processus de production et de distribution, les prix, les marges...
6. Accepter le contrôle sur le respect de ces principes, à chaque étape du processus.

Source : IFAT

V. LE RÔLE D'ENTRAÎNEMENT DES INSTITUTIONS

La géographie est une synthèse moderne (Haggett, 1979). Elle analyse les mosaïques et échelles régionales, les tensions et contraintes interrégionales, pour déterminer les obligations futures dans le cadre de vues prospectives. Les collectivités et institutions publiques ont intérêt à en tenir compte.

Par ailleurs, la science ne saurait être feutrée, aseptisée, désincarnée (encart 41).

Encart 41
La finalité de la science

« Le prestige scientifique ne peut servir à justifier une musique. C'est d'ailleurs vrai pour toute activité sociale. La science dit ce qui est, non ce qui doit être. Ce siècle ne l'a que trop illustré. Les idéologies tendent à invoquer une prétendue scientificité pour justifier des pratiques sociales inhumaines. »

J.-C. Risset (médaille d'or 1999 du CNRS)

La transformation de la face de la planète est fonction de la nature du développement et des orientations qui lui sont données par l'aménagement. D'abord essentiellement activée par le souci de production à hauts rendements financiers, donc économique, elle est à présent en mutation, une mutation que d'aucuns souhaiteraient dominée par des objectifs sociétaux, parmi lesquels l'économie serait partie intégrante, ne répondant plus essentiellement à des finalités mercantiles et/ou d'enrichissement matériel. De nouvelles approches culturelles des sociétés dans leurs rapports avec leurs territoires sont devenues indispensables, dans la mesure où la culture est redevenue un facteur considéré comme déterminant de la vie sociale et de l'organisation de l'espace. Elles sont destinées à pallier les inégaux niveaux de développement sur le globe (Claval, 2003).

L'ensemble des institutions internationales, publiques et privées, sont préoccupées par la promotion du développement. L'OCDE a, par exemple, un programme annuel constamment renouvelé, de rencontres destinées à analyser, sous toutes leurs facettes, les problèmes posés par le développement, et à élaborer des solutions possibles. Relevons-en quelques éléments expressifs de la diversité des thèmes traités durant le premier semestre de 2004 :

- Atelier de l'OCDE sur les « spam », organisé par la Direction de la science, technologie et de l'industrie (STI) en coopération avec la Commission européenne. Conférence de presse. Bruxelles, Belgique.
- Conférence de presse pour la parution du rapport : « Completing the Foundation for Lifelong Learning- an OECD Survey of Upper Secondary Schools », sous les auspices du ministère suédois de l'Éducation. Agence nationale suédoise de l'éducation/Swedish National Education Agency, Stockholm, Suède.
- Séminaire avec les principaux instituts économiques et sociaux coréens. Les présidents de sept instituts de recherche coréens (recherche économique et sociale, stratégies de l'information, économies rurales, emploi, développement, santé et affaires sociales, économie.
- Séminaire sur l'échange de renseignements à des fins fiscales et sur le secret bancaire, Prétoria, Afrique du Sud.

- Conférence de presse pour la parution du rapport de l'OCDE : Examen territorial de Montréal. Montréal, Canada.
- Forum mondial sur la concurrence.
- « Partnerships for Development in Central Asia and the Caucasus Region : Trade and Investment Linkages », séminaire organisé au Istanbul Centre for Private Sector Development. Istanbul, Turquie.
- « Framing Major Risks and Approaching Good Governance », réunion inaugurale organisée par le International Risk Governance Council (IRGC), avec participation du Secrétaire général de l'OCDE. Genève, Suisse.
  « Zero Emissions Technologies », conférence de l'Asie Pacifique, Queensland, Australie.
- Systèmes nationaux de planification, de financement et d'évaluation des infrastructures de transport, table ronde organisée par CEMT (Conseil européen des ministres des Transports).
- « European Banking and Financial Forum », avec la participation du Secrétaire général de l'OCDE. Prague, République tchèque.
- Perspectives internationales sur la croissance et l'emploi, forum organisé par le Centre de l'OCDE de Berlin et le ministère allemand de l'Économie et du Travail. Berlin, Allemagne.
- Nouvelles structures de la production industrielle dans une économie mondiale : impacts et politiques, Forum OCDE de la politique de l'entreprise et de l'industrie.
- Nouvelles approches des politiques rurales : les leçons autour du monde, conférence organisée par la Federal Reserve Bank of Kansas City, l'OCDE, et le Rural Policy Research Institute de l'Université de Missouri.
- Journée mondiale de la santé des enfants, événement organisé par l'OMS — Gestion stratégique pour dirigeants universitaires, séminaire organisé par la European University Association/OCDE-IMHE, à University College Cork, National University d'Irlande, Cork. Cork, Irlande — Les activités de la pêche illégale, non déclarée et non réglementée, atelier organisé par AGR/FISH en coopération avec des organisations.
- Séminaire sur la stratégie de l'emploi, en liaison avec les syndicats.
- Autres séminaires sur les nouvelles structures de la production industrielle dans une économie mondiale, les investissements directs étrangers et les entreprises multinationales, le gouvernement d'entreprise en Russie, les nouvelles approches de la politique rurale, les PME et l'entrepreneuriat, la cohérence et l'intégration des politiques pour un développement durable, les défis de la gouvernance et la croissance économique durable en Chine, l'administration en ligne, la fiscalité du commerce électronique, la recherche d'un juste équilibre entre le travail et la vie familiale, l'éducation et la cohésion sociale, l'amélioration de la qualité de l'enseignement pour tous...

Une diversité de thèmes constamment renouvelés et élargis, qui témoigne de l'importance des efforts déployés pour tenter de cerner de près et de manière aussi adaptée que possible les problèmes complexes de notre époque. Il est vrai que ces démarches théoriques ont bien du mal à se concrétiser sur le terrain qui accumule lenteurs, distorsions et retards navrants.

La mondialisation, les vastes bouleversements économiques, le reclassement des États en fonction de leur dynamique récente, ont conduit à une imposante mutation, qui a incité des organisations internationales telles que l'OTAN, l'Union européenne et l'OCDE à s'élargir, pour conserver une position mondiale dominante, le tout dans une optique de défense du maintien du rôle-clé des grands réseaux constitués par les groupes de firmes majeurs opérant sur le globe à l'appui d'États influents. Ainsi l'OCDE, considérée comme le « Club des pays riches », a décidé de se repositionner sur la scène internationale en avalisant en 2004 le « rapport Noburu » (2003), du nom de l'ambassadeur japonais chargé de définir les voies de son élargissement. Ce rapport prévoit le passage, d'ici à une décennie environ, de 30 à 40, voire 45 membres. Il relève un fait majeur : le Club actuel, qui représentait 85 % de l'économie mondiale, a perdu une part déterminante de son importance. Pour maîtriser la mondialisation et conserver sa légitimité, il se doit d'intégrer des pays du monde émergent. Il convient toutefois d'éviter les erreurs du premier élargissement, néanmoins limité, des années 1990, au Mexique, à la Corée du Sud, ainsi qu'au groupe des États de l'ex-Est soviétique, appelé Visegrad (Hongrie, Pologne, Tchécoslovaquie, divisée ultérieurement en République tchèque et République slovaque). Mexique et Corée ont connu aussitôt après d'importantes crises économiques et financières. À présent, ce sont 16 États à être sur les rangs : déjà les pays nouvellement admis à devenir membres de l'Union européenne : Chypre, Estonie, Lettonie, Lituanie, Malte et Slovénie, qui avec ceux de Visegrad constituent le groupe des 10 venus rejoindre les 15 autres membres de l'UE ; puis le Chili, la Russie, la Chine, le Brésil, Argentine, l'Inde, l'Indonésie, l'Afrique du Sud... Une première vague d'admission, jusqu'à 2009, pourrait concerner le Chili, la Slovénie, la Russie. Après 2010, il serait question du Brésil, de l'Inde, de l'Afrique du Sud ou de l'Argentine. La Chine, un enjeu de taille, ne serait admise qu'en dernier lieu. Cette prévision tient compte, entre autres, des quatre critères de classement envisagés : la communauté de valeurs (« like minded »), telles que l'attachement à l'économie de marché ou à la démocratie, l'aptitude à renforcer l'influence mondiale de l'OCDE, la capacité d'améliorer l'efficacité des travaux de cette organisation, de même que sa gouvernance, puis, l'apport à la diversité tant géographique que globale de l'OCDE. Nous constatons que les critères demeurent à dessein relativement souples : l'admission au Club des riches ne répond pas à des règles strictes de niveau de développement ni à l'exigence première de l'existence d'un régime démocratique. Une certaine marge est également laissée à l'interprétation. Une phase de préaccession pouvant aller jusqu'à deux années est proposée aux candidats qui le souhaitent. Cette démarche internationale est appelée à contribuer à l'apparition de nouvelles formes et stratégies inédites de développement.

VI. STRUCTURES POLITICO-ADMINISTRATIVES ET TERRITOIRES SOUS L'ÉCLAIRAGE DES MUTATIONS ACTUELLES

Les expériences récentes révèlent *le rôle déterminant* de la puissance *de l'autorité de l'État* dans la mise en œuvre du développement, même si les regroupements supranationaux et la mondialisation réduisent sensiblement l'importance du rôle traditionnel des pouvoirs publics. Dans cette optique, parallèlement à la valorisation des structures politico-administratives, des institutions internationales telles que l'OTAN, quoique en premier lieu à vocation militaire, participent également aux fonctions régaliennes et assument des tâches politico-économiques, voire sécuritaires en matière civile. À ce titre, dès lors qu'elles sont concernées par des terroirs ou pays (Rougier, 2002), aux dimensions territoriales réduites, mais aux atouts géopolitiques importants (position de carrefour, rayonnement remarquable...), elles témoignent du fait que l'impact continental ou mondial demeure tributaire de nombreux points d'ancrage à vocation microspatiale. Tout déploiement requiert des points d'attache locaux et subrégionaux, variés et structurants. L'infiniment grand et l'infiniment petit sont complémentaires, une fois de plus.

Cette constatation est d'autant plus véridique à l'heure actuelle que nous assistons à *l'explosion des dimensions d'échelle des États*. Pour Marcel Merle, « l'analyse sociologique conduit... à remettre en question l'unité du concept étatique sur laquelle les juristes mettaient exclusivement l'accent ». Villes et territoires occupent de nouvelles positions dans la mondialisation (Veltz, 1996). Face à celle-ci, l'ensemble des territoires participent à une mutation de portée universelle.

Frontières physiques et sociales (Wackermann, 2003 ; Gaunard 2003) constituent en tant qu'*espaces tronqués* des *freins aux développements* actuels. Ce ne sont cependant pas les seuls espaces en crise (DATAR, 2003). Celle-ci prend des dimensions d'ordre très différent, étroitement lié aux hautes technologies. Ainsi, l'accès au haut débit fait ressortir l'existence de nouvelles fractures territoriales. Fin 2002, le haut débit était accessible à 74 % de la population française, soit 21 % du territoire. Il couvre bien les « autoroutes numériques », mais il demeure nettement insuffisant au niveau des réseaux intermédiaires (réseaux de collecte en fibre optique), tant à l'échelon régional et intra-départemental qu'à celui des boucles locales assurant la connexion avec le client.

Il fait courir à la France le risque numérique à trois vitesses, scindant le pays en trois catégories de territoires :

- les zones de concurrence, soit environ 2 % du territoire pour 32 % de la population, c'est-à-dire des entités socio-spatiales technologiquement et sociétalement privilégiées. Elles sont dotées d'un important potentiel économique et se trouvent localisées à proximité des grands réseaux d'infrastructures nationaux et internationaux. Elles bénéficient aussi des investissements essentiels de la part des opérateurs. Elles sont représentées par les principales agglomérations du territoire national ;
- les zones d'opportunité, soit environ 20 % du territoire pour 42 % de la population ; elles disposent certes d'un potentiel économique sensibilisé aux TIC, mais elles sont isolées des grandes infrastructures de télécommunications des nouveaux opérateurs. Elles concernent les autres agglomérations et des zones périurbaines ;
- les zones de fragilité, soit l'essentiel de la superficie du pays (78 %), pour 26 % de la population ; elles englobent l'essentiel des territoires ruraux et certaines zones peu densément peuplées en périphérie d'agglomérations ; elles ne disposent pas de solution technologique haut débit de masse, en dehors de l'offre satellitaire.

Il n'est pas surprenant que les collectivités territoriales réagissent contre cet état de fait. L'étude menée en 2003 a certes recensé 163 projets, mais l'investissement par habitant s'inscrit dans une fourchette de 5 à 278 euros.

Les régions transfrontalières et supranationales par contre activent les échanges. La référence au terme de région apparaît fréquemment dans la répartition territoriale d'essence internationale. Pour les Nations-unies, les régions sont surtout des portions de continents : Afrique noire, Amérique centrale, Proche-Orient... En Europe, construction historique, idéologique et politico-administrative, les « grandes régions », définies par la Commission de l'Union européenne (Commission, 2001), dépassant la notion de région nationale, sont conçues de façon normative, issues d'une volonté politique dont les décisions ont tracé les contours, même si leurs composantes n'ont pas que des caractéristiques communes. Le développement est conçu, organisé, ajusté, apprécié en fonction de ces sous-ensembles. L'étude « Europe 2000 » et la suivante, « Europe 2000 + », présentent les « grandes régions », en tant que territoires de proximité ayant noué des liens à l'intérieur du périmètre communautaire. Ces grandes régions sont dans l'ensemble plus grandes que de nombreux États nationaux. Elles constituent la trame des sous-ensembles continentaux. Elles sont de l'ordre de huit unités :

- l'arc atlantique : il comporte des portions du Royaume-Uni, de l'Irlande, de la France, de l'Espagne et du Portugal ;
- les capitales centrales, localisées dans le Royaume-Uni, en Allemagne, aux Pays-Bas, en Belgique, au Luxembourg et en France ;
- l'arc alpin, traversant la France, la Suisse, l'Allemagne, l'Italie et l'Autriche ;
- la Méditerranée occidentale (Espagne, France, Italie) ;
- la Méditerranée centrale (Mezzogiorno italien et Grèce) ;
- l'arc nordique, passant par le Royaume-Uni, les Pays-Bas, l'Allemagne et le Danemark ;
- la diagonale continentale (en France et en Espagne) ;
- les cinq nouveaux Länder allemands.

L'existence de grandes régions facilite la réduction des écarts spatiaux par la présence de territoires plus amples, aptes à bénéficier de l'amélioration de la mobilité des personnes et des biens, de même que de l'intensification des réseaux et des systèmes. Toute cette création, somme toute récente, de conditions élargies destinées à stimuler l'innovation et à réduire les décalages entre les régions par le façonnement de milieux adaptés aux exigences post-modernes, ne permet cependant pas de pallier les insuffisances structurelles fondamentales des portions d'espace en retard de développement général. Les seules chances de progrès réel demeurent liées à la stimulation des interactions socio-économiques à base culturelle et environnementale, dans une vision de société durable.

L'opacité même, relative à la gestion des diverses aides, la bureaucratie imposante, qui sous-tendent les réformes de fonds structurels, réduisent l'efficacité des réformes entreprises. La lourdeur des appareils politico-administratifs annule sensiblement une partie des avantages engrangés (Nonn, 2002). De nombreuses inégalités tardent ainsi à disparaître (Boldrin & Canova, 2001 ; Vandermotten, 2002).

L'ancien président du Fonds monétaire international, Michel Camdessus, a mis à ce propos l'accent sur l'essentiel, lors de son discours d'ouverture du 14e Festival international de géographie (2003), à Saint-Dié. Il a notamment affirmé qu'en matière d'investissement pour l'adduction et l'assainissement de l'eau dans les pays en développement, « l'argent n'est... pas le cœur du problème ». Nous pouvons en dire autant de tous les autres problèmes auxquels sont confrontés les populations et, par délégation de pouvoir, leurs responsables à la tête des collectivités territoriales. Camdessus a poursuivi son allocution de la façon suivante : « Le vrai problème est ailleurs : il faut, à la fois, inverser la gouvernance et l'architecture financière mondiale. Inverser la gouvernance, c'est essentiellement décentraliser les décisions et faire que la voix de celles qui souffrent le plus… soit entendue lorsque les décisions sont prises. Inverser les financements, c'est s'assurer que l'argent n'aille pas croupir dans les Fonds mondiaux lointains, mais soit acheminé jusqu'aux villes et villages où le problème se pose vraiment. Cette inversion est techniquement réalisable, mais elle requiert une formidable mobilisation de l'opinion publique mondiale. Il faut que partout… tous nos concitoyens soient aidés à "penser monde, agir local", ce qui est la meilleure devise de l'univers de la mondialisation ». C'est, au fond, adapter, aux diverses échelles, les structures politico-administratives aux vraies nécessités des sociétés, afin qu'elles soient en meilleure harmonie avec leurs territoires.

ORIENTATIONS BIBLIOGRAPHIQUES

- Académie des Sciences, *Nanosciences,* Rapport, Paris, 2004
- BENOIT J.-M., BENOIT P., PUCCI D., *La France redécoupée : enquête sur la quadrature de l'Hexagone,* Belin, Paris, 1998
- BOLDRIN M., CANOVA F., « *Inequality and Convergence in Europe's Regions : Reconsidering European Regional Policies* », *Economic policy,* 32, 2001, pp. 207-253
- CHAREF M., « Transport routier individuel et migration internationale marocaine », *Auphan & Dézert : L'Europe en mouvement,* Ellipses, coll. « Transversale », Paris, 2003, pp. 167-180
- CHARLIER J., « La Belgique à l'heure de la grande vitesse ferroviaire. De quelques équations systémiques et de l'optimisation du réseau », *Auphan & Dézert : L'Europe en mouvement,* Ellipses, coll. « Transversale », Paris, 2003, pp. 131-146
- CLAVAL P., *Géographie culturelle– Une nouvelle approche des sociétés et des milieux,* A. Colin, Paris, 2003, 286 p.
- Commission européenne, *Unité de l'Europe, solidarité des peuples, diversité des territoires,* Deuxième rapport sur la cohésion économique et sociale, Luxembourg, Office des publications officielles des Communautés européennes, 2 vol., 2001
- DATAR, « Un premier état des lieux de la France numérique– Une première cartographie au haut débit dans l'Hexagone met en lumière le risque d'une fracture territoriale », *DATAR,* périodique trimestriel, 177, Paris, 2003, p. 12
- ELSASSER H., « Problèmes actuels du tourisme en Suisse », *Auphan & Dézert : L'Europe en mouvement,* Ellipses, coll. « Transversale », Paris, 2003, pp. 282-290
- GAUNARD M.-F. (sous la dir. de), « Les dynamiques des frontières en Europe », *Bulletin de l'Assoc. de géogr. Français,* 2, Paris, 2003, pp. 111-180
- GUILHOU X., « L'Occident dans des univers mondiaux en rupture », *Ruptures créatrices* (P. Lagadec), Ed. Les Echos-Ed. d'organisation, Paris, 2000, pp. 125-160
- HAGGETT P., *Geography – A Modern Synthesis,* Harper & Row, New York, 1979
- Ministère de l'Économie, des Finances et de l'Industrie, *Technologies clés 2005,* Paris, 2000, 362 p.

- LAVILLE J.- L., *L'économie solidaire,* Desclée de Brouwer, Paris, 1994
- NONN H., *L'aménagement du territoire en Europe occidentale,* Ellipses, coll. « Carrefours », Paris, 2002
- RABE C., LIEB J. (dir.), *Zukunftsperspektiven des Marketing – Paradigmenwechsel und Neuakzentuierung,* Duncker & Humblot, Berlin, 2003, 363 p.
- ROUGIER H.(dir.), « Terroirs, patrimoine et pays », *Bulletin de l'Association de géographes français – Géographies,* 3, Paris, 2002, pp. 271-348
- SATHYE M., « *Growth of Internet Banking in Australia* », *World Markets Research Centre,* 1999
- VANDERMOTTEN C., « Les disparités spatiales en Europe et leurs évolutions : 1960-2000 », *Cahiers économiques de Bruxelles,* 45/4, 2002, pp. 23-58
- VODOZ L. (dir.), *NTIC et territoire – Enjeux territoriaux des Nouvelles technologies de l'information et de la communication,* Presses polytechniques et universitaires romandes, CEAT, Lausanne, 2001, 416 p.
- WACKERMANN G., *Les frontières dans un monde en mouvement,* Ellipses, coll. « Carrefours », Paris, 2003, 160 p.
- WACKERMANN G., *Loisir et tourisme – Une internationalisation de l'espace,* SEDES, coll. « Mobilité spatiale », Paris, 1994, 271 p.

Conclusion générale
UN BILAN PROSPECTIF ?

« Dans la vie il n'y a pas de solutions aux problèmes, il y a des forces en marche, il suffit de les trouver et les mettre en mouvement, et les solutions suivent d'elles-mêmes »

Antoine de Saint-Exupéry, *Vol de nuit*

« Notre génération est la première à être appelée à l'organisation et à la gestion du monde. Et cela au nom de la promotion de chaque peuple, d'un droit égal au développement durable et d'un devoir de solidarité planétaire »

Michel Albert, Jean Boissonnat, Michel Camdessus

Nous avons remarqué qu'à présent le développement n'est ni à voie unique ni, surtout, lié aux règles établies par l'idéologie des pays dominants en matière de conception et d'organisation de l'économie mondiale. Les *pays en développement ont désormais leur propre cheminement* qu'il convient de prendre en compte, sous peine de graves échecs et de déséquilibres susceptibles de conduire la planète vers des troubles et insurrections déstabilisatrices de l'« ordre » établi.

Nous avons constaté également que le développement ne saurait être assimilé à des actions purement orientées vers le profit matériel, quitte à « panser les plaies » çà et là par un peu de coton hydrophile, ou réguler les répercussions néfastes des canicules estivales françaises par une production massive de climatiseurs, eux-mêmes pollueurs consacrés. Le développement ne saurait pas non plus être mené contradictoirement par des affirmations velléitaires appuyées sur le principe d'une action durable, et en même temps sur des comportements qui conduisent irrémédiablement à des phénomènes apocalyptiques. L'éradication des nuisances à la source est devenue indispensable.

Depuis deux siècles environ, *le développement souffre* en outre *d'une déconnexion entre l'économie et l'écologie*, de la quasi-absence de préservation environnementale et des richesses naturelles et autres. La croissance « infinie » n'est toutefois possible qu'à condition qu'elle soit orientée vers les indispensables finalités sociales et écologiques.

Le discours et l'action sécuritaires généralisés et de plus en plus accentués dans les pays dits développés l'emportent nettement sur la vraie volonté de remédier aux fractures sociales qui reflètent un profond malaise inhérent à l'inégal développement et aux contrastes socio-spatiaux croissants, caractéristique profonde de nos sociétés contemporaines. Nouveau cercle vicieux, l'insécurité se nourrit du terreau de la pauvreté, de la misère, du chômage, de la marginalisation et de la comparaison quotidienne avec le sort matériel enviable des nantis ; plus elle s'amplifie, plus d'imposants moyens financiers et matériels sont mis en œuvre pour la contrer, pour « sévir », pour rassurer ceux qui tremblent face à l'évidence de la grande crise sociale de nos jours, une crise qui ne fait que se renforcer au fur et à mesure que les privilégiés se « barricadent ». Personne n'a tenté de chiffrer le coût de ce mythe de l'autoprotection, « coûte que coûte », et de se poser la question de savoir comment les finances publiques et privées consacrées à la défense protectrice pourraient être utilisées à des fins plus efficaces : la lutte offensive contre la fragilité sociale, la précarité, l'insuffisante éducation et la formation tronquée, la promotion d'une urbanisation à visage humain, autant de remèdes au développement inachevé, tant dans les pays dits avancés que dans les pays sous-développés ou en voie de développement.

Pourquoi ne pas faire porter par la géographie, les sciences sociales, un peu plus de sensibilité, voire de sentimentalité, une sensibilité et une sentimentalité qui ne peuvent que vivifier cette haute technicité par moments trop froide, désincarnée ? « On ne voit bien qu'avec le cœur » (Antoine de Saint-Exupéry). L'économiste François Perroux n'a pas hésité à demander de mettre l'économie au service du développement et de la société toute entière, « de Tout l'Homme et de tous les Hommes ». Gilbert Blardone, président d'honneur de l'Association lyonnaise des amis de François Perroux, a écrit, en 2004, à propos de son concitoyen originaire de la métropole rhodanienne, les réflexions suivantes : « Alors que la plupart des Sociétés, en Occident comme dans le Tiers-Monde, se trouvent ébranlées par les déséquilibres économiques et sociaux, fruits d'une croissance et d'un développement mal maîtrisés, la réflexion de François Perroux sur les fondements théoriques et appliqués de ces déséquilibres et sur les modalités possibles 'd'équilibrages' nouveaux, apparaît de plus en plus comme essentielle à l'émergence d'une société réellement 'progressive'. En ce sens, l'œuvre de François Perroux introduit à la compréhension de l'économie du XXIe siècle ».

De toute évidence, les problèmes posés par le développement ne sauraient être éludés, minimisés ou traités de manière superficielle. La durée de l'attente ne fait que les aggraver. L'échéance démographique, même si les pronostics d'accroissement numérique de la population ont été fortement réduits à la baisse, continue à faire un effet d'épée de Damoclès : la Terre, qui compte à présent 6,3 milliards de personnes, pourrait être peuplée en 2 300, selon le « scénario moyen » élaboré par l'ONU fin 2 003, par 9 milliards d'habitants, dans le cas d'une fertilité de 2 enfants par femme. Il est vrai aussi que si cette fertilité tombait à 1,85, notre planète n'aurait plus que 2,3 milliards d'êtres humains. Si par contre elle conservait le même taux qu'actuellement, il faudrait prévoir 134 milliers de milliards d'individus. Cette dernière hypothèse explique la raison pour laquelle les niveaux élevés de fertilité propres à notre époque ne sauraient se maintenir indéfiniment, sous peine de graves distorsions. Quoi qu'il en soit, le développement continue à être étroitement tributaire de mouvements démographiques qui, d'une façon ou d'une autre, surprennent les responsables, interrogent et fragilisent les structures en place et les politiques mises en œuvre.

La part de la géographie dans la perception et l'analyse des diverses formes et phases du développement demeure indispensable. *La géographie n'existe que par les fenêtres et les perspectives qu'elle ouvre.* Elle ne parvient pas — ou plus — à elle seule à mesurer l'ampleur du phénomène « développement » dans ses causes, son expression et ses répercussions. Elle constitue toutefois plus que jamais un vecteur décisif dans l'approche scientifique générale, fondamentale ou appliquée/applicable. Plus encore que par le passé, elle a besoin d'impulsions extérieures, de regards inter- et transdisciplinaires croisés, d'éclairages « autres ». Elle ne saurait se priver du Petit Prince qui redécouvre constamment son essence, ses finalités, sa raison d'être en mouvement et en remise de cause toujours renouvelée.

L'air frais apporté par la vaste dynamique scientifique actuelle, de portée mondiale, lui est particulièrement favorable, tant en laboratoire que sur le terrain. Il ne tient qu'à elle de se repositionner en flèche, comme elle a su le faire lors des premiers balbutiements de l'aménagement du territoire (Alexander von Humboldt, Christaller, Lösch...), ainsi que durant la phase pionnière de celui-ci, qui a couvert le milieu et le début de la seconde moitié du XXe siècle (Gottmann, J. Beaujeu-Garnier, Olivier Guichard, Philippe Lamour...).

La longue marche vers l'élargissement des territoires, sous la forme d'entités supranationales plus ou moins intégrées, en dépit des multiples difficultés rencontrées, mentales, historiques, pratiques, *valorise aussi le développement,* dans la mesure où celui-ci ne saurait se limiter à un espace trop fractionné par des barrières et des frontières . Elle entraîne inévitablement des conceptions et projections de développement plus cohérentes, disposant à la fois d'une vision à plus grande échelle et de moyens plus efficaces, la loi des grands nombres jouant en sa faveur. Il ne s'agit certes pas de diluer les intérêts locaux, subrégionaux, régionaux, voire nationaux, dans des plans d'aménagement destinés à des territoires gigantesques. Le principe de subsidiarité aidant, l'indispensable consensus et la non moins nécessaire gouvernance à l'appui, l'Union européenne, l'ALENA, la CARICOM, le MERCOSUR, l'OEA, l'ASEAN, l'UECA, la CEDEAO, l'UEMOA, l'UDEAC, la SACU, la SADC... voire l'OCDE, le G7 et le G8, constituent des étapes, certes inachevées, mais nécessaires à une prise de conscience active des besoins de regroupement en vue d'une action commune à l'échelle planétaire. Comme la crise de l'environnement, celle du développement milite en faveur de cette démarche. À ce moment-là, la recherche de solutions aux problèmes posés à l'échelle mondiale relativiseront et faciliteront sans doute les discussions suscitées autour du concept « Europe » et de l'interrogation sur la participation de la Turquie à l'Union européenne. N'a-t-on pas fait entrer ipso facto dans celle-ci les départements et territoires d'Outre-Mer de la Communauté française, ainsi que les Antilles anglaises et néerlandaises ? Un peu partout ailleurs sur le globe, des questions analogues perturbent esprits et acteurs du développement. Celui-ci ne saurait être optimal que sous réserve de l'élimination de l'ensemble des barrières artificiellement dressées au fil des siècles.

LISTE DES SIGLES

ADMICAL : Association pour le développement du mécénat industriel et commercial
ALENA : Association de libre-échange du Nord de l'Amérique
APD : Aide publique au développement
ASEAN : Association des nations du Sud-est asiatique
BA : Berufsakademie
BEA : Bureau of economic analysis
BED : Banque européenne de développement
BERD : Banque européenne pour la reconstruction et le développement
BM : Banque mondiale
BMI : Body-Mass-Index
BNB : Bonheur national brut
BRGM : Bureau de recherches géologiques et minières
BRI : Banque des règlements internationaux
CAD : Comité d'aide au développement
CARICOM : Communauté des Caraïbes
CBD : Central business district
CDD : Contrat à durée déterminée
CEDEAO : Communauté économique pour le développement des États de l'Afrique de l'ouest
CDI : Contrat à durée indéterminée
CDR : Center for development and reconstruction
CEE : Communauté économique européenne
CEI : Communauté des États indépendants
CEL : Congrès européen des loisirs
CIA : Central intelligence agency
CIADT : Comité interministériel de l'aménagement et du développement du territoire
CIDD : Critères et indicateurs de développement durable
CNA : Congrès national africain
CNUCED : Conférence des Nations unies pour le commerce et le développement
CNUED : Conférence des Nations unies pour l'environnement et le développement
COSESA : Convention for a democratic South Africa
CRAVIE : Centre de ressources Alsace, ville, intégration, école
CRDS : Contribution au remboursement de la dette sociale
CSG : Contribution sociale généralisée
CVCE : Centre virtuel de la connaissance sur l'Europe
DATAR : Délégation à l'aménagement du territoire et à l'action régionale
DB : Deutsche Bundesbahn
DD : Développement durable
DM : Deutschmark
EADS : European aeronautic defence & space company
EMS : Emplois métropolitains supérieurs
ENA : European Navigator
ESA : Agence spatiale européenne
FH : Fachhochschule
FAO : Organisation des Nations unies pour l'alimentation et l'agriculture

FED : Fonds européen de développement
FEDER : Fonds européen de développement régional
FEOGA : Fonds européen d'orientation et de garantie agricole
FMI : Fonds monétaire international
FNAU : Fédération nationale des agences d'urbanisme
FSE : Fonds social européen
FSM : Forum social mondial
G7 : Conférence des 7 Grands
G8 : Conférence des 8 Grands
G10 : Conférence des 10 Grands
Geoss : Global earth observation system of system
GmbH : Gesellschaft mit beschränkter Haftung
GMES : Global monitoring of environment and security
HLM : Habitations à loyer modéré
IAURIF : Institut d'aménagement et d'urbanisme de la Région Île-de France
ICTP : International centre for theoretical physics
ICP : International comparison project
IDA : International development association (Association internationale de développement)
IDE : investissement direct étranger
IDH : Indicateur du développement humain
IGN : Institut géographique national
INN : (pêche) illégale, non déclarée et non réglementée
INSEE : Institut national de la statistique et des études économiques
ISPA : Instrument structurel de pré-adhésion
IUP : Institut universitaire professionnel
LDC : less developed countries
LIFE : L'Instrument financier pour l'environnement
LLC : land locked countries
LLDC : least developed countries
LOLF : loi organique relative aux lois de finances
MCE : Multimedia content explorer
MERCOSUR : Marché commun du Cône sud (Argentine, Brésil, Uruguay, Paraguay et deux membres associés, le Chili et la Bolivie)
MIT : Massachusetts Institute of Technology
MSAC : most seriously affected countries
NEPAD : Nouveau partenariat pour le développement de l'Afrique
NPI : Nouveaux pays industrialisés
NTIC : Nouvelles technologies de l'information et de la communication
OCDE : Organisation de coopération et de développement économiques
OEA : Organisation des États américains
OMC : Organisation mondiale du commerce
OMD : Objectifs du millénaire pour le développement
OMM : Organisation mondiale de la météorologie
ONG : Organisations non gouvernementales
ONU : Organisation des Nations unies
OPEP : Organisation des pays producteurs de pétrole
ORD : Organisation des règlements des différends
OTAN : Organisation du traité de l'Atlantique Nord

PACA : Région Provence-Alpes-Côte d'Azur
PALOP : Pays africains de langue officielle portugaise
PECO : Pays d'Europe centrale et orientale
PED : Pays en voie de développement
PIB : Produit intérieur brut
PISA : Programme international pour le suivi des acquis des élèves
PMA : Pays les moins avancés
PME : Petites et moyennes entreprises
PNB : Produit national brut
PNUD : Programme des Nations unies pour le développement
PPTE : Pays pauvres très endettés
PVD : Pays en voie de développement
R&D : Recherche et développement
REAO : Réseau de l'entreprise en Afrique de l'Ouest
RMI : Revenu minimum interprofessionnel
RNB : Revenu national brut
RUP : Région urbaine polynucléaire
SACU : Union douanière de l'Afrique australe
SADC : Communauté de développement de l'Afrique du Sud
SAPARD : Programme spécial d'adhésion pour l'agriculture et le développement rural
SDEC : Schéma de développement de l'espace communautaire
SIG : Système d'information géographique
STI : Sciences, technologies et industries
SUMA : Supermarché
TI : Transparency international
TIC : Technologies de l'information et de la communication
TWAS : Third world academy of sciences
TWNSO : Third world network of science organizations
UDEAC : Union douanière et économique de l'Afrique centrale
UE : Union européenne
UECA : Union économique centre-asiatique
UEM : Union économique et monétaire européenne
UEMOA : Union économique et monétaire de l'Afrique de l'ouest
UNESCO : Organisation des Nations unies pour l'éducation, la culture et la science
UNSRID : United nations research institute for social development
US : United States
USA : États-Unis d'Amérique du Nord
USAID : United States agency for international development
USD : dollar(s) des États-Unis
WIFO : Wirtschaftsförderung
ZEP : Zone d'éducation prioritaire
ZFU : Zone franche urbaine
ZUP : Zone à urbaniser en priorité
ZUS : Zone urbaine sensible

LISTE DES ENCARTS

LISTE DES TABLEAUX

LISTE DES FIGURES

LISTE DES PHOTOGRAPHIES

TABLE DES MATIÈRES

Cet ouvrage a été achevé d'imprimer en avril 2005
dans les ateliers de Normandie Roto Impression s.a.s.
61250 Lonrai
N° d'impression : 05-0847
Dépôt légal : avril 2005

Imprimé en France

BU Lettres
NANTES